Aachener
Bausachverständigentage 2003

Leckstellen in Bauteilen
Wärme – Feuchte – Luft - Schall

Register für die Jahrgänge 1975 bis 2003

W0246524

Aachener Bausachverständigentage 2003

REFERATE UND DISKUSSIONEN

Rainer Oswald (Hrsg.)
AIBau – Aachener Institut für Bauschadensforschung
und angewandte Bauphysik

Aachener
Bausachverständigentage 2003

Leckstellen in Bauteilen
Wärme – Feuchte – Luft – Schall

Günter Dahmen   Rainer Oswald
Robert Dorff   Rainer Pohlenz
Thomas Gabrio   Herbert Scheller
Michael Gierga   Klaus Sedlbauer
Holger Graeve   Martin H. Spitzner
Heinz-Jörn Moriske   Christoph Tanner

Rechtsfragen für Baupraktiker
Alfons Schulze-Hagen   Helge-Lorenz Ubbelohde

Register für die Jahrgänge 1975 bis 2003

Bibliographic information published by Die Deutsche Bibliothek
Die Deutsche Bibliothek lists this publication in the Deutsche Nationalbibliografie;
detailed bibliographic data is available in the Internet at <http://dnb.ddb.de>.

1. Auflage November 2003

Alle Rechte vorbehalten
© Friedr. Vieweg & Sohn Verlag/GWV Fachverlage GmbH, Wiesbaden 2003

Der Vieweg Verlag ist ein Unternehmen von Springer Science+Business Media.
www.vieweg.de

Umschlaggestaltung: Ulrike Weigel, www.CorporateDesignGroup.de
Druck und buchbinderische Verarbeitung: Lengericher Handelsdruckerei, Lengerich
Gedruckt auf säurefreiem und chlorfrei gebleichtem Papier
Printed in Germany

ISBN 3-528-01756-2

Leckstellen in Bauteilen – Wärme-Feuchte-Luft-Schall

Vorwort

Die Bewertung von Fehlstellen und Lecks ist ein ständiges Streitthema auf der Baustelle und die typische Beurteilungsaufgabe des Bausachverständigen. Zu einigen Fragestellungen gibt es kaum Informationsquellen – zu anderen ist die Flut der Regelwerke inzwischen kaum noch zu überblicken.

Durch das erheblich erhöhte Wärmeschutzniveau hat die Bedeutung von Wärmebrücken zugenommen. Jeder Baupraktiker, der nicht mit der Realisation von Demonstrativbauvorhaben, sondern von Durchschnittsgebäuden konfrontiert ist, muss feststellen, dass zwischen dem zur Entschärfung von Wärmebrücken theoretisch Geforderten und dem tatsächlich Ausgeführten eine erhebliche Lücke klafft. Es war daher der Frage nachzugehen, welche Ursachen diese Entwicklung hat und wie man bei der Beurteilung von Wärmebrücken sinnvoll vorgeht. Die Bedeutung von Wärmebrücken in Dämmschichten wurde detaillierter angesprochen, da zu diesem Problemkreis nicht selten Fehlbegutachtungen beklagt werden müssen. So wird die Bedeutung von aufklaffenden Dämmstofffugen häufig überschätzt. Ähnliches gilt für Fehlstellen in Dampfsperren; auch die in letzten Jahren ins Gespräch gekommene Flankenübertragung bei Dampfsperren wurde im Detail dargestellt und ihre Bedeutung bewertet.

Ein zweiter, umfangreicher Problemkreis, der ebenfalls mit den erhöhten Energieeinsparanforderungen wichtiger geworden ist, betrifft die Luftdichtheit von Bauteilen und deren Berücksichtigung bei der Detailgestaltung. Die Tagung hatte dazu zwei Schwerpunkte gesetzt: Zum Einen wurde Mauerwerk behandelt, da bei „massiven Bauteilen" die Luftdichtheitsproblematik häufig übersehen wird. Zum Anderen wurde kontrovers über den notwendigen Abdichtungsaufwand bei der Anschlussausbildung von Fenstern und Türen diskutiert.

Aus dem Bereich der Bauwerksabdichtung wurde auf die Leistungsfähigkeit und Leistungsgrenzen der Rissverpressung in Betonbauteilen mit hohem Wassereindringwiderstand eingegangen, hinsichtlich des Schallschutzes ging es um die Bedeutung und Beurteilung von Schallbrücken.

Schimmelpilze – den Bauleuten seit Jahrzehnten als lästige, aber eher nebensächliche Begleiter von Feuchtigkeitserscheinungen im Gebäude bekannt – haben inzwischen den Stellenwert von Umweltgiften bekommen. Während der Tagung wurde durch mehrere Beiträge und in einer kontroversen Diskussion der Frage nachgegangen, was im Hinblick auf die Untersuchung und Beseitigung von Schimmelpilzen notwendig ist und wo man von kostspieligen Überreaktionen sprechen muss.

Auch der allgemeine Tagungsteil befasste sich mit der Bedeutung von Fehlstellen und kleineren Abweichungen: Wie genau muss man nach ihnen bei Qualitätskontrollen suchen und wann liegt im juristischen Sinne ein wesentlicher Mangel vor?

Die im vorliegenden Band abgedruckten Beiträge sind in der Regel wesentlich umfangreicher und detaillierter als das während der Tagung Vorgetragene. Bei der Dokumentation der wesentlichen Passagen der Podiumsdiskussionen wurde darauf geachtet, dass die Meinungsverschiedenheiten klar herausgestellt und – soweit möglich – praktisch verwertbare Lösungsansätze abgeleitet wurden. Einige Streitpunkte mussten offen bleiben. Dies ist aber nicht etwa ein Mangel. Für die Praktiker und erst recht für den beurteilenden Sachverständigen ist die Kenntnis der noch offenen Fragen genauso wichtig wie der gesicherte Wissensstand. Ich freue mich, dass mit dem vorliegenden Tagungsband nicht nur den 1.200 Tagungsteilnehmern, sondern einer noch größeren Fachöffentlichkeit wichtige Arbeitshilfen zum breit gefächerten Leckstellenthema gegeben werden.

Prof. Dr.-Ing. Rainer Oswald   Aachen, im Oktober 2003

V

27 Jahre Fachwissen von Bausachverständigentagen auf einer Scheibe

Oswald, Rainer (Hrsg.)

Fachwissen-Datenbank für Bausachverständige

Aachener Bausachverständigentage 1975-2002
2003. CD-ROM € 139,90*
ISBN 3-528-01754-6

Inhalt:
Alle Beiträge der Aachener Bausachverständigentage von
1975 - 2002.

Die CD-ROM enthält alle Vorträge der Aachener Bausachverständigentage von 1975-2002. Über eine grafische Oberfläche hat
der Nutzer sofort Zugriff auf jeden Beitrag im PDF-Format, der auch
ausgedruckt werden kann. Ein Recherchemodul ermöglicht die
Suche nach Autoren und Stichwörtern und erleichtert die Suche
nach bestimmten Beiträgen.
Systemvoraussetzungen: Windows 95,98, NT, 2000, XP Adobe
Acrobat Reader ab Version 4 (auf CD-ROM) Interenet Explorer ab
Version 5 (auf CD-ROM)

Der Herausgeber:
Prof. Dr.-Ing. Rainer Oswald ist als Architekt und Bausachver-
ständiger seit fast 30 Jahren auf dem Gebiet der Bauschadens-
forschung, Sanierungsplanung sowie der Begutachtung und
Bewertung von Schadensfällen tätig. Er ist Geschäftsführer des
Aachener Instituts für Bauschadensforschung und angewandte
Bauphysik (AIBau) und Honorarprofessor für Bauschadensfragen an
der RWTH Aachen. Prof. Oswald ist bekannt als Verfasser zahlreicher
Buch- und Zeitschriftenveröffentlichungen, durch Seminarvorträge
und als Veranstalter der Aachener Bausachverständigentage.

vieweg

Abraham-Lincoln-Straße 46
65189 Wiesbaden
Fax 0611.7878-400
www.vieweg.de

*= unverb. Preisempf.
Stand Oktober 2003.
Änderungen vorbehalten.
Erhältlich im Buchhandel oder im Verlag.

Inhaltsverzeichnis

Zum Begriff des wesentlichen Mangels in der VOB/B

RA Dr. Alfons Schulze-Hagen, Mannheim

1 Einleitung

Sachverständige sollen zwar häufig die (Rechts-)Frage beantworten, ob ein Mängelbeseitigungsaufwand unverhältnismäßig ist. Die – ebenfalls rechtliche – Frage nach der Wesentlichkeit von Mängeln wird ihnen eher selten gestellt. Das hängt mit dem unterschiedlichen Zeitpunkt der Fragestellung zusammen. Um Mängelbeseitigung und deren Kosten geht es meist im Gewährleistungsstadium, also nach der Abnahme, oft im Rahmen eines Bauprozesses. Die Frage nach der Wesentlichkeit soll Antwort darüber geben, ob das Werk abnahmefähig ist, sie stellt sich somit am Ende des Erfüllungsstadiums, also oft baubegleitend. In diesem Stadium sind Sachverständige häufig noch nicht eingeschaltet. Das könnte sich aber ändern. Die Intention des Gesetzgebers, der in § 641a BGB die sog. Fertigstellungsbescheinigung – künftig wohl: Vergütungsbescheinigung – regelt, geht dahin, dem Sachverständigen vorprozessual wesentlich größere Kompetenzen einzuräumen. Nicht auszuschließen, dass sich in der Praxis ein „starker" Sachverständiger – vergleichbar dem englischen adjudicator – mit baubegleitenden Schlichtungs- und Schiedsfunktionen herausbildet. Dieser hätte dann in der Tat auch Rechtsfragen zu beantworten, unter anderem die nach der Wesentlichkeit eines Mangels.

Die „Wesentlichkeit" eines Mangels ist bei einem VOB-Bauvertrag für Abnahme und Schadensersatz von Bedeutung. Gem. § 12 Nr. 3 VOB/B kann wegen wesentlicher Mängel die Abnahme bis zur Beseitigung verweigert werden. Gem. § 13 Nr. 7 Abs. 3 VOB/B 2002 muss der Auftragnehmer dem Auftraggeber den Schaden an der baulichen Anlage ersetzen, zu deren Herstellung, Instandhaltung oder Änderung der Leistung dient, wenn ein *wesentlicher* Mangel vorliegt, der die Gebrauchsfähigkeit erheblich beeinträchtigt und auf ein Verschulden des Auftragnehmers zurückzuführen ist.

Die „Wesentlichkeit" ist jedoch keine Tatbestandsvoraussetzung für das Vorliegen eines Mangels, so dass auch unwesentliche Mängel Nacherfüllungs- oder sonstige Mängelansprüche auslösen können. Es mag also sein, dass wegen eines unwesentlichen Mangels die Abnahme nicht verweigert werden darf. Davon unberührt bleiben jedoch die Mängelansprüche bezüglich dieses Mangels (mit Ausnahme des Schadensersatzanspruchs gemäß § 13 Nr. 7 Abs. 3 VOB 2002). Eine ganz andere Frage ist, ob der Mängelbeseitigungsaufwand unverhältnismäßig hoch ist mit der Folge, dass der Auftraggeber auf eine Minderung beschränkt ist.

Vor der Abnahme – also im Herstellungsprozess – kommt es auf die Unterscheidung zwischen wesentlichen und unwesentlichen Mängeln nicht an. Jede mangelhafte Leistung löst gemäß § 4 Nr. 7 VOB/B Mängelbeseitigungs- und ggf. Schadensersatzansprüche aus, wobei allerdings auch vor Abnahme der Einwand der Unverhältnismäßigkeit gegeben sein kann (OLG Düsseldorf, IBR 94, 99).

2 Wesentlicher Mangel gem. § 12 Nr. 3 VOB/B

2.1 Beurteilungsmaßstab

Der richtige Beurteilungsmaßstab ist dem Sinn und Zweck der in § 12 Nr. 3 VOB/B getroffenen Regelung zu entnehmen. Die Bestimmung soll einen angemessenen Ausgleich der widerstreitenden Interessen der Vertragsparteien bewirken. Der Auftraggeber ist an möglichst vollständiger vertragsgerechter Erfüllung der geschuldeten Leistung vor Zahlung des Werklohnes interessiert. Dem Auftragnehmer ist daran gelegen, möglichst bald die mit der Abnahme verbundenen Rechtsfolgen herbeizuführen, insbesondere die Fälligkeit der restlichen Vergütung, den Übergang der Gefahr, die Umkehrung der Beweislast für Mängel und den Beginn der Verjährung für Gewährleistungsansprüche. Wenn § 12 Nr. 3 VOB/B die Abnahmeverweigerung daran knüpft, dass der vorher noch zu beseitigende Mangel wesentlich sein muss, so wird damit letztlich auf den Gesichtspunkt der Zumutbarkeit abgehoben. Tritt der Mangel an Bedeutung soweit zurück, dass es unter Abwägung der beiderseitigen Interessen für den Auftraggeber zumutbar ist, eine zügige Abwicklung des gesamten Vertragsverhältnisses nicht länger aufzuhalten und deshalb nicht mehr auf den Vorteilen zu bestehen, die sich ihm vor vollzogener Abnahme bieten, dann darf er die Abnahme nicht verweigern. Er gibt damit seine Sachmängelansprüche keineswegs preis. Sein Leistungsverweigerungsrecht gem. § 641 Abs. 3 BGB gilt auch im Rahmen eines VOB-Vertrages und führt nach der Abnahme dazu, dass er den restlichen Werklohn mindestens in Höhe des dreifachen der für die Beseitigung des Mangels erforderlichen Kosten zurückhalten darf. Je nach Art, Umfang und Auswirkung der jeweiligen Mängel ist dem Auftraggeber das zuzumuten und daran lässt sich auch messen, wie „wesentlich" die Mängel sind (grundlegend BGH, BauR 81, 284, 286). Schematische Lösungen – z. B. das Abstellen auf einen bezifferten Anteil der Mängelbeseitigungskosten am Auftragswert – helfen nicht weiter. Es muss nach den Umständen des Einzelfalls zwischen den Vorteilen des Auftraggebers und den Nachteilen des Auftragnehmers aus der Abnahmeverweigerung abgewogen werden.

2.2 Bedeutung der Abnahme
Die rechtlichen Folgen der Abnahme sind:
- Umkehr der Beweislast
- Übergang der Vergütungsgefahr auf den AG
- Übergang der Leistungsgefahr auf den AG
- Übergang etwaiger Betriebsrisiken auf den AG
- Entfall etwaiger Schutzpflichten
- Fälligkeitsvoraussetzung der Schlusszahlung
- Pflicht zur Erstellung der Schlussrechnung
- Wegfall der Vorleistungspflicht
- Beginn der Gewährleistungsfrist
- Erlöschen des Vertragsstrafenanspruchs ohne Vorbehalt
- Erlöschen der verschuldensunabhängigen Mängelansprüche ohne Vorbehalt
- Herausgabepflicht von Vertragserfüllungssicherheiten
- Abnahme ggf. als zeitliche Grenze für die Berechnung einer Vertragsstrafe

2.3 Abwägungskriterien
Bei der Frage, ob ein Mangel wesentlich ist und folglich zur Abnahmeverweigerung be-

rechtigt, ist stets darauf abzustellen, ob die Herbeiführung der vorgenannten Rechtsfolgen, also der Übergang vom Erfüllungs- in das Gewährleistungsstadium, dem Auftraggeber zumutbar ist. Dabei wird man unter anderem auf folgende Umstände abstellen müssen:
- Schwere des Mangels
  - Bedeutung der Mangelfreiheit aus Sicht des Auftraggebers (subjektiv)
  - Bedeutung der Mangelfreiheit aus Sicht der Verkehrseinschätzung (objektiv)
  - Fehlt eine zugesicherte Eigenschaft oder eine vereinbarte Beschaffenheit?
  - Ist die Verkehrssicherheit gefährdet?
- Verwendungseignung beeinträchtigt?
  - In welchem Maß ist die subjektiv bzw. objektiv vorausgesetzte Verwendungseignung (Funktion) beeinträchtigt?
  - Handelt es sich (nur) um einen optischen, hinnehmbaren Mangel?
- Mängelbeseitigung
  - Wie hoch sind die Mängelbeseitigungskosten?
  - In welchem Verhältnis stehen sie zum Auftragsvolumen?
  - Ist die Mängelbeseitigung schwierig bzw. faktisch noch möglich?
  - Ist die Mängelbeseitigung unverhältnismäßig?
  - Handelt es sich um eine Vielzahl von Mängeln?
  - Ist eine Baustelleneinrichtung für die Mängelbeseitigung erforderlich?
- Verschuldensgrad beim Auftragnehmer
  - Hat er vorsätzlich vertragswidrig gehandelt?
  - Befindet er sich bereits im Nachbesserungsverzug?
- Prüfungsvoraussetzungen
  - Hat der Auftraggeber erforderliche Prüfprotokolle, Dokumentationen etc. vorgelegt?
- Auftraggeberverhalten
  - Hat der Auftraggeber die Leistung in Benutzung genommen?
  - Will der Auftraggeber überhaupt eine Nacherfüllung?
  - Wie aufwendig ist für den Auftraggeber die Verfolgung der Mängelansprüche?

2.4 Erheblichkeit der Abnahmeverweigerung
Auch wenn ein Mangel wesentlich ist, können gleichwohl einzelne oder alle Abnahmewirkungen eintreten. Das gilt insbesondere für

den Fall, dass der Auftraggeber gar keine Erfüllung mehr beansprucht, sondern statt dessen Minderung oder Schadensersatz geltend macht (vgl. BGH IBR 2003, 4). Dann entsteht zwischen den Parteien ein Abrechnungsverhältnis. Für die Abrechnung des restlichen Werklohnes bedarf es dann keiner Abnahme. Ebenso kann der Werklohn auch dann ohne Abnahme fällig gestellt und verlangt werden, wenn sich der Auftraggeber mit der Mängelbeseitigung im Annahmeverzug befindet (BGH, IBR 2002, 179). Auch die endgültige Abnahmeverweigerung führt – so merkwürdig dies klingt – zur Fälligkeit der Vergütung (BGH, IBR 97, 183).

In der Praxis stellt sich die Erheblichkeit der Abnahmeverweigerung insbesondere bei der Frage nach dem Gewährleistungsbeginn sowie bei der Fälligkeit der Schlusszahlung. Insbesondere der Versuch des Auftragnehmers, die Abnahmewirkungen über einen Abnahmeverzug bzw. über die fiktive Abnahme gemäß § 641 Abs. 1 S. 3 BGB herbeizuführen, ist mit Rechtsunsicherheiten verbunden. So treten die Abnahmewirkungen fiktiv nur dann ein, wenn der Auftraggeber zum fraglichen Zeitpunkt auch objektiv verpflichtet war, die Abnahme zu erklären. Lag also ein wesentlicher Mangel vor, so gab es keine Abnahmeverpflichtung. Also treten die Abnahmewirkungen auch nicht fiktiv ein. Bleibt die Abnahme ungeklärt, so ist daher dem Auftragnehmer anzuraten, die Abnahme bzw. den Beginn der Gewährleistungsfrist gerichtlich feststellen zu lassen. Andernfalls lebt er mit dem Risiko, dass der Beginn der Gewährleistungsfrist auf unbestimmte Zeit hinausgeschoben wird (vgl. OLG Stuttgart, IBR 2002, 341).

Ohne Abnahme gibt es auch keine Fälligkeit der Schlusszahlung. Allerdings führt eine Schlusszahlungsklage mangels Abnahme nicht automatisch zur Abweisung. Der Auftragnehmer hat die Möglichkeit, die Klage auf eine Abschlagszahlungsklage umzustellen (BGH, IBR 2000, 479).

2.5 Einzelfragen

Das Fehlen einer zugesicherten Eigenschaft oder einer vereinbarten Beschaffenheit stellt nicht automatisch einen wesentlichen Mangel dar. Dasselbe gilt bei einem Verstoß gegen anerkannte Regeln der Technik (OLG Hamm, IBR 91, 532). Allerdings hat das Fehlen einer zugesicherten Eigenschaft ein starkes Gewicht im Abwägungsvorgang, und zwar zu Lasten des Auftragnehmers. Ob das

auch für das Fehlen einer vereinbarten Beschaffenheit gemäß § 633 Abs. 2 S. 1 BGB n. F. gilt, muss die Rechtsprechung erst noch klären. Die besseren Argumente sprechen dafür, dass nicht jede vereinbarte Beschaffenheit die Bedeutung einer zugesicherten Eigenschaft hat. Man wird im Einzelfall prüfen müssen, ob der Beschaffenheitsvereinbarung eine Hilfsfunktion im Hinblick auf den herzustellenden Erfolg oder eine Alleinstellungsfunktion im Sinne eines eigenständig herbeizuführenden Erfolgs zukommt. Nur im letzteren Fall kommt sie einer zugesicherten Eigenschaft nahe mit der Folge, dass ihr Fehlen auch ohne Beeinträchtigung der Gebrauchstauglichkeit bzw. Verwendungseignung im Übrigen einen Mangel darstellt.

Auch wenn die Wesentlichkeit eines Mangels vor Abnahme Kriterium ist, kann der Auftragnehmer aber u. U. den Einwand der Unverhältnismäßigkeit auch schon vor Abnahme erheben (OLG Düsseldorf, IBR 94, 99).

Die Beweislast für die Abnahmefähigkeit hat der Auftragnehmer zu tragen (BGH, IBR 97, 53; BGH, IBR 93, 369). Infolgedessen muss er auch die Unwesentlichkeit der Mängel beweisen.

Die Prüfung der Wesentlichkeit von Mängeln ist übrigens nicht Aufgabe des Sachverständigen bei der Erstellung der sog. Fertigstellungsbescheinigung gemäß § 641a BGB. Auch die geplante Novellierung des § 641a BGB durch den Entwurf des Forderungssicherungsgesetzes vom 06.12.2002 *(www.ibr-online.de/IBRMaterialien)* ändert insoweit die Aufgabenstellung des Sachverständigen nicht. Allerdings ist nicht zu verkennen, dass den Sachverständigen zunehmend baubegleitende Begutachtungen übertragen werden und sie damit allmählich auch in Schlichtungs- und sogar Schiedsfunktionen hineinwachsen. In diesem Rahmen werden dann auch Sachverständige die Entscheidung zu treffen haben, ob der oder die Mängel so wesentlich sind, dass sie eine Abnahmeverweigerung rechtfertigen.

2.6 Beispiele aus der Rechtsprechung

- Eine Tiefgarage ohne Einfahrtstor ist nicht abnahmefähig.
  OLG Düsseldorf, Urteil vom 21.12.2001
  – 22 U 66/01, ibr-online-Archiv
- Eine Hartstoffverschleißschicht mit einer mittleren Dicke von 6 – 7 mm statt der vereinbarten Dicke von 10 mm und einer dadurch um ca. 35 % reduzierten Lebens-

dauer ist mit einem wesentlichen Mangel behaftet. Der Auftraggeber kann die Abnahme verweigern.
OLG Hamm, IBR 2003, 8
- Auch eine optische Beeinträchtigung kann ein wesentlicher Mangel sein.
OLG Köln, IBR 2002, 539
- Fehlt bei 11 von 46 Wohnungseingangstüren einer Wohnanlage die Türdichtung am Türblatt (Kosten: ca. DM 3.000,00), berechtigt dies nicht zur Abnahmeverweigerung.
OLG Dresden, IBR 2001, 417
- Der Bauherr kann die Abnahme einer Klimaanlage gegenüber dem ausführenden Unternehmen auch dann verweigern, wenn der wesentliche Mangel auf Planungsfehler zurückzuführen ist und der Auftragnehmer dies hätte erkennen können.
KG, IBR 2001, 416
- Fehlt bei einem Wohnhaus der Sockelputz und das vorgesehene Eingangspodest mit Trittstufe, so ist das Haus nicht abnahmefähig.
OLG Dresden, IBR 2001, 359
- Bei einem aus 25 Reihenhäusern bestehenden Bauvorhaben mit einem Auftragsvolumen von nahezu DM 6 Mio. reichen bereits an einem Haus festgestellte erhebliche schallschutztechnische Mängel mit einem Behebungsaufwand von DM 30.000,00 aus, um wegen eines wesentlichen Mangels die Gesamtabnahme zu verweigern.
OLG Dresden, IBR 2001, 358
- Bei der Abnahmebegehung festgestellte 40 Mängel mit einem Beseitigungsaufwand von ca. 5 % der Auftragssumme stellen einen Grund zur Abnahmeverweigerung dar.
OLG Stuttgart, IBR 2001, 167
- Rügt der Auftraggeber die Struktur eines Putzes und die teilweise Sichtbarkeit des Mauerwerks und kommt er auf diese Rüge 5 Jahre nicht mehr zurück, so indiziert das die Unwesentlichkeit des Mangels.
OLG Düsseldorf, IBR 1997, 326
- Ein Nachbesserungsaufwand von ca. 0,5 % der Auftragssumme – hier DM 2.250,00 zu DM 500.000,00 – indiziert die Unwesentlichkeit eines oder mehrerer Mängel.
BGH, IBR 96, 226
- Auch eine Liste mit 100 Mängeln mit einem Beseitigungsaufwand von ca. DM 200.000,00 bei einem Auftragswert von DM 5,8 Mio. berechtigt nicht ohne weiteres zur Abnahmeverweigerung, vor allem wenn ein Großteil der Mängelbeseitigungskosten

(hier: mangelhafte Außenwandisolierung) auf einem Planungsfehler des Bauherrn/Architekten zurückzuführen ist.
LG Heidelberg, IBR 95, 474
- Farbabweichungen bei 5 – 10 % der Schiefersteine einer Schieferfassade berechtigen nicht zur Abnahmeverweigerung.
OLG Düsseldorf, IBR 94, 99
- Jedenfalls bei erklärungsbedürftigen Produkten des Anlagenbaus kann die Abnahme bis zur vollständigen Lieferung der vereinbarten Dokumentation verweigert werden.
BGH, IBR 94, 91
- Ein uneben verlegter Plattenboden im Verkaufsraum eines Supermarkts stellt einen wesentlichen Mangel dar, und zwar auch dann, wenn der Supermarkt betrieben wird.
BGH, IBR 92, 351
- Ein Mängelbeseitigungsaufwand von DM 14.000,00 bei einem Auftragswert von DM 205.000,00 sowie die Tatsache, dass der Bauherr das Bauwerk bereits 1 Jahr ohne Gebrauchsbeeinträchtigung nutzt, sprechen für die Abnahmefähigkeit. Mängel, deren Beseitigungsaufwand unverhältnismäßig hoch ist und die daher nur eine Minderung rechtfertigen, können ebenfalls eine Abnahmeverweigerung nicht begründen.
OLG Hamm, IBR 91, 532
- Nachbesserungskosten in Höhe von DM 500,00 bei einem Auftragswert von DM 60.000,00 berechtigen nicht zur Abnahmeverweigerung.
OLG Hamm, IBR 90, 512

3 Wesentlicher Mangel gemäß § 12 Nr. 7 Abs. 3 VOB/B 2002

3.1 Zum Begriff der Wesentlichkeit

Nach dieser Vorschrift können Baumängel – soweit sie nicht vorsätzlich oder grob fahrlässig verursacht sind und nicht zu einer Verletzung des Lebens, des Körpers oder der Gesundheit führen – Schadensersatzansprüche gegen den Auftragnehmer nur begründen, wenn sie *wesentlich* sind. Dieser Begriff steht hier in einem anderen Kontext als bei § 12 Nr. 3 VOB/B. Hier geht es nicht um die Zumutbarkeit der Abnahme, sondern darum, ob der Ausschluss eines Schadensersatzes zumutbar ist. Nach der VOB/B gibt es Mängel, die möglicherweise eine Nachbesserungs- oder Minderungspflicht auslösen, jedoch keine Schadensersatzpflicht. Was wesentlich im Sinne des Schadensersatzrechts ist, muss noch lange nicht wesentlich im Sinne des Abnahmerechts sein. Zu den unwesentlichen Mängeln i. S. d. § 13 Nr. 7 Abs. 3 VOB/B 2002 zählen vornehmlich optische Mängel, sofern diese nicht die Gebrauchsfähigkeit des hergestellten Werks erheblich beeinträchtigen (BGH, BauR 70, 237). Daraus darf man allerdings nicht folgern, dass optische Mängel grundsätzlich keine wesentlichen Mängel sein können (vgl. OLG Köln, IBR 2002, 539). Auch kann die Wesentlichkeit bei geringfügigen Funktionsbeeinträchtigungen ausgeschlossen sein (OLG Düsseldorf, IBR 2001, 57).

Praktische Auswirkungen hat der Begriff der Wesentlichkeit insbesondere für folgende Schadenspositionen: Privatgutachterkosten, (geringfügiger) Energiemehrverbrauch, entgangener Gewinn, mangelbedingter Mehraufwand (z. B. Rechtsstreit des Bauherrn mit Nutzer) u. ä. Die Wesentlichkeitsgrenze in § 13 Nr. 7 Abs. 3 VOB/B 2002 liegt wesentlich niedriger als die gemäß § 12 Nr. 3 VOB/B, weil der Schadensersatz anders als die anderen Mängelansprüche verschuldensabhängig ist. Anders als bei § 12 Nr. 3 VOB/B dürfte ein Mangel in Form des Fehlens einer zugesicherten Eigenschaft oder einer vereinbarten Beschaffenheit stets „wesentlich" i. S. d. § 13 Nr. 7 Abs. 3 VOB/B sein. Auch kann ein Mangel „wesentlich" sein, wenn der Nachbesserungsaufwand unverhältnismäßig ist.

3.2 Rechtsprechungsbeispiele zu § 13 Nr. 7 VOB/B

- Auch eine optische Beeinträchtigung kann ein wesentlicher Mangel i. S. d. § 13 Nr. 7 Abs. 1 VOB/B sein.
  OLG Köln, IBR 2002, 539
- Selbst wenn die Voraussetzungen eines Schadensersatzanspruchs gemäß § 635 BGB wegen mangelhafter Wärmedämmung einer Fußbodenheizung gegeben sind, verstößt die Geltendmachung dieses Anspruchs wegen grober Unverhältnismäßigkeit gegen Treu und Glauben, wenn die Erneuerung der Anlage DM 40.000,00 kosten würde, der Mangel aber lediglich jährliche Energiemehrkosten von DM 17,66 verursacht.
  OLG Düsseldorf, IBR 2001, 57
- Der Verleger eines Teppichbodens haftet auf Schadensersatz, wenn das Zusammenwirken von Kleber und Teppichboden zu übelriechenden Ausgasungen führt und der Hersteller des Klebers Materialversuche empfohlen hatte.
  OLG Frankfurt, IBR 2000, 539

Der notwendige Umfang und die Genauigkeitsgrenzen von Qualitätskontrollen und Abnahmen

Dipl.-Ing. Helge-Lorenz Ubbelohde, Berlin

1 Zielstellung

Aufgrund ihres Berufsbildes werden Sachverständige gerne für Tätigkeiten im Rahmen qualitätssichernder, präventiver Maßnahmen sowie im Hinblick auf die Abnahme von Teilleistungen bzw. gesamter baulicher Anlagen in Anspruch genommen. Immer häufiger werden Sachverständige mit der Frage konfrontiert, eine Abnahme zu erklären bzw. eine Fertigstellungsbescheinigung auszustellen. Im Rahmen der so formulierten Beauftragungen stellt sich für den Sachverständigen zunehmend die Frage nach dem zu erbringenden notwendigen Umfang seiner Tätigkeit um eine Inanspruchnahme anschließend möglichst zu vermeiden. Konkret ergeben sich Fragen danach, ob und unter welchen Voraussetzungen ein Sachverständiger sich überhaupt bereit erklären sollte, beispielsweise eine Abnahme zu erklären bzw. eine Fertigstellungsbescheinigung auszustellen. Im Rahmen seiner abnahmebegleitenden Tätigkeit stellt sich die Frage nach dem Umfang durchzuführender Überprüfungen. Sind beispielsweise nicht zerstörende Untersuchungen, die jedoch einen gewissen Aufwand erfordern notwendigerweise im Rahmen einer Abnahmebegleitung durchzuführen, um z. B. den Zustand von Dichtungsmaßnahmen unterhalb von Badewannen oder den Zustand der Anbindung von Unterspannbahnen im Traufbereich, die Ausbildung von Sockelabdichtungen etc. zu überprüfen. Reicht es nicht möglicherweise aus, ohne zusätzliche Untersuchungen eine Abnahmebegehung lediglich durch Inaugenscheinnahme durchzuführen? Bei der Durchführung von baubegleitenden Qualitätsüberwachungsmaßnahmen stellt sich die Frage danach, ob der Sachverständige sämtliche baulichen Leistungen zu überprüfen hat, denn schließlich ist er ja vertraglich im Hinblick auf die Überprüfung/Sicherung der Qualität beauftragt. Reicht es nicht vielmehr aus auch hier lediglich stichprobenartige Untersuchungen und Überprüfungen durchzuführen.
Bereiche, die im Rahmen der stichprobenartigen Überprüfungen nicht mehr einsehbar sind, wie beispielsweise geschlossene Installationsschächte sind dann ggf. nicht weiter zu überprüfen, beispielsweise im Hinblick auf die Brandabschottung in den Deckenbereichen? Es wird versucht, auch anhand von Beispielen vorgenannte für den Sachverständigen fast alltägliche Fragen zu strukturieren und handhabbare Vorschläge auch im Verhältnis des Sachverständigen zum Auftraggeber zu unterbreiten, um das Haftungsrisiko für den Sachverständigen im Rahmen derartiger Tätigkeiten kalkulierbar zu gestalten.
Der Umfang der Tätigkeit des Sachverständigen ist abhängig von der geschuldeten Leistung und den zugrunde zu legenden Qualitätsanforderungen.

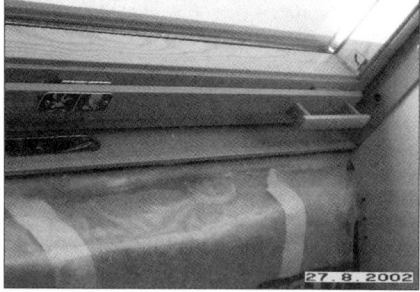

Bild 1: Beispiel: Dampfsperre

Bild 2: Beispiel: Trockenbauanschlüsse
an biegeweiche Deckenkonstruktionen

Bild 3: Beispiel: WU-Konstruktion

2 Qualitätsanforderungen

Die im Rahmen der Tätigkeit des Sachverständigen zu berücksichtigenden Qualitätsanforderungen ergeben sich auf der Grundlage der bauvertraglichen Vereinbarungen hinsichtlich einzuhaltender Qualitäten und Ausführungen. Desweiteren hat die Ausführung den DIN-Normen bzw. technischen Regelwerken und technischen Baubestimmungen zu genügen. Häufig genug werden Baubeschreibungen, Planunterlagen und Leistungsverzeichnisse ebenfalls Gegenstand der bauvertraglichen Vereinbarung hinsichtlich des zu erbringenden Bausolles.

Der Sachverständige muss vor Beginn seiner Tätigkeit klären, welche Anforderungen tatsächlich an das Bauwerk bestehen, um hierauf aufbauend eine qualitätsgerechte Ausführung seiner Tätigkeit erbringen zu können. Es reicht nicht aus, die Bauleistungen im Hinblick auf die DIN-Normen oder technischen Regelwerke zu überprüfen. Die Qualität eines Gesamtbauwerkes beinhaltet ebenfalls die Erfüllung vertraglicher Vereinbarungen, so wie sie sich in Baubeschreibungen oder anderen Teilen des Vertrages dokumentieren.

Häufig genug ist jedoch festzustellen, dass die zugrunde zu legenden Baubeschreibungen und Ausführungsplanungen nicht hinreichend sind, um eine Eindeutigkeit bezüglich des Vertragssolls zu dokumentieren. In diesem Fall begibt sich der Sachverständige im Rahmen seiner Tätigkeit zur Überwachung der Bauqualität bzw. im Rahmen von abnahmebegleitenden Tätigkeiten und Abnahmen bereits auf „Glatteis", sofern nicht zwischen den Parteien eindeutig das zu erbringende Vertragssoll festgelegt werden kann.

Eindeutig zu klären sind folgende Sachfragen:
1) Definition der Qualitäten:
In Baubeschreibungen sind häufig Formulierungen wie *„... in gehobener Qualität ..."* zu lesen. Die Formulierung in gehobener Qualität ist keine eindeutige Formulierung und lässt Spielraum für Interpretationen offen. Ein solcher Spielraum ist immer Anlass für spätere Streitigkeiten, sodass hier im Vorfeld der Tätigkeit des Sachverständigen geklärt werden muss, was unter gehobener Qualität seitens der Vertragspartner verstanden wird und wo die Erwartungshaltung des Bauherrn angesiedelt ist.

2) Es muss eine genaue Beschreibung der vertraglich geschuldeten Bauleistung erfolgen.
Zu erbringende Leistungen werden häufig sehr allgemein formuliert wie beispielsweise *„... Bestandsfenster sind tischler- und malermäßig zu überarbeiten ...".*
Die tischler- und malermäßige Überarbeitung eines Fensters kann beispielsweise das Gang- und Schließbarmachen eines Fensters, das einfache Anschleifen und Überstreichen der Rahmen bedeuten. Ebenfalls kann darunter verstanden werden, dass umfangreiche tischlermäßige Auswechselungen an den Bestandsfensterkonstruktionen erfolgen, der gesamte Altanstrich vollständig entfernt wird und die Fensterkonstruktionen anstrichmäßig von Grund auf neu aufgebaut werden. In beiden Fällen handelt es sich um sehr unterschiedliche Leistungen. Im Vorfeld der Ausführung muss, sofern eine detaillierte Leistungsbeschreibung nichts anderes vorgibt, geklärt werden, was für Leistungen tatsächlich vertraglich geschuldet sind.

3) genaue Festlegung von Materialien und Verfahren:
Formulierungen wie *„... Ausführung einer vertikalen Sperrung der Kelleraußenwand ..."* sind nicht hinreichend. Bei einer derartigen Formulierung im Rahmen einer Baubeschreibung ist nicht klar, ob hier die vertikale Sperrung der Kelleraußenwand mit Hilfe einer Dickbeschichtung oder beispielsweise einer Bitumenschweißbahn ausgeführt werden soll. Auch hier ergeben sich deutliche Qualitätsunterschiede, die jedoch vom Sachverständigen im Rahmen seiner Tätigkeit zu überwachen sind.

Neben der Eindeutigkeit der Formulierung des Vertragssolls orientieren sich die Qualitätsanforderungen, die der Sachverständige im Rahmen von baubegleitenden Qualitätsüberwachungsmaßnahmen oder bei der Erklärung von Fertigstellungsbescheinigungen im Rahmen von Abnahmen zu berücksichtigen hat, an den allgemein anerkannten

Regeln der Technik und Baukunst. Die Aufgabe des Sachverständigen anhand der allgemein anerkannten Regeln der Technik zu entscheiden, ob ein Mangel vorliegt und somit die Abweichung der vertraglich festgelegten Soll-Beschaffenheit von der Ist-Beschaffenheit gegeben ist, ist grundsätzlich als problematisch einzuschätzen. Zum einen wird der Leistungsumfang und somit auch die überhaupt erst anwendbaren allgemeinen anerkannten Regeln der Technik durch den Vertrag definiert, zum anderen zeigen zahlreiche Entscheidungen, wie schwierig das Verhältnis des Mangelbegriffes zu den allgemein anerkannten Regeln der Technik ist. Gleiches gilt für die Anforderungen nach dem Stand der Technik.

Die Ausführung von Dachabdichtungsbeschichtungen wird von den Produktherstellern als dem Stand der Technik entsprechend definiert. Seitens der Sachverständigen werden derartige Systeme häufig genug als unerprobt dargestellt. Die Frage, ob es sich hierbei tatsächlich um ein Abdichtungssystem gemäß dem Stand der Technik oder auch den allgemein anerkannten Regeln der Technik handelt, ist nicht unkritisch.

Ein weiteres Beispiel stellen mineralische Abdichtungssysteme beispielsweise im Schwimmbadbau dar. Auch hier gehen die Auffassungen hinsichtlich der Übereinstimmung mit dem Stand der Technik oder auch den allgemein anerkannten Regeln der Technik und Baukunst auseinander.

Da sowohl unter Fachleuten als auch in der Rechtssprechung der Mangelbegriff unter Berücksichtigung der allgemein anerkannten Regeln der Technik sowie des Standes der Technik sehr unterschiedlich interpretiert wird, sollte der Sachverständige im Vorfeld seiner Tätigkeit eindeutig klären, welche Systeme zur Anwendung gelangen sollen bzw. welche Erwartungshaltungen bei den Vertragspartnern bestehen. Nur bei einer eindeutigen Klärung offener Sachverhalte ist der Sachverständige in der Lage, eine Überwachung hinsichtlich der geforderte Qualität durchzuführen.

3 Umfang und Genauigkeitsgrenzen

Grundsätzlich kann von einer Beauftragung des Sachverständigen zum einen während der Bauphase/vor Beginn der Baumaßnahme bzw. nach weitestgehendem Abschluss der Baumaßnahme ausgegangen werden.

Vor Beginn der Baumaßnahme bzw. während der Baumaßnahme geschlossene Verträge beinhalten als Leistungsziel beispielsweise eine baubegleitende Qualitätsüberwachung in Verbindung mit einer Abnahmebegleitung nach Fertigstellung der Baumaßnahme bzw. ggf. die Erklärung der Abnahme. Darüber hinaus besteht möglicherweise die Anforderung eine Fertigstellungsbescheinigung entweder für Einzelgewerke oder für das gesamte Bauvorhaben zu erklären, wobei derartige Fertigstellungsbescheinigungen eine andere Qualität als ein reines Privatgutachten oder Schiedsgutachten haben. Sie werden mit einer Abnahme gleichgestellt. Desweiteren besteht die Möglichkeit, den Sachverständigen schon während der Bauphase im Rahmen einer schiedsgutachterlichen Tätigkeit mit einzubinden.

Hinsichtlich der Inanspruchnahme des Sachverständigen muss bei vorgenannten Beauftragungen davon ausgegangen werden, dass es sich eben nicht um einen Dienstleistungsvertrag sondern um einen Werkvertrag handelt der zur Konsequenz, dass der vertraglich vereinbarte Erfolg geschuldet wird. Als Beispiel sei hier nur das Urteil hinsichtlich der haftungsmäßigen Inanspruchnahme der technischen Überwachungsvereine im Rahmen baubegleitender Qualitätsüberwachungsmaßnahmen angesprochen. Die diesbezügichen Verträge wurden als Werkverträge mit der Folge eines geschuldeten Erfolges eingeschätzt.

Der Umfang der Leistungen sowie die Genauigkeitsgrenzen der Tätigkeit des Sachverständigen ergeben sich in Abhängigkeit des Vertragssolls und der Sorgfaltspflicht des Auftragnehmers.

Zum Vertragssoll

Im Rahmen des Vertrages zwischen Auftragnehmer und Sachverständigen sind somit folgende Sachverhalte möglichst genau zu beschreiben und zu definieren.

1) Erfolgt eine Überwachung oder eine Sicherung der Qualität?

In jedem Fall sollte vermieden werden, eine Qualität vertraglich zuzusichern. Hierzu ist der Sachverständige im Rahmen seiner Tätigkeit als baubegleitender Überwacher nicht in der Lage. Er kann lediglich eine Überwachung der Qualität, allenfalls eine Verbesserung der Qualität zusichern. Die Fehlerquellen und die Durchsetzbarkeit seiner Feststellungen auf der Baustelle ist so schwierig und umfangreich und liegt in jedem Fall außerhalb des Einflussbereiches des Sachverständigen.

2) Erfolgen Stichprobenprüfungen zu festgeschriebenen Überwachungsstufen?
Eine vollständig durchgängige Überwachung sämtlicher Leistungen ist durch den Sachverständigen nicht zu erbringen. Insofern kann er die Gewerke, die er überwacht, auch nur stichprobenartig überwachen. Hierauf sollte in jedem Fall vertraglich hingewiesen werden. Darüber hinaus ist zu klären, ob der Sachverständige sämtliche Gewerke des Bauvorhabens überwacht oder Überwachungen zu festgeschriebenen Überwachungsstufen wie beispielsweise Kellerabdichtung, Dachabdichtung, Heizung, Lüftung, Sanitär und Installationen oder ähnliche in sich abgegrenzte Leistungsstufen überwacht.

3) Erfolgt eine durchgängige Überwachung?
Um den Anforderungen an eine hohe Qualität gerecht zu werden, sollte möglichst eine durchgängige Überwachung sämtlicher Gewerke erfolgen, wobei nochmals darauf hingewiesen wird, dass die Einzelüberwachung der Gewerke wiederum nur stichprobenartig erfolgen kann. Um vertraglich zu dokumentieren, welche Leistungen der Sachverständige auch bei einer durchgängigen Überwachung erbringt, wird empfohlen, einen individuellen, objektabhängigen Überwachungsplan vor Durchführung der Überwachungstätigkeit zu erstellen und mit dem Auftraggeber abzustimmen. In dem Überwachungsplan sollten folgende Inhalte gegliedert werden:
– Gewerk
– Bauteilbeschreibung
– Überprüfungsleistung
– voraussichtlicher Termin der Überprüfung und weitere Anmerkungen.

Der Überwachungsplan kann beispielsweise nach nachfolgendem Muster erstellt werden:

| Nr. | Gewerk | Bauteilbeschreibung | | | Überprüfungsleistung | Voraussichtlicher Termin der Prüfung | Anmerkungen |
		Bauteil	Geschoss	Lage			
1	Rohbau	Bodenplatte	EG		Maßhaltigkeit der Bodenplatte und Betonüberdeckung der Bewehrung; Medienrohrleitung	19. KW	
2	Maurer-, Abdichtungsarbeiten	EG Mauerwerk	EG		Ausführungsqualität Mauerwerk, Überbindemaße, fachgerechter Verband, maßliche Übereinstimmung mit der Planung, Spritzwasserabdichtung	Anfang 21. KW	
3	Beton- u. Maurerarbeiten	Mauerwerk 1. OG	1. OG		Fachgerechte Ausführung Mauerwerk 1. OG und Stahlbetondecke über EG sowie Ringankerausbildung	22. KW	
4	Zimmerarbeiten u. Dacheindeckung, Dachklempner	Dach	1. OG		Fachgerechte Ausführung des Dachstuhls und fachgerechte Anbindung der Dachtragkonstruktion im Ringankerbereich, fachgerechte Dacheindeckung, fachgerechte Ausführung der Unterspannbahn	23. KW	

Bild 4: Musterüberwachungsplan

Indem der Auftraggeber einen derart detaillierten Überwachungsplan erhält, der sich an der Ausführungsplanung des Objektes bzw. der Bauzeitenplanung orientiert, ist vertraglich definiert, in welchem Leistungsumfang der Sachverständige tatsächlich tätig wird. Hieraus ergeben sich die Genauigkeitsgrenzen seiner Tätigkeit im Rahmen baubegleitender Qualitätsüberwachungsmaßnahmen. Für den Fall, dass der Sachverständige darüber hinaus im Rahmen der Abnahmen mit beteiligt werden soll, oder für Teilleistungen eine Fertigstellungsbescheinigung erstellen soll, ist eine durchgängige Überwachung zwingend erforderlich. Eine Stufenüberwachung ist nicht möglich, da mit Erklärung beispielsweise der Fertigstellungsbescheinigung die *Mängelfreiheit* des Gewerkes durch den Sachverständigen bestätigt wird. Dieses ist in den meisten Fällen nicht leistbar.

Sorgfaltspflicht des Sachverständigen

Neben dem Vertragssoll ist die Sorgfaltspflicht des Sachverständigen weiterer Bestandteil, der den Umfang und den Rahmen seiner Tätigkeit definiert. Die Sorgfaltspflicht des Sachverständigen gliedert sich zum einen in den eigenen Qualitätsanspruch sowie in die Notwendigkeit zur Überwachung kritischer Bauausführungen.

1) Eigener Qualitätsanspruch:
Hinsichtlich der vom Sachverständigen gestellten Anforderungen werden sich immer Unterschiede zwischen den Auffassungen der Sachverständigen ergeben. Einen eindeutigen Maßstab beispielsweise für handwerkliche Qualitäten erbrachter Leistungen zu finden, ist häufig schwierig. Die Anforderungen, die seitens des Qualitätsüberwachenden erwartet werden, orientieren sich somit immer auch an einem subjektiven eigenen Qualitätsanspruch.

Als Beispiel sei hier die Welligkeit von Putzoberflächen im Rahmen der DIN 18202 genannt. Selbst für den Fall, dass bei einer geputzten oder gespachtelten Wandoberfläche die Anforderungen hinsichtlich der Ebenheitstoleranzen gemäß DIN 18202 eingehalten sind, können sich handwerkliche Unzulänglichkeiten mehr oder minder deutlich abzeichnen. Hier obliegt es dem Sachverständigen, seine Anforderungen an eine einwandfreie handwerkliche Qualität durchzusetzen. Ein weiteres Beispiel ist die Anforderung hinsichtlich der Einheitlichkeit der Farbe bei durchgefärbten mineralischen Putzen.

Bild 5: Ansicht Putzfläche

Bei durchgefärbten dunkleren Putzen ist es oft schwierig, handwerklich eine einheitliche Farbgebung zu erhalten. Auch in Abhängigkeit der Erwartungshaltung des Bauherrn oder Auftraggebers sind hier die Qualitätsmaßstäbe durch den Sachverständigen individuell festzulegen.

Neben der Überprüfung der Einhaltung starrer technischer Normungen ist vielerorts die persönliche Einschätzung des Sachverständigen im Hinblick auf eine zu erbringende Qualität gefordert und durch den Sachverständigen durchzusetzen.

2) Überwachung kritischer Bauausführungen:
Bei jedem Bauvorhaben gibt es Bauausführungen, die grundsätzlich als besonders kritisch einzuschätzen sind. Die Abwägung, ob eine Bauausführung als kritisch einzuschätzen ist, ergibt sich aus der allgemeinen fachlichen Diskussion bzw. auch der allgemeinen fachlichen Erfahrung dahingehend, bei welchen Ausführungen mit einer hohen Fehlerquote gerechnet werden muss. Ausführungsarten, die als besonders kritisch eingestuft werden, sind in jedem Fall durch den Sachverständigen oder Qualitätsüberwacher im Rahmen seiner Tätigkeit zu kontrollieren.

Es kann erwartet werden, dass der Qualitätsüberwacher bei kritischen Bauausführungen weitestgehend durchgängig seiner Überwachungsleistung nachkommt, um der Erfahrung einer hohen Fehlerquote gezielt entgegenzuwirken. Hierbei handelt es sich in jedem Fall um eine Notwendigkeit im Rahmen der Sorgfaltspflicht des Sachverständigen bei Qualitätsüberwachungsmaßnahmen. Beispielhaft seien folgende kritische Bauausführungen erwähnt:

Es ist bekannt, dass derartige Ausführungen häufig zu erhöhten Absenkungserscheinungen des Fußbodenaufbaues und zu Abrissen in den flankierenden Wandanschlussbereichen führen. Derartige Absenkungen sind häufig Ursache für Streitigkeiten im Hinblick auf die Ausführungsqualität. Um derartigen Streitigkeiten vorzubeugen und Mängel zu vermeiden, ist eine durchgängige Überwachung der Leistungen bei der Ausführung von Trockenschüttungen und Trockenestrichen unabdingbar.

Die Ausführung von Dampfsperren muss im Rahmen baubegleitender Qualitätsüberwachungsmaßnahmen zwingend erforderlich mit überwacht werden. Fehler bei der Bauausführung führen zu Leckagen, die nach Fertigstellung des Objektes meist nur mit hohem apparativen Aufwand lokalisiert werden

Bild 6: Ausführung von Trockenschüttungen mit Trockenestrichen beispielsweise bei Altbausanierungsmaßnahmen

können. Der anschließende Sanierungsaufwand ist nochmals um ein vielfaches höher, sodass in Kenntnis des Umstandes, dass Dampfsperren häufig mangelhaft ausgeführt werden, eine weitestgehend durchgängige Überwachung im Rahmen der Bauausführung erfolgen muss.

Bituminöse Dickbeschichtungen waren und sind weiterhin Gegenstand umfangreicher Fachdiskussionen. Auch wenn Dickbeschichtungen nunmehr in der Neufassung der DIN 18195 enthalten sind, ist deren Ausführung als kritische Bauausführung einzuschät-

zen, da die Fehleranfälligkeit relativ hoch ist. Insofern ist eine ständige Überwachung zwingend erforderlich, um eine möglichst hohe Ausführungsqualität zu erhalten.

Nach Abschluss der Baumaßnahme erfolgt die Beauftragung in der Regel entweder zur abnahmebegleitenden Tätigkeit (Erstellen von Mängellisten) oder auch im Hinblick auf die Erklärung der Abnahme bzw. die Ausstellung der Fertigstellungsbescheinigung. Im Hinblick auf die Aufstellung von Mängellisten stellt sich die Frage nach der Notwendigkeit durchzuführender detaillierter Untersuchungen, um die fachgerechte mängelfreie Ausführung möglichst in sämtlichen Konstruktionsbereichen bestätigen zu können. Hier bewegt sich der Sachverständige im Spannungsfeld zwischen „verdecktem Mangel" und der Sorgfaltspflicht bei der Erbringung seiner vertraglich geschuldeten Leistung. In dem Fall sind die Mängellisten so zu formulieren, dass Abweichungen der Ist-Beschaffenheit von der vertraglich geschuldeten Soll-Beschaffenheit dokumentiert werden. Um diesem Auftrag gerecht zu werden, sind zum einen Überprüfungen durch Inaugenscheinnahme üblich. Darüber hinaus ist zu klären, ob Planüberprüfungen durchgeführt werden sollen, um die vorhandene Ist-Beschaffenheit im Hinblick auf das Vertragssoll prüfen zu können. Das Gleiche gilt für die Überprü-

Bild 7: Ausführung von Dampfsperren

Bild 8: bituminöse Dickbeschichtungen

Bild 9: Überprüfung des Anschlusses der Unterspannbahn

fung von Baubeschreibungen und weiteren
vertragsgegenständlichen Unterlagen. Um
Ausführungsmängel bei Beauftragung nach
Durchführung der Ausführung feststellen zu
können, können beispielsweise auch einfache
Maßnahmen ergriffen werden, ohne großen
Eingriff in die Bausubstanz.

Bild 10: Beispiel Blower-Door

Es ist zum Beispiel relativ einfach möglich
durch Aufschieben eines Dachsteines im
Traufenbereich die Ausführungsqualität des
Anschlusses der Unterspannbahn an das
Einhangblech zu überprüfen. Weitere mit
geringem Aufwand durchführbare Untersuchungen sind beispielsweise Maßhal-
tigkeitsüberprüfungen, Gefälleüberprüfungen
auf Balkonen, Überprüfung der Abdichtung
unter Wannen unter anderem durch Öffnen
der Revisionsklappen.

Neben den Überprüfungen durch Inaugenscheinnahme bzw. der Durchführung von Untersuchungen mit geringem Untersuchungsaufwand besteht selbstverständlich heutzutage auch die Möglichkeit, mit aufwendigen
Diagnoseverfahren Ausführungsmängel zu lokalisieren.

Derart aufwendigere Untersuchungen sind
beispielsweise die Durchführung von Blower-
Door-Untersuchungen, auch in Verbindung
mit Rauchprüfungen zur Lokalisierung von
Leckagen an Unterspannbahnen oder die
Durchführung von Infrarotthermografien.

Weitere Überprüfungen ergeben sich beispielsweise hinsichtlich der Dichtigkeits-
messungen an Fenstern mit Ultraschall, der
Überprüfung der Dichtigkeit von Schacht-
abschottungen durch Rauchprüfungen oder
die Untersuchung weitergehender Materialeigenschaften beispielsweise die Überprüfung der Frostbeständigkeit von Klinkern.

Insbesondere hinsichtlich der Überprüfung
von Materialeigenschaften wird darauf hingewiesen, dass es sich hierbei um weitreichen-
de und für den Sachverständigen sehr umfangreiche Untersuchungen handelt. Eine
vollständige Überprüfung der angelieferten
Baumaterialien im Hinblick auf die Übereinstimmung mit den zugesicherten Eigenschaften ist häufig nicht möglich. Selbst für den
Fall, dass beispielsweise für die verwendeten

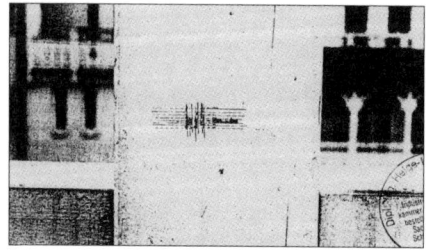

Bild 11: Gitterschnittprüfung

Ubbelohde/Qualitätskontrollen und Abnahmen

Klinker von Vormauerschalen die Prüfzeugnisse im Hinblick auf eine sachgerechte Frostbeständigkeit vorliegen, ist es häufig schwierig zu erkennen, ob auch für die vorgelegte Charge entsprechende Prüfungen durchgeführt wurden, ob die Fremdüberwachungen in den Betrieben sachgerecht erfolgen und ob die tatsächlich angelieferten Klinker den Anforderungen der Prüfungen gerecht werden.

Darüber hinaus haben sich in der Vergangenheit häufig Schäden an Unterspannbahnen gezeigt. Auch bei nicht andauernder UV-Bestrahlung zeigten die Unterspannbahnen in relativ kurzer Zeit umfangreiche Versprödungserscheinungen.

Für einen Sachverständigen ist es fast unmöglich, solche Einflüsse, die für den Fall, dass es zu einem Schaden kommt, zu hohen Instandsetzungskosten führen, auszuschließen.

Desweiteren stellt sich die Frage, ob bei der Erstellung von Mängellisten oder der Tätigkeit des Sachverständigen im Rahmen von Abnahmeverfahren beispielsweise eine sachgerechte konstruktive Durchbildung in nicht mehr einsehbaren Bereichen mit überprüft oder eingeschätzt werden muss. Als Beispiel sei hier die Abdichtungsausbildung bei Bodenplatten genannt. Der Sachverständige kann sich im Rahmen seiner Tätigkeit zum einen auf die Inaugenscheinnahme beschränken oder durch umfangreiche Plan- und Konstruktionsüberwachungen sehr vertieft in die Problematik einsteigen, um eine Einschätzung hinsichtlich der sachgerechten Ausführung zu erhalten.

Die Liste durchführbarer Untersuchungen oder Festlegungen hinsichtlich des Umfanges zu erbringender Leistungen zum Aufspüren von Mängeln bzw. Abweichungen der Ist-Beschaffenheit von der vertraglich geschuldeten Soll-Beschaffenheit ist beliebig fortsetzbar. Dieser Umstand belegt, dass der Sachverständige nicht alles überprüfen kann, sondern sich auf kritische Bauteile beziehen muss und unter Berücksichtigung seiner Sorgfaltspflicht prüft. Wie schwierig es ist im Rahmen einer Abnahme oder einer Fertigstellungsbescheinigung die mängelfreie Erstellung eines Gewerkes oder eines Bauvorhabens zu bestätigen, zeigt die Tätigkeit des Sachverständigen im Rahmen von schiedsgutachterlichen Tätigkeiten. Um eine Einschätzung im Rahmen der schiedsgutachterlichen Tätigkeit zu ermöglichen, sind in der Regel entweder umfangreichste Untersuchungen erforderlich, um eine eindeutige Aussage hinsichtlich der Bauausführung zu erhalten oder die Entscheidungen müssen auf Indizien aufbauen.

Aufgrund vorgenannter vertraglicher Einbindung des Sachverständigen erscheint es zur Vermeidung von einer haftungsmäßigen Inanspruchnahme zwingend erforderlich zu sein, im direkten Auftragsverhältnis mit dem Auftraggeber die mögliche Genauigkeit bei der Durchführung von Qualitätskontrollen entweder im Rahmen baubegleitender Qualitätsmaßnahmen oder den Umfang durchzuführender Untersuchungen im Rahmen von abnahmebegleitenden Tätigkeiten eindeutig zu formulieren.

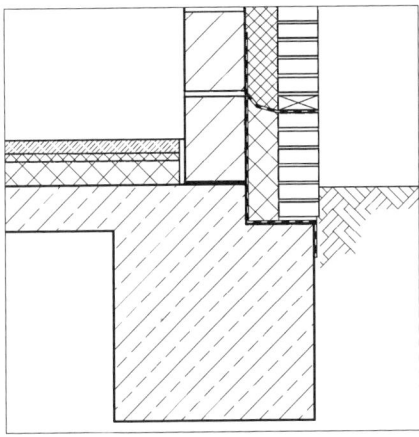

Bild 12: Bodenaufbau, Wandanschluss

4 Vertragliche Vereinbarungen

Der Umfang und die Genauigkeitsgrenzen bei Qualitätskontrollen und im Rahmen von Abnahmen ergeben sich gemäß Vorgenanntem zunächst aufgrund der Sorgfaltspflicht des Sachverständigen, seiner eigenen Qualitätsanforderungen sowie unter Berücksichtigung der bauvertraglich geschuldeten Leistungen. Darüber hinaus sind eindeutige vertragliche Aussagen zwischen Auftraggeber und Qualitätsüberwacher über die zu erbringenden Leistungen unerlässlich, da die vielfältigen Fehlerquellen während eines Bauprozesses nicht wirtschaftlich überprüfbar sind. Um eine eindeutige Haftungsbeschränkung zu erhalten, sind detaillierte Aussagen über den Umfang durchzuführender Überwachungsleistungen und die Durchführung zusätzlicher Verfahren zwingend erforderlich.

Als Fehlerquellen ergeben sich insbesondere folgende zu berücksichtigende Einflüsse:

- Unklare, nicht eindeutige bauvertragliche Regelungen
- Planungsfehler; sowohl fachlich als auch Abweichungen vom Vertragssoll
- Materialfehler
- Ausführungsfehler; verdeckt oder Abweichungen von der Planung bzw. verarbeitungsbedingte Ausführungsmängel.

Um die Tätigkeit des Überwachenden zu definieren, ergeben sich folgende Hinweise im Hinblick auf die vertraglichen Vereinbarungen zwischen Auftraggeber und Qualitätsüberwacher.

- Es erfolgt keine Qualitätssicherung sondern eine Qualitätsüberprüfung allenfalls eine Qualitätsverbesserung.
- Ein gegenbestätigter, projektbezogener Überwachungsplan ist zwingend erforderlich, um den Umfang der Überwachungsleistung in Abstimmung mit dem Auftraggeber festzuschreiben.
- Es muss eine genaue Festschreibung der zu überwachenden Leistungen erfolgen.

Im Rahmen der Formulierung zu erbringender Leistungen sollte Folgendes beachtet werden:
a) Ausschluss von Materialprüfungen
b) Ausschluss von statischen Überprüfungen und Bewehrungsabnahmen falls gewünscht
c) keine Überwachung der Mängelbeseitigung
d) nur Sichtüberprüfungen oder auch vertiefte Prüfungen, wobei festzulegen ist, welche zusätzlichen Untersuchungen und welcher Untersuchungsaufwand tatsächlich geschuldet ist.
e) erfolgen Planüberprüfungen bzw. Überprüfungen weiterer vertragsgegenständlicher Unterlagen wie Baubeschreibungen, Leistungsverzeichnisse etc.

Weitere Festlegung sind ggf. erforderlich und ergeben sich in Abhängigkeit des zu überwachenden Bauvorhabens.

Bei der Durchführung von abnahmebegleitenden Tätigkeiten ist es ebenfalls zwingend erforderlich, den Umfang der durchzuführenden Leistungen festzuschreiben. So ist es erforderlich festzulegen, ob lediglich Sichtprüfungen erfolgen oder welche zusätzlichen Überprüfungen durchgeführt werden. Ebenfalls von Bedeutung ist es, einen Ausschluss für verdeckte Leistungen zu formulieren.

5 Schlussfolgerung

In welchem Rahmen einer Beauftragung sich der Sachverständige auch immer befindet, es muss zwingend erforderlich darauf geachtet werden, dass er lediglich für die von ihm bei gewissenhafter Leistungserbringung erfüllbaren Leistungen haftet. Bei Leistungsbereichen, die er nicht beeinflussen kann, bzw. die auch im Rahmen der geltenden Rechtssprechung nicht eindeutig formuliert werden können (beispielsweise anerkannte Regeln der Technik und Baukunst) muss er sich durch entsprechende vertragliche Formulierungen oder Haftungsausschlüsse absichern. Die Notwendigkeit hoher Genauigkeitsgrenzen bei der Durchführung von Qualitätskontrollen, auch im Rahmen von abnahmebegleitenden Tätigkeiten orientiert sich zum einen an dem vertraglich geschuldeten Erfolg, zum anderen orientiert sich der Umfang zu erbringender Leistungen selbstverständlich auch an dem Qualitätsanspruch des Sachverständigen selber. Für den Fall, dass sich auch hier fließende Übergänge zwischen notwendigerweise und möglicherweise zu erbringender Leistung ergeben, die im Schadensfall Interpretationsspielraum ermöglichen, sollten klare vertragliche Formulierungen bzw. Haftungsausschlüsse Grundlage der Tätigkeit des Sachverständigen sein.

Zielorientiert ergibt sich als Maßgabe die bauvertraglich geschuldete Qualität, die auch immer abhängig ist von dem eigenen Qualitätsanspruch des Sachverständigen im Rahmen seiner Beauftragung zur Durchführung von baubegleitenden Qualitätsüberwachungsmaßnahmen oder im Rahmen von Abnahmetätigkeiten.

Die Praxis der Berücksichtigung von Wärmebrücken und Luftundichtheiten – ein kritischer Erfahrungsbericht –

Dipl. Ing. Robert Dorff, Ingenieurbüro für Bauphysik, Bonn

1 Einleitung

Ein gestiegenes Umweltbewusstsein und die Notwendigkeit zur Reduzierung schädlicher Treibhausgase (Kohlendioxyd) haben im Bausektor zu einem zunehmenden Dämmniveau geführt. Damit treten zwei bisher nicht so besonders beachtete Einzelkriterien in den Vordergrund. Dies sind die Wärmebrücken und die Luftdichtheit der Gebäudehülle. Diese zwei Kriterien haben folgerichtig in der Energieeinsparverordnung ihre besondere Bedeutung erhalten. Somit müssen jetzt die zusätzlichen Transmissionswärmeverluste über Wärmebrücken berücksichtigt werden; im Zusammenhang mit den Lüftungswärmeverlusten ist eine Option gegeben zur Berücksichtigung einer geringeren Luftwechselrate bei nachweislich dicht ausgeführter Gebäudehülle. Die Anforderung an die Dichtheit der wärmeübertragenden Umfassungsflächen von Gebäuden stellt insofern nichts Neues dar und wurde schon immer gefordert auch nach der Wärmeschutz-Verordnung von 1995.

2 Luftdichtheit

In § 5 Abs. 1, Satz 1 der Energieeinsparverordnung (EnEV) ist aufgeführt:
Zu errichtende Gebäude sind so auszuführen, dass die wärmeübertragende Umfassungsfläche einschließlich der Fugen „dauerhaft luftundurchlässig" entsprechend dem Stand der Technik abgedichtet ist.
Dabei wird aus energetischer Sicht die Luftundurchlässigkeit dadurch gekennzeichnet,

dass bei einer messtechnischen Überprüfung nach DIN EN 13829:2002-02 bei einer Druckdifferenz zwischen innen und außen von 50 Pa der gemessene Volumenstrom – bezogen auf das beheizte Volumen – bei Gebäuden:

ohne raumlufttechnische Anlage, also bei unkontrollierter Lüftung: $n_{50} \leq 3{,}0 \ h^{-1}$

und mit raumlufttechnischen Anlagen: $n_{50} \leq 1{,}5 \ h^{-1}$

betragen muss.

Die so ermittelte Luftdichtheit von Gebäuden wird in DIN 4108-6:2000-11, Tabelle 5 nochmals erläutert bzw. beurteilt.

Die Praxis hat gezeigt, dass die nach der EnEV einzuhaltenden Anforderungen an den n_{50}-Wert bei einer einigermaßen sorgfältigen handwerklichen Ausführung bezogen auf Gebäude *ohne raumlufttechnische Anlage* ($n_{50} \leq 3{,}0 \ h^{-1}$) in der Regel gut eingehalten werden können und auch werden. Von bisher 150 durchgeführten Messungen erfüllten über 70 % diese Anforderungen bzw. unterschritten sie deutlich. Da der rechnerische Ansatz einer Luftwechselrate von $0{,}6 \ h^{-1}$ gegenüber einer Luftwechselrate von $0{,}7 \ h^{-1}$ zu einer Energieeinsparung von ca. 10 bis 12 % führt, wird er oft von den Aufstellern der Nachweise eingesetzt, um eventuell die letzten noch fehlenden kWh einzufahren, die

Quelle: DIN 4108-6 : 2000-11, Tab. 5

Luftdichtheit des Gebäudes	Mehrfamilienhäuser n_{50} h^{-1}	Einfamilienhaus n_{50} h^{-1}
Sehr dicht	0,5 bis 2,0	1,0 bis 3,0
Mitteldicht	2,0 bis 4,0	3,0 bis 8,0
Weniger dicht	4,0 bis 10,0	8,0 bis 20,0

dann zu dem erhofften positiven Ergebnis der Anforderungen führen. Da der rechnerische Ansatz nach meiner Auffassung sich nachher im Verbrauch nicht so deutlich auswirkt, weil mit der Erstellung des Nachweises lediglich ein Bedarf errechnet wird, hätte man auch auf diese Option verzichten und für die Luftwechselrate standardmäßig 0,6 h^{-1} einsetzen können, da wie vor aufgeführt der n_{50}-Wert mit 3,0 h^{-1} in der Praxis überwiegend erreicht und eine dauerhaft luftdichte Gebäudehülle sowieso gefordert wird.

Wohngebäude *mit raumlufttechnischen Anlagen* erfüllen nach praktischen Erfahrungen ebenfalls die wesentlich schärferen Anforderungen. Diese Anlagen kommen bisher hauptsächlich bei Passivhäusern zum Einsatz und alle am Bau Beteiligten sind hinsichtlich der Luftdichtheit hier besonders sensibilisiert und eine Messung zur Luftdichtheit ist obligatorisch.

Neben dieser rein energetischen Betrachtung der Luftdichtheit der Außenhülle von Gebäuden, die positiv zu Buche schlägt, sind aber zwei weitere Kriterien wesentlich bedeutender, da sie sich negativ auswirken und zu Bauschäden und Mängeln bei Luftundichtheiten der Gebäudehülle führen, obwohl die Luftdichtheitsprüfung positiv verlaufen ist. Das sind zum einen *Zugerscheinungen* bzw. „Diskomfortzonen" wie sich Prof. Pohl immer ausdrückt bzw. Schäden aufgrund *konvektiver Wasserdampftransporte* in die Konstruktionen bei vorhandenen Undichtheiten (s. Bild 1). Darauf wird in der DIN 4108-7:2002-08 deutlich hingewiesen. Hier ist aufgeführt:

„*Die Einhaltung der Anforderungen an die Luftdichtheit schließt lokale Fehlstellen, die zu Feuchteschäden infolge von Konvektion führen können, nicht aus*".

Diese zwei Kriterien sind wesentlich kritischer einzustufen als die rein gesetzlichen Bestimmungen zur Dichtheit nach EnEV. Hat die Blower-Door-Prüfung ein positives Ergebnis gebracht, so ist der Bauherr in der Regel davon überzeugt, dass alles dicht und eine Bauschadensfreiheit gewährleistet ist. Dies kann aber allein über diese Messungen nicht ausgesagt werden.

Grundsätzlich ist das Problem von Luftundichtheiten bei Leichtkonstruktionen wie Holzkonstruktionen, ausgebauten Dachgeschossen höher anzusetzen als bei rein massiven Konstruktionen mit Stahlbetondächern. Die Luftdichtheitsprüfung oder besser bekannt als Blower-Door Prüfung, ist nur eine *quantitative* Prüfung und *keine qualitative*. Es sollten daher gerade bei Leichtkonstruktionen immer parallel auch Leckagemessungen durchgeführt werden.

3 Beurteilungsprobleme zu Luftundichtheiten

Zur quantitativen Beurteilung der Luftdichtheit von Gebäuden sind die Anforderungen an den Leckagestrom n_{50} gut geeignet, um die Lüftungswärmeverluste zu begrenzen, wobei auch bei den Messungen nach Blower-Door gegebene Messgenauigkeit zu hinterfragen ist. In der Messnorm DIN EN 13 829:

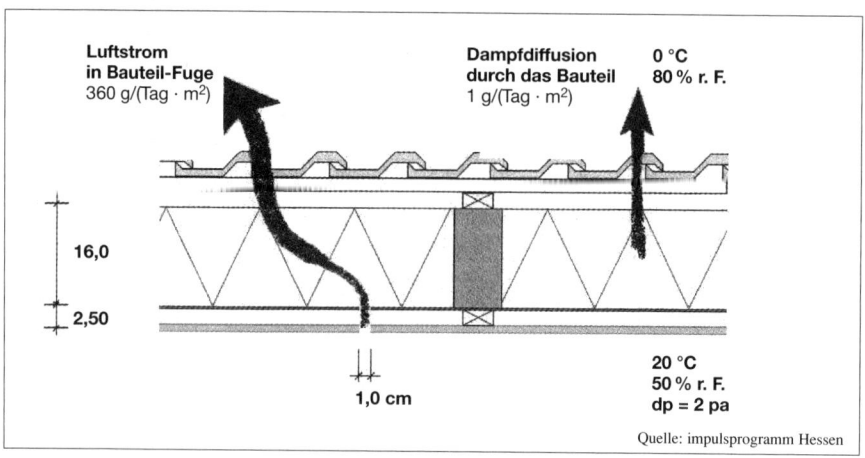

Luftstrom in Bauteil-Fuge 360 g/(Tag · m²)

Dampfdiffusion durch das Bauteil 1 g/(Tag · m²)

0 °C 80 % r. F.

16,0

2,50

1,0 cm

20 °C 50 % r. F. dp = 2 pa

Quelle: impulsprogramm Hessen

Bild 1: Konvektion/Diffusion

Dorff/Wärmebrücken und Luftundichtheiten

2001-02 ist aufgeführt, dass bei windstillem Wetter in der Regel die Gesamtgenauigkeit +/- 15 % beträgt und bei windigerem Wetter bis +/- 40 % ansteigt.

Es heißt, dass die Gebäudehülle *dauerhaft* luftundurchlässig auszubilden ist. Gemessen wird jedoch in der Regel nur einmal und zwar unmittelbar vor der Abnahme des Bauvorhabens. Daraus ergeben sich folgende Fragen: Was ist unter dauerhaft zu verstehen? Die übliche Lebensdauer eines Gebäudes von 100 Jahren? Was passiert, wenn nach 10 Jahren z. B. wegen Beschwerden über Zugerscheinungen nachgemessen wird und die vertraglich einzuhaltende Anforderung an die Luftdichtheit und damit an die Luftwechselrate nicht mehr gegeben ist? Ab welcher Abweichung muss dann nachgebessert werden unter Berücksichtigung der o. a. Messgenauigkeit? Wer trägt die Kosten für eine Nachbesserung? Ist dann ein Ausführungsfehler oder ein Planungsfehler gegeben oder liegt ein versteckter Mangel vor? Gibt es eigentlich eine scharfe Grenze zwischen dichten, also mängelfreien Gebäuden oder undichten und damit mängelbehafteten Gebäuden unter Berücksichtigung der Messgenauigkeit? Gibt es überhaupt das dauerhaft luftundurchlässige Gebäude? Aus der Praxis kann ich feststellen, dass sich eine vollkommene Luftdichtheit konstruktiv-technisch nur schwer herstellen lässt. Hier gibt es baupraktische Grenzen z. B. bei Kehlbalken-Zangenkonstruktionen, die kaum luftdicht herzustellen sind. Es sollte in diesem Zusammenhang über sinnvolle baupraktische Toleranzen nachgedacht werden. Im Moment werden auf den Baustellen praktische Erfahrungen gesammelt, wir sind also in dem Prozess des *„learning by doing"*, und dies unter einem großen wirtschaftlichen Druck, dem die Bauindustrie zurzeit ausgesetzt ist. Ich glaube, der Verordnungsgeber hat in vielen Fällen den Bezug zur Praxis verloren. Bauen ist keine Uhrmacher-Arbeit! Typische Leckagen, die immer wieder auftreten sind in Bild 2 dargestellt. Die Forderung zur Luftdichtheit wird oft unterschätzt sowohl planerisch als auch in der Ausführung.

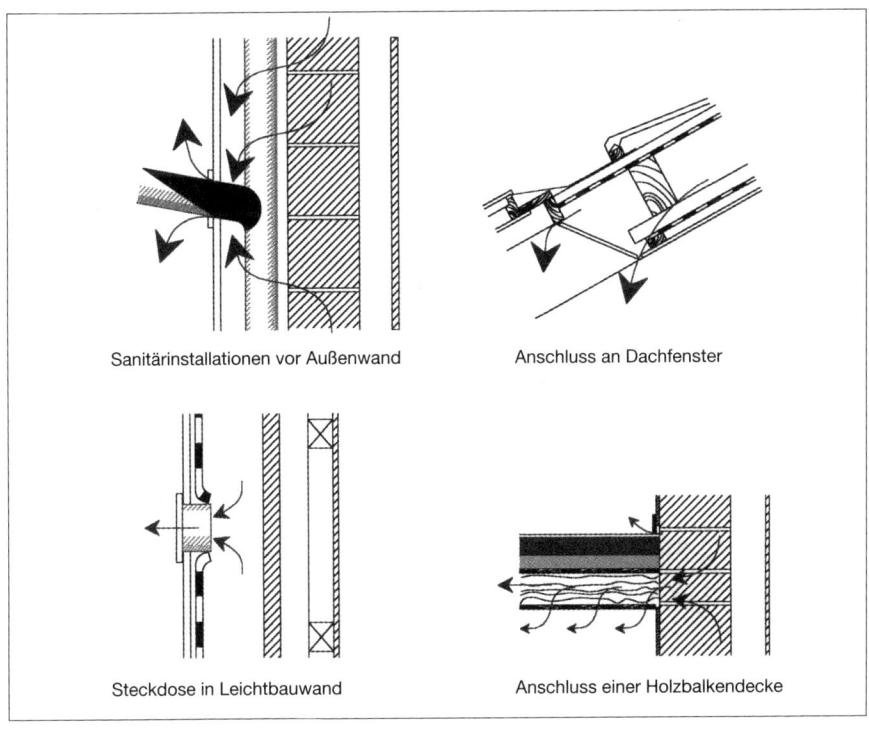

Sanitärinstallationen vor Außenwand

Anschluss an Dachfenster

Steckdose in Leichtbauwand

Anschluss einer Holzbalkendecke

Bild 2: Typische Leckagen

Die DIN 4108-7: 2001-08 wird als allgemein anerkannte Regel der Technik betrachtet hinsichtlich der Anforderungen, Planungs- und Ausführungsempfehlungen und Beispielen zur Luftdichtheit von Gebäuden. Es werden in der DIN jedoch nur Standardlösungen für bestimmte Standarddetails zur Herstellung der erforderlichen Luftdichtheitsebene aufgeführt. Einige sind sicher mit Erfolg einzusetzen, ein großer Teil jedoch der Prinzipskizzen sind nicht praxisgerecht und können nur als Ideengeber angesehen werden. Sind Lösungen praxisgerecht, wenn z. B. innere Bekleidungen in Form von Platten wie GK-Platten oder Holzwerkstoffe ohne flächig eingebaute Folie und nur mit Anschlussfolienstreifen versehen werden und gleichzeitig darauf hingewiesen wird, dass sie wegen häufiger Durchdringungen in der Regel als Luftdichtheitsschicht nicht ge-

eignet sind? (s. Bild 3). Sind Klebebänder oder Klebemassen als dauerhafte Lösung anzusehen? (s. Bild 4). Auch unter Berücksichtigung von Bewegungen in den Konstruktionen z. B. aufgrund thermischer, dynamischer oder sonstiger Kräfte. Wie verfährt man bei eventuell erforderlichen Nachbesserungen bei festgestellten Leckagen? Sind auch Nachbesserungsmöglichkeiten raumseitig möglich, um die Fehlstelle abzudichten, selbst wenn dadurch nicht die eigentliche Fehlstelle in der Luftdichtung behoben wird? Planungshinweise und Prinzipskizzen zu Trapezblechdächern fehlen ganz. Auch in dieser Norm setzt sich der Trend fort, dass viele Normen sich nur auf den Wohnungsbau konzentrieren und Nichtwohnungsbauten mit den dafür typischen Konstruktionen einfach nicht zur Kenntnis genommen werden.

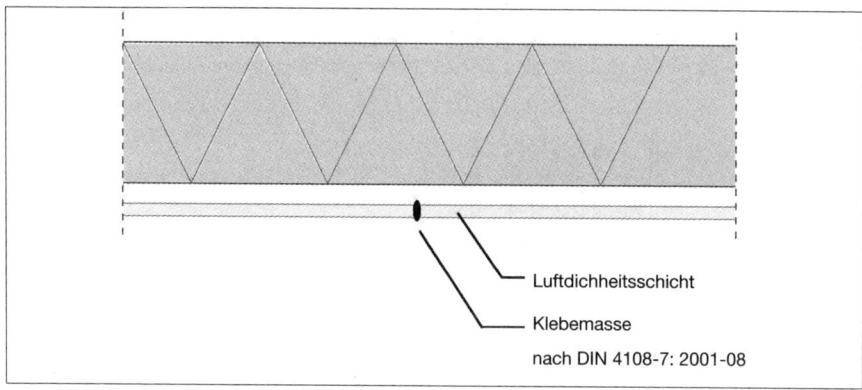

Luftdichtheitsschicht

Klebemasse

nach DIN 4108-7: 2001-08

Bild 3: Luftdichtheitsschicht aus Plattenmaterial

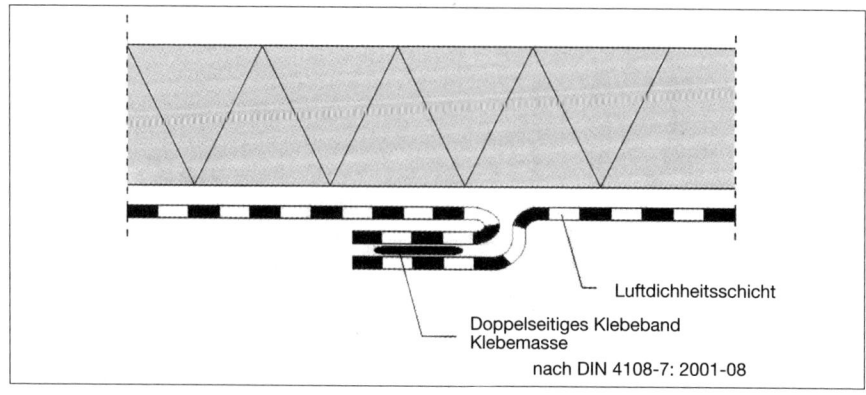

Luftdichtheitsschicht

Doppelseitiges Klebeband
Klebemasse

nach DIN 4108-7: 2001-08

Bild 4: Überlappung mit Klebeband

Dorff/Wärmebrücken und Luftundichtheiten

Leckagen lassen sich gut mit dem Strömungsanemometer lokalisieren. Die Leckstellen sind dann natürlich zu beurteilen. Ein punktuelles Leck ist dabei anders zu beurteilen als ein linienförmiges. Bisher obliegt die Beurteilung der subjektiven Einschätzung des Sachverständigen. Jedoch ergibt sich aus den vielen Veröffentlichungen zu dem Thema Luftdichtheit, dass bei punktförmigen Lecks eine Strömungsgeschwindigkeit von < 2 m/sec bei einem Druckunterschied von 50 Pa im Wohnungsbau als noch zu akzeptieren anzusprechen ist, wobei ich die Grenze bei linienförmigen Lecks wesentlich niedriger legen würde auf < 0,2 m/sec. Das gilt auch für Situationen mit wesentlich kritischeren Raumklimadaten wie bei Schwimmbädern oder Gebäuden mit raumlufttechnischer Anlage, die mit Überdruck betrieben werden. Hier fehlen bisher eindeutige Beurteilungskriterien.

Für die Praxis ist es meines Erachtens daher unerlässlich, dass die DIN 4108 Teil 7 überarbeitet wird durch eine Ergänzung oder ein Beiblatt zu dauerhaft luftundurchlässigen Konstruktionsvorschlägen einschließlich der Beurteilungskriterien zu Leckagen, unter Berücksichtigung der Erfahrungen aus der Praxis.

4 Wärmebrücken

Hinsichtlich der Berücksichtigung der Wärmebrücken in der Praxis zeigt sich ein ähnliches Bild. Der Einbau der Dämmung im Bereich von Wärmebrücken erfolgt oft nachlässig und lückenhaft. Die im Beiblatt 2 zur DIN 4108 aufgeführten Planungs- und Ausführungsbeispiele entsprechen in vielen Beispielen nicht der Praxis. So baut keiner! Auch hier stellt sich für mich die Frage nach der Grenze des Praktischen bzw. der Toleranzen. Es fehlen ganze bauliche Situationen wie z. B. die Beurteilung von Wärmebrücken zu Tiefgaragen. Es gilt ja nach EnEV grundsätzlich, dass man den zusätzlichen Transmissionswärmeverlust über Wärmebrücken für ein Gebäude nur nach einer der drei angeführten Möglichkeiten berücksichtigen und innerhalb eines Nachweises nicht mixen darf. Halte ich mich in einem Konstruktionsdetail z. B. nicht an die Ausführungen des Beiblattes 2 zur DIN 4108, so muss man die Gleichwertigkeit rechnerisch über den längenbezogenen Wärmebrückendurchgangskoeffizienten Ψ nachweisen, um insgesamt für das Gebäude den

Zuschlag von 0,05 W/m²K ansetzen zu können. Für Bauteile gegen Erdreich ist es aber zurzeit nicht möglich, diesen Nachweis zu führen bzw. Ψ-Werte zu berechnen. Wie sieht es z. B. mit Rolladenkästen aus? Nach dem Beiblatt müssen alle zur Zeit auf dem Markt angebotenen Fertigkästen nachgerüstet werden auf eine Dicke der Dämmung von 60 mm der WLG 040 (s. Bild 5). Zurzeit ist das nicht gegeben. Liegt also ein Mangel vor, wenn solche Kästen, die dem Beiblatt 2 nicht entsprechen, einbaut und der Nachweis mit dem Zuschlag von 0,05 W/m²K geführt wurde, wie es überwiegend heute beim Einfamilien-Reihenhausbau geschieht? Greift hier eventuell eine Bagatell-Regelung, wie sie bei sonstigen Rechnungen und Messungen für den energetischen Nachweis zur üblichen Genauigkeit berücksichtigt wird? Das heißt, dass Einflüsse, die das Ergebnis des Wärmeverlustes über Wärmebrücken um weniger als 3 % beeinflussen, vernachlässigt werden können. Die DIN 4108 Beiblatt 2 sieht eine solche Regelung bisher nicht vor. Auch hierzu erwartet die Praxis handhabbare Kriterien.

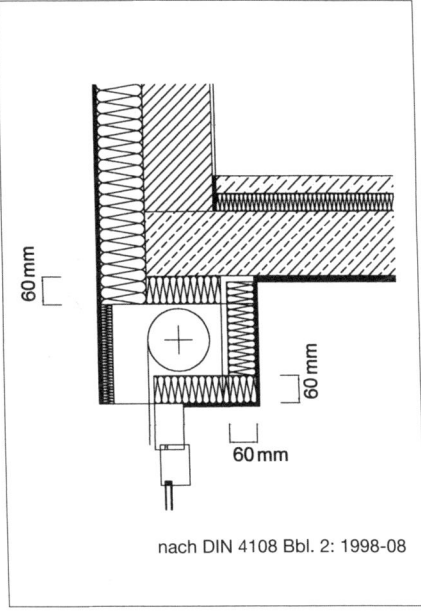

nach DIN 4108 Bbl. 2: 1998-08

Bild 5: Rolladenkästen

5 Klärungsbedarf für die Praxis

Nach den §§ 5 und 6 der EnEV (Dichtheit; Wärmebrücken) gelten die darin aufgeführten Anforderungen an die Luftdichtheit der Gebäudehülle bzw. an die Berücksichtigung der Wärmebrücken auch für Gebäude mit niedrigen Innentemperaturen. Denkt man z. B. an Hallenkonstruktionen (Außenwände in Kassettenbauweise) im Gewerbebau, so sind die gleichen Anforderungen an die Luftdichtheit wie im Wohnungsbau praktisch kaum zu erreichen oder nur mit einem hohen wirtschaftlichen Aufwand. Das gilt auch bezüglich der Wärmebrücken. Wobei hier noch anzumerken ist, dass die Bewertung des zusätzlichen Transmissionswärmeverlustes über Wärmebrücken bei Gebäuden mit niedrigen Innentemperaturen wesentlich überzogen ist. Leider haben die Väter der EnEV es vergessen, für Gebäude mit niedrigen Innentemperaturen ein der Bauart angepasstes Anforderungsniveau zu diesen zwei Themen festzulegen bzw. zu definieren. Ich bin gespannt darauf, wie im Streitfall die juristische Klärung hierzu erfolgt und wie die Gutachter dann hier ihren Sachverstand unter Beweis stellen.

Literatur

[1] Hegner, H.-D: Wie luftdicht muss ein Gebäude sein?
Aachener Bausachverständigentage 2001, Vieweg-Verlag

[2] Dahmen, G: Typische Schwachstellen der Luftdichtheit; Die Luftdichtheit als Beurteilungsproblem. Aachener Bausachverständigentage 2001, Vieweg-Verlag

[3] Zeller, J: Möglichkeiten und Grenzen der Luftdichtheitsprüfung. Aachener Bausachverständigentage 2001, Vieweg-Verlag

[4] Schoch, T: Neue EnEV, Energieeinsparverordnung Bände 1 + 2, Bauwerk Verlag, Berlin 2002

[5] DIN 4108-6: 2000-11 Berechnung des Jahresheizwärme- und des Jahresheizenergiebedarfs

[6] DIN 4108-7: 2001-08 Luftdichtheit von Gebäuden

[7] DIN EN 13 829: 2001-02 Bestimmung der Luftdurchlässigkeit von Gebäuden; Differenzdruckverfahren

[8] DIN EN 832: 1998-12 Berechnung des Heizenergiebedarfs; Wohngebäude

[9] DIN 4108-2: 2003-04 Mindestanforderungen an den Wärmeschutz

[10] Vortragsfolien Impuls Programm Hessen

[11] DIN 4108, Beiblatt 2: 1998-08 Wärmebrücken; Planungs- und Ausführungsbeispiele

Wärmebrücken in Dämmstoffen

Ch. Tanner, K. Ghazi-Wakili, Eidgenössische Materialprüfungs- und Forschungsanstalt, Dübendorf

Definition von Wärmebrücken

Wärmebrücken (WB) sind lokale, thermische Schwachstellen in der Gebäudehülle, wo der ansonsten eindimensional zum Bauteil auftretende Wärmestrom deutlich verändert wird (örtliche Störungen). Dadurch verändern sich auch die Oberflächentemperaturen zwischen den „normalen" und den „schlechten" Stellen, was einerseits energetische Auswirkungen hat und andererseits in Verbindung mit (hoher) Luftfeuchtigkeit zu Schimmelpilzschäden oder Tauwasser führen kann. Das effektive Ausmaß einer WB (energetisch und feuchtemäßig) hängt aber primär von der Größe der Temperaturdifferenz zwischen Innen- und Außenraum ab.

Klassierung von Wärmebrücken:
(man sagt nicht Kältebrücken!)
Je nach Betrachtung oder Fragestellung können WB unterschiedlich klassiert, bzw. angesprochen werden:

nach Form / Dimension

- punktförmig
- linienförmig
- flächig

nach Bauteilart / Ursache

- materiell / konstruktiv
- geometrisch (konstruktiv)
- umgebungsbedingt
- massenstrombedingt

nach Auswirkung

- energetisch relevant / nicht …
- bauschadenträchtig / nicht …
- komfortvermindernd / nicht …

In der Praxis sind grundsätzlich 2 wesentliche Problemstellungen (Auswirkungen) zu unterscheiden:
1. Die *energetischen Auswirkungen* von Wärmebrücken (Wärmeverluste)
2. Die *Gefahr von Schimmelpilz und Tauwasser*
Die Normen grenzen diese beiden Themen jeweils klar ab, da betreffend Schimmelpilz und Tauwasser mehr Sicherheit gefordert ist als bei der Bestimmung des Wärmeverlustes.

Energetische Auswirkungen von Wärmebrücken

Ob eine WB energetisch relevant ist oder nicht und berücksichtigt werden soll/muss, hängt letztlich vom Gesamtzustand eines Gebäudes ab. Wo keine Wärmedämmung vorhanden ist (Gebäude vor den 60er Jahren), sind die Energieverluste sowieso sehr groß und die WB aus energetischer Sicht kaum von Bedeutung. Erst mit dem Einsatz von Wärmedämmstoffen wurde klar, dass Verletzungen oder Durchdringungen dieser sensiblen Schicht erhebliche bauphysikalische Nachteile haben und WB beachtet werden müssen.
In der heutigen Baukunst ist klar, dass mit zunehmender Verbesserung des Wärmeschutzes auch die Bedeutung der WB steigt [8, 9,13] und es gilt der Grundsatz: Wärmebrücken sind so weit wie möglich zu vermeiden! Da dies aber konstruktiv nicht immer möglich ist, wird in einer ganzen Reihe von Normen und Richtlinien beschrieben, wie schon bei der Planung mit den WB umzugehen ist [1 – 13], bzw. wie die WB mit verschiedenen Verfahren nachgewiesen werden können (Berechnungen, WB-Kataloge etc.). Ohne konsequente WB-Vermeidungsstrategie wären heutige Standards wie z. B. Passivhäuser kaum denkbar, denn dort müssen auch kleinste Energieverluste berücksichtigt werden.

Beurteilung von Schimmelpilz und Tauwasser
Werden Berechnungen oder Gutachten betreffend Ausmaß und Akzeptanz von WB erstellt, bei denen es um die zulässigen Oberflächentemperaturen zur Vermeidung von Schimmelpilz und Tauwasser geht [5], so müssen dazu-

gehörige Beurteilungen stets auf der „sicheren Seite" liegen. Es gilt dabei zu beachten, dass sich Gebäude nie in einem stationären Zustand befinden. Einerseits sorgen die Temperaturdifferenzen zwischen Tag und Nacht sowie die unterschiedlichen Strahlungsverhältnisse auf die verschiedenen Fassaden (Sonne auf der Südseite) für ständig wechselnde Oberflächentemperaturen, andererseits sind die Innenraumtemperaturen infolge Bewohnerverhalten, Strahlungsgewinnen durch die Fenster etc. ebenfalls nie konstant. Deshalb sollten für solche Beurteilungen nicht nur Moment-Aufnahmen gemacht werden (Infrarotaufnahme, einzelne Temperaturmesswerte), sondern es müssen Langzeitdaten der Oberflächen- und Umgebungstemperaturen vorliegen. Nur so können sinnvolle Vergleiche zu den Vorgaben in den Normen gemacht werden, wo für die Berechnungs- und Nachweisverfahren meist Randbedingungen mit stationären Zuständen angenommen werden.

Ausgewählte Beispiele von Wärmebrücken in Dämmstoffen

Unterkonstruktionen (UK) bei vorgehängten hinterlüfteten Fassaden (VHF)

VHF gelten allgemein als bauphysikalisch verlässliche und sichere Systeme. Auch bezüglich Wärmeschutz lassen sich damit gute Lösungen realisieren. Die vorgehängte hinterlüftete Bekleidung muss jedoch mit einer Unterkonstruktion (UK) durch die Wärmedämmung hindurch im Tragwerk verankert werden, was unweigerlich zu vielen konstruktionsbedingten Wärmebrücken führt.

Die folgenden Beispiele zeigen, mit welchen Grössenordnungen von zusätzlichen Wärmeverlusten je nach System zu rechnen ist. Nicht berücksichtigt sind hier die Dämmstoffdübel. Diese werden im nächsten Kapitel erläutert.

Untersuchte UK-Systemtypen (Die 5 „Grundsysteme")

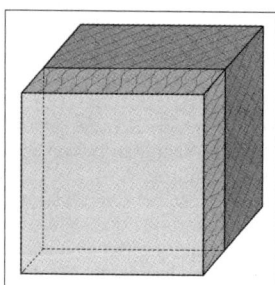

Grafik 1, **System 1:**
„Nullmessung" ohne WB
ohne Unterkonstruktion (UK)

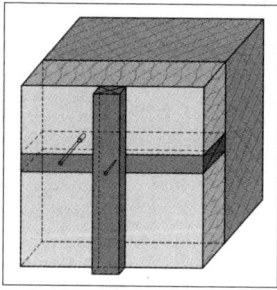

Grafik 2, **System 2:**
Holzlatten einlagig
Lattenabstand a: 60 cm
Holzlatte in WD: 60 x 100 mm

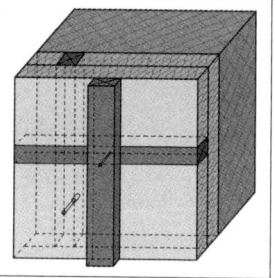

Grafik 3, **System 3:**
2 Holzlatten gekreuzt
Lattenabstand a: je 60 cm
Holzlatten in WD: je 50 x 50 mm

Zu den Konstruktionen:

Tragwerk: Beton, 180 mm

Dämmstoff: Glaswolle, 100 mm
$\rho = 35$ kg/m³

thermisches Trennelement (4b, 5f):
PVC-GHS 6.3 mm
$\lambda = 0.09$ W/m · K

Bei allen Messungen und Berechnungen wurde die vorgehängte Bekleidung weggelassen, da sie energetisch nicht relevant ist.

(Metallfassaden wurden allerdings nicht untersucht)

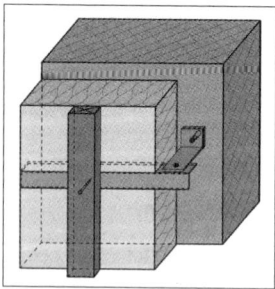

Grafik 4, **System 4:**
Stahlkonsolen
Stahlwinkelprofil *in der WD*

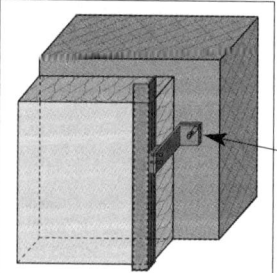

Grafik 5, **System 5:**
Alukonsolen
Aluwinkelprofil *im hinterlüft. Spalt*

Tabelle 1: Resultate der U-Wert Messungen an den 5 Grundsystemen:

System Nr.	Prüfung (Messungen)	Resultat U-Wert Messung [W/m²K]	Zusatzverlust einer Konsole der UK [W/K]	ΔU-Wert [W/m² · K]	Zusatzverlust Systemgerecht
1	Nullmessung (ohne UK)	0.263	0	0.000	0 %
2	Holzlatten einlagig Lattenabstand a = 60 cm	0.318	–	0.055	21 %
3	Zwei Holzlatten gekreuzt Lattenabstand a = je 60 cm	0.296	–	0.033	13 %
4	Stahlkonsolen	0.333[0]	0.042	0.063[1]	24 %[1]
4b	Stahlkonsolen mit thermischen Trennelementen (warmseitig)	0.313[0]	0.030	0.045[1]	17 %[1]
5a	Alukonsolen	0.395[0]	0.079	0.158[2]	60 %[2]
5f	Alukonsolen mit thermischen Trennelementen (warmseitig)	0.324[0]	0.037	0.074[2]	28 %[2]

[0] Prüfwand: 5 Konsolen auf 3 m² = 1 2/3 Konsolen/m²
[1] mit praktischem Wert von 1.5 Konsolen/m² (Je nach Fassadentyp unterschiedlich)
[2] mit praktischem Wert von 2.0 Konsolen/m² (Je nach Fassadentyp unterschiedlich)

Zu den Prüfungen: Nach den ersten Versuchen zeigte sich, dass mit einem thermischen Trennelement zwischen den Metallkonsolen und dem Untergrund die Wärmeverluste massiv reduziert werden können. Deshalb wurden weitere Konstruktionsvariationen in das Messprogramm aufgenommen (Nr. 4b, 5f etc.). Detaillierte Informationen zu diesen Messungen und Berechnungen, sowie Angaben zu marktüblichen Systemen, finden sich in den Resultaten eines EMPA-Projektes, das von mehreren Fassadenverbänden (CH + D → FVHF) unterstützt wurde [10, 18].

Um nicht nur Daten über die vereinfachten Grundsysteme zu haben, wurden in Zusammenarbeit mit mehreren Fassadenverbänden auch diverse marktübliche UK-Systeme untersucht. Die Richtlinie „Bestimmung der wärmetechischen Einflüsse von Wärmebrücken bei vorgehängten hinterlüfteten Fassaden" [10] zeigt die ermittelten Resultate (Beispiel siehe Grafik 6 + 7). Zu beachten ist, dass für die praktische Anwendung nie alle Einflussfaktoren als Variation berücksichtigt werden können (vgl. Tabelle 2).

Resultate der Berechnungen

Mit Hilfe verschiedener Berechnungsresultate wurden Kennlinien ermittelt

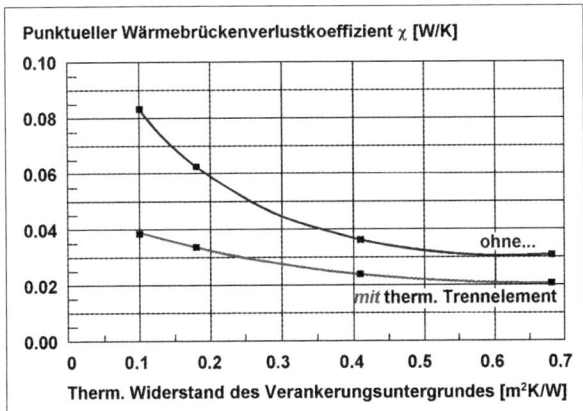

Grafik 6

Tabelle 2

Bauteil	Mögliche Veränderungen	Auswirkung auf die WB*)
Untergrund / Tragwerk	Material (λ-Wert)	mäßig bis groß
Verankerung der UK im Untergrund (Schrauben)	Material (λ-Wert) Dimension (Tiefe, Querschnitt)	klein klein
Kontaktart der UK zum Untergrund	*mit* thermischem Trennelement *ohne* thermischem Trennelement	groß (= massive Reduzierung) groß
UK (Konsolen, Anker)	Material (λ-Wert) Dimension (Querschnitt, Abwicklung) Anzahl Durchdringungen	mäßig bis groß mäßig groß
Wärmedämmung	λ-Wert, Dicke	klein
Kollektorwirkung der UK-Anschlussprofile	Profil für Bekleidung im Dämmstoff Profil für Bekleidung im Luftspalt Kollektorwirkung durch Metallfassade	groß mäßig ? (nicht untersucht)

*) Die Auswirkung der WB ist relativ (im Bezug zur Situation ohne Veränderung) zu sehen.

(Grafik 6), die es dem Praktiker ermöglichen, die punktuellen Wärmeverluste seiner Konstruktion zu bestimmen. Dargestellt ist der WB-Verlust in Abhängigkeit des thermischen Widerstandes R des Verankerungsgrundes. Je einmal mit und ohne thermisches Trennelement.
Damit kann der bisher unbekannte Wärmeverlust einer UK abgeschätzt werden.

„Repräsentativer" Fassadenausschnitt
Grafik 7 zeigt das Montageschema einer Metall-Unterkonstruktion am Beispiel „Grundsystem 5" (Alukonsolen und Aluwinkelprofile). Wenn objektspezifische Fassadenpläne noch

nicht vorhanden sind, kann für eine erste Abschätzung von dieser Situation ausgegangen werden.

Wesentliche Faktoren für die Wärmebrückenwirkung bei UK von VHF
Folgende Faktoren beeinflussen die WB-Wirkung mehr oder weniger stark. Die Tabelle 2 basiert auf den gemachten EMPA-Untersuchungen und gilt primär für Metall-UK.
Nicht in der Tabelle berücksichtigt sind weitere Faktoren wie: Schlechte Anpassung der WD an/um die Anker/Konsolen (vgl. Grafik 15), lufthinterspülte WD (vgl. Grafik 17), Feuchtigkeit in der WD (Wasserleitung durch UK!) u. a.

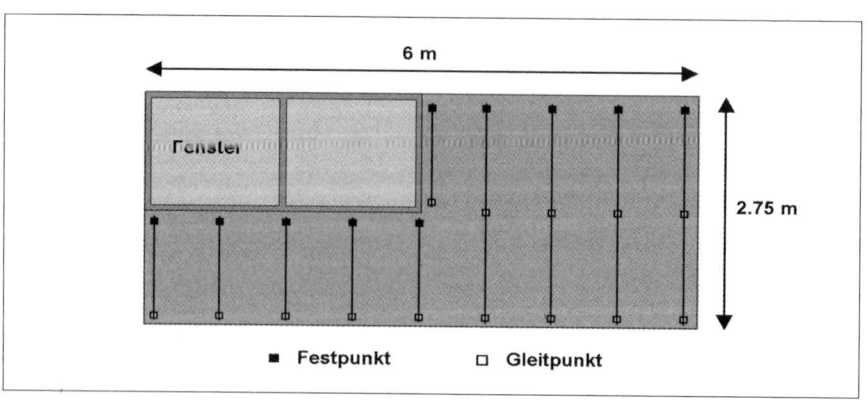

Grafik 7

Dämmstoffdübel bei Wärmedämm-Verbundsystemen (WDVS)

Neben den punktuellen WB, verursacht durch die Unterkonstruktion der VHF, stellt sich auch noch die Frage nach den Wärmeverlusten der Dämmstoffdübel.
Die folgenden Beispiele zeigen, mit welchen Größenordnungen bei WDVS, je nach Dübelart und -anzahl, zu rechnen ist.

Dämmstoffdübel aus reinem Kunststoff (= ohne Stahlschraube), verursachen kaum nennenswerte WB und wurden deshalb nicht untersucht. Zudem sind sie nicht in allen Ländern gleichwertig zugelassen.

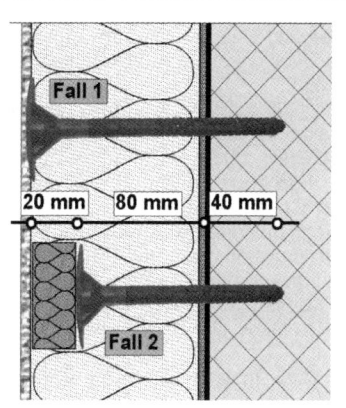

Zur Konstruktion:

Tragwerk:	Beton 180 mm
Dämmstoff:	EPS 80 / 100 / 140 mm
Dübel:	Stahlbolzen Ø 4,5 mm
	Betontiefe 40 mm
Versatz:	20 mm (als Variation)
	d. h. der Dübel ist um 20 mm kürzer!
Putz:	Dünnputz d = 4 mm, λ = 0.7 W/m · K

Grafik 8: Prinzipschema zu Beispiel 1 + 2

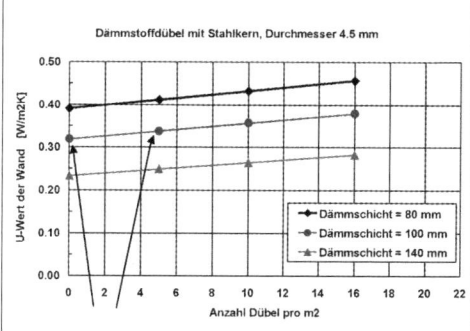

Beispiel 1:
Bei 100 mm WD und 5 Dübeln pro m² (wie Grafik 8, Fall 1) steigt der U-Wert von 0.32 auf 0.34 W/m² · K (= + 5,8 %)

Grafik 9: U-Wert Zunahme mit Dämmstoffdübeln (Stahlkern, Ø 4,5 mm)

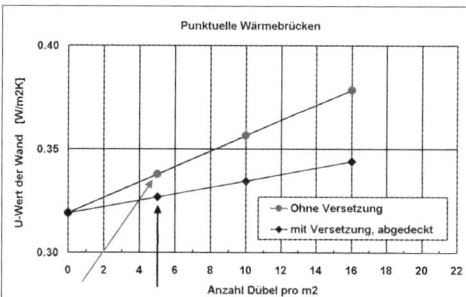

Beispiel 2:
Wird der Dübel um 20 mm in den Dämmstoff hinein versetzt (wie Grafik 8, Fall 2) und das Loch wieder mit Dämmstoff gestopft, so ergibt sich durch die Verkürzung der Wärmebrücke bei 5 Dübeln/m² nur noch eine Zunahme des U-Wertes von 2,4 % statt 5,8 % (wie im Fall 1).

Grafik 10: U-Wert Zunahme mit Dämmstoffdübeln (Stahlkern, Ø 4,5 mm) Dämmstoffdicke: 100 mm, Versatz beim Dübel: 20 mm

Lufthohlräume in Dämmstoffen

Wie mit Lufthohlräumen in der Konstruktion umzugehen ist, wird zzt. in verschiedenen Normen beschrieben. So werden z. B. in der EN ISO 6946 [1] wie auch in der EN ISO 10211-1 [2] Lösungsverfahren beschrieben.
Weitere Anweisungen finden sich auch in den Normen für Fenster.
Dieser Umstand ist für die Anwender verwirrend und die Experten haben erkannt, dass diese Normen überarbeitet und die Vorgehensweise betreffend Lufthohlräume koordiniert werden sollte (CEN/TC 89, ad-hoc group „Calculation of heat transmission" unter Leitung von Brian Anderson (BRE), Deutscher Vertreter: Martin Spitzner).
Will man mit der EN ISO 6946 abschätzen, was ein Lufthohlraum für energetische Konsequenzen hat, so muss man zuerst klar erkennen, dass zwischen Luft*schichten* und Luft*spalten* zu unterscheiden ist:
Luft*schichten* sind grundsätzlich keine Wärmebrücken.

Bei Luft*schichten* werden 3 Kategorien unterschieden:
a) ruhende Luft
b) schwach belüfteter Luftraum
c) stark belüfteter Luftraum.

Welcher Kategorie eine Schicht zuzuordnen ist, hängt hauptsächlich vom Luftaustausch der Schicht mit der Außenluft ab (neben weiteren Randbedingungen).
Je nach Kategorie wird der Wärmedurchlasswiderstand der Luftschicht festgesetzt (Tabellenwert).
Anwendungsbeispiele: Zweischalenmauerwerk (= Kat. a/b), VHF (= Kat. c).
Weitere Beispiele (praktische Anwendungen) siehe auch [14].

Luft*spalten* sind Wärmebrücken im Dämmstoff.
Bei Luft*spalten* werden 3 Korrekturstufen unterschieden:
K 1) nicht (voll durch die WD) durchgehende Spalten, sowie durchgehende Spalten (wie Grafik 12) bis 5 mm Breite.
K 2) durchgehende Spalten (wie Grafik 12) über 5 mm Breite.
K 3) durchgehende Spalten und zusätzliche Luftzirkulation hinter der WD.
Die auszuführende Korrektur hängt dann u. a. von den Konstruktionswiderständen und von einem ΔU-Faktor ab (Details siehe in der Norm).
Zu K 3): Dem Baufachmann sollte klar sein, dass diese Situation sowohl für die Planung als auch für die Ausführung völlig inakzeptabel ist.

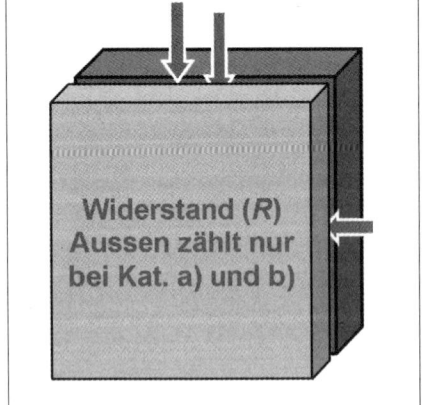

Grafik 11

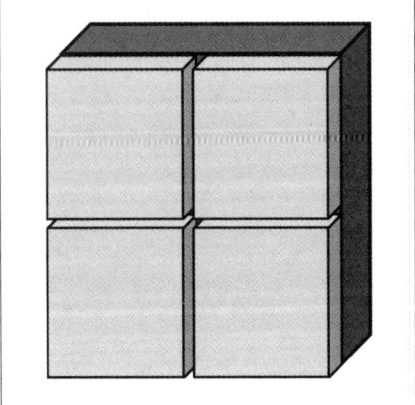

Grafik 12

Tanner, Ghazi-Wakili/Wärmebrücken in Dämmstoffen

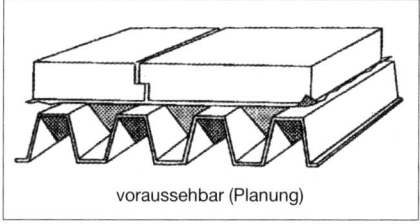

voraussehbar (Planung)

Grafik 13: Luftspalte bei Stufenfalz.
Beispiel aus EN ISO 6946

Beispiele von Luftspalten:
Werden Dämmstoffschichten in Platten oder Bahnen verlegt, besteht die Möglichkeit, dass gewisse Fugenanschlüsse (Plattenstöße) nicht immer satt aneinander liegen. Dies kann z. B. bei Schaumstoffplatten mit Stufenfalz (vgl. Grafik 13), mit Nut und Feder oder aber auch bei ungenügender Rechtwinkligkeit und Maßgenauigkeit von Platten der Fall sein. Auch durch unebene Untergründe, schiefe An- und Abschlüsse oder schlechte Verarbeitungsqualität können Fugen von einigen mm bis cm entstehen (vgl. Grafik 14). Wie eine schlechte Ausführungsqualität in der Praxis zu bewerten ist, bleibt unklar.

Eine Abschätzung mit verschiedenen 3-D Programmen zeigt, dass bei Spaltbreiten von 10 mm (1m/m^2) zusätzliche Verluste im Bereich > 20 % zu erwarten sind und nicht nur eine minimale Erhöhung wie dies nach EN ISO 6946 mit Korrekturstufe 2 der Fall wäre. Die EMPA hat vorgesehen, zu gegebener Zeit weitere Beispiele von Auswirkungen solcher Luftspalten zu berechnen (mit Trisco und Flovent) und diese Berechnungen mit U-Wert Messungen zu vergleichen.

Baustellen-Report ...
Die Wärmedämmung ist eine sehr sensible Schicht innerhalb der Konstruktion. Die Funktionstüchtigkeit bzw. die volle Erfüllung der an sie gestellten Anforderungen kann nur erreicht werden, wenn bei der Planung (Konstruktionsart, Materialwahl) und bei der Ausführung (Verarbeitungsqualität, Fachverständnis) konzeptionell vorgegangen wird. Die Bauleitung sollte Kontrollen während dem Einbau, sowie eine Abnahme der Wärmedämmschicht durchführen, da nachträglich oft kein Einblick mehr in die Konstruktion möglich ist.

Anmerkung betreffend negativen Beispielen der VHF:
VHF sind bauphysikalisch bewährte und sichere Konstruktionen. Dieser Beitrag will keinesfalls die VHF schlecht machen, sondern lediglich in einem guten System die Schwachstellen aufzeigen, damit diese erkannt und verbessert werden können [siehe auch 17].

nicht voraussehbar
(Ausführungsqualität)

Grafik 14: Luftspalten im Dämmstoff infolge
schlechter Verarbeitung. Wird dadurch
der U-Wert vermindert?
Klar ist, dass auf keinen Fall eine Luft-
hinterspülung in der WD auftreten darf!

Grafik 15

Ankermontage bei VHF mit Naturstein (Grafik 15) Der Anteil „verletzter" Wärmedämmung geht hier gegen 30 %. So entstehen nicht nur Energieverluste durch die Metallanker, sondern auch zusätzlich durch die entstehenden Luftspalten und Löcher in der WD.

Werden Dämmstoffe lufthinterspült, so geht die Dämmwirkung verloren. Solche „Operationen" sind schlicht inakzeptabel.

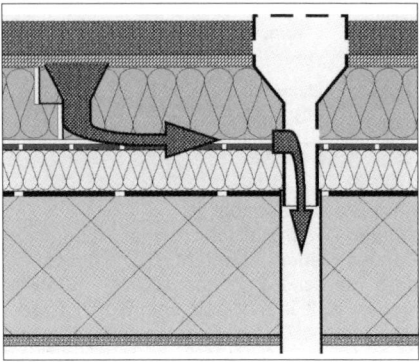

Grafik 18

Grafik 16

Industriebau, Metallkassetten
Solche Konstruktionen bewirken massive WB. Bei Kassetten (a = 330 mm, d = 100 mm) mit zusätzlicher äußerer WD Überdeckung von 40 mm (wie Grafik 16) berechnete die EMPA eine U-Wert Zunahme von 80 % gegenüber 140 mm durchgehender, ungestörter WD. U-Wert Bestimmung von Metallkassetten: [siehe auch 16].

Schnitt durch ein Umkehr-Flachdach
Hier entsteht ein akzeptabler Fall von Dämmstoffhinterspülung. Das z. T. unter der oberen (neuen) WD abfliessende Wasser erwärmt sich und führt damit zu einem Energieverlust. Ob es Sinn macht, diese Verluste mit einer Formel mit 5 Faktoren zu berechnen (= neuster Vorschlag prA1 zu EN ISO 6946) sei dahingestellt.

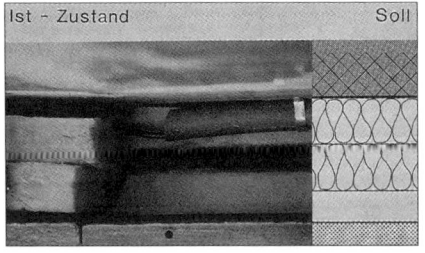

Grafik 17

Blick von oben in eine hinterlüftete Fassade mit Natursteinbekleidung. Beim nachträglichen Verlegen eines Blitzableiters wurde einfach der Dämmstoff vom Untergrund abgerissen und nachher lose in den Hinterlüftungsraum gestellt.

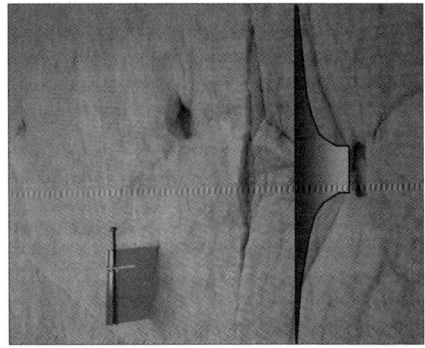

Grafik 19

Hinterlüftete Fassade, Befestigung der Mineralwolle
Werden zu kurze Dübel verwendet, werden sie zu tief verankert oder sind die Teller zu

klein (etc.) können Löcher und/oder der sog. Matratzeneffekt entstehen. Bei Letzterem wird die Dämmleistung der WD einfach um den verlorenen Volumenanteil reduziert.
In Grafik 19: Querschnitt des verlorenen WD Volumen

Eine Wärmedämmschicht mit 2 cm VIP (Vakuum-Isolations-Paneelen, umhüllt von metallisierten Spezialfolien) ersetzt 10 bis 18 cm konventionelle WD. Im Gegensatz zu herkömmlichen Dämmstoffplatten sind bei VIP die WB-Wirkung der Plattenstöße und die Lebensdauer schwergewichtige Themen.

Grafik 20

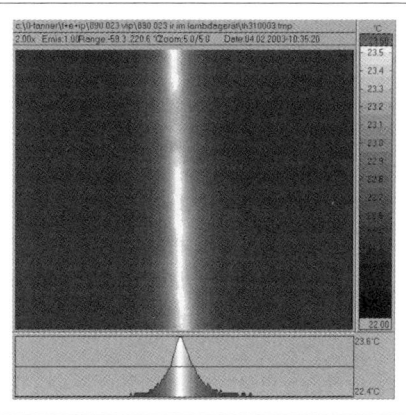

Grafik 22

Hinterlüftete Fassade, bewitterter Dämmstoff
Die meisten Fassadendämmstoffe haben kein Problem, wenn während der Bauphase infolge von Gewitter einmal eine Durchfeuchtung auftritt.
Es gibt aber auch Dämmstoffe, die auf Feuchtigkeit mit massiver Formveränderung und Abfaserung reagieren. Diese sind als Fassadendämmstoff ungeeignet.

Eine Infrarotaufnahme zeigt die WB-Wirkung bei einem Plattenstoß einer VIP Dämmung ($\Delta \vartheta = 14$ K, alubedampfte Kunststofffolie).
Mit welchen Größenordnungen bei welchen Folientypen zu rechnen ist, wird zzt. im Rahmen eines IEA Projektes abgeklärt.

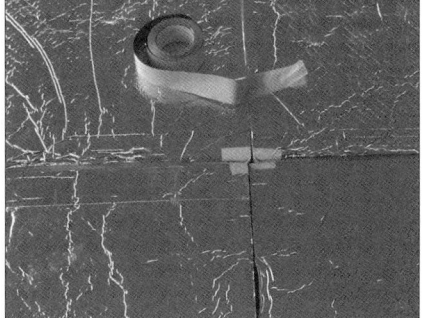

Grafik 21

Normen

[1] EN ISO 6946 (1996)
Bauteile – Wärmedurchlasswiderstand und Wärmedurchgangskoeffizient – Berechnungsverfahren
Dazu: prA1 (Schluss – Entwurf 2002) Korrekturverfahren für Umkehrdächer

[2] EN ISO 10211-1 (1995)
Wärmebrücken im Hochbau – Wärmeströme und Oberflächentemperaturen – Teil 1: Allgemeine Berechnungsverfahren

[3] EN ISO 10211-2 (1999)
Wärmebrücken im Hochbau – Wärmeströme und Oberflächentemperaturen – Teil 2: Linienförmige Wärmebrücken

[4] EN 13187 (1998)
ISO 6781 – (1983, modifiziert)
Wärmetechnisches Verhalten von Gebäuden – Qualitativer Nachweis von Wärmebrücken in Gebäudehüllen – Infrarot-Verfahren

[5] EN ISO 13788 (2001)
Wärme- und feuchtetechnisches Verhalten von Bauteilen und Bauelementen – Raumseitige Oberflächentemperatur zur Vermeidung kritischer Oberflächenfeuchte und Tauwasserbildung im Bauteilinnern – Berechnungsverfahren

[6] EN ISO 13789 (1999)
Wärmetechnisches Verhalten von Gebäuden – Temperaturspezifischer Transmissionswärmeverlust – Berechnungsverfahren

[7] EN ISO 14683 (1999)
Wärmebrücken im Hochbau – Längenbezogener Wärmedurchgangskoeffizient – Vereinfachte Verfahren und Berechnungswerte

[8] EnEV Energieeinsparverordnung (2002)

[9] DIN 4108-2:
Mindestanforderungen an den Wärmeschutz (2001)
DIN 4108 Beiblatt 2: Wärmebrücken – Planungs- und Ausführungsbeispiele (1998)

[10] Richtlinie (1998) von BFE, EMPA, FVHF, SFHF, SSIV, SVDW, SWISSISOL, SZFF: Bestimmung der wärmetechnischen Einflüsse von WB bei vorgehängten hinterlüfteten Fassaden

[11] SIA 180 (1998)
Wärme- und Feuchteschutz im Hochbau

[12] SIA 380/1 (2001)
Thermische Energie im Hochbau

[13] Wärmebrückenkatalog (2003) Bundesamt für Energie (BBL, Nr. 805.159 d)

Literatur

[14] Thomas Ackermann, wksb Heft 47, (Nov. 2001) Bestimmung des U-Wertes und R-Wertes von Bauteilen mit Luftschichten.

[15] Diverse Beiträge zur EnEV, wksb, Heft 48, (Juni 2002) mit Erklärungen zum Umgang mit Wärmebrücken

[16] Helmut Saal, Tobias Loose, Fassadentechnik (5/2002 + 6/2002) Ermittlung der Wärmeverluste an zweischaligen Wandaufbauten (Metallkassetten).

[17] Christoph Tanner, Hinterlüftete Fassaden. Bauphysikalische Untersuchungen (1993) EMPA Schlussbericht F+E Nr. 127'378

[18] Christoph Tanner, Karim Ghazi Wakili, Henk L. Schellen, Wärmebrücken von hinterlüfteten Fassaden, Messungen, Berechnungen, Vergleiche. (1996) EMPA Schlussbericht Nr. 158'740

Beurteilung von Wärmebrücken – Methoden und Praxishinweise für den Sachverständigen

Dipl.-Ing. Günter Dahmen, Architekt und ö. b. u. v. Bausachverständiger, Aachen

Wärmebrücken sind örtlich begrenzte Bereiche in der wärmeübertragenden Hüllfläche eines Gebäudes mit einer im Vergleich zu anderen Bauteilbereichen erhöhten Wärmestromdichte. Prinzipiell unterscheidet man zwei Arten von Wärmebrücken:
– Eine geometrische Wärmebrücke liegt vor, wenn die wärmeabgebende Fläche auf der Außenseite wesentlich größer als die wärmeaufnehmende Fläche auf der Innenseite ist, wie z. B. im Außeneckbereich zwischen zwei Außenwänden (Bild 1).
– Eine materialbedingte Wärmebrücke liegt vor, wenn nebeneinanderliegende Bauteilbereiche deutlich unterschiedliche Wärmeleitfähigkeiten aufweisen (Bild 2).
In der Praxis ist häufig eine Überlagerung dieser Einflüsse festzustellen.
Bei der Beurteilung von Wärmebrücken ist zu unterscheiden zwischen dem gegenüber den Regelquerschnitten in diesen Bereichen erhöhten Wärmeverlust (größerer Wärmedurchgangskoeffizient U) und der damit verbundenen Absenkung der inneren Oberflächentemperatur mit der Gefahr der Tauwasser-/ Schimmelpilzbildung.

Durch das heute geforderte hohe Wärmeschutzniveau der Regelquerschnitte von Bauteilen hat der prozentuale Einfluss von Wärmebrücken auf die Transmissionswärmeverluste von Gebäuden deutlich zugenommen. Er kann bei sehr gut wärmegedämmten Gebäuden einen Anteil von bis zu 20 % der Transmissionswärmeverluste ausmachen. Die Energieeinsparverordnung [1] berücksichtigt dies, indem sie in § 6, Abs. 2, fordert, ... *dass der Einfluss konstruktiver Wärmebrücken auf den Jahres-Heizwärmebedarf nach den Regeln der Technik und den im jeweiligen Einzelfall wirtschaftlich vertretbaren Maßnahmen so gering wie möglich gehalten wird. Der verbleibende Einfluss der Wärmebrücken ist bei der Ermittlung des spezifischen, auf die wärmeübertragende Umfassungsfläche bezogenen Transmissionswärmeverlustes und des Jahres-Primärenergiebedarfs zu berücksichtigen.*
Dazu sieht die EnEV folgende Nachweisalternativen vor:
1. Bei der Ermittlung des Transmissionswärmeverlustes wird ein pauschaler Zuschlagswert $\Delta U_{WB} = 0{,}10$ W/(m²K) für die

Bild 1: Schimmelpilzbildung an geometrischer Wärmebrücke

Bild 2: Schimmelpilzbildung an materialbedingten Wärmebrücken

gesamte wärmeübertragende Umfassungsfläche angesetzt. Hierbei wird von einer fachgerechten, nicht genauer definierten Ausführung der Bauteile ausgegangen.

2. Werden die Detailpunkte entsprechend den Planungs- und Ausführungsbeispielen des Beiblatts 2 zu DIN 4108 [5] ausgeführt, verringert sich der Zuschlagswert ΔU_{WB} auf 0,05 W/(m^{2}K) für die gesamte wärmeübertragende Umfassungsfläche.

3. Statt der pauschalen Zuschläge können die in der Regel linienförmigen Wärmebrücken durch im Einzelnen berechnete Wärmebrückenverlustkoeffizienten Ψ berücksichtigt werden.

Zu 1.: Pauschaler Zuschlagswert
$$\Delta U_{WB} = 0,10 \text{ W/(m}^2\text{K)}$$

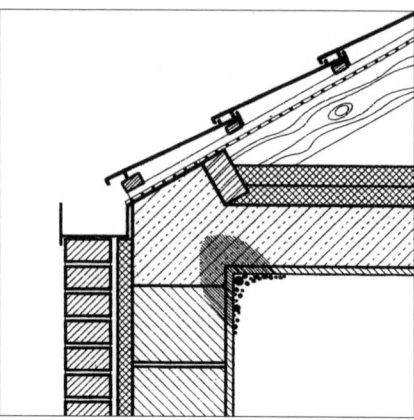

Bild 3: Schimmelpilzbildung am Dachdeckenauflager

Bei Ansatz dieses Zuschlagswerts sind die zu berücksichtigenden Detailpunkte nach den Regeln der Technik, d. h. nach den Mindeststandards der DIN 4108-2: 2003-04 [3] auszubilden, um Schäden z. B. in Form von Schimmelpilzbildung zu vermeiden.

In dieser Norm wird der Mindestwärmeschutz als eine Maßnahme definiert, die an jeder Stelle der Innenoberfläche der Systemgrenze bei üblicher Nutzung und ausreichender Beheizung und Lüftung ein hygienisches Raumklima sicherstellt, so dass Tauwasser- und Schimmelpilzfreiheit an Innenoberflächen von Außenbauteilen im Ganzen und in Ecken gegeben ist. Diese Definition ist durch die Anhebung des Mindestdämmwertes R von Außenwänden von 0,55 m^{2}K/W auf $\geq$ 1,2 m^{2}K/W möglich geworden, weil hierdurch entsprechend höhere innere Oberflächentemperaturen auch in Ecken zustande kommen.

Dem Bausachverständigen wird häufig die Frage gestellt, ob die in einem Teilbereich der Außenbauteile aufgetretenen Schimmelpilze (Bild 3) auf einen Baumangel, d. h. auf eine mangelhaft wärmegedämmte Wärmebrücke zurückzuführen sind, oder ob Heizungs- und/ oder Lüftungsfehler hierfür ursächlich sind, also ein Bewohnerfehlverhalten vorliegt.

Im thermischen Einflussbereich von Wärmebrücken können deutlich niedrigere Innenoberflächentemperaturen als im ungestörten Regelquerschnitt auftreten. Mögliche Folgeerscheinungen sind der Ausfall von Tauwasser und Schimmelpilzbildung. Die raumseitige Oberflächentemperatur kann daher nicht nur zur Beurteilung der thermischen Behaglichkeit herangezogen werden, sondern auch

um die Gefahr von Tauwasser- und Schimmelpilzbildung abzuschätzen und zu verringern.

DIN 4108-2: 2003-04 führt in diesem Zusammenhang in 6.2 „Maßnahmen zur Vermeidung von Schimmelpilzbildung" aus:

– *Für Ecken von Außenbauteilen mit Mindestwärmeschutz ist kein gesonderter Nachweis erforderlich.*

– *Wärmebrücken, die beispielhaft in DIN 4108 Beiblatt 2 [5] aufgeführt sind, sind ohne Nachweis ausreichend wärmegedämmt.*

– *Für alle davon abweichenden Konstruktionen muss der Temperaturfaktor an der ungünstigsten Stelle die Mindestanforderung $f_{Rsi} \geq 0,70$ erfüllen. Fenster sind davon ausgenommen. Für sie gilt DIN EN ISO 13788 [9].*

Unter dem Temperaturfaktor, wie er in DIN EN ISO 10211-2 [7] festgelegt ist, wird der Quotient aus der Differenz zwischen der Innenoberflächentemperatur und der Außenlufttemperatur und der Differenz zwischen Innenlufttemperatur und Außenlufttemperatur verstanden.

$$f_{Rsi} \geq \frac{\theta_{si} - \theta_e}{\theta_i - \theta_e}$$

Hierin bedeuten:

θ_{si} die raumseitige Oberflächentemperatur
θ_i die Innenlufttemperatur
θ_e die Außenlufttemperatur

Es liegen folgende Randbedingungen zugrunde:
– Innenlufttemperatur $\theta_i = 20\,°C$
– relative Luftfeuchte innen $\varphi_i = 50\,\%$

Dahmen/Beurteilung von Wärmebrücken

– auf der sicheren Seite liegende kritische zugrundegelegte Luftfeuchte nach DIN EN ISO 13788 für Schimmelpilzbildung auf der Bauteiloberfläche φ_{si} = 80 %
– Außenlufttemperatur θ_e = -5 °C
– Wärmeübergangswiderstand, innen
  R_{si} = 0,25 m²K/W (beheizte Räume)
  R_{si} = 0,17 m²K/W (unbeheizte Räume)
– Wärmeübergangswiderstand, außen
  R_{se} = 0,04 m²K/W

Die zur Berechnung des Temperaturfaktors notwendige niedrigste innere Oberflächentemperatur wird mittels Wärmebrückenberechnungsprogrammen ermittelt.

Bei Wärmebrücken in Bauteilen, die an das Erdreich oder an unbeheizte Kellerräume und Pufferzonen grenzen, muss von den in Tabelle 5 der DIN 4108-2 angegebenen Randbedingungen ausgegangen werden.

Tab. 5 der DIN 4108-2: Temperaturrandbedingungen zur Wärmebrückenberechnung

Gebäudeteil bzw. Umgebung	Temperatur[a], θ °C
Keller	10
Erdreich	10
Unbeheizte Pufferzone	10
Unbeheizter Dachraum	-5

[a] Randbedingungen nach DIN EN ISO 10211-1

Aus o. a. Formel folgt unter Berücksichtigung der genannten Randbedingungen und von f_{Rsi} = 0,7 für die raumseitige Oberflächentemperatur ein Wert θ_{si} = 12,5 °C.

Flächen mit einer Oberflächentemperatur θ_{si} = 12,5 °C bleiben bei einer Innenlufttemperatur θ_i = 20 °C bis zu einer relativen Luftfeuchte von ca. 63 % tauwasserfrei.

Dieser Zusammenhang war auch nach alter DIN 4108 schon die Grundlage für die Festlegung des Mindestwärmeschutzes, allerdings nur für den ungestörten Regelquerschnitt von Außenwänden. Nunmehr gilt dieses Kriterium auch für den Bereich von Wärmebrücken, z. B. für den Außeneckbereich zwischen zwei Außenwänden.

Nach DIN 4108-2: 2003-04 ist *die Tauwasserbildung vorübergehend und in kleinen Mengen an Fenstern sowie Pfosten-Riegel-Kon*struktionen zulässig, falls die Oberfläche die Feuchtigkeit nicht absorbiert und entsprechende Vorkehrungen zur Vermeidung eines Kontaktes mit angrenzenden empfindlichen Materialien getroffen werden.*

Für übliche Verbindungsmittel, wie Nägel, Schrauben, Drahtanker, sowie beim Anschluss von Fenstern an angrenzende Bauteile und für Mörtelfugen von Mauerwerk nach DIN 1053-1 braucht für den Mindestwärmeschutz kein Nachweis der Wärmebrückenwirkung geführt zu werden.

Zur Beurteilung von Details über den Temperaturfaktor f_{Rsi} können Wärmebrückenkataloge [11] herangezogen werden, die für verschiedene Randbedingungen (z. B. Wärmeleitzahlen, Schichtdicken u. a.) eine Vielzahl von Detailpunkten enthalten. Der Temperaturfaktor kann dann einfach abgelesen werden (Bild 4).

Für nicht ausreichend durch Kataloge beschriebene Detailkonstruktionen sind Einzelnachweise in Form von Temperaturfeldberechnungen erforderlich. In diesem Fall kann statt des Nachweises des Temperaturfaktors unter Berücksichtigung der speziellen Temperaturrandbedingungen das Kriterium relative Luftfeuchte an der Oberfläche $\varphi_{si} \leq$ 80 % untersucht werden (nach DIN EN ISO 13788: 2001-11).

Neben den Maßnahmen zur Vermeidung von Schimmelpilz werden in der DIN 4108-2: 2003-04 Angaben zur Vermeidung erhöhter Transmissionswärmeverluste gemacht:
– Der Wärmeverlust dreidimensionaler Wärmebrücken kann wegen ihrer begrenzten Flächenwirkung in der Regel vernachlässigt werden.
– Der erhöhte Wärmeverlust zweidimensionaler Wärmebrücken ist jedoch nachzuweisen (bauteilbezogen nach DIN EN ISO 10211-2 unter Berücksichtigung von Korrekturfaktoren nach DIN EN ISO 6946 [6] bzw. mittels eines pauschalen Zuschlagswerts für das gesamte Gebäude nach DIN V 4108-6).
– Auskragende Balkonplatten, Attiken, freistehende Stützen sowie Wände mit $\lambda > 0,5$ W/(m·K), die in den ungedämmten Dachbereich oder ins Freie ragen, sind ohne zusätzliche Wärmedämmmaßnahmen unzulässig.

Zu 2.: Pauschaler Zuschlagswert
ΔU_{WB} = 0,05 W/(m²K)

Voraussetzung für die Berücksichtigung des Einflusses von Wärmebrücken durch Ansatz des halbierten Zuschlagswerts bei der Ermitt-

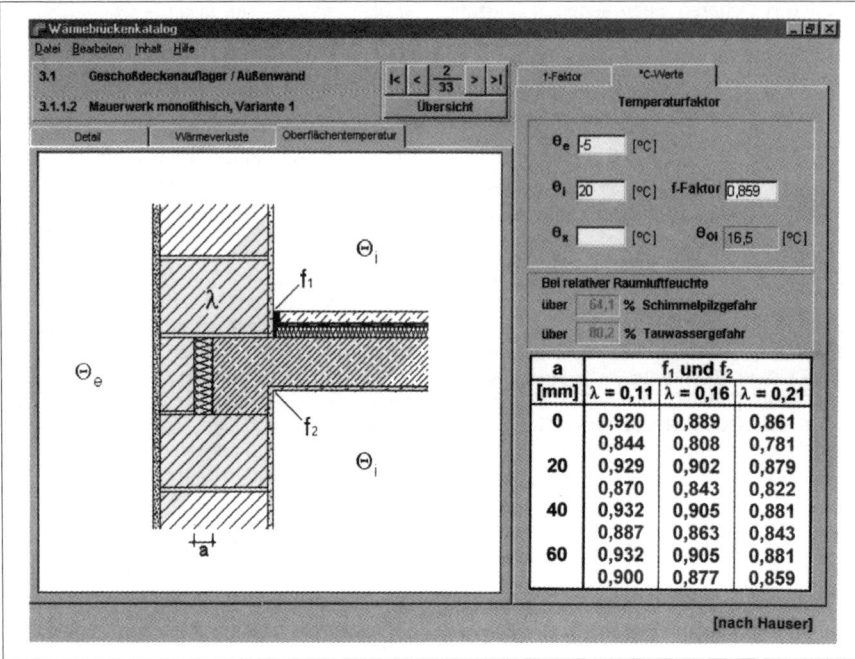

Bild 4: Detail Geschossdeckenauflager/Außenwand mit Angabe der Temperaturfaktoren [11]

lung des Transmissionswärmeverlusts bzw. des Jahres-Primärenergiebedarfs ist – beim Heizperiodenbilanzverfahren der EnEV ist dieser Ansatz neben der Einzelberechnung vorgeschrieben –, dass die Detailpunkte entsprechend den Planungs- und Ausführungsbeispielen des Beiblatts 2 zu DIN 4108 oder diesen gleichwertig ausgebildet werden. Bild 5 zeigt ein solches Beispiel. Nach DIN 4108-2: 2003-04 gelten diese Beispiele ohne gesonderten Nachweis als ausreichend wärmegedämmt.

Schwachstellen des Beiblatts sind, dass viele dieser Beispiele wegen ihrer vielen zu berücksichtigenden Einzelheiten in der Praxis nicht oder nur schwer ausführbar sind. Darüber hinaus werden keine Angaben zum längenbezogenen Wärmedurchgangskoeffizient Ψ gemacht.

Das Beiblatt enthält zwar eine Vielzahl von Beispielen zur wärmeschutztechnisch mangelfreien Ausführung von Bauteilanschlüssen, erfasst aber selbstverständlich bei weitem nicht alle im Hochbau vorkommenden Anschlussdetails. Andere als in dem Beiblatt aufgeführte Ausführungen gelten als gleich-

wertig, wenn das dargestellte Konstruktionsprinzip und die Wärmedurchgangskoeffizienten der Außenbauteile eingehalten werden. Leider werden aber im Beiblatt die „Konstruktionsprinzipien", die den Musterbeispielen zugrunde liegen, nicht dargestellt. Der

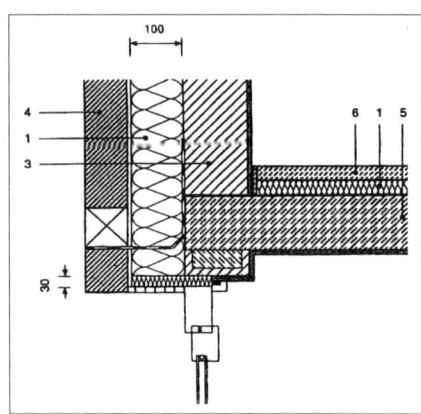

Bild 5: Fenstersturz – kerngedämmtes Mauerwerk [5]

Dahmen/Beurteilung von Wärmebrücken

Planer bzw. Sachverständige muss sich im Zusammenhang mit abweichenden Ausführungen die Konstruktionsregeln selbst durch Vergleich der unterschiedlichen Musterdetails herleiten. Diese sind aber nicht eindeutig und nicht immer nachvollziehbar, wie das Beispiel Geschossdeckenauflager in einschaligem Mauerwerk zeigt.

Wenn die Decke zwischen zwei Normalgeschossen etwa bis zur Wandmitte geführt wird, ist sie vor Kopf mit 60 mm Dämmung der Wärmeleitfähigkeitsgruppe 040 zu dämmen. Wird die gleiche Geschossdecke bis zur Außenseite geführt, ist die ebenfalls 60 mm dicke Wärmedämmung der Stirnfläche jeweils eine Steinlage – zur Höhe werden keine Angaben gemacht – nach oben und unten über das Mauerwerk übergreifend auszuführen (Bild 6). Anders verhält es sich beim Auflager einer Decke über einem beheizten Kellergeschoss. Hier ist nach Beiblatt 2 die Wärmedämmung vor Kopf der Decke nur eine Steinlage nach unten, aber nicht nach oben übergreifend anzuordnen, obwohl die gleiche Grundsituation vorliegt (Bild 7). Das ist vom Prinzip her nicht nachvollziehbar und macht hinsichtlich der Glaubwürdigkeit der Beispiele nachdenklich. Diese Überlegungen und Forderungen sind nicht neu. Bereits in einer Broschüre der Deutschen Gesellschaft für Mauerwerksbau aus dem Jahr 1981 [14] wird nur die seitlich über das Mauerwerk übergreifende Anordnung der Wärmedämmung – hier einer Stahlbetonstütze – als gut bezeichnet. (Bild 8).

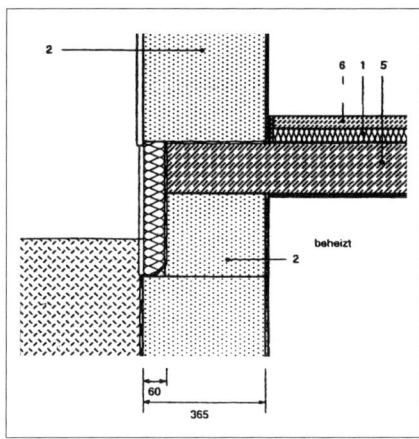

Bild 7: Kellerdecke – monolithisches Mauerwerk [5]

Der Sachverständige kann die Frage, ob ein vorhandenes Detail der entsprechenden Ausführung des Beiblatts wärmeschutztechnisch gleichwertig ist, nicht allein über die Berechnung des Wärmebrückenverlustkoeffizienten Ψ der abweichenden Konstruktion beantworten, sondern er muss auch – weil im Beiblatt nicht angegeben – den Wärmebrückenverlustkoeffizienten des Musterdetails berechnen und kann dann die Wärmeverluste jeweils längenbezogen vergleichen. Nur wenn der Wärmeverlust des abweichenden Details höchstens gleich groß wie der Wärmeverlust des Vorschlagdetails ist, können beide Lösungen wärmeschutztechnisch als gleichwertig bezeichnet werden.

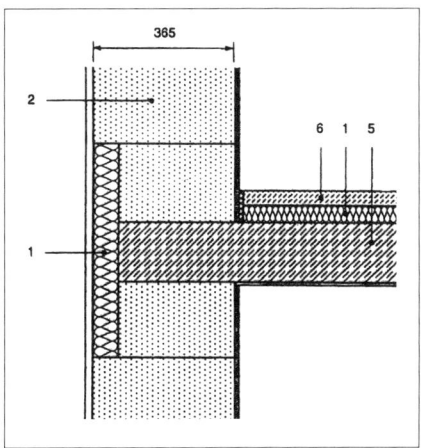

Bild 6: Geschossdecke – monolithisches Mauerwerk [5]

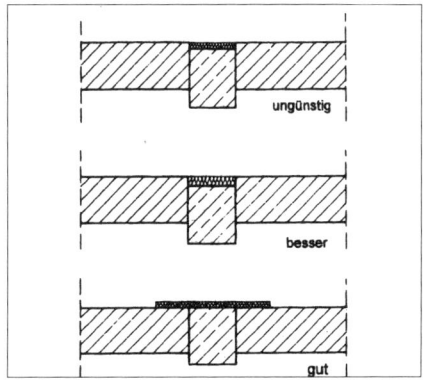

Bild 8: Anordnung von Dämmschichten [14]

Dies soll an dem Beispiel des Geschossdeckenauflagers verdeutlicht werden. Geplant war das Detail entsprechend Beiblatt 2 mit 60 mm Dämmung der Wärmeleitfähigkeitsgruppe 040 vor Kopf der etwa bis zur Wandmitte geführten Geschossdecke. Aus dem Wärmebrückenkatalog von Hauser [11] ist für dieses Detail bei einem Mauerwerk mit der Wärmeleitzahl $\lambda = 0,21$ /W/(mK) ein Wärmebrückenverlustkoeffizient $\psi = 0,04$ W/(mK) zu entnehmen (Bild 9). Tatsächlich ausgeführt war aber nur eine 40 mm dicke Dämmung, allerdings der Wärmeleitfähigkeitsgruppe 025. Die mit diesen Werten durchgeführte rechnerische Überprüfung ergab ebenfalls einen Wärmebrückenverlustkoeffizient von $\psi = 0,04$ W/(mK) (Bild 10). Beide Varianten sind also hinsichtlich ihrer wärmetechnischen Qualität als gleichwertig zu bezeichnen.

Zu 3.: Einzelberechnung des Wärmeverlustes über Wärmebrücken

Die dritte Alternative zur Berücksichtigung des Wärmeverlustes über Wärmebrücken ist der Einzelnachweis aller Wärmebrücken nach DIN V 4108-6: 2001-11 [4] in Verbindung mit weiteren anerkannten Regeln der Technik (DIN EN ISO 10211 Teil 1 und 2 [7] DIN ISO 14683: 1999-09 [10].

In den Nachweis nach DIN V 4108-06 mindestens einzubeziehende Wärmebrücken sind:
– Gebäudekanten
– Fenster und Türanschlüsse (umlaufend)
– Wandeinbindungen und Deckenauflager
– Thermisch entkoppelte Balkonplatten

Die Einzelberechnung erfolgt nach

$$F_{XK} \cdot \Psi_K \cdot l_K$$

Hierin bedeuten:

F_{XK} Temperatur-Korrekturfaktor (bauteilabhängig)

Ψ_K längenbezogener Wärmedurchgangskoeffizient (nach DIN EN ISO 10211-2 berechnet oder aus Wärmebrückenkatalogen entnommen)

l_K Länge der jeweiligen Wärmebrücke

Die einzelnen Verlustwerte werden aufaddiert und dem spezifischen Transmissionswärmeverlust hinzugerechnet. Bei guter Detailpla-

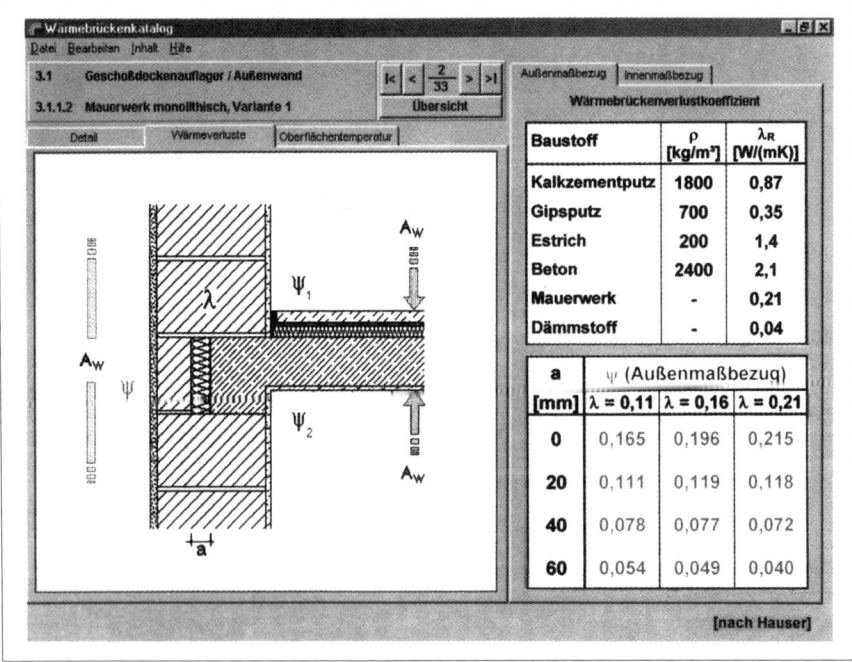

Bild 9: Detail Geschossdeckenauflager/Außenwand mit Angabe der Wärmebrückenverlustkoeffizienten [11]

Dahmen/Beurteilung von Wärmebrücken

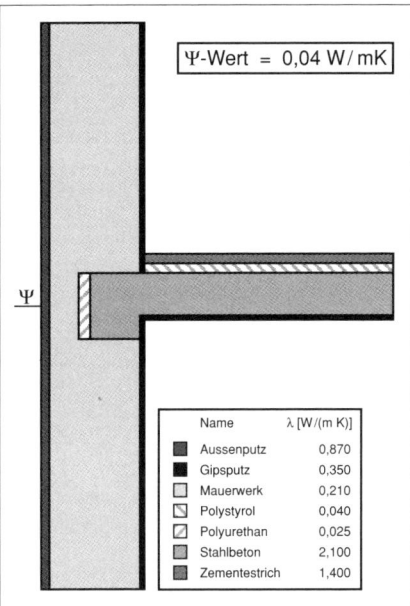

Ψ-Wert = 0,04 W / mK

Ψ

Name	λ [W/(m K)]
Aussenputz	0,870
Gipsputz	0,350
Mauerwerk	0,210
Polystyrol	0,040
Polyurethan	0,025
Stahlbeton	2,100
Zementestrich	1,400

Bild 10: Detail Geschossdeckenauflager/Außen-
wand, Variante 4 cm Dämmung, WLG 025

nung ist ein deutlich geringerer Zuschlag als ΔU_{WB} = 0,05 W/(m²K) möglich.

Vergleicht man die Auswirkungen der möglichen Nachweisalternativen auf den Jahresprimärenergiebedarf am Beispiel eines frei-stehenden Einfamilienhauses (eingeschossig, Dachgeschoss ausgebaut, Keller beheizt, Fensterflächenanteil 20 %, natürliche Lüftung, Niedertemperaturkessel 70/55 °C mit zentraler Trinkwassererwärmung) mit $Q"_{p\,zul.}$ = 110,34 kWh/(m²·a), so kommt man zu folgendem Ergebnis (Bild 11):

Ausgehend von einer Berücksichtigung des Wärmebrückeneinflusses durch ΔU_{WB} = 0,05 W/(m²K) mit $Q"_{p\,vorh.}$ = 96,60 kWh/(m²·a) = 100 % verringert sich $Q"_{p\,vorh.}$ auf 89,58 kWh/(m²·a) = 92,73 %, wenn ΔU_{WB} zu 0,01 W/(m²K) berechnet wird. Wird ΔU_{WB} pauschal mit 0,1 W/(m²K) angenommen, erhöht sich $Q"_{p\,vorh.}$ auf 105,36 kWh/(m²·a) = 109,07 %.

Der Unterschied in der Berücksichtigung des Wärmebrückeneinflusses auf den Jahresprimärenergiebedarf beträgt demnach rund 16 %.

Energieeinsparverordnung und DIN V 4108 fordern übereinstimmend, dass bei Ansatz des verringerten Zuschlagswertes ΔU_{WB} = 0,05 W/(m²K) alle relevanten Wärmebrücken entsprechend den Planungs- und Ausführungsbeispielen des Beiblatts 2 zu DIN 4108 optimiert ausgeführt werden müssen.

Weicht auch nur ein Detail von den Vorgaben des Beiblatts ab, ist entweder der volle Zuschlagswert ΔU_{WB} = 0,1 W/(m²K) anzusetzen – das hätte in dem o. a. Beispiel des Einfamilienhauses einen um ca. 10 % höheren Jahresprimärenergiebedarf zur Folge – oder die Gleichwertigkeit des geplanten (oder im Falle eines schon bestehenden Gebäudes

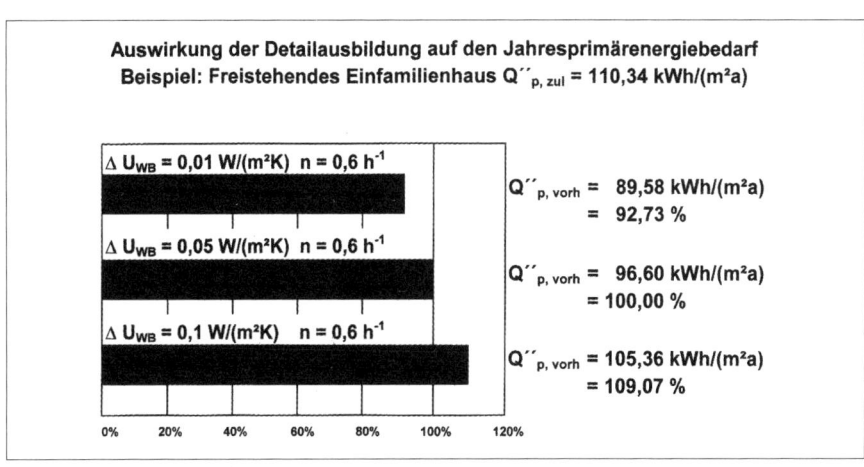

Auswirkung der Detailausbildung auf den Jahresprimärenergiebedarf
Beispiel: Freistehendes Einfamilienhaus $Q''_{p,\,zul}$ = 110,34 kWh/(m²a)

ΔU_{WB} = 0,01 W/(m²K) n = 0,6 h^{-1}

ΔU_{WB} = 0,05 W/(m²K) n = 0,6 h^{-1}

ΔU_{WB} = 0,1 W/(m²K) n = 0,6 h^{-1}

$Q''_{p,\,vorh}$ = 89,58 kWh/(m²a) = 92,73 %

$Q''_{p,\,vorh}$ = 96,60 kWh/(m²a) = 100,00 %

$Q''_{p,\,vorh}$ = 105,36 kWh/(m²a) = 109,07 %

0%   20%   40%   60%   80%   100%   120%

Bild 11: Auswirkung der Detailausbildung auf den Jahresprimärenergiebedarf

vorhandenen) Details zu der entsprechenden Vorschlagslösung des Beiblatts 2 ist mit nicht unerheblichem Rechenaufwand nachzuweisen. Eine dritte Möglichkeit, diese Abweichung zu berücksichtigen, besteht in der Einzelberechnung aller Wärmebrücken. In diesem Zusammenhang ist die Frage zu diskutieren, inwieweit in Bezug auf Ausführungsbeispiele des Beiblatts nicht gleichwertig gedämmte Details durch an anderer Stelle besser als nach Beiblatt gedämmte Details wärmeschutztechnisch ausgeglichen werden können.

Der Energiebedarfsausweis nach § 13 EnEV [2] begrenzt als Hauptforderung den Jahresprimärenergiebedarf in Abhängigkeit des Verhältnisses der wärmeübertragenden Umfassungsfläche A zu dem dadurch eingeschlossenen beheizten Volumen V, d. h. der für das Gebäude berechnete Wert des Jahresprimärenergiebedarfs darf höchstens gleich dem für dieses Gebäude in Abhängigkeit vom A/V-Verhältnis zulässigen Höchstwert sein.

$$Q\text{"}_{p \text{ vorh.}} \leq Q\text{"}_{p \text{ max.}}$$

Geschuldet ist demnach nach Einschätzung des Verfassers das Endergebnis des Energiebedarfsausweises, nicht aber alle im EnEV-Nachweis enthaltenen Einzelwerte und Zwischenergebnisse. Ich halte daher einen Ausgleich – selbstverständlich in flächen- bzw. längenbezogen gleicher Auswirkung – schlechter gedämmter Details durch andere besser gedämmte Details (jeweils auf die Beispiele des Beiblatts bezogen) für sinnvoll, wenn der Jahresprimärenergiebedarf hierdurch nicht negativ betroffen ist und Schäden z. B. in Form von ausfallendem Tauwasser und Schimmelpilzbildung ausgeschlossen sind. Dies sollte auch nach Energieeinsparverordnung und DIN V 4108 zulässig sein.

Der Verfasser kann sich sogar vorstellen, dass selbst in einer Gewährleistungssituation der höhere Wärmeverlust über ein z. B. aufgrund von Ausführungsfehlern nicht dem Beiblatt entsprechendes Detail durch eine an anderer Stelle der Systemgrenze nachträglich ausgeführte zusätzliche Wärmedämmmaßnahme unter den o. g. Voraussetzungen ausgeglichen werden kann.

Die Bewertung der Auswirkungen von Wärmebrücken vor allem auf den Wärmeverlust, aber auch auf das Entstehen von Schäden ist deshalb so schwierig, weil insbesondere bei älteren Gebäuden die tatsächliche Ausführung

der Detailpunkte nicht bekannt ist. Planunterlagen fehlen in der Regel oder sind unvollständig. Die Thermographie kann beim Aufspüren solcher Schwachstellen des Wärmeschutzes in der Gebäudehülle hilfreich sein. Sie macht die (in der Regel unsichtbare) Wärmestrahlung einer Oberfläche in Form eines Wärmebildes (Thermogramms) sichtbar. Unterschiedliche Oberflächentemperaturen kommen durch unterschiedliche Wärmeströme durch das Bauteil zustande, d. h. sie signalisieren unterschiedlich große Wärmeverluste.

Im Thermogramm stehen helle Farben für hohe Temperaturen und dunkle Farben für niedrige Temperaturen (Bild 12). Das bedeutet, dass bei der Innenthermographie die dunklen Flächen die kälteren sind, weil sie schlechter gedämmt und infolgedessen die größeren Wärmeverluste aufweisen (Wärmebrücken). Bei der Außenthermographie ist es genau umgekehrt, hier sind die helleren Flächen die wärmeren, d. h. schlechter gedämmten Bereiche (Wärmebrücken).

Zur Durchführung der Thermographie müssen folgende Randbedingungen vorliegen:
– Die Temperaturdifferenz innen-außen muss über mindestens 12 Stunden mindestens 10 K betragen.
– Die Außenthermographie soll vor Sonnenaufgang durchgeführt werden.
– Das Gebäude muss gleichmäßig beheizt, die Gebäudehülle trocken sein.
– Die Windgeschwindigkeit soll unter 1 m/sec. liegen.

Ungünstig wirken sich Sonnenstrahlung/Verschattung, Reflexionen von Nachbargebäuden, starke Temperaturschwankungen aus. Möbel, Bilder usw., die das Ergebnis beeinflussen könnten, sind zu entfernen (DIN EN 13187: 1999-05 [8]). Das hat so rechtzeitig vor Durchführung der Thermographie zu erfolgen, dass Einschwingwirkungen vermieden werden. Andernfalls werden die von Möbeln, Bildern, Vorhängen etc. zuvor verdeckten Wandflächen immer tiefere Temperaturen als die hieran angrenzenden, nicht verdeckten Flächen aufweisen und im Thermogramm als „Wärmebrücken" erscheinen.

In der richtigen Beurteilung der Thermogramme liegt das Hauptproblem der Thermographie. Selbstverständlich weist jede negative Abweichung von der Oberflächentemperatur der Regelquerschnitte bereits auf einen erhöhten Wärmestrom hin, ob es sich dabei aber bereits um eine Wärmebrücke handelt, hängt von dem gesamten Temperaturbereich

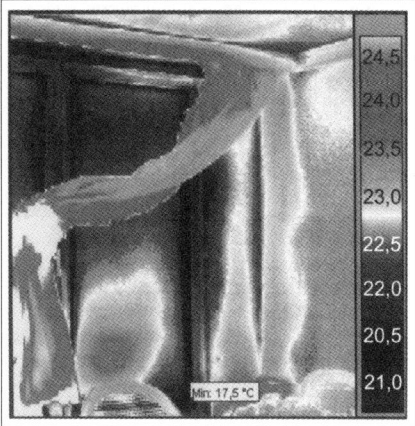

Bild 12: Thermogramm mit Temperaturskala

ab, in dem diese Vorgänge zu beobachten sind. In Bild 12 reicht die Temperatur-(bzw. Farb-)Skala von 21 bis 24,5 °C, d. h. auch die dunklen Flächen weisen Temperaturen auf, die über der üblichen und in der DIN 4108 als Rechenwert angegebenen Raumtemperatur liegen. Es handelt sich dabei nicht um Wärmebrücken.

Grundsätzlich ist festzustellen, dass Gebäude *nicht* so errichtet werden müssen, dass sie im Thermogramm in einheitlichem Farbton erscheinen.

Die Thermographie ist eine Momentaufnahme. Wegen fehlender stationärer äußerer und innerer Randbedingungen ist in der Regel keine direkte Bestimmung des Wärmedurchgangskoeffizienten (U-Wert) möglich. Zur Bewertung der wärmetechnischen Qualität von Details wird man daher verstärkt auf die Untersuchung der tatsächlichen Ausführung durch Bohrungen ggf. mit Einsatz eines Endoskops bzw. durch Öffnen der Konstruktion zurückgreifen müssen. Dabei sind die angrenzenden Bauteilbereiche in die Untersuchungen einzubeziehen. Mit den so gewonnenen Daten kann dann unter Zuhilfenahme vergleichbarer Situationen aus Wärmebrückenkatalogen bzw. durch Berechnung der Oberflächentemperaturen mit entsprechenden Computerprogrammen die Beurteilung des Wärmeschutzes von Detailpunkten vorgenommen werden.

Bei der Bewertung von Wärmebrücken kommt es entscheidend auf den Sachverstand des Sachverständigen an. In jedem Fall ist seine Arbeit im Zusammenhang mit der Beurteilung von Wärmebrücken schwieriger und insbesondere wegen der häufig erforderlichen (zerstörenden) Untersuchung der örtlichen Situation aufwändiger geworden.

Literatur

[1] Verordnung über energiesparenden Wärmeschutz und energiesparende Anlagentechnik bei Gebäuden (Energieeinsparverordnung – EnEV) – 16.11.2001
[2] Allgemeine Verwaltungsvorschrift zu § 13 der Energieeinsparverordnung (AVV Energiebedarfsausweis) – 07.03.2002
[3] DIN 4108-2: 2003-04 Wärmeschutz und Energie-Einsparung in Gebäuden – Mindestanforderungen an den Wärmeschutz
[4] DIN V 4108-6: 2000-11 Wärmeschutz und Energie-Einsparung in Gebäuden – Berechnung des Jahresheizwärme- und des Jahresheizenergiebedarfs
[5] DIN 4108 Bbl. 2: 1998-08 Wärmebrücken – Planungs- und Ausführungsbeispiele
[6] DIN EN ISO 6946: 1996-11 Bauteile – Wärmedurchlasswiderstand und Wärmedurchgangskoeffizient – Berechnungsverfahren
[7] DIN EN ISO 10211 Wärmebrücken im Hochbau – Wärmeströme und Oberflächentemperaturen Teil 1: Allgemeine Berechnungsverfahren, 1995-11 Teil 2: Linienförmige Wärmebrücken, 2001-06
[8] DIN EN 13187: 1999-05 Wärmetechnisches Verhalten von Gebäuden – Qualitativer Nachweis von Wärmebrücken in Gebäudehüllen – Infrarot-Verfahren
[9] DIN EN ISO 13788: 2001-11 Wärme- und feuchtetechnisches Verhalten von Bauteilen und Bauelementen – Raumseitige Oberflächentemperatur zur Vermeidung kritischer Oberflächenfeuchte und Tauwasserbildung im Bauteilinneren – Berechnungsverfahren
[10] DIN EN ISO 14683: 1999-09 Wärmebrücken im Hochbau – Längenbezogener Wärmedurchgangskoeffizient – Vereinfachtes Verfahren und Berechnungswerte

[11] Hauser, G.; Stiegel, H. und Haupt, W.: Wärmebrückenkatalog 1.2 auf CD-ROM. Ingenieurbüro Hauser, Baunatal 2002

[12] Dahmen, G.: Die Bewertung von Wärmebrücken an ausgeführten Gebäuden – Vorgehensweise, Messmethoden und Messprobleme. In: Aachener Bausachverständigentage 1992, S. 106 ff.

[13] Oswald, R.: Die geometrische Wärmebrücke – Sachverhalt und Beurteilungskriterien. In: Aachener Bausachverständigentage 1992, S. 90 ff.

[14] Deutsche Gesellschaft für Mauerwerksbau e. V.: Mauerwerksbau aktuell, 1981

Dahmen/Beurteilung von Wärmebrücken

Flankenübertragung und Fehlstellen bei Dampfsperren – wann liegt ein ernsthafter Mangel vor?

Dr.-Ing. Martin H. Spitzner, Forschungsinstitut für Wärmeschutz e. V. München

1 Einleitung

Flankenübertragung und Fehlstellen bei Dampfsperren – das sind zwei Aspekte, die in der Diskussion feuchtetechnischer Mängel von Dachkonstruktionen oder gar bei der Suche nach Ursachen von Schäden häufig sehr unterschiedlich bewertet werden. Im folgenden Beitrag wird das Schadenspotential dieser beiden Aspekte abgeschätzt. Teil A behandelt die Flankenübertragung von Wasserdampf (Kapitel 2 und 3); Teil B verschiedene Fehlstellen bei Dampfsperren und deren Bewertung (Kapitel 4 bis 6).

Teil A: Flankenübertragung
Seit einigen Jahren wird diskutiert, ob und in welchem Umfang eine Übertragung von Feuchte mittels Diffusion durch flankierende Bauteile auftritt, sozusagen unter Umgehung der in der benachbarten Fläche vorhandenen, diffusionshemmenden Schicht. Die Diskussion wird kontrovers geführt. Die Meinungen anerkannter Fachleute gehen dabei von (teilweise vorsichtiger) Zustimmung bis zu strikter Ablehnung. Mitunter wird eine Wasserdampfdiffusion durch angrenzende Bauteile vereinfachend zur Erklärung von Feuchtschäden bei Dächern herangezogen, wenn andere Ursachen zunächst nicht plausibel erscheinen. Im Folgenden wird der mögliche Beitrag von Wasserdampfübertragung durch angrenzende Bauteile („Flankendiffusion", „Flankenübertragung") abgeschätzt und bewertet. Ausgangspunkt sind zwei in der Literatur beschriebene Schadensfälle, von denen vor allem der zweite als Startpunkt der Fachdiskussion zur Flankendiffusion betrachtet werden kann.

2 Flankendiffusion in einer zweischaligen Haustrennwand?

In einem von *Klaas* beschriebenen Schadensfall [1] war es bei Neubau-Reihenhäusern im Bereich der Haustrennwände zu deutlichen Ausblühungen auf der vorgesetzten Vormauerziegelschale gekommen. Tauwasser bildete sich dabei sowohl an der Innenseite der Vormauerung (siehe Bild 1) als auch an der diffu-

sionshemmenden Folie im Dachbereich über den Mauerkronen der Trennwand (siehe Bild 2). Die Schäden wurden einer Austrocknung von Bau- und Raumluftfeuchte mittels Flankendiffusion durch die Trennfuge zwischen den Schalen der zweischaligen Haustrennwände zugeschrieben (siehe dazu auch

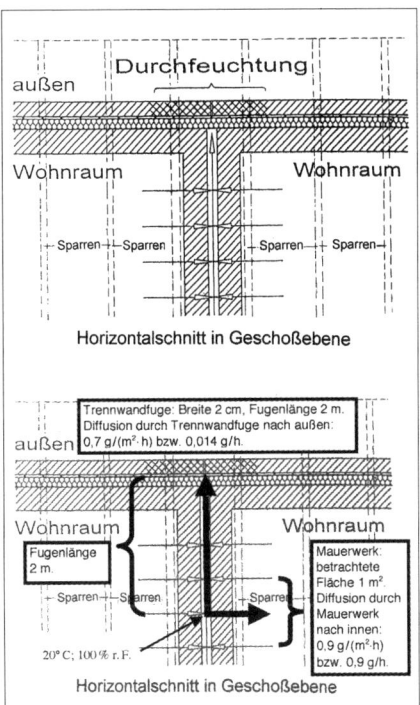

Bild 1: Diffusion in der Trennfuge einer zweischaligen Haustrennwand.

Oben: Von *Klopfer* unterstellte Diffusion von Raumluftfeuchte durch die Trennwand nach außen [2].

Unten: Austrocknen der baufeuchten Trennwandfuge mittels Diffusion zum Raum in der Tauperiode (Klimarandbedingungen innen und außen nach DIN 4108-3).

Grafik: [2] (Pfeile, Klammern und Beschriftung vom Verfasser hinzugefügt).

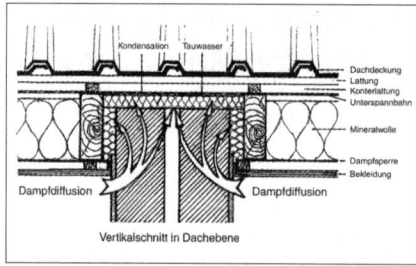

Bild 2: Tauwasserbildung im Bereich der Mauerkrone der Haustrennwand, mit von *Klaas* unterstellter Flankendiffusion durch die Haustrennwand. Aus [1].

Klopfer in [2]). Es wurden keine Gegenmaßnahmen unternommen, sondern einfach bis nach dem Austrocknen der Baufeuchte gewartet. Nach der dritten Heizperiode, nach Fertigstellung und Bezug traten, wie von *Klaas* prognostiziert, keine weiteren Ausblühungen auf. Bei einem späteren Ortstermin während einer Heizperiode wurde bestätigt, dass auch die Wärmedämmung auf der Mauerkrone der Haustrennwände trocken war.

2.1 Ist die Diffusion von Raumluftfeuchte durch die Mauerwerksschale in die Trennfuge und dann weiter nach außen Ursache des Tauwasserschadens?

Zur Klärung dieser Frage wird ein 1 m² großer Ausschnitt der Trennwand betrachtet, der im Mittel 2 m von der Außenwand entfernt ist, siehe Bild 1. Die Trennfuge ist 4 cm stark und

(anders als im genannten Schadensfall) vollflächig mit Mineralwolle ausgefüllt. An der Stirnseite zur Außenluft ist die Fuge abgedichtet mit einem s_d-Wert von 1 m. Innen- und Außenklima werden als über 1440 Stunden stationäres Blockklima der Tau(!)periode gemäß DIN 4108-3 [3] angesetzt (innen 20 °C und 50 % r.F., außen -10 °C und 80 % r.F.). Die Baustoffdaten sind in Tabelle 1 aufgelistet. Aufgrund der Symmetrie des Problems genügt es, eine Wandschale und die halbe Trennfugendicke zu betrachten.

Um zu überprüfen, ob vom Innenraum durch die (trockene) Trennwand und Trennwandfuge nach außen diffundierender Wasserdampf während der Tauperiode zur Tauwasserbildung führt, könnte man versucht sein, die Baustoffdaten aus Tabelle 1 in ein Programm zur Berechnung nach dem *Glaser*-Verfahren einzutippen. Als Ergebnis würde man einen rechnerischen Tauwasseranfall während der Tauperiode von 0,25 kg/m² an der Grenzfläche zwischen Mineralwollefüllung und äußerer Abdichtung erhalten. Diese Zahl wäre aber völlig ohne Aussagekraft, da eine Geometrie berechnet worden wäre, die überhaupt nicht zum Problem passt: das *Glaser*-Verfahren geht von einem eindimensionalen Diffusionsstrom durch ebene, geschichtete Bauteile mit Einheits-Querschnittsfläche senkrecht zur Diffusionsrichtung aus! Berechnet worden wäre also 1 m² Mauerwerk, an dessen Rückseite sich eine Mineralwolleschicht befindet, die in Richtung des Diffusionsstroms 2 m dick ist und eine durchdiffundierte Querschnittsfläche von 1 m² hat – eben dieselbe wie das

Tabelle 1: Baustoffdaten für Trennwandschale und Trennfuge (zu Bild 1).

Material	Schichtdicke d mm	Wärmeleitfähigkeit λ W/(m·K)	Wasserdampf-Diffusionswiderstandszahl μ —	diffusionsäquivalente Luftschichtdicke s_d m
Wärmeübergangswiderstand innen	R_{si} = 0,13 m²K/W			
Mauerwerk	175	0,21	5	0,88
Mineralwolle	2000	0,035	1	2,0
Fugendichtung	20	0,06	50	1,0
Wärmeübergangswiderstand außen (hinterlüftet)	R_{se} = 0,08 m²K/W			

Spitzner/Flankenübertragung u. Fehlstellen bei Dampfsperren

Mauerwerk selbst. Die tatsächlich zur Diffusion verfügbare Querschnittsfläche der Trennfuge beträgt aber nur 1/50 davon: 0,02 m Fugendicke x 1 m Fugenhöhe. Im gleichen Maße fiele der „tatsächliche" Diffusionsstrom durch die Mineralwolle geringer aus als der in der Rechnung ermittelte aus.

Damit wäre der Diffusionsstrom so gering, dass an der äußeren Fugendichtung – wenn überhaupt – nur eine sehr geringe Tauwassermasse anfallen könnte, die bei weitem nicht ausreichend wäre, um Schäden der beschriebenen Art hervorzurufen.

2.2 Ist das Austrocknen der baufeuchten Haustrennwand mittels Diffusion durch die Trennwandfuge Ursache des Tauwasserschadens?

Die Haustrennwand ist Innenbauteil zwischen zwei beheizten Bereichen. Ihre Temperatur entspricht an jeder Stelle der Raumlufttemperatur (mit Ausnahme der Wandbereiche in unmittelbarer Außenwandnähe; eine Abkühlung durch Trocknung wird vernachlässigt). Für die Berechnung der Austrocknung der Mauerwerksschalen mittels Diffusion kann als Obergrenze davon ausgegangen werden, dass die Luft in der Trennfuge dauerhaft feuchtegesättigt ist und aus dem umgebenden Mauerwerk genug Feuchtigkeit nachgeliefert werden kann, um die Luftfeuchtigkeit in der Mineralwolle auf 100 % zu halten. Ein kapillarer Wassertransport findet in der hydrophobierten Mineralwolle nicht statt.

Mittels der üblichen Wasserdampf-Diffusionsgleichungen [3] werden die stationären Diffusionsströme von der Rückseite der Mauerwerksschale durch den Rest der Trennfuge nach außen und durch das Mauerwerk nach innen zur Raumluft berechnet, siehe Bild 1. Der betrachtete Ausschnitt der Trennfuge entspricht sozusagen der Tauwasserebene des *Glaser*-Verfahrens. Um auf der „sicheren Seite" zu liegen, wird eine äußere Abdichtung der Trennfuge vernachlässigt. Andere Transporterscheinungen (z. B. Wassertransport über Kapillarleitung im Mauerwerk nach außen) werden vernachlässigt, was angesichts des Abstandes zur Außenwand sicherlich gerechtfertigt ist.

Die sich ergebenden Diffusionsstromdichten (in g/(m²·h)) und Diffusionsströme (in g/h) für die tatsächlich vorhandenen Querschnittsflächen sind in Bild 1 wiedergegeben. Die Diffusionsstromdichten nach innen und außen sind sehr ähnlich. Aufgrund der unterschiedli-

chen zur Verfügung stehenden Querschnittsfläche ist aber der (absolute) Diffusionsstrom in der Fuge nach außen fast 2 Größenordnungen niedriger als der durch das Mauerwerk zur Innenluft, d. h. die Diffusion nach außen ist vernachlässigbar gegenüber der Diffusion nach innen. Dies wird auch bei höheren Raumluftfeuchten aufgrund mangelnder Lüftung in der Austrocknungsphase nicht prinzipiell anders sein. Analog zum Tauwassernachweis nach DIN 4108-3 auf eine Tauperiode von 1440 h hochgerechnet, beträgt die rechnerische Diffusionsmenge durch die Trennfuge nach außen für diesen Zeitraum etwa 20 g pro 1 Meter Ansichtslänge der Trennfuge in der Außenwandfläche. Selbstverständlich muss berücksichtigt werden, dass zusätzlich zum betrachteten Wandausschnitt auch die weiter innen und die weiter außen liegenden Trennwandbereiche zur Gesamt-Diffusion beitragen. Dennoch wird die Gesamt-Diffusionsmenge zu gering sein, um maßgeblich zu Feuchteschäden der beschriebenen Art zu führen.

2.3 Fazit und Schadensursache

Es lässt sich festhalten: *zweischalige Haustrennwände trocknen ganz überwiegend zur Raumluft aus und fast nicht durch die Trennfuge nach außen.* Die Baufeuchte muss – zusätzlich zu der aus anderen Bauteilen – über Lüften abgeführt werden. Eine Flankendiffusion findet in der Trennwand und in der Trennwandfuge nur in geringem Umfang statt und kann nicht Ursache der beschriebenen Feuchteschäden sein. Nur in außenwandnahen Bereichen der Trennwand (grob geschätzt in Wandbereichen, die nicht mehr als eine Wanddicke von der Außenwand entfernt sind) ist ein nennenswertes Austrocknen der Trennwand auf dem Diffusionsweg nach außen denkbar. Solange in der Trennwand Wasser in flüssiger Form vorliegt, z. B. aus Baufeuchte, kann aufgrund des entgegengesetzten Partialdruckgefälles auch kein Diffusionsstrom aus der Raumluft durch das Mauerwerk in die Fuge auftreten. Nach dem Abtrocknen des Mauerwerks werden eventuell auftretende Diffusionsströme sehr gering und auf jeden Fall unkritisch sein.

Anders kann sich (wie im erwähnten Schadensfall) eine nicht mit Dämmstoff ausgefüllte Trennfuge auswirken. Durch Eigenkonvektion der Luft in der Fuge und durch von außen durch Undichtheiten eindringende Luftströmungen kann konvektiv eine wesentlich höhere Feuchtemenge als durch Diffusion in der Trennfuge transportiert werden. Es kann dementsprechend zu einem nennenswerten Tauwasserniederschlag an kalten Stellen in der Konstruktion kommen. Nach dem Abtrocknen der Baufeuchte ist auch hier damit zu rechnen, dass die transportierten Feuchtemengen gering sind – wie im vorliegenden Fall bestätigt.

Maßgeblich für die beschriebenen Schäden sind nach Ansicht des Verfassers der konvektive Feuchtetransport in der nicht ausgefüllten Trennfuge (mit anschließendem Tauwasserniederschlag an kalten Stellen) sowie das Austrocknen außenwandnaher Trennwandbereiche nach außen, nicht jedoch eine Diffusion von Wasserdampf aus dem Innenbereich der Haustrennwände in der Trennwandfuge nach außen. Zur Behinderung der Konvektion sollten die Trennfugen einer zweischaligen Haustrennwand vollflächig mit Mineralwolle ausgefüllt werden. Damit verzögert sich zwar das Austrocknen der Haustrennwand, aber das Risiko von austrocknungsbedingten Feuchteschäden wird erheblich vermindert; falls aufgrund der verbleibenden Feuchtebelastung doch ein Schaden auftreten sollte, wird er deutlich geringer ausfallen.

3 Flankenübertragung durch die einbindende Wand in ein Dach mit Sparrenvolldämmung?

3.1 Schadensfall

Bei einem von *Ruhe* dargestellten Schadensfall [4] kam es in einem Neubau im Sommer immer wieder zu Abtropfungen von Wasser aus der raumseitigen Verkleidung eines vollgedämmten Sparrendachs. Der Dachaufbau ist in Bild 3 dargestellt (aus [4]). Nach einigen Heizperioden zeigte die Schalung des Unterdachs großflächige Schimmelschäden [2]. Laut *Ruhe* waren alle „üblichen" Schadensursachen auszuschließen; er führte den Schaden auf eine Flankenübertragung von Feuchte durch die in die Dämmebene einbindenden Wände im Winter zurück, siehe Bild 3. Aufgrund der diffusionshemmenden Schichten auf der Innen- und der Außenseite des Daches könnte eine so eingetragene Feuchtigkeit im Sommer nicht austrocknen, sondern würde sich auf der Außenseite der innenseitigen PE-Folie niederschlagen und durch kleine Undichtheiten heraustropfen. Der Schadensfall und vor allem seine konstatierte Ursache war Gegenstand etlicher Diskussionen in der Fachwelt und den verschiedensten Sachver-

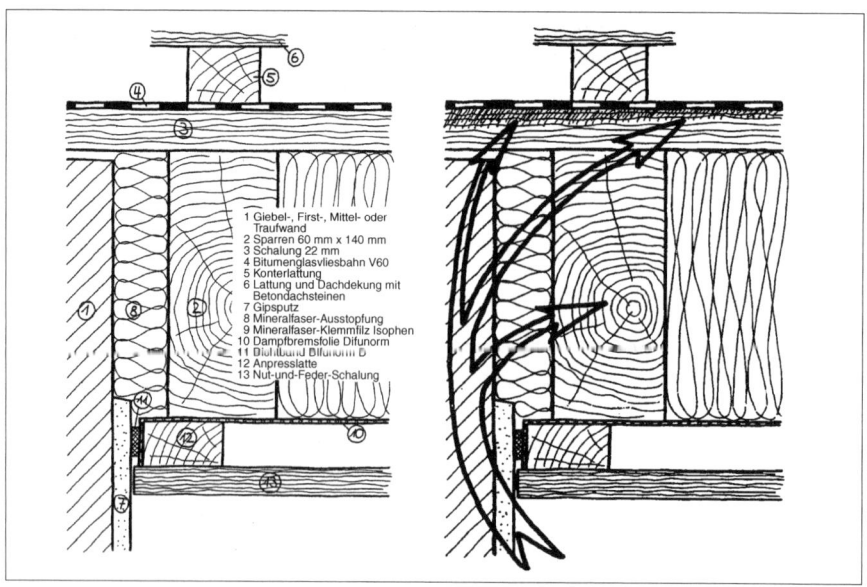

1 Giebel-, First-, Mittel- oder Traufwand
2 Sparren 60 mm x 140 mm
3 Schalung 22 mm
4 Bitumenglasvliesbahn V60
5 Konterlattung
6 Lattung und Dachdekung mit Betondachsteinen
7 Gipsputz
8 Mineralfaser-Ausstopfung
9 Mineralfaser-Klemmfilz Isophen
10 Dampfbremsfolie Difunorm
11 Blumband Difunorm B
12 Anpresslatte
13 Nut-und-Feder-Schalung

Bild 3: Dachaufbau des von *Ruhe* dargestellten Schadensfalls, sowie von *Ruhe* vermutete Flankendiffusion in der Winterperiode [4].

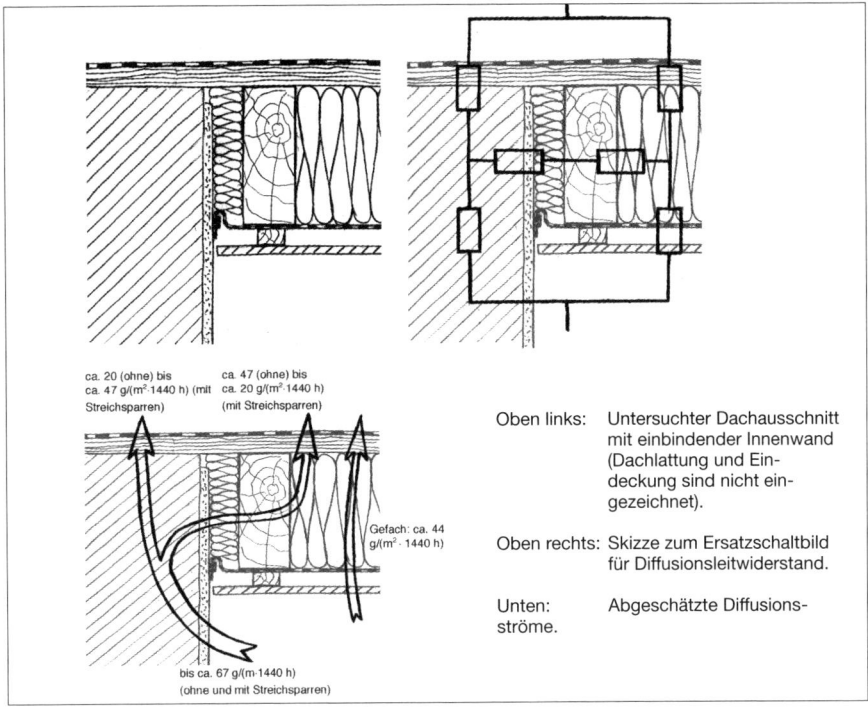

ca. 20 (ohne) bis
ca. 47 g/(m²·1440 h) (mit
Streichsparren)

ca. 47 (ohne) bis
ca. 20 g/(m²·1440 h)
(mit Streichsparren)

Gefach: ca. 44
g/(m²·1440 h)

bis ca. 67 g/(m·1440 h)
(ohne und mit Streichsparren)

Oben links: Untersuchter Dachausschnitt
mit einbindender Innenwand
(Dachlattung und Ein-
deckung sind nicht ein-
gezeichnet).

Oben rechts: Skizze zum Ersatzschaltbild
für Diffusionsleitwiderstand.

Unten: Abgeschätzte Diffusionsströme.

Bild 4: Skizzen zur Abschätzung des Beitrags einer Feuchteübertragung durch flankierende Bauteile.

ständigengremien. Einige Autoren beschäftigen sich, durchaus mit unterschiedlichen
Wertungen, mit der Schadensursache, z. B.
Klopfer [2], [5] und *Achtziger* [6]. Aufgrund des
Befundes schätzt *Jenisch* die Tauwassermasse auf mindestens 1 kg/m² [7]. Er führt den
Schaden auf zu feucht eingebrachte Materialien zurück und legt dar, dass ein um 5 % zu hoher Feuchtegehalt der Dachschalung beim Einbau bereits eine Wasserabgabe von 0,7 kg/m²
im Gefachbereich bedeuten würde. *Künzel* rech-
net den Fall mit einem zweidimensionalen
Modell des gekoppelten Wärme- und Feuchte-
transports instationär nach [8], gibt jedoch
keine eindeutige Ursachenzuordnung.
Es handelt sich um einen feuchtetechnisch
ungünstigen Dachaufbau, bei dem der Grundsatz „innen dichter als außen" nicht eingehalten ist. Das Dach bietet keine „Sicherheit",
d. h. durch irgendwelche Gründe in der Dämmebene vorhandene Feuchtigkeit kann aufgrund der beidseitigen diffusionshemmenden
Schichten schlecht oder fast nicht wieder aus-

trocknen. Mit dem *Glaser*-Verfahren errechnet sich ein allerdings sehr geringer Tauwasserniederschlag an der Innenseite der äußeren Abdeckung während der Tauperiode, der
während der Verdunstungsperiode nicht vollständig austrocknen kann.

3.2 Abschätzung des möglichen Beitrags von Flankendiffusion
Kann die Feuchteübertragung mittels Flankendiffusion tatsächlich ursächlich für einen
derartigen Schaden sein? Um diese Frage zu
beantworten, wird im Folgenden mit einem
vereinfachten Diffusionsmodell die mögliche
Eintragsmenge von Feuchte mittels Flankendiffusion abgeschätzt. Die ermittelten Diffusionsströme sind in Bild 4 eingetragen.

3.2.1 Dachaufbau:
Betrachtet wird der in Bild 4 gezeigte Ausschnitt eines typischen geneigten Daches mit
Sparrenvolldämmung und in die Dämmebene
einbindender Innenwand (es handelt sich nicht

um den Dachaufbau des von *Ruhe* beschriebenen Schadensfalles!). Die raumseitige Verkleidung besteht aus Gipskartonplatten auf Lattung und Dampfbremse (s_d = 20 m), das Unterdach aus einer Holzschalung und einer diffusionsoffenen Unterdeckbahn (s_d = 0,02 m); die Dacheindeckung ist hinterlüftet. Im Gegensatz zum obigen Schadensfall ist hier der Grundsatz „innen dichter als außen" eingehalten; der im Vergleich geringere Gesamt-Diffusionswiderstand des Dachaufbaus führt zu höheren Diffusionsströmen, d. h. die Größe des ermittelten Diffusionsstroms liegt „auf der sicheren Seite". Da es sich um eine Innenwand handelt, genügt es, die halbe Wanddicke zu berücksichtigen.

3.2.2 Ersatzschaltbild:

Der Wasserdampftransport mittels Diffusion in porösen Baustoffen ist eine Potentialströmung, deren Gleichungen formal denen der Wärmeleitung bzw. des elektrischen Stroms entsprechen, siehe Tabelle 2. Diese Analogie kann gemäß der Ähnlichkeitstheorie (siehe z. B. *Weber* [9], *Jeschar* [10]) zur Berechnung genutzt werden: Der Diffusionsleitwiderstand eines zusammengesetzten Bauteils kann als Ersatzschaltbild aus Reihen- und Parallelschaltungen der Diffusionsleitwiderstände der einzelnen beteiligten Bereiche dargestellt und nach den einschlägigen Rechenregeln für Widerstandsschaltungen berechnet werden, siehe Bild 4. Es ist zu beachten, dass die Widerstände – genauso wie beim Wärmetransport [11] – als (absoluter) Leitwiderstand für den betrachteten Bauteilquerschnitt eingesetzt werden müssen

und nicht als (flächenspezifischer) Widerstand gemäß ihrer Definition in DIN 4108-3 [3]. Der Gesamt-Diffusionsstrom ergibt sich aus dem Gesamt-Diffusionsleitwiderstand und der anliegenden Partialdruckdifferenz.
Der Ansatz ist solange statthaft, wie sich das örtliche Potenzial an jeder Stelle der Konstruktion unterhalb des Sättigungsdampfdrucks befindet, also keine Tauwasserbildung stattfindet. Zur Festlegung des örtlichen Sättigungsdampfdrucks wird in einem separaten Schritt die Temperaturverteilung in der Konstruktion bestimmt. Bei Tauwasserbildung muss das linear berechnete, örtliche Potenzial auf den Sättigungsdampfdruck „verschoben" werden. Bei Widerstandsschaltungen mit mehreren Ästen ist das Gleichungssystem dann nicht mehr direkt lösbar. Grenzwertbetrachtungen können weiterhelfen, ohne Iteration den möglichen Diffusionsstrom abzuschätzen.
Für die Überlegungen werden hier stationäre Verhältnisse analog DIN 4108-3 [3] unterstellt. Es werden dieselben Vereinfachungen wie beim *Glaser*-Verfahren gemacht. Die Vorgehensweise stellt damit keine exakte Abbildung der physikalischen Vorgänge beim Transport von Feuchtigkeit durch poröse Baustoffe dar, sondern ist eine vereinfachte Abschätzung für den Transportweg Diffusion. Dies ist bei der Interpretation der Ergebnisse zu berücksichtigen. Das *Glaser*-Verfahren ist eine grafische Umsetzung der dargestellten Vorgehensweise für ebene geschichtete Bauteile. Auf analoge Weise hat z. B. *Cammerer* [12] Diffusionsvorgänge und Tauwasserbildung in Rohrdämmungen berechnet.

Tabelle 2: Formale Analogie zwischen der Wärmeleitung und der Wasserdampfdiffusion.

Größe	Wärmestrom	Diffusionsstrom
Differentialgleichung (eindimensionaler Fall)	$\partial q/\partial t = -\lambda \cdot \partial \theta/\partial x$	$\partial g/\partial t = -\delta \cdot \partial p/\partial x$
transportierter Gegenstand	Wärmemenge in Wh	Wasserdampfmenge in kg
transportierte Menge	Q in Wh/h	G in kg/h
treibendes Potential	Temperaturdifferenz $\Delta\theta$ in K	Partialdruckdifferenz Δp in Pa
Stromdichte	q in Wh/($m^2 \cdot$ h)	g in kg/($m^2 \cdot$ h)
Durchlasswiderstand	R = s/λ in m^2K/W	Z
Leitwiderstand	R_λ = R/A in K/W	Z_{leit} = Z/A in Pa $\cdot$ h/kg
Leitfähigkeit	λ in W/(m $\cdot$ K)	δ in kg/(m $\cdot$ h $\cdot$ Pa)

3.2.3 Ungestörte Dachfläche:

Es errechnet sich eine Diffusionsstromdichte von 0,031 g/(m²·h) entsprechend 44 g/(m²·1440 h) für die Tauperiode und, auf 1 Quadratmeter Dachfläche bezogen, von 44 g/1440h.

3.2.4 Einbindende Wand alleine:

Es wird unterstellt, dass die im Widerstand zu berücksichtigende Diffusionsstrecke durch die Wand der Dicke des Daches von der inneren Verkleidung bis zum Unterdach entspricht, zuzüglich raumseitig einer 12 cm dicken Mauerwerksschicht. Damit ergibt sich rechnerisch eine Diffusionsstromdichte von 440 g/(m²·1440 h). Davon fallen 280 g/(m²·1440 h) als Tauwasser an der Grenzfläche zwischen Mauerwerk und Holzschalung aus, was 2 Prozent des Holzgewichtes entspricht. Bezogen auf 0,12 m² Wand-Querschnittsfläche pro laufendem Meter Einbindung beträgt der Diffusionsstrom in der Wand 50 g/(m·1440h) (die Einheit Meter im Nenner steht für die laufende Länge der Einbindung).

3.2.5 Zusammengesetztes Bauteil, ohne Streichsparren:

Die Berechnung des aus Wand und Dachfläche zusammengesetzten Bauteils erfolgt mit dem beschriebenen Diffusionswiderstands-Netzwerk. Ohne Streichsparren beträgt der Gesamt-Diffusionsstrom in die Raumluft in die Wand etwa 67 g/(m·1440 h). Davon werden etwa 2/3 (47 g/(m·1440 h)) von der Wand in die Dämmebene abgegeben (siehe Bild 4); der Rest diffundiert durch die Wand nach außen. Zum Vergleich: die mögliche Verdunstungsmenge von der Dämmebene durch die einbindende Wand zur Innenraumluft während der Verdunstungsperiode beträgt etwa 46 g/(m·2160 h).

3.2.6 Zusammengesetztes Bauteil, mit Streichsparren:

Der Streichsparren stellt einen zusätzlichen Widerstand dar, der die Abgabe von Wasserdampf von der Wand in die Dämmebene hinein behindert. Dementsprechend muss der Feuchteeintrag in die Dämmebene geringer ausfallen als ohne Streichsparren. Aus Plausibilitätsgründen ist der Gesamt-Diffusionsstrom mit Streichsparren nicht größer als ohne. Mit Streichsparren wird höchstens 20 g/(m·1440 h) Wasserdampf in die Dämmebene eingetragen. Zum Vergleich: die mögliche Verdunstungsmenge von der Dämmebene durch den Streich-

sparren und die einbindende Wand zur Innenraumluft während der Verdunstungsperiode beträgt etwa 21 g/(m·2160 h).

3.2.7 Sicherheitsüberlegung:

Angesichts der Vereinfachungen in der Abschätzung wird vorsichtshalber unterstellt, dass die Ergebnisse bis zum Faktor 2 falsch sein könnten. Das bedeutet, dass der Diffusionsstrom aus der Raumluft durch die einbindende Wand in die Dämmebene des Daches pro laufender Meter Wandeinbindung mit Streichsparren zwischen 10 und 40 g/(m·1440 h) betragen könnte und ohne Streichsparren zwischen 25 und 100 g/(m·1440 h), jeweils stationär über die gesamte Tauperiode gerechnet.

3.2.8 Beurteilung:

Selbst wenn sich diese Wasserdampfmenge nicht auf die zur Verfügung stehende Dachfläche verteilt, wäre die Menge so gering, dass sie bei einem diffusionsoffenen Dach in keiner Weise zu Feuchteschäden führen könnte. Anders sähe dies allerdings in einem Dach mit diffusionshemmenden Deckschichten aus: dort könnte die eindiffundierte Wasserdampfmenge als Tauwasser ausfallen – jedoch ist der Diffusionsstrom so gering, dass er nicht die alleinige Ursache für einen Schaden des beschriebenen Ausmaßes sein kann, sondern nur einen anderweitig hervorgerufenen Tauwasserausfall vergrößern könnte.

Wenn nun während der Tauperiode eine Übertragung von Wasserdampf durch flankierende Bauteile angenommen wird, muss konsequenterweise dieser Transportweg auch für die Verdunstungsperiode angesetzt werden, aber in umgekehrter Richtung. Wie oben aufgeführt, entspricht sowohl mit als auch ohne Streichsparren die rechnerische Verdunstungsmenge durch Flankendiffusion aus der Dämmebene durch die Wand zur Raumluft in etwa der während der Tauperiode durch Flankendiffusion in die Dämmebene eingetragenen Feuchtemenge. Es kann also mittels Flankendiffusion praktisch nicht zu einer Kumulation von Feuchte im Dach kommen.

3.3 Zusammenfassung

Die Wasserdampfmenge, die während der zweimonatigen Tauperiode der DIN 4108-3 mittels einer Diffusion von Raumluftfeuchte durch einbindende Wände in den Dachraum gelangen kann, liegt bei üblichem Mauerwerk höchstens in der Größenordnung 20 bis 100 g pro laufendem Meter Wandeinbindung und Tauperiode. Diese Wasserdampfmenge ist so gering, dass sie problemlos nach außen weiterdiffundieren kann, wenn die Summe der s_d-Werte der äußeren Dachschichten kleiner als etwa 3 m ist.

Bei Dächern oder Dachbereichen mit diffusionshemmenderen Deckschichten könnte eine Tauwasserbildung innerhalb der Konstruktion auftreten. Die mögliche rechnerische Verdunstungsmenge während der Verdunstungsperiode der DIN 4108-3 liegt jedoch etwa in derselben Größenordnung wie die in der Tauperiode rechnerisch eindiffundierende Wasserdampfmenge. Mittels Flankendiffusion kann es also praktisch nicht zu einer Kumulation von Feuchte im Dach kommen.

Zusammenfassend lässt sich festhalten, dass die durch Flankendiffusion transportierten Wasserdampfmengen sehr gering sind und bei außen ausreichend diffusionsoffenen Dächern nicht ursächlich für einen Feuchteschaden im Dachbereich sein können. Auch bei Dächern mit diffusionshemmenden Deckschichten kann es nicht zu einer Kumulation von Feuchte aus Wasserdampfdiffusion durch flankierende Bauteile kommen. In aller Regel ist ein Feuchtschaden im Dach in anderen Ursachen begründet wie z. B. dem Eintritt von Regen in die offene Konstruktion während der Bauphase, der Verwendung nicht ausreichend trockener Baustoffe oder der Konvektion von feuchter Raumluft durch Undichtheiten in die Konstruktion. Eine Flankendiffusion wird nur in sehr wenigen Ausnahmefällen, wenn überhaupt, als mögliche Schadensursache in Betracht kommen.

Teil B: Fehlstellen und Spalte bei Dampfbremsen

Bei vielen Dach- und Wandkonstruktionen werden die Funktionen „Luftdichtung" und „ausreichender raumseitiger Wasserdampf-Diffusionswiderstand" durch dieselbe Bauteilschicht erbracht, z. B. durch eine auf der Innenseite der Wärmedämmung verlegte Folie. Für die Luftdichtheit müssen die Stöße zwischen den Folienbahnen und die Anschlüsse an angrenzende Bauteile und Durchdringungen dauerhaft luftdicht verklebt oder anderweitig abgedichtet sein. Dadurch ist „automatisch" eine ausreichende Diffusionsdichtheit für die gesamte Fläche sichergestellt. Wenn die Luftdichtheit eingehalten ist, stellt sich also bei etlichen Konstruktionen die

Frage nach Fehlstellen der dampfdiffusionshemmenden Schicht gar nicht mehr.

Anders stellt sich die Situation bei Konstruktionen mit getrennten Funktionsebenen dar, d. h. wenn „Luftdichtheit" und „ausreichender Diffusionswiderstand" durch zwei voneinander unabhängige Baustoffschichten erbracht werden. Für solche Fälle wird im Folgenden an einigen Beispielen der Einfluss von Fehlstellen der Dampfsperre und von undichten Randanschlüssen auf das Feuchteverhalten von Baukonstruktionen dargestellt.

4 Fehlstellen in der Dampfbremse

4.1 Überlappungen und Nagelstellen bei Folien

Bei Konstruktionen mit Funktionstrennung, wenn z. B. eine Gipskartonbeplankung innen die Luftdichtheit herstellt und die Diffusionshemmung „klassisch" durch eine dahinter angeordnete Folie erbracht wird, gibt es sachlich keinen Grund, an die Verlegung der Dampfbremse höhere Anforderungen zu stellen als früher. D. h. Bahnenstöße können ohne Verklebung (aber ausreichend breit) überlappt werden und Nagelstellen müssen nicht zusätzlich verklebt werden. Bei diesen Stellen handelt es sich *nicht* um zu bemängelnde Fehlstellen, da der Diffusionswiderstand der Folienlage ausreichend erhalten bleibt und die Folienverlegung ja keine Anforderung hinsichtlich der Luftdichtheit erfüllen muss. Dafür ist es natürlich erforderlich, dass die luftdichtende Funktionsebene diese Funktion dauerhaft erbringt und die Dampfbremse nicht als „Sicherheitsnetz" für die Luftdichtheit fungiert. Anschlüsse der Dampfbremse an angrenzende Bauteile und Durchdringungen sollten allerdings abgedichtet werden.

4.2 Fehlstellen in der Fläche

Zum Einfluss von Fehlstellen in dampfdiffusionshemmenden Schichten liegen zahlreiche Untersuchungsergebnisse vor. Beispielhaft sei auf die Arbeiten von *Reichardt* und *Schüle* verwiesen [18], auf die weiter unten noch eingegangen wird, sowie auf die Ausführungen von *Hauser* und *Maas* [13] bei den Aachener Bausachverständigentagen 1991. *Hauser* und *Maas* geben u. a. Hinweise zur Beurteilung von Fehlstellen in der Dampfsperre auf Innendämmungen. Anschaulich vergleichen sie für Bauteile mit Fugen die Wasserdampfmengen aus Diffusion durch das Bauteil und aus Konvektion durch die Fuge, siehe [13].

Wie hinlänglich bekannt, ist der konvektive Feuchtetransport wesentlich größer als der Diffusionstransport. Dementsprechend reicht eine erhöhte Diffusion durch Fehlstellen häufig nicht aus, um Schäden hervorzurufen, ein Feuchteeintrag in eine Konstruktion mittels strömender Luft muss jedoch unbedingt vermieden werden, da er sehr häufig zu Feuchteschäden führt. Wird bei Funktionstrennung z. B. eine raumseitige Gipskartonverkleidung als Luftdichtung eingesetzt, muss die ausreichende Dichtheit in der Fläche und an allen Anschlüssen tatsächlich dauerhaft gewährleistet sein.

4.3 Verklebungen von Folien

Beim Verkleben von Folien untereinander mit Klebeband ist darauf zu achten, dass Klebeband und Folie(n) beim Kleben nicht gedehnt werden. Sind sie gedehnt worden, besteht die Gefahr, das sich das gedehnte Klebeband bzw. die gedehnte Folie nach einiger Zeit (einige Tage bis Wochen) wieder zusammenziehen und dadurch verkürzen. Damit ist der Klebepartner länger als sie und der Längenüberschuss führt zur Bildung von Falten bzw. Schlaufen. Folge: die anfangs mangelfreie Klebefuge öffnet sich und bekommt Fehlstellen, siehe Prinzipskizze und Foto eines konkreten Schadensfalls in Bild 5. Da dies erst nach einiger Zeit passiert, ist häufig die Fuge bereits durch andere Bauteilschichten verdeckt und nur mit entsprechendem Aufwand nachbesserbar. Auch unterschiedliches Schrumpfen von Klebeband und Folie aufgrund der Alterung kann zu solchen Effekten führen.

5 Wasserdampfdiffusion in Konstruktionsfugen

Bei Fugen zwischen Bauteilen stellt sich die Frage, wie „rigoros" eine Abdichtung der Fuge gegen Wasserdampfdurchgang zu fordern ist. In Spalten zwischen Bauteilen (in denen keine Luftströmung von innen nach außen auftritt!) kommt es in der Praxis zu einem geringeren Tauwasserausfall als „gefühlsmäßig" und nach dem Glaser-Verfahren zu erwarten. Wie weiter oben dargestellt, gilt das Glaser-Verfahren für flächige Bauteile. Einflüsse wie z. B. Tauwasserniederschlag an kalten Seitenflanken eines Spalts, Aufsaugen der Feuchte durch angrenzenden Putz bzw. Mauerwerk, Wasserdampfdiffusion durch flankierende Bauteile, Erwärmung und ggf. Abtrocknung durch

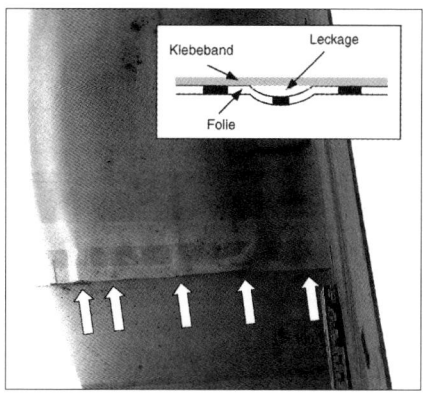

Bild 5: Aufgehen der Klebefuge zwischen Folien aufgrund einer Dehnung von Klebeband bzw. einer Folie beim Verkleben.

Sonneneinstrahlung auf der Außenseite etc. bleiben unberücksichtigt. Aufgrund der gemachten Vereinfachungen liegen Spalte außerhalb des „Gültigkeitsbereichs" des Glaser-Verfahrens (tatsächlich waren sie auch nicht Ziel der vereinfachten Diffusionsberechnung); die so berechneten Ergebnisse können von der tatsächlichen Situation abweichen. Dies wird am folgenden Beispiel dargestellt.

5.1 Beispiel: kein Tauwasser in innen offenen Fugen zwischen vorgefertigten Dachelementen

Im Rahmen des damaligen Zulassungsverfahrens war die Unbedenklichkeit der Fugen zwischen wärmegedämmten Stahlblech-Dachelementen hinsichtlich Tauwasserbildung nachzuweisen, siehe Bild 6 [14]. Die mit Mineralwolle gefüllte Fuge zwischen den Elementen ist offen zum Raum und stellenweise von unten sichtbar. Nach außen ist die Fuge durch die Dachhaut luftdicht verschlossen.

Zur Laboruntersuchung wurden Dachausschnitte inklusive Fugen zwischen der kalten (-15 °C) und der warmen Seite (22 °C, 50 % r. F.) einer Doppelklimakammer eingebaut [15]. Die Versuche wurden ohne, in einem Fall mit äußerst geringem Tauwasserausfall nach etlichen Tagen abgebrochen. Parallel dazu wurden ausgeführte Objekte während einer winterlichen Kaltperiode begutachtet. Alle untersuchten Fugen waren trocken; in einem Fall waren leichte abgetrocknete Wasserspuren erkennbar; zu einem Abtropfen von Wasser aus den Fugen war es in keinem Fall gekommen.

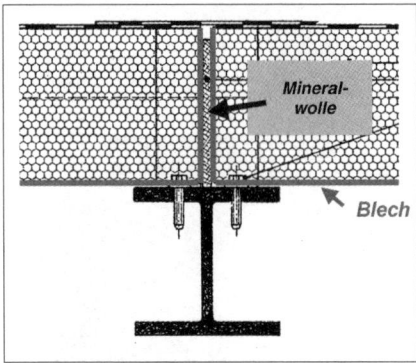

Bild 6: Untersuchte Stirnfugenausbildung von DLW-Dachelementen [14]. Die Fuge ist mit einem Mineralwollestreifen ausgefüllt und in Teilbereichen durch die Tragkonstruktion verdeckt. Die Dachhaut besteht aus einer mehrlagigen Bitumenbahnabdichtung.

Ein ähnlich unproblematisches Verhalten ist aus der Praxis auch bekannt für vorgefertigte Dachelemente aus Holz mit schmalen, zum Innenraum hin offenen Fugen zwischen den Elementen. Selbstverständlich muss auch hier sichergestellt sein, dass kein konvektiver Luftstrom vom Innenraum durch die Fugen nach außen auftreten kann.

5.2 Wasserdampfdiffusion und Tauwasser in der Fenstereinbaufuge

Der Leitfaden zur gütegesicherten Montage von Fenstern, Fassaden und Haustüren [16] der RAL-Gütegemeinschaften Fenster und Haustüren fordert für die Fenstereinbaufuge u. a. zwei getrennte Dichtungsebenen: innen die Abdichtung gegen Luftdurchgang und Wasserdampfdiffusion, außen die Abichtung gegen Wind und flüssiges Wasser. Der sinnvolle Grundsatz „innen dichter als außen" ist für die Gesamtkonstruktion einzuhalten, d. h. die äußere Abdichtung muss diffusionsoffener sein als die innere. Wird von den Festlegungen zur Fugenausbildung abgewichen, wird die Funktionsfähigkeit und Schadensfreiheit der Einbaufuge in Abrede gestellt, siehe z. B. Bild 7 (aus [17]). Konsequenterweise müssten etliche der bisher ausgeführten Einbaufugen Tauwasserschäden zeigen, inklusive der „alten", innenseitig nur beigeputzten Fensterfugen im Gebäudebestand. Es entsteht der Eindruck, dass der Aspekt der Wasserdampfdiffusion in der Einbaufuge überbetont wird.

Selbst nach dem *Glaser*-Verfahren ergibt sich an der Warmseite der äußeren Fugendichtung nur ein Tauwasserausfall von einigen Gramm Wasser pro Meter Fugenlänge für die Tauperiode bei einer 10 mm breiten Fuge, die gut mit Polyurethanschaum ausgeschäumt und innen *nicht* abgedichtet ist. Wäre die Fuge nur mit Luft gefüllt (d. h. Faserdämmstoff oder große Fehlstelle in der Füllung) und raumseitig abgedichtet und innen beigeputzt, läge die rechnerische Tauwassermasse in derselben Stelle etwa bei 150 g pro Meter Fugenlänge für die Tauperiode und damit wesentlich höher als hinnehmbar. Analog zu dem Beispiel weiter oben ist jedoch zu erwarten, dass die tatsächliche Tauwassermenge geringer als das Ergebnis des vereinfachten Berechnungsverfahrens ausfällt. Dies dürfte mit ein Grund sein, warum in der Praxis auch solche (allerdings luftdichte!) Fugen schadensfrei bleiben können, die nicht dem Grundsatz „innen dichter als außen" folgen. Diese Beispiele sollen keinesfalls zu einer nachlässigen Planung und Ausführung der Einbaufugen auffordern oder gar dazu, die Fugen ohne oder mit ungeeigneten Dämm- und Dichtstoffen auszuführen – eine solche Vorgehensweise ist auf jeden Fall abzuleh-

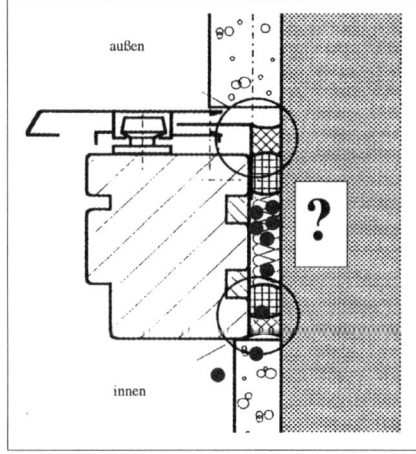

Bild 7: Wasserdampfdiffusion in der Fenstereinbaufuge (Prinzipskizze; aus [17], Punkte und Fragezeichen vom Verfasser eingetragen). Punkte: winterlicher Diffusionsstrom mit „Diffusionsstau" und Tauwasserausfall an der Warmseite der äußeren Abdichtung, wenn „innen dichter als außen" nicht eingehalten ist?

nen; auch sollte der Grundsatz „innen dichter als außen" beachtet werden. Sie verdeutlichen aber, dass die Festlegungen des Leitfadens [16] über das hinausgehen, was in jedem Fall erforderlich ist. Umgekehrt sichert die Orientierung am Leitfaden – seiner Zielsetzung entsprechend – eine gute, schadenfreie Ausbildung der Fuge.

Zusammenfassung: Feuchteschäden an der Innenlaibung von Fenstern rühren häufig von einer zu niedrigen Oberflächentemperatur an der Laibung bzw. am Fensterbrett her (Wärmebrücke mit Kondensatbildung). Feuchte in der Fenstereinbaufuge ist in der Regel konvektiv begründet (sofern es nicht von außen eindringendes Regenwasser ist). Eine Strömung von Raumluft durch Undichtheiten in die Fuge und dann weiter nach außen muss vermieden werden. Fehlstellen sind nachzubessern, wobei aber für Undichtheiten, die sich beim Gebäude-Luftdichtheitstest als sehr gering erweisen, bei üblichen Luftdruckunterschieden an der Fassade kein nennenswerter Feuchteanfall zu befürchten ist. Vom Prinzip her ist es unerheblich, ob die luftdichtende Ebene auf der Innen- oder Außenseite der Einbaufuge angeordnet ist, wichtig ist, dass sie wirksam ist. Eine Luftdichtung auf der Innenseite ist in der Regel einfacher und zuverlässiger herzustellen und deshalb zu bevorzugen. Ist die Fuge ausreichend luftdicht, hat sie üblicherweise auch eine ausreichende Dichtheit gegen Wasserdampfdiffusion. Dementsprechend sind aus der Praxis Tauwasserschäden in *luftdichten* Fenstereinbaufugen aufgrund von Wasserdampfdiffusion nicht bekannt, solche aufgrund von Konvektion in *nicht luftdichten* Fugen sehr wohl.

6 Wasserdampfdiffusion durch Randspalte in der Dampfbremse

Immer wieder wird die Frage gestellt, wie fehlerhafte Anschlüsse der dampfdiffusionshemmenden Schicht an die aufgehenden Wände hinsichtlich der Wasserdampfdiffusion zu beurteilen sind, wenn anderweitig eine funktionsfähige Luftdichtung vorhanden ist, und ob Sanierungsmaßnahmen erforderlich sind und wenn ja, welche (z. B. Abnehmen der raumseitigen Deckenverkleidung und Nacharbeitung der Dampfbremse, oder Aufbringen einer zusätzlichen diffusionshemmenden Schicht mit einer neuen Verkleidung auf die vorhandene Deckenverkleidung). Diese Fragestellung wird am folgenden, konkreten Fall diskutiert.

6.1 Mangelhafte Ausgangssituation:

Das geneigte Dach eines Schulraumes wurde ähnlich wie in Bild 3 aufgebaut, jedoch wurde beim Unterdach statt der geschlossenen Holzschalung eine offene Sparschalung in 40 mm Dicke eingesetzt. Die raumseitige Gipskartonverkleidung war luftdicht ausgeführt (Plattenstöße gespachtelt, Randfugen mit Klebeband-Schlaufe hinterklebt und dauerelastisch abgedichtet). Die Bahnenstöße der PE-Folie auf der Warmseite der Wärmedämmung waren in der Fläche überlappt und verklebt. Allerdings war die Folie nicht ordnungsgemäß an den Putz der angrenzenden Massivwände angeschlossen worden, sondern war nur umgefaltet und lose an die Wand „angelehnt" worden (die Folie wurde an den meisten Stellen von der Mineralwolledämmung noch etwas an die Wand angedrückt). Dadurch kam es zu bis zu etwa 5 mm breiten Spalten zwischen Folie und Wand. Es handelte sich um einen Neubau. Die Baustoffe waren im trockenen Zustand eingebaut worden. In der Auseinandersetzung zwischen dem Bauherrn bzw. dessen Gutachter und dem ausführenden Handwerksbetrieb war zu klären, ob durch den nicht ordnungsgemäß ausgeführten Randanschluss der diffusionshemmenden Folie eine Schädigung der Konstruktion zu erwarten war und wenn ja, welche Maßnahmen zur Behebung des Mangels durchgeführt werden sollten.

6.2 Wasserdampfdiffusion in der Fläche

In der ungestörten Fläche ergibt der Nachweis nach DIN 4108-3 (*Glaser*-Verfahren) keinen winterlichen Tauwasserausfall; der rechnerische Diffusionsstrom durch die Konstruktion während der Tauperiode beträgt 0,032 g/($m^2 \cdot$ h) entsprechend 45 g/($m^2 \cdot$ 1440 h).

6.3 Wasserdampfdiffusion durch Spalte zwischen Folie und Wand

Der zusätzliche Diffusionsstrom durch die umlaufende Spalte zwischen Folie und Wand wird anhand von Messergebnissen von *Reichardt* und *Schüle* [18], [19] abgeschätzt. Die beiden Forscher untersuchen den Wasserdampf-Diffusionsdurchgang durch eine Vielzahl von unterschiedlichen, absichtlich eingebrachten Löchern und Spalte in ansonsten diffusionsdichten Blechen. Der Versuchshergang entspricht im Prinzip der üblichen Messung der Wasserdampf-Diffusionswiderstandszahl. Die Fehlstellen sind über Hohlräumen angeordnet oder 60 mm dick mit Polystyrol-

bzw. Mineralwolledämmstoff hinterlegt. Die gemessenen Diffusionsströme werden mit Hilfe der anliegenden Dampfdruckdifferenz und der Spaltgeometrie auf Diffusionsdurchgangswiderstände pro 1 Meter Spaltlänge umgerechnet. Bild 8 zeigt beispielhaft Ergebnisse von *Reichardt* und *Schüle*. Die dargestellten Werte gelten für offene, nicht dämmstoffhinterlegte Spalte. Erwartungsgemäß reduziert die Dämmstoffhinterlegung den Wasserdampfdurchgang, d. h. die Verwendung der Werte für Spalte ohne oder mit geringer Hinterlegung liegt „auf der sicheren Seite".

Für die Spaltgeometrien, die im vorliegenden Fall vorkommen, wird der jeweilige Diffusionsdurchgangswiderstand aus den Diagrammen von *Reichardt* und *Schüle* entnommen und der Diffusionsstrom in der Tauperiode berechnet. Dieser Wert wird mit dem Diffusionsstrom verglichen, der rechnerisch in der Tauperiode von der möglichen Tauwasserebene an der Warmseite der Sparschalung (stehende Luft-

schicht) in die Hinterlüftung abgeführt werden kann. Dem Befund entsprechend, werden die Spaltbreiten zwischen 1 und 5 mm variiert und die Spalthöhen zwischen 0,2 und 11 mm. Der Extremfall Spalthöhe 0,2 mm entspräche einem glatten Schnitt durch die Folie ohne Aufkantung oder Umschlag. Als Partialdampfdruckdifferenz zwischen Vorder- und Rückseite des Spalts wird der Dampfdruckabfall über der ungestörten PE-Folie angesetzt. Die Berechnungsergebnisse sind in Tabelle 3 dargestellt. Es ergeben sich längenbezogene Diffusionsströme zwischen 0,06 und 0,43 g/(m · h) (Extremfall).

6.4 Beurteilung

Unterstellt man, dass sich die eindiffundierende Wasserdampfmenge pro laufender Meter Spalt auf etwa 0,5 m^2 Dachfläche verteilt, ergeben sich für diese Fläche Diffusionsstromdichten zwischen 0,12 und 0,86 g/(m² · h). Diese Werte, zuzüglich der Diffusion durch die ungestörte Dachfläche, liegen teilweise deutlich unter den knapp 1 g/(m² · h), die unter winterlichen Klimabedingungen von der möglichen Tauwasserebene an der Innenseite der Sparschalung nach außen abgeführt werden können. Damit kann es nicht zu einer Feuchteanreicherung in der Konstruktion kommen. Zu beachten ist, dass es sich um ein außenseitig sehr diffusionsoffenes Dach handelt (Summe der s_d-Werte der Sparschalung (stehende Luftschicht) und der Unterspannbahn etwa 0,06 m).

Verteilt sich der Diffusionsstrom durch die Randspalte auf weniger als 0,5 m^2 pro laufender Meter Spalt, ist im Bereich der Randspalte ein Tauwasserausfall an der Innenseite der Sparschalung nicht auszuschließen. Wenn die Randspalte Spalthöhen von 1 mm und mehr aufweisen (wie im vorliegenden Fall), besteht aber keine Gefahr einer unzulässigen Tauwasserbildung. Deshalb wurde ein Abnehmen der Gipskartonverkleidung zur Nacharbeitung der Randspalte oder eine diffusionshemmende Beschichtung der raumseitigen Innenoberfläche nicht für erforderlich gehalten. Auch nach der mittlerweile dritten Heizperiode wird kein Feuchteschaden berichtet.

Nicht so unproblematisch stellt sich die Situation bei Dächern dar, bei denen die außenseitigen Schichten weniger diffusionsoffen sind. Wäre statt der Sparschalung z. B. eine dichte Holzschalung der Dicke 24 mm eingebaut, wären von der Innenseite der Holzscha-

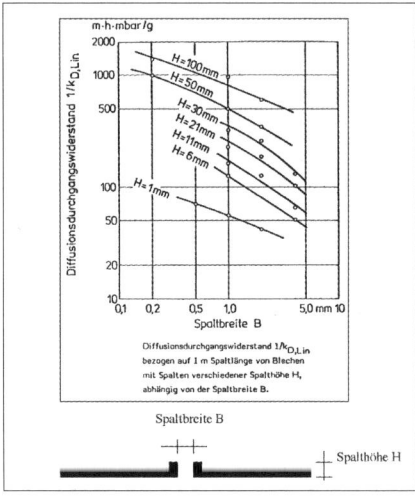

Bild 8: Diffusionsdurchgangswiderstand bezogen auf 1 m Spaltlänge von Blechen mit Spalten verschiedener Spalthöhe H, abhängig von der Spaltbreite B, aus [18]. Aufgrund des geringen Wasserdampf-Übergangswiderstands kann der Diffusionsdurchlasswiderstand der Spalte dem Diffusionsdurchgangswiderstand gleichgesetzt werden.
Die Spalthöhe H ist die Dicke des Spalts in Richtung des Diffusionsstroms; die Spaltbreite B ist die Breite des Spalts senkrecht zur Diffusionsrichtung.

Tabelle 3: Diffusionsströme durch die offenen Randspalte zwischen Folie und Putz, sowie zum Vergleich die Diffusion im ungestörten Dachbereich und die mögliche Diffusion von der angenommenen Tauwasserebene nach außen für den betrachteten Dachaufbau (zu Kapitel 5)
Zeilen 1 bis 3: Spalte ohne Mineralwollehinterlegung. Zeilen 4 und 5: Spalte mit 60 mm Mineralwollehinterlegung. Wert für Spalthöhe 0,2 mm extrapoliert.

Spalt-breite in mm	Spalt-höhe in mm	Diffusions-strom in $g/(h \cdot m)$	Diffusions-menge in g/m in 1440 h
1	0,2	0,43	620
1	1 – 10	0,17 – 0,06	250 – 90
5	1 – 11	0,33 – 0,16	480 – 230
1	1	0,14	200
5	1	0,20	290

zum Vergleich:			
Diffusion in unge-störter Dachfläche		0,032 $g/(m^2 \cdot h)$	45 g/m^2
mögliche Diffusion von Tauwasser-ebene nach außen		0,98 $g/(m^2 \cdot h)$	1400 g/m^2

lung (Tauwasserebene) rechnerisch nur noch gut 0,06 $g/(m^2 \cdot h)$ nach außen auf dem Diffusionsweg in der Tauperiode abführbar. Dies wäre geringer als der Diffusionsstrom durch die Randspalte, erst recht, wenn sich die durch die Randspalte transportierte Feuchtemenge nur auf eine kleine Dachfläche verteilt. Dementsprechend wäre ein Tauwasserausfall an der Holzschalung im Bereich der Randspalte zu erwarten, der aber eventuell noch im Rahmen des nach DIN 4108-3 zulässigen Bereichs läge. Dennoch wäre ein Nacharbeiten der Randspalte oder andere Maßnahmen zur Begrenzung des Diffusionseintrags in das Dach unbedingt anzuraten.

6.5 Zusammenfassung und Bewertung

Fehlstellen in der Dampfbremse sind häufig ohne Schadensfolge, wenn sie nur zu einer erhöhten Diffusion von Wasserdampf führen, nicht aber zu einem konvektiven Feuchteeintrag in die Konstruktion, d. h. wenn die Luftdichtheit der Konstruktion anderweitig gegeben ist. Ist dies nicht der Fall und kommt es zu einem Einströmen von feuchter Raumluft in das Bauteil, werden sehr häufig Feuchteschäden die Folge sein.

Bei einem außenseitig sehr diffusionsoffenen Dach (Summe der s_d-Werte der äußeren Schichten im Bereich einiger Zentimeter) ist die Diffusion von Wasserdampf durch den beschriebenen, nicht sachgemäßen Randanschluss der Dampfbremse unbedenklich. Dabei stellt der Randanschluss eine nicht den allgemein anerkannten Regeln der Technik entsprechende Bauausführung dar und ist deshalb grundsätzlich mangelhaft [20]. Allerdings ist die Konstruktion nach Ansicht des Verfassers voll brauchbar, in ihrer Funktionsfähigkeit nicht beeinträchtigt ("geringfügige Beeinträchtigung" nach *Oswald*) und deshalb in ihrem Feuchteverhalten einer regelgerechten Leistung praktisch gleichwertig. Feuchteschäden sind nicht zu erwarten; ein Nachbessern der Konstruktion ist nicht erforderlich. Dieser Sachverhalt sollte bei der Beurteilung eventueller Gewährleistungsansprüche bzw. Nachbesserungsforderungen berücksichtigt werden. Diese Aussagen gelten natürlich nur für den Fall eines nicht planmäßigen Abweichens von den Regeln der Technik – eine von vornherein so beabsichtigte Ausführung unter Ausnutzung der "Robustheit" des Dachaufbaus wäre in aller Entschiedenheit abzulehnen!

Bei Dächern, deren äußere Schichten zusammengenommen einen s_d-Wert deutlich über einigen Zentimetern haben, wäre bei den beschriebenen Randspalten ein Tauwasserausfall innerhalb der Konstruktion zu erwarten. Selbst wenn dieser im konkreten Fall noch im zulässigen Bereich liegt, ist das Nachbessern der Konstruktion unbedingt ratsam. Generell ist der Einfluss von Wasserdampfdiffusion durch undichte Anschlussstellen der Dampfbremse um so kritischer, je größer die undichte Stelle ist und je weniger diffusionsoffen die äußeren Schichten des Daches sind.

Literatur

[1] Klaas, H.: Verblendmauerwerk von Reihenhäusern; Durchfeuchtung und Ausblühungen infolge Flankendiffusion. Bauschadensfälle, Band 2, S. 60 – 65. Stuttgart: Fraunhofer IRB Verlag. Siehe auch: Klaas, H.: Verblendmauerwerk mit Kerndämmung; Durchfeuchtung und Ausblühungen infolge Tauwasser-

bildung. Bauschäden-Sammlung, Band 6, 4. Auflage. Stuttgart: Fraunhofer IRB Verlag 1999.

[2] Klopfer, H.: Flankenübertragung bei der Wasserdampfdiffusion. Arconis, Heft 1/1997, S. 8–10.

[3] DIN 4108-3:2001-07: Wärmeschutz und Energie-Einsparung in Gebäuden – Teil 3: Klimabedingter Feuchteschutz, Anforderungen, Berechnungsverfahren und Hinweise für Planung und Ausführung. Berlin: Beuth Verlag.

[4] Ruhe, C.: Nichtbelüftetes geneigtes Dach mit Sparrenvolldämmung; Wasserabtropfungen von der Decke im Sommer. Bauschäden-Sammlung Band 10, IRB-Verlag. Stuttgart 1995.

[5] Klopfer, H.: Nichtbelüftetes geneigtes Dach mit Sparrenvolldämmung; Wasserdampfdiffusion durch Flankenübertragung, DAB, 8/97. S. 1191–1192.

[6] Achtziger J.: Angefügte Stellungnahme zum Artikel von H. M. Künzel, wksb Heft 37, 1996, S. 36.

[7] Jenisch, R.: Tauwasserschäden. Schadenfreies Bauen, Band 16. Stuttgart: Fraunhofer IRB Verlag 1996.

[8] Künzel, H. M.: Tauwasserschäden im Dach aufgrund von Dampfdiffusion durch angrenzendes Mauerwerk. wksb Heft 37, 1996, S. 34–36.

[9] Weber, M.: Das Allgemeine Ähnlichkeitsprinzip der Physik und sein Zusammenhang mit der Dimensionslehre und der Modellwissenschaft. Jahrbuch der Schiffbautechnischen Gesellschaft, Band 31. Berlin: Verlag von Julius Springer 1930.

[10] Jeschar, R.; Alt, R.: Ähnlichkeitstheoretische Herleitung der Gesetze für den unverdrallten, isothermen Freistrahl. Vorlesungsmanuskript; Technische Universität Clausthal 1997.

[11] Spitzner, M. H.: Untersuchungen zur Wärmeleitfähigkeit geschäumter Massen. Stuttgart: Fraunhofer IRB Verlag 2001.

[12] Cammerer, W. F.: Die Untersuchung von Diffusionsvorgängen in Kühlraumwandungen mit Hilfe elektrischer Modellversuche. Kältetechnik, Band 3 (1951), Heft 8, S. 197–200.

[13] Hauser, G., Maas, A.: Auswirkungen von Fugen und Fehlstellen in Dampfsperren und Wärmedämmschichten. Aachener Bausachverständigentage 1991, Tagungsband „Fugen und Risse in Dach und Wand", S. 88–95.

[14] Zulassung I/31-1.14.1-10/73 des Instituts für Bautechnik für DLW-Warmdachelement Typ T für DLW Aktiengesellschaft, Bietigheim-Bissingen. Berlin, 1973.

[15] Untersuchungsberichte E 1/78 und E 1/79 des FIW München für DLW Aktiengesellschaft, Bietigheim-Bissingen (unveröffentlicht).

[16] Leitfaden zur Montage. Der Einbau von Fenstern, Fassaden und Haustüren mit Qualitätskontrolle durch das RAL-Gütezeichen, Stand 5/2002. Frankfurt: RAL-Gütegemeinschaften Fenster und Haustüren 2002.

[17] Dichtstoffe in der Anschlussfuge für Fenster und Außentüren; Grundlagen für Planung und Ausführung. IVD-Merkblatt Nr. 9, Ausgabe 02/1997. Düsseldorf: Industrieverband Dichtstoffe e.V. 1997.

[18] Reichardt, I., Schüle, W.: Wasserdampfdurchgang durch Öffnungen. Forschungsbericht BW 158/79 des Fraunhofer-Institut für Bauphysik Stuttgart.

[19] Reichardt, I., Schüle, W.: Wasserdampfdurchgang durch Öffnungen. wksb-Sonderausgabe 08/1980, S. 12–16.

[20] Merl, H.: persönliche Information, April 2003.

Luftdichtheit von Ziegelmauerwerk Ursachen mangelnder Luftdichtheit und Problemlösungen

Dipl.-Ing. Michael Gierga, Arbeitsgemeinschaft Mauerziegel e. V., Bonn

1 Einleitung

Die Luftdichtheit der Außenhülle eines Gebäudes ist ein unverzichtbares Qualitätsmerkmal insbesondere für den Massivbau. Neben der Schadensfreiheit (Feuchtekonvektion) wird ein hoher thermischer Komfort erreicht, ein besserer Schallschutz erzielt und eine nachhaltige Bauqualität sichergestellt. Eine luftdichte Ausführung aller Bauteilanschlüsse wird schon seit Bestehen der DIN 4108 [1] im Jahr 1952 gefordert.

Die in den letzten Jahren bekannt gewordenen Schadensfälle einer unzureichenden Luftdichtheit sind in der Regel auf Ausführungsfehler zurückzuführen. Hier ist vor allem das Planziegelmauerwerk in die Kritik geraten, das auf Grund seiner in der Vergangenheit nicht flächig ausgebildeten Lagerfugen eine Anfälligkeit hinsichtlich mangelnder Luftdichtheit aufzeigt. Werden bei derartigen, mit nicht deckelbildenden Ausführungen versehenen Wänden Durchdringungen der inneren Putzschicht nicht sachgerecht geschlossen, können lokale Luftleckagen zu unkontrollierbaren Infiltrationsluftwechseln führen und den Wärmeschutz der Wand verschlechtern. Als besonders sensible Bereiche bezüglich einer sorgfältigen Ausführung stellen sich die im folgenden Bild 1 gekennzeichneten Anschlüsse dar:

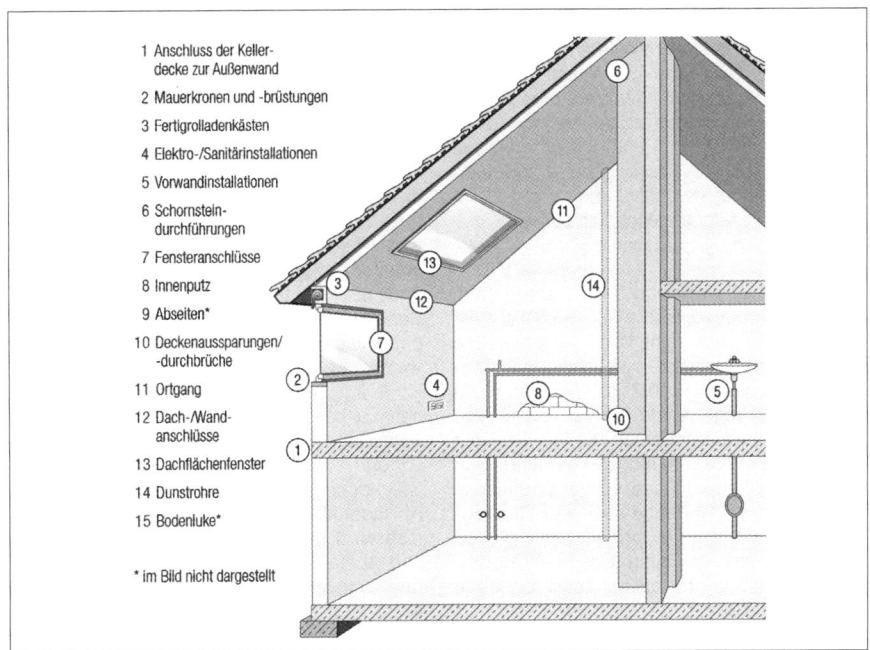

1 Anschluss der Keller-
decke zur Außenwand

2 Mauerkronen und -brüstungen

3 Fertigrolladenkästen

4 Elektro-/Sanitärinstallationen

5 Vorwandinstallationen

6 Schornstein-
durchführungen

7 Fensteranschlüsse

8 Innenputz

9 Abseiten*

10 Deckenaussparungen/
-durchbrüche

11 Ortgang

12 Dach-/Wand-
anschlüsse

13 Dachflächenfenster

14 Dunstrohre

15 Bodenluke*

* im Bild nicht dargestellt

Bild 1: Besonders sensible Anschlussbereiche zur Luftdichtheit eines Wohngebäudes.

2 Energetische Bedeutung

Eine hohe Luftdichtheit der Gebäudehülle wirkt auf den erzielbaren Wärmeschutz über verschiedene Einflüsse:

1. Infiltrationswechsel sind der unkontrollierbare Anteil der Lüftungswärmeverluste und sollten unbedingt gering gehalten werden.
2. Konvektive Wärmeverluste aus der Wandkonstruktion heraus reduzieren die Wärmedämmwirkung der Lochsteine.
3. Eine lokale oder auch flächige Temperaturabsenkung der wärmedämmenden Hüllfläche erhöht die Transmissionswärmeverluste.
4. Konvektiver Feuchteeintrag in die Konstruktion führt zu Bauschäden!
5. Einsetzende Eigenkonvektion in gelochten Strukturen kann die Dämmeigenschaften von Wänden beeinflussen.

Vor allem die unter 1 genannten Lüftungswärmeverluste gilt es zu verhindern. Neben dem in der Regel über Fensteröffnen oder über mechanische Lüftungsanlagen sicherzustellenden Luftwechsel ergibt sich ein unkontrollierter zusätzlicher Infiltrationsluftwechsel über die Konstruktionsfugen und unter Umständen auch Undichtheiten in der Gebäudehülle. Diese Verluste resultieren aus den statischen Druckdifferenzen der Windanströmung am Gebäude und aus temperaturbedingten Luftdruckunterschieden zwischen Innenraum und Außenluft. Der sich aus den Ergebnissen einer Blower-Door-Messung zu ermittelnde sog. Infiltrationsluftwechsel kann nach DIN V 4108-6 [2] wie folgt abgeschätzt werden:

$$n_{Infiltr.} = n_{50} \bullet e_{wind}$$

Bei einem n_{50} –Wert von 3,0 h^{-1} und einem Windschutzkoeffizienten e_{wind} von 0,1 für ein Gebäude mit zwei dem Wind ausgesetzten Fassaden in freier Lage ergibt sich ein Infiltrationsluftwechsel von 0,3 h^{-1}. Dieser recht hohe Wert liegt somit selbst dann vor, wenn die Anforderungen an die Luftdichtheit gemäß DIN 4108-7 [3] eingehalten sind, sich das Gebäude aber in ungünstiger Windexposition befindet. Der Rechenwert des Gesamtluftwechsels in der Heizperiode wird gemäß Energieeinsparverordnung (EnEV) mit durchschnittlich 0,6 h^{-1} für ausreichend luftdichte Gebäude angesetzt.
Die Nachweisverfahren zur EnEV berücksichtigen dagegen neben dem planmäßigen, hygienisch erforderlichen Mindestluftwechsel

eine über das Jahr gemittelte normierte Luftwechselzahl für Undichtheiten von 0,1 h^{-1} bei sehr dichten und 0,2 h^{-1} bei weniger dichten Gebäuden. Aus dieser Abschätzung wird deutlich, wie wichtig die Ausführung einer luftdichten Gebäudehülle für die Begrenzung der Lüftungswärmeverluste insbesondere dann ist, wenn die Gebäude in besonders exponierter Lage errichtet sind.

3 Luftdichtheit von Mauerwerk

Für den Massivbau aus Ziegeln gilt für alle flächigen Bauteile, dass nassverputztes Mauerwerk mit mindestens einer verputzten Oberfläche grundsätzlich luftdicht ist. Dies wird gemäß E DIN 4108-3 [4] festgestellt. Demgegenüber muss nach DIN 4108-7 [3] bei geschichteten, leichten Bauteilen generell eine zusätzliche Luftdichtheitsschicht angebracht werden. Die in der Vergangenheit festgestellten Mängel zur mangelnden Luftdichtheit von Ziegelmauerwerk resultieren immer aus der Struktur der Mauerwerkswände in Verbindung mit einer nicht sachgerecht ausgeführten Baukonstruktion.
Hochwärmedämmendes Mauerwerk besteht aus großformatigen Steinen, die in der Stoßfuge mit einer Verzahnung versehen sind und daher dort nicht vermörtelt werden. Nach der Ausführungsnorm DIN 1053-1 [5] sind Stoßfugen mit Öffnungsbreiten bis zu 5 mm nicht zu beanstanden. Gerade aus diesem Grund ist ein Nassputz zum luftdichten Verschließen von Stoßfugen und Fehlstellen zwingend erforderlich. In der Regel wird diese Anforderung durch den Innenputz allein erfüllt. Hier ist zu beachten, dass der Nassputz sowohl auf den sichtbaren raumseitigen Flächen als auch z. B. hinter Abseitenwänden im Dach, Sanitärsträngen hinter Trockenbau, in Kehlbalkenlagen etc. durchgängig aufgebracht wird.
Ist lediglich eine funktionsfähige Luftdichtheitsschicht z. B. in Form eines Nassputzes vorhanden, müssen bei Durchdringungen besondere Maßnahmen getroffen werden. Steckdosen, Wandschlitze für Installationen, Rollladenkästen etc. sind besonders abzudichten. Die hierzu notwendigen Materialien und Ausführungshinweise sind von den Produktanbietern verfügbar. Die Hinweise in DIN 4108-7 [3] sowie deren sichere Anwendung und Umsetzung durch die Verarbeiter sind allerdings längst nicht Baualltag. Ein Außenputz schafft hier zusätzliche Sicherheit, die bei

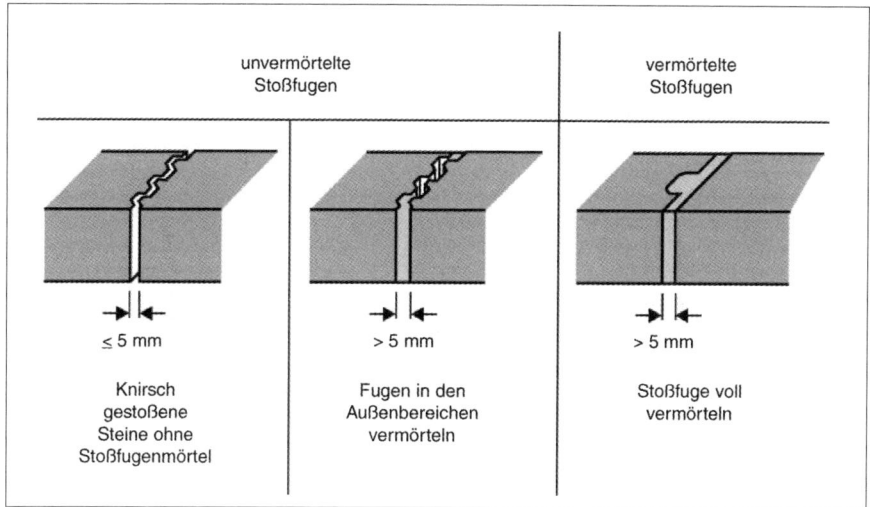

unvermörtelte Stoßfugen		vermörtelte Stoßfugen
≤ 5 mm	> 5 mm	> 5 mm
Knirsch gestoßene Steine ohne Stoßfugenmörtel	Fugen in den Außenbereichen vermörteln	Stoßfuge voll vermörteln

Bild 2: Regelgerechte Ausführung von Stoßfugen in Mauerwerk nach DIN 1053-1, Abs. 9 [5].

Verwendung von Wärmedämmverbundsystemen, hinterlüfteten Fassaden oder Außen-Verschalungen nicht gegeben ist. Ebenfalls sorgfältig abzudichten sind die raumseitigen Oberflächen von zweischaligem Mauerwerk und von zweischaligen Haustrennwänden. Diese zuvor angesprochenen Forderungen gelten gleichermaßen für gelochtes Ziegelmauerwerk als auch für jegliche Arten von Lochsteinen und auch Vollsteinen oder Wandelementen, deren Stoßfugen ausführungsgemäß knirsch gestoßen sind. Jede Durchdringung der inneren Putzschicht, die direkt oder über Kanäle (Installationsschlitze) an derartige Stoßfugen grenzt, kann zu unerwünschten Undichtheiten beitragen.

4 Luftströmungen in Lochsteinen

Ziegelmauerwerk erreicht seine hervorragenden Dämmeigenschaften durch die senkrechte Lochstruktur der Mauersteine. Je mehr Lochreihen zwischen Innen- und Außenseite der Wand, desto besser der Wärmeschutz. Voraussetzung für ein Funktionieren dieser Dämmung ist neben der Verlängerung der Wärmewege durch das Scherbenmaterial und neben der verringerten Strahlungsübertragung die Vermeidung von Konvektion in den luftgefüllten Hohlräumen. Eine durchgehende, geschlossene Lagerfuge verhindert eine Eigenkonvektion weitestgehend.

In der Vergangenheit wurde Planstein-Mauerwerk aus Lochsteinen im sog. Tauchverfahren mit Lagerfugenmörtel verklebt. Bei bestimmten Lochgeometrien ist die Wahrscheinlichkeit einer über mehrere Steinlagen durchgehenden Lochkanalausbildung mit Kaminwirkung möglich. Hier kann sich eine Luftzirkulation aus freier Konvektion ergeben, die bei der Festlegung der wärmeschutztechnischen Bemessungswerte λ_R im Rahmen von bauaufsichtlichen Zulassungen und auch in den Tabellen der DIN 4108-4 Berücksichtigung finden. Am Forschungsinstitut für Wärmeschutz, Gräfelfing wurden diese Effekte an hochwärmedämmendem Planziegelmauerwerk über durchgehende Lagerfuge untersucht [6]. Ohne Durchdringungen der Luftdichtheitsschicht stellen sich im ungünstigsten Fall Luftgeschwindigkeiten von 0,1 m/s ein, die an der Grenze der Messwerterfassung liegen und aus freier Konvektion bei etwa 1 Pa Druckunterschied resultieren. Ein Pa Druckdifferenz ergibt sich z. B. aus einem Temperaturunterschied der Luft von 20 K. Bei höheren Druckdifferenzen zwischen Lufteintritt und -austritt ergeben sich messbare Luftgeschwindigkeiten in den Lochkanälen von bis zu 0,3 m/s. Diese treten bei einer Druckdifferenz von 5 Pa auf, entsprechend dem Staudruck bei einer Luftgeschwindigkeit von ca. 3 m/s. Dabei weisen die Außenwände mit nicht abgedichteten Steckdosen gegenüber

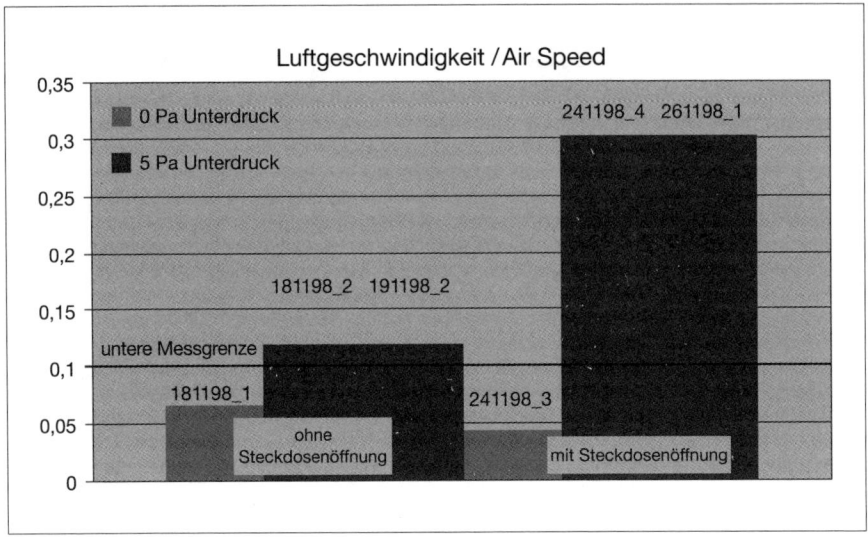

Bild 3: Gemessene Luftgeschwindigkeiten in Luftkammern von Planziegelmauerwerk ohne geschlossene Lagerfugen bei unterschiedlichen Druckverhältnissen, nach [6].

den zuvor gemessenen luftdichten Planziegelwänden kaum messbare Verschlechterungen der Wärmedämmung auf [6]. In Bild 3 sind die Versuchsergebnisse für die unterschiedlichen Randbedingungen dargestellt. Die zuvor zitierten Untersuchungen zeigen, dass Planziegelmauerwerk mit sachgerecht ausgeführter Luftdichtheitsschicht grundsätzlich nicht zu beanstanden ist. Bei nicht ausreichender luftdichter Beschichtung, die systembedingt in der Regel schon dann vorliegt sobald nicht mindestens raumseitig ein Nassputz aufgebracht ist, können sich Leckagen einstellen, bei denen Lufteintritt und Luftaustritt räumlich weit voneinander entfernt liegen können. Bei hohen Druckunterschieden insbesondere beim sog. Blower-Door-Test kommt es dann zu sichtbaren, spektakulären Zugerscheinungen. Diese häufig als Steckdosentaifun bezeichneten Phänomene zeigen lediglich, dass an dieser Stelle Luftaustrittsöffnungen vorhanden sind. Trotz unter Umständen sehr hoher Luftgeschwindigkeiten lassen sie keine Rückschlüsse auf die Schadensträchtigkeit der Leckage zu. Sollen die wärmeschutztechnischen Aspekte derartiger Schadstellen beurteilt werden, muss immer eine thermografische Paralleluntersuchung erfolgen.

5 Ausführungen in der Baupraxis

Die Mauersteinhersteller haben in Zusammenarbeit mit der Mörtelindustrie zur Verbesserung der Wärmedämmung und zur Erhöhung der Sicherheit gegen unplanmäßige Luftundichtheiten sogenannte deckelbildende Mörtel entwickelt und auf dem Markt etabliert (Bild 4). Diese bestehen in der Regel aus Werktrockenmörteln und werden häufig mit einem Mörtelschlitten einfach und schnell aufgetragen. Durch die lagenweise erzielte Deckelung der Lagerfuge wird die Eigenkonvektion in den Lochkammern behindert und für den Fall einer Durchdringung der Luftdichtheitsschicht die Leckage örtlich begrenzt.

Neben den Maßnahmen im Rohbaubereich sind vor allem in der Ausbauphase vielfältige handwerkliche Arbeiten umzusetzen, die Luftdichtheit der Gebäudehülle zu sichern. Für den Mauerwerksbereich bietet z. B. die Elektrozulieferindustrie Unterputzdosen ohne vorgestanzte Kabeleinführungen, die sowohl Steckdosen, Schalter, etc. aufnehmen, ohne dass die Luftdichtheitsschicht unterbrochen wird (Bild 5).

Werden die Luftdichtheitsschichten im Dachgeschossausbau ausgebildet, ist darauf zu achten, dass keine Luft-Nebenwege entstehen (Bild 6). Eine oberseitige Abdeckung von

Gierga/Luftdichtheit von Ziegelmauerwerk

Bild 4: Flächig geschlossene Lagerfugenmörtel bei Planziegelmauerwerk.

Mauerkronen gilt auch für Innenwände, sobald sie in unbeheizte und damit in der Regel auch wenig luftdichte Bereiche ragen.

6 Fazit

Mauerwerk aus Lochsteinen ist bei Auftrag mindestens einer durchgängigen Nassputzschicht dauerhaft luftdicht ausgeführt.

Besondere Sorgfalt ist im Bereich von Durchdringungen dieser in der Regel raumseitigen Luftdichtheitsschicht von Nöten. Ein Außenputz und die Verwendung deckelbildender Dünnbettmörtel erhöht die Sicherheit gegen Leckagen deutlich. Kleinere Fehlstellen bewirken keine messbare Reduktion der Wärmedämmeigenschaften von Hochlochziegelmauerwerk. Die Luftdichtheit von Hochlochziegelmauerwerk ist mindestens gleichermaßen zuverlässig zu erreichen wie diejenige von Mauerwerk aus Vollsteinen oder Planelementen.

Bild 5: Unterputzdose für Elektroinstallationen ohne Perforation für Kabeldurchdringungen (Quelle: Kaiser Elektro).

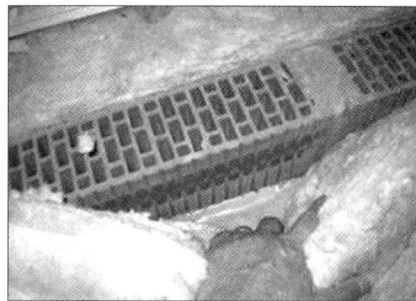

Bild 6: In den Dachraum einbindende Hochlochziegelwand ohne Abdeckung der Mauerkrone (Quelle: Fachverband Luftdichtheit im Bauwesen e.V.)

Literatur

[1] DIN 4108: Wärmeschutz im Hochbau, Ausgaben 1952, 1960, 1969, 1974, 1975, 1981, Beuth Verlag, Berlin.

[2] DIN V 4108-6: Wärmeschutz im Hochbau – Teil 6, Berechnung des Jahresheizenergiebedarfs, Ausgabe 1999, Beuth Verlag, Berlin.

[3] DIN V 4108-7: Wärmeschutz im Hochbau – Teil 7, Luftdichtheit von Bauteilen und Anschlüssen – Planungs- und Ausführungsempfehlungen sowie -beispiele, Vornorm, Ausgabe 11/1996, Beuth Verlag, Berlin.

[4] DIN 4108-3: Wärmeschutz im Hochbau – Teil 3, Klimabedingter Feuchteschutz – Anforderungen und Hinweise für Planung und Ausführung, Ausgabe 7/1999, Beuth Verlag, Berlin.

[5] DIN 1053-1: Mauerwerk-Berechnung und Ausführung, Ausgabe 11/1996, Beuth Verlag, Berlin.

[6] Anton, H.: Luftströmungen im Planziegelmauerwerk – Maßnahmen zur verbesserten Wärmedämmung, ZI (Ziegelindustrie International) 55. Jahrgang, Heft 7/2002, S. 44–49, Bauverlag, Gütersloh.

Theorie und Praxis der Fensteranschlüsse – ein kommentiertes Fallbeispiel

Prof. Dr.-Ing. Rainer Oswald, AIBau, Aachen

Einleitend zum Thema, wie weit Theorie und Praxis bei Fensteranschlüssen auseinander klaffen, soll folgender Mangelstreit dargestellt werden:
Die Investoren und Betreiber von Seniorenwohnanlagen hatten in ruhiger Ortsrandlage einer kleinen norddeutschen Stadt einen langgestreckten, dreigeschossigen Komplex mit rund 130 Wohneinheiten durch einen Generalunternehmer errichten lassen. Im Auftrag der Investoren begleitete ein Sachverständiger den gesamten Bauablauf der konventionell mit zweischaligem Kerndämm-Mauerwerk und großflächigen Holzfenstern ausgestatteten Anlage. Bei der Abnahme im Jahr 1997 wurde eine umfangreiche Mängelliste vorgelegt, die wiederum die Begründung für einen Schlusszahlungsrückbehalt von damals 700.000 DM lieferte.
Danach begann vor Gericht ein langer Streit über die Berechtigung von etwa 60 Mängelbehauptungen. Eine der durch Sachverständigengutachten zu klärenden Fragen lautete:
„Entspricht die Abdichtung/Isolierung der Fensterleibung den allgemein anerkannten Regeln der Baukunst?"
Die Fensteranschlüsse waren folgendermaßen ausgeführt:
Die Verblendschale bildete den Innenanschlag für die Blendrahmen. Ein vorkomprimiertes Dichtband verschloss die etwa 10 mm breite äußere Anschlussfuge. Die Fuge zur Rohbauöffnung der Hintermauerung war durchlaufend mit Polyurethan-Montageschaum verfüllt. Eine Holzleiste verdeckte die Anschlussfuge des eingeputzten Rahmens.
Bei einer Ortsbesichtigung etwa 2 Jahre nach Bezug des Gebäudes zeigten sich weder Feuchteprobleme noch Zugerscheinungen. Der Bauvertrag machte keine besonderen Angaben zur Art des Ausführung der Fensteranschlüsse. Anlass zur Mangelbehauptung gab der „Leitfaden zur Montage", der von der RAL-Gütegemeinschaft Fenster und Haustüren im Dezember 1995 und damit deutlich vor der Abnahme des Objekts veröffentlicht wurde. Der Vertreter der Investoren vertrat den Standpunkt, dass nur ein nach den Regeln

dieses Leitfadens ausgeführter Fensteranschluss als mangelfrei gelten kann. Die Verfasser dieser Broschüre hoben im Vorwort nämlich hervor, dass mit diesem Leitfaden „der Stand der Technik für den Anschluss von Fenstern und Türen an den Baukörper neu definiert" sei.
Im hier interessierenden Zusammenhang postuliert dieser Leitfaden für die Anschlussfuge des Fensters: „Regendichtheit", „Luftdichtheit" und „Tauwasserfreiheit". Daraus wird prinzipiell sowohl eine äußere wie innere Abdichtung des Fensterrahmens abgeleitet. Zur Vermeidung von Tauwasser in der Anschlussfuge wird weiter der Grundsatz aufgestellt, dass die innere Fugenabdichtung dampfdichter und luftdichter als die äußere sein muss.
Es war also der Frage nachzugehen, ob die „fehlende" Innenabdichtung beim hier zu untersuchenden Fensteranschluss an ein nicht hinterlüftetes, zweischaliges Mauerwerk zum Zeitpunkt der Abnahme (1997) zu bemängeln war. Ich möchte in diesem Zusammenhang natürlich auch der Frage nachgehen, ob ein solcher Anschluss aus heutiger Sicht mangelhaft ist.
Das Problem interessierte mich weit über den konkreten Einzelfall hinaus – war doch noch in der von mir mitbearbeiteten 4. Auflage des Fachbuchs Schwachstellen, Band 2 – Außen-

Bild 1: Innerer und äußerer Anschluss der Holzfenster des Seniorenheims

wände und Öffnungsanschlüsse im Jahr 1990 der Innenanschluss von Fenstern auch nur mit Abdeckleiste, ohne weitere Abdichtungen, dargestellt.

Unzweifelhaft ist die 1977 erschienene Forschungsarbeit des Rosenheimer Instituts für Fenstertechnik „Anschluss der Fenster zum Baukörper" über viele Jahre die wichtigste Literaturquelle zum hier behandelten Thema gewesen. Insbesondere die Auflistung der verschiedenen Möglichkeiten der Abdichtung des äußeren Fensteranschlusses in Abhängigkeit von der Fugenbewegung (= Fenstermaterial), den Schlagregenbedingungen und der Fassadenbauart fand als „Rosenheimer Tabelle" nicht zuletzt aufgrund ihrer Praxisnähe große Beachtung. Das Merkblatt der deutschen Gesellschaft für Mauerwerksbau zur Fensteranschlussausbildung nimmt noch im Mauerwerkkalender 1994 auf diese Untersuchung ausdrücklich Bezug.

In diesen und weiteren Veröffentlichungen fand offensichtlich bis zur Mitte der 90er Jahre die Gestaltung der inneren Anschlussfuge kaum eine Erwähnung. Im zitierten Forschungsbericht heißt es dazu sehr knapp: *„Der raumseitige Abschluss stellt in der Regel nur eine Verkleidung der Fuge und häufig eine mechanische Sicherung der Hohlraumverfüllung dar. Ausnahmen bilden Räume mit erhöhter Luftfeuchtigkeit und erhöhten Anforderungen an den Schallschutz."*

Das Abdecken der inneren Fuge mit einer Leiste zählte damit selbstverständlich zu den fachgerechten Lösungen.

Man muss nun fragen, was sich denn zu Beginn der 90er Jahre so entscheidend geändert hat, dass eine im zitierten Forschungsbericht richtig beschriebene, seit jeher geübte Praxis als nicht mehr funktionsfähig gelten muss. Da auch heute Fenster ohne zusätzliche Innenabdichtung weiterhin funktionieren, sind nicht die tatsächlichen praktischen Beanspruchungen – z. B. erheblich veränderte Bedingungen des Innenklimas – ausschlaggebend. Es sind Änderungen in der Theorie, deren Praxisbezug durchaus kritisch hinterfragt werden muss.

Zunächst sind es die Änderungen der Anforderungen an die Luftdichtheit der Gebäudehülle. Diese ist mit der Entwicklung des relativ einfach handhabbaren (allerdings auch extrem ungenauen) Differenzdrucktests praktisch messbar und damit durch definierte Grenzwerte beschreibbar geworden. Die Vornorm zum Teil 7 der Wärmeschutznorm (DIN 4108 Luftdichtheit von Bauteilen und Anschlüssen – Planungs- und Ausführungsempfehlungen sowie -beispiele) hat dazu im November 1996 die im Montageleitfaden geforderte doppelte Fugenabdichtung bei Fensteranschlüssen voll übernommen. Die endgültige Ausgabe dieser Norm vom August 2001 befasst sich nur noch mit der Dichtheit der inneren Anschlussfuge, die durch Dichtstoffe, vorkomprimierte Dichtbänder oder Folienstreifen erzielt werden muss. Die seit Februar 2002 geltende Energieeinsparverordnung fordert nach dem „Stand der Technik" luftundurchlässig abgedichtete" Fugen. Steht man auf dem Standpunkt, dass DIN 4108 diesen „Stand der Technik" definiert, so wäre uns seit Anfang 2002 die innere Fugenabdichtung „verordnet". Ich vertrete diesen Standpunkt aus den dargestellten Gründen nicht uneingeschränkt.

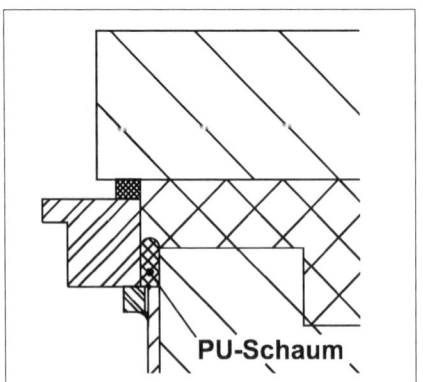

Bild 2: Schnitt durch den Leibungsanschluss

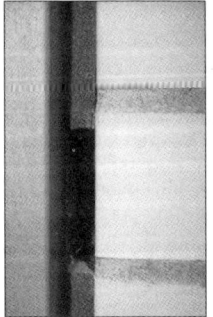

Bild 3 + 4: Innerer Putzanschluss des Fensters; Verfüllung der Anschlussfuge mit Polyurethanmontageschaum

Oswald/Fallbeispiel Fensteranschlüsse

Selbstverständlich müssen Fensteranschlussfugen hinreichend luftdicht sein. Dabei ist zu betonen, dass keine absolute Luftdichtheit gefordert ist. Durch sinnvolle Abdichtungen muss nur eine so geringe Leckrate sichergestellt werden, dass die Grenzwerte des Differenzdrucktests im Allgemeinen eingehalten und punktuelle Zugerscheinungen vermieden werden. Mit dieser Beschränkung des Luftdurchgangs wird auch der Durchgang des mit der strömenden Luft transportierten Wasserdampfs entscheidend reduziert.

Aber muss diese Luftdichtung der Anschlussfuge unbedingt innen liegen? Kann sie nicht – je nach den konstruktiven Randbedingungen – auch von einer außenliegenden Dichtung übernommen werden? Muss z. B. bei außenseitig aus Schlagregenschutzgründen bereits abgedichteten Anschlüssen der doppelte Aufwand betrieben werden, der sich ja nicht nur in einer weiteren, hinterfüllten Dichtstoffphase erschöpft? Viele Mauerwerksleibungen müssten dazu vor der Fenstermontage z. B. vorgeputzt werden. Entscheidend für den Mehraufwand ist die Forderung, dass „Tauwasser in der Anschlussfuge unbedingt vermieden werden sollte". Im Leitfaden wird geschlussfolgert, dass eine innen weniger dampfdichte oder gar offene Fuge zum Tauwasserausfall führen muss und „unweigerlich zur Schädigung des Außenbereichs führt". In späteren Versionen des Leitfadens wird dieser Vorgang sogar noch durch eine Zeichnung illustriert, die einen „Diffusionsstau" hinter der dampfdichteren, äußeren Abdichtung darstellt.

Hier wird die Leistungsfähigkeit der Wasserdampfdiffusion erheblich überschätzt. Die „unweigerlich" entstehenden Schäden sind uns unbekannt. Der Konzentrationsausgleich von Wasserdampfmolekülen aufgrund der Brown'schen Molekularbewegung ist ein relativ langsamer Prozess, bei dem sich zudem nichts „aufstauen" kann. Wie bei vielen anderen baukonstruktiven Situationen ist auch hier eine absolute Tauwasserfreiheit nicht nötig. Wie DIN 4108 im Hinblick auf die Tauwassernachweise genauer beschreibt, dürfen die bei den ungünstigsten Klimabedingungen im Winter ggf. anfallenden Tauwassertropfen nur keinen Schaden anrichten und muss die anfallende Tauwassermenge in der Sommerphase wieder austrocknen können. Durch die kapillare Saugfähigkeit angrenzender Bauteile ist zudem fast immer der reale Feuchtehaushalt wesentlich günstiger als dies eine reine Tauwasserbetrachtung vermuten lässt (ich verweise auf den Beitrag von Spitzner zu den Aachener Bausachverständigentagen 2003). Es ist also ein zu weit von den tatsächlich komplexen bauphysikalischen Bedingungen entferntes, zu simples, theoretisches Denkmodell, das hier für einen unnötig großen Aufwand ursächlich ist.

Natürlich ist es nicht falsch, pauschal mit doppelter Sicherheit zu konstruieren und natürlich setzen differenziertere Anforderun-

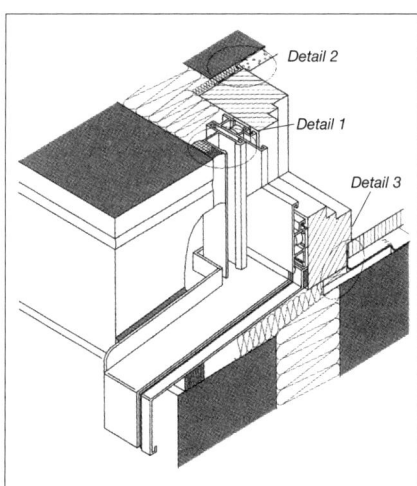

Bild 5: Verblendschalenanschluss mit innerer Abdeckleiste; aus: Schwachstellen, Band 2, 4. Auflage 1990

Bild 6: Fensteranschlussdetail aus dem Leitfaden zur Montage; innere Anschlussdichtung mit Folienstreifen

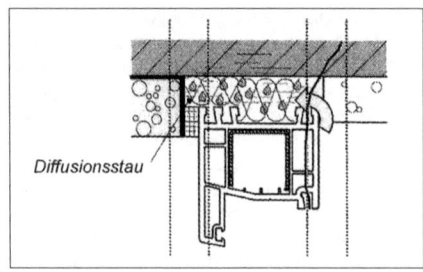

Diffusionsstau

Bild 7: Darstellung des vermuteten Tauwasser-
bildungsvorgangs mit „Diffusionsstau" aus
dem Montageleitfaden 2002

gen eine genauere Analyse der Bedingungen
der Einzelsituation voraus. Ist der äußere Anschluss z. B. bei hinterlüfteten Bekleidungen
zwar schlagregensicher, nicht aber luftdicht,
so muss natürlich die innere Anschlussfuge
abgedichtet werden.

Die sehr praktischen, allerorts angewendeten
Montageschäume wiegen viele Praktiker in der
falschen Sicherheit, mit dem Ausschäumen
der Anschlussfuge bereits genug für die Dichtheit getan zu haben. DIN 4108-7: 2001-08
führt dazu richtig aus: „Fugenverfüllmateria-
lien, z. B. Montageschäume, sind aufgrund
ihrer Eigenschaften nicht oder nur in begrenztem Maß in der Lage, Schwind- und Quellbe-
wegungen sowie andere Bauteilverformungen
aufzunehmen und sind deshalb nicht zur Herstellung der erforderlichen Luftdichtheit geeignet." Ich staune allerdings, dass sich die
Hersteller von Montageschäumen nicht schon
längst zusammengefunden haben, um aus
dem „No-Name-Hilfswerkstoff" mit völlig
undefinierten Eigenschaften ein unter bestimmten, festgelegten Randbedingungen
konstruktiv einsetzbares „ernsthaftes" Bau-
produkt zu entwickeln. Was bei der Rissverpressung mit PU-Harzen geht, müsste doch
auch für Fugen realisierbar sein.

Der Montageleitfaden forderte mehr als das
praktisch Notwendige. Er hatte eine nicht
zwangsläufig erforderliche, erhöhte Zuverläs-
sigkeit zur Folge. Er mag den „Stand der
Technik" der RAL Gütegemeinschaften beschreiben, nicht aber die übliche Beschaffenheit, die ein Besteller ohne besondere vertragliche Vereinbarungen als „anerkannte
Regel der Bautechnik" erwarten muss. Es ist
insofern auch nicht verwunderlich, dass – wie
Neubauer durch Umfrage untersucht hat –
das Wissen über die im Montageleitfaden

formulierten Anforderungen nicht übermäßig
in der Bauöffentlichkeit verbreitet ist.
Im dargestellten Streitfall wurde daher für
1997 die angetroffene Ausführung nicht bemängelt.
Im Februar 2002 hat der Bundesverband Holz
und Kunststoff, der Bundesinnungsverband
des Glaserhandwerks, der Bundesverband
Metallvereinigung Deutscher Metallhandwer-
ker sowie der Verband der Fenster- und
Fassadenhersteller die Angaben des Mon-
tageleitfadens ohne Abstriche oder Differen-
zierungen in die Technische Richtlinie „Einbau und Anschluss von Fenstern und Fenstertüren mit Anwendungsbeispielen" übernommen. Ob damit dem kostenbewussten
Auftraggeber oder erst recht dem gewähr-
leistungspflichtigen Handwerker ein guter
Dienst erwiesen wurde, möchte ich nicht kommentieren.
Durch die Luftdichtheitsnorm (2001), die
EnEV (2002) und die neue Fenstereinbau-
richtlinie (2002) ist eine neue Regelwerksitua-
tion entstanden. Planern und Ausführenden
kann daher nur empfohlen werden, weniger
aus technischen Gründen als zur Vermeidung
eines Streits in Zukunft grundsätzlich den
Aufwand innenseitiger Abdichtungen zu treiben oder abweichende Lösungen ausdrücklich zu vereinbaren. Wird in Zukunft über die
fehlende innere Abdichtung gestritten, so ist
es die Aufgabe eines vernünftig abwägenden

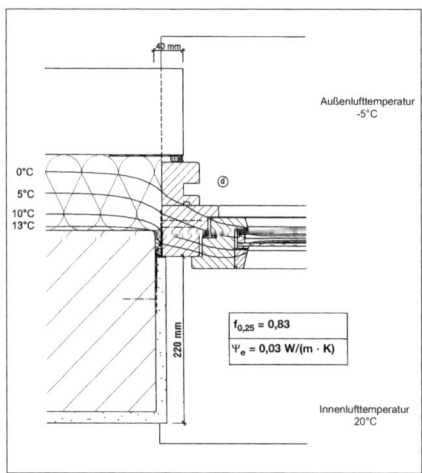

Bild 8: Fensteranschlussdetail aus der Technischen
Richtlinie der Bundesverbände 2002;
innere Abdichtung mit Folienstreifen

Oswald/Fallbeispiel Fensteranschlüsse

Sachverständigen den Einzelfall zu untersuchen, um dann zu entscheiden, ob nicht doch
eine voll gebrauchstaugliche, auch den Verordnungen entsprechende, Lösung vorliegt.

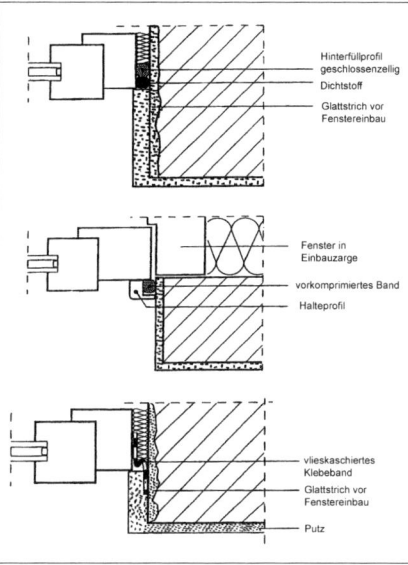

Bild 9: Alternative innere Anschlussabdichtungen
nach DIN 4108, Teil 7 – August 2001

Literatur

[1] Blaschke, K. u. a.: Anschluss der Fenster
zum Baukörper. Institut für Fenstertechnik, Rosenheim, Forschungsbericht BM
Bau; B II 5 - 80 01 73 - 122, Februar 1977

[2] Schild, E.; Oswald, R. u. a.: Schwachstellen – Schäden, Ursachen, Konstruk-
tions- und Ausführungsempfehlungen.
Band 2, Außenwände und Öffnungsanschlüsse, 4. Auflage, 1990

[3] Deutsche Gesellschaft für Mauerwerksbau: Außenwandfugen bei Mauerwerksbauten. 1982, zuletzt veröffentlicht in:
Mauerwerkkalender 1994

[4] Leitfaden zur Montage – Der Einbau von
Fenstern und Fassaden und Haustüren
mit Qualitätskontrolle durch das RAL-
Gütezeichen.
Hrsg.: RAL-Gütegemeinschaft Fenster
und Haustüren, Frankfurt/M (erarbeitet
durch das Institut für Fenstertechnik),
1. Ausgabe Dezember 1995, neueste
Ausgabe Mai 2002

[5] DIN V 4108-7: 1996-11 Wärmeschutz
im Hochbau – Teil 7 – Luftdichtheit von
Bauteilen und Anschlüssen, Planungs-
und Ausführungsempfehlungen sowie
-beispiele; neueste Ausgabe August 2001

[6] Einbau und Anschluss von Fenstern und
Fenstertüren mit Anwendungsbeispielen
(erarbeitet vom Institut für Fenstertech-
nik, Rosenheim)
Technische Richtlinie der Bundesver-
bände, 2. Auflage 2002 (Verlagsanstalt
Handwerk GmbH, 40221 Düsseldorf,
Fax: 02 11/3 90 98 33)

[7] Neubauer, R. O.: Der Fenstereinbau –
Anforderungen und Montage aus der
Sicht der Sachverständigen. In: Der Sach-
verständige, S. 270 – 276, Oktober 2002

[8] Spitzner, M. H.: Flankenübertragung und
Fehlstellen bei Dampfsperren – wann
liegt ein ernsthafter Mangel vor? In: Aachener Bausachverständigentage 2003

Anschlussausbildung bei Fenstern und Türen – Regelwerkstheorie und Baustellenpraxis

Dipl.-Ing. Herbert Scheller, Goslar

Den Anforderungen an einen verbesserten Wärmeschutz wurde in der Vergangenheit meist dadurch Rechnung getragen, dass die Transmissionswärmeverluste durch verbesserte Dämm-Maßnahmen gesenkt wurden. Das galt auch für Fenster und in der ersten Wärmeschutzverordnung von 1977 wurde der obere Grenzwert des Wärmedurchgangskoeffizienten k_F für Fenster noch mit 3,5 W/m² K festgeschrieben. Die zweite Wärmeschutzverordnung von 1982 enthielt dann den Wert 3,1 W/m² K. Mit der dritten Wärmeschutzverordnung vom 16. August 1994 wurden Bauteil-Anforderungen zur Begrenzung des Wärmedurchgangs nur noch bei Ersatz oder Erneuerung von Außenbauteilen bestehender Gebäude gestellt. Für außenliegende Fenster, Fenstertüren und Dachfenster lag der Grenzwert bei $k_F \leq 1,8$ W/m² K. Entsprechende Entwicklungen haben diesen großen Sprung ermöglicht. Die Energieeinsparverordnung vom November 2001 enthält die gleiche Grundlage, sie geht aber von den neuen europäischen Bezeichnungen aus. In der Tabelle 1 fordert sie für außenliegende Fenster, Fenstertüren und Dachflächenfenster den Grenzwert $U_W = 1,7$ W/m² K.

Die Verbesserung der Luftdichtheit von Gebäuden und die damit verbundene Reduzierung der Lüftungswärmeverluste hat erst in den letzten Jahren zunehmend an Bedeutung gewonnen. Spätestens beim Einsatz von Lüftungsgeräten in Kombination mit einer Wärmerückgewinnungsanlage wurde offensichtlich, dass eine luftundurchlässige Ausführung der Gebäudehülle unumgänglich ist. Die Wärmeschutzverordnung vom 16. August 1994 enthielt in § 4 erstmals die Forderung nach einer luftundurchlässigen Schicht über die gesamte Fläche. Außerdem wurde gefordert, dass die sonstigen Fugen in der wärmeübertragenden Umfassungsfläche dauerhaft luftundurchlässig abzudichten sind. Zu diesen „sonstigen Fugen" gehört selbstverständlich auch die umlaufende Fuge um Fenster und Außentüren. Die Baukörper-Anschlussausbildung muss demzufolge auch diesen Gesichtspunkt und die noch anzusprechenden Probleme berücksichtigen.

Neben den energetischen Aspekten ist vor allem die potenzielle Bauschadensanfälligkeit einer undichten Gebäudehülle, speziell jedoch einer nicht ausreichend abgedichteten Anschlussfuge zu beachten. Verbunden mit der höheren Dichtheit steigt die relative Raumluftfeuchte und der Feuchtedruck auf die Gebäudehülle. Dabei kommt es vor allem zu einer Belastung aller Fugen in der Gebäudehülle. Gelangt infolge der Druckdifferenz feuchtwarme Luft in eine Konstruktion oder in eine Fuge zwischen zwei Bauteilen, kühlt die ausströmende Luft über das Temperaturgefälle ab und gibt einen Teil der in ihr gebundenen Feuchte ab. Dabei kann es sehr schnell zu einer unzulässigen Ansammlung von Feuchtigkeit kommen. Bauschäden sind dann kaum zu vermeiden. Schließlich ist auch das Behaglichkeitsempfinden zu betrachten. Haben ungeplante Öffnungen in der Gebäudehülle einen kleinen Querschnitt, entstehen hohe Luftgeschwindigkeiten, die als Zugerscheinungen empfunden werden.

Bereits der „Dritte Bericht über Schäden an Gebäuden", welcher vom AlBau ausgearbeitet und 1995 vom damaligen Bundesministerium für Raumordnung, Bauwesen und Städtebau herausgegeben wurde, beschäftigt sich intensiv mit dieser Problematik. In diesem Bericht wird aber auch auf die Diskrepanz hingewiesen, die durch die genau definierten Anforderungen an konstruktive Maßnahmen zur Erhöhung der Luftdichtheit und die fehlenden klaren Anforderungen zur Sicherstellung einer ausreichenden Luftwechselrate entstanden sind. Gleichzeitig wird eine gezielte Planung einer nutzerunabhängig geregelten Grundlüftung angemahnt. Noch heute wird nicht nur von den Planern im Regelfall erwartet, dass der notwendige Luftwechsel allein durch die vom Nutzer abhängige Fensterlüftung erfolgt.

Um die Grundlagen für eine luftundurchlässige Gebäudehülle festzulegen, wurde die DIN 4108 „Wärmeschutz im Hochbau" nach einer Vornorm aus dem November 1996 im August 2001 um den Teil 7 erweitert. Dieser Teil der Norm beschäftigt sich mit der Luftdichtheit von Gebäuden und enthält dazu Planungs- und Ausführungsbeispiele. Fensteranschlüsse werden im Abschnitt 7.4 behandelt. Die Ausführungsbeispiele zeigen ausschließlich die raumseitige Abdichtung zur Sicherstellung der auch hier erforderlichen Luftdichtheit. Die Bedeutung dieser raumseitigen Abdichtung ist u. a. daran zu erkennen, dass bei Mauerwerk im Anschlussbereich der Fenster und Außentüren vor dem Einbau der Fenster ein Glattstrich als eindeutige Haftungsflanke gefordert wird. Die gleichzeitig erforderliche außenseitige Abdichtung ist nicht Gegenstand der Norm. Sie ist nach den jeweiligen objektbezogenen Anforderungen und selbstverständlich nach den anerkannten Regeln der Technik auszuführen.

Die heute geltenden anerkannten Regeln der Technik für die Anschlussausbildung von Fenstern sind im Grundsatz auf das Ergebnis von zwei Forschungsaufträgen zurückzuführen. Das Forschungsvorhaben B I 5-800181-34 „Wärmebrückenkatalog" wurde von der TU Braunschweig durchgeführt und vom BM-Bau gefördert. Der Verfasser hat für den Verband der Fenster- und Fassadenhersteller bei dieser Arbeit mitgewirkt und den Bereich der Fensteranschlüsse untersucht. Dieser Forschungsauftrag wurde bereits im Oktober 1985 abgeschlossen und als Buch veröffentlicht. Untersucht wurden rund 200 Wärmebrückendetails, davon 44 zeittypische Fensteranschlussausbildungen. Hintergrund der Arbeit war die Tatsache, dass die durch die Neufassung der DIN 4108 und durch die zweite Wärmeschutzverordnung bewirkte Erhöhung der Wärmedämm-Maßnahmen dazu geführt hatte, dass in der Gebäudehülle verstärkt Wärmebrücken in Erscheinung traten.

Schon in dieser Zeit war bekannt, dass die besser dämmenden und dichter schließenden Fenster sowie das vielfach vom Bestreben nach Heizkosten-Einsparung motivierte Nutzerverhalten zu einem Anstieg der durchschnittlichen Raumluftfeuchte geführt hatte. Es kam vermehrt zur Schimmelpilzbildung und zum Tauwasserausfall auf Wandinnenseiten, speziell im Leibungsbereich von Fenstern und Außentüren. Der Regelwerksgeber war daher an einer quantitativen Erfassbarkeit von Wärmebrücken als Grundlage für die Beurteilung und Verbesserung baulicher Detaillösungen interessiert. Es sollte demzufolge kein Nachschlagewerk für baukonstruktive Lösungen entstehen, sondern es sollte

ausschließlich die Wirkungsweise von Wärmebrücken verdeutlicht werden. Untersucht wurden materialbedingte und geometrisch bedingte sowie massestrombedingte und umgebungsbedingte Wärmebrücken.

Bei diesem Forschungsvorhaben wurde die Bedeutung von Wärmebrücken erstmals durch Berechnungen der Wärmeleitung nach der FE-Methode (Finite Elemente) untersucht. Die durchgeführten Isothermenverlaufsberechnungen zeigten sehr schnell und eindeutig auf, dass es beispielsweise absolut nicht egal ist, in welcher Ebene Fenster eingebaut werden. Zu erkennen war, dass bei monolithischen Außenwänden die Temperaturverhältnisse dann besonders günstig sind, wenn das Fenster in der Achse der Wanddicke angeordnet wird. Bei geschichteter Bauweise mit Kern- oder Luftschichtdämmung ist diese Grundlage gegeben, wenn das Fenster im Bereich der Dämmung eingebaut wird.

Politisch relevant war für den Förderer bei dieser ersten Untersuchung der in dieser Zeit noch aktuelle sog. „Soziale Wohnungsbau". Es wurden daher relativ einfache Konstruktionen und Kombinationen untersucht. Eine Ausweitung des Forschungsvorhabens auf den Nichtwohnungsbau war wegen fehlender Mittel nicht möglich. Auf Initiative des Verbandes der Fenster- und Fassadenhersteller wurde daher beim Bundesminister für Forschung und Technologie ein komplett neuer Forschungsantrag gestellt, genehmigt und mit F+E-Mitteln gefördert. Bei diesem Forschungsvorhaben musste wegen der F+E-Mittel ein produzierendes Fensterbauunternehmen die Federführung übernehmen. Es stellte auch alle Prüfkörper zur Verfügung, während alle Untersuchungen und Berechnungen vom Institut für Fenstertechnik (ift) in Rosenheim durchgeführt wurden.

Im Rahmen des Forschungsvorhabens FE 59-5-32-7630 „Einbindung der Fenster in die Gebäudehülle" waren monolithische und geschichtete Außenwände sowie Fenster aller Rahmenmaterialien in unterschiedlichen Einbauebenen Untersuchungsgrundlage. Außerdem wurden die Erkenntnisse aus dem „Dritten Bericht über Schäden an Gebäuden" eingearbeitet. Gleichzeitig wurde das Rechenprogramm für Isothermenverlaufsberechnungen weiter entwickelt, verfeinert und durch Übernahme der Prüfergebnisse abgesichert. Diese Arbeit wurde im Oktober 1993 abgeschlossen.

Aus finanziellen Gründen übernahmen die RAL-Gütegemeinschaften Fenster und Haustüren, Frankfurt die Veröffentlichung des Forschungsberichtes. Im Juli 1994 wurden mit dem „Leitfaden zur Montage" erstmals neue anerkannte Regeln der Technik für den Einbau von Fenstern und Außentüren veröffentlicht. Wegen der Einführung neuer Regelwerke und Verordnungen und wegen der erforderlichen Weiterentwicklung folgten weitere Ausgaben im Februar 1997, Januar 1999 und Mai 2002. Die jeweilige Ausgabe vom „Leitfaden zur Montage" wurde Güte- und Prüfbestimmung für die RAL-Gütesicherung Montage und zwar nur für die Firmen, die gleichzeitig das RAL-Gütezeichen „Fertigung" erwerben wollten oder bereits erworben hatten.

In der Folge wurde am Markt der Begriff der „RAL-Montage" geprägt und es war immer häufiger folgende Meinung zu hören: „Die RAL-Montage ist gut, aber teuer – die normale Montage ist preiswerter und ausreichend". Real gesehen wird damit eine weitgehende Diskrepanz zur Baustellenpraxis aufgezeigt.

Zunächst ist die so geäußerte Meinung in doppelter Hinsicht falsch und gefährlich. Der Einbau von Fenstern nach den Grundsätzen der RAL-Gütesicherung Montage ist nichts Besonderes, sondern dieser Einbau folgt den zeitbezogen geltenden anerkannten Regeln der Technik. Auf der anderen Seite wird unter „normaler Montage" im Regelfall verstanden, dass die Fenster befestigt und die Fuge zur Außenwand lediglich ausgeschäumt wird. Oft fehlt bei der „normalen Montage" sogar die Verklotzung der Fenster und damit die bauaufsichtlich relevante Lastübertragung auf den Baukörper.

Gefährlich ist diese Praxis auch deshalb, weil mit dem in dieser Form angewendeten Begriff „RAL-Montage" einerseits in der Regel ein Mehrpreis verbunden wird und andererseits gegenüber dem „RAL Deutsches Institut für Gütesicherung und Kennzeichnung e.V." ein rechtliches Problem entsteht. Eine „RAL-Montage" im Sinne der RAL-Gütesicherung kann nur ausführen, wer auch dafür das RAL-Gütezeichen erworben hat.

Geht man davon aus, dass bereits die DIN 4108-2, Ausgabe 8/1981 die beiden nachstehend zitierten Forderungen enthält, kommt man sehr schnell zu den neuen aktuellen Regelwerken und den geltenden anerkannten Regeln der Technik. Die DIN 4108-2 : 1981-08 fordert im Abschnitt 6.2.1.1:

„Bei Fugen in der wärmeübertragenden Umfassungsfläche eines Gebäudes ist dafür Sorge zu tragen, dass diese Fugen entsprechend dem Stand der Technik dauerhaft luftundurchlässig abgedichtet sind."

und in Abschnitt 6.2.1.2 zusätzlich:

„Der Eindichtung der Fenster in die Außenwand ist besondere Aufmerksamkeit zu schenken. Die Fugen müssen entsprechend dem Stand der Technik dauerhaft luftundurchlässig abgedichtet sein."

Anscheinend musste der Gesetzgeber diese Forderung erst wörtlich in § 4 der Wärmeschutzverordnung vom 16. August 1994 übernehmen, um ihre Bedeutung aufzuzeigen und einen Ansatz dafür zu geben, dass sie auch umgesetzt wird. Bedeutungsvoll ist auch die Tatsache, dass die DIN 4108-2 des Jahres 1981 in ihrem Abschnitt 5.2 bereits einen Hinweis auf die Bedeutung von Wärmebrücken und die Forderung nach einer konstruktiven Korrektur enthält.

Entscheidend ist jedoch zunächst, dass das geltende Regelwerk und damit die anerkannten Regeln der Technik beim Einbau von Fenstern die Forderung nach einer „dauerhaft luftundurchlässigen" inneren Abdichtung enthalten. Diese anerkannten Regeln der Technik lassen sich mit folgenden Punkten beschreiben:

1. Die Fugen zwischen Fenster und Baukörper sind auf der Raumseite nach dem Stand der Technik dauerhaft luftundurchlässig abzudichten.

Wie bereits erwähnt, ergibt sich diese Forderung u. a. aus § 4 Abs. 3 der Wärmeschutzverordnung vom 16. August 1994. In der Energieeinsparverordnung ist sie mit leicht veränderter Formulierung Bestandteil des § 5 Abs. 1. Dieser Absatz enthält den ergänzenden Hinweis, dass diese Forderung (selbst verständlich) nicht für die Fugendurchlässigkeit außenliegender Fenster, Fenstertüren und Dachflächenfenster gilt.

Hiermit ist zwar gleichzeitig die erforderliche Winddichtung gegeben, aber die Abdichtung gegen Schlagregen fehlt noch, daher ergibt sich zwangsläufig die Folgeforderung:

2. Da auch eine Abdichtung gegen Schlagregen erforderlich ist, hat die Abdichtung von Anschlussfugen in zwei Ebenen raum- und außenseitig zu erfolgen.

Bei zwei direkt hintereinander angeordneten Dichtungsebenen führen bauphysikalische

Gründe zu der unabdingbaren Folgeforderung:

3. *Aus bauphysikalischen Gründen muss der Dampfdiffusionswiderstand der raumseitigen Abdichtung größer sein als bei der außenseitigen Abdichtung.*

Da auch im Bereich der Anschlussfugen die Forderungen an die Wärmedämmung, oft auch zusätzlich an die Schalldämmung über einen angemessenen Zeitraum sichergestellt werden müssen, ist noch eine Forderung aus den ATV-Normen in VOB/C zu übernehmen:

4. *Die zwischen Fenster und Baukörper noch verbleibende Fuge ist mit Dämmstoffen vollständig auszufüllen.*

Die Betonung liegt hier auf dem Begriff „vollständig" und für diese Aufgabenstellung kann – wenn nichts anderes vorgegeben ist – der zunächst „allein selig machende" Schaum eingesetzt werden. Dabei ist aber noch zu beachten, dass der häufig angewandte Zusatz „Montage"(-Schaum) bei vielen Anwendern leider etwas Falsches, besser: Beim Schaum nicht vorhandene Eigenschaften impliziert.

Der Bauherr sieht das Fenster integriert in der Außenwand und er unterstellt damit, dass er ein in Funktion und technischen Eigenschaften abgestimmtes „System" Fenster/Außenwand erhält. Diese Erwartung ist berechtigt, da sich alle an der Erstellung eines Bauwerks Beteiligten verpflichten, die jeweils geltenden anerkannten Regeln der Technik anzuwenden und die Gebrauchstauglichkeit der Bauteile und des Bauwerks sicherzustellen. Die als technisch ausgewogen zu bezeichnende zentrale Forderung der deutschen Landesbauordnungen nach der Sicherstellung der Gebrauchstauglichkeit kann sicherlich hinterfragt werden. Ihr liegt aber der Ganzheitsgedanke und damit das Performance-Konzept der europäischen Normung zugrunde, in dem über eine entsprechende Produktnorm die Leistung eines Fensters beschrieben ist, von der Bauherr und Nutzer ausgehen können.

Zur Sicherstellung der Gebrauchstauglichkeit gehört auch der Einbau oder die Montage der Fenster nach den anerkannten Regeln der Technik, d. h. beurteilt wird immer das gebrauchstauglich eingebaute Fenster. Daher ist nicht nur die Fertigung, sondern auch der Einbau von Fenstern, Fenstertüren und Fensterwänden zu planen. Die erforderliche Ausgewogenheit, die in diesem Zusammenhang eine der wichtigsten Grundlagen ist, liegt im technischen und bauphysikalischen Gleichgewicht eines Gebäudes. Jeder Eingriff in dieses Gleichgewicht führt zu Störungen im System.

Aufgrund der wesentlich erhöhten Anforderungen an den Wärmeschutz und die Dichtheit der Gebäudehülle ist dieses Gleichgewicht bei vielen Gebäuden gestört. Gestört, weil letztendlich die zwingend erforderliche Ausgewogenheit der Mittel nicht beachtet wurde. Beispielsweise beim Austausch von Fenstern, beim falschen Anschluss von Wärmedämmverbundsystemen an Fenster und beim Einbau von „Superglazing" in Fensterrahmen mit nicht ausreichendem U_f-Wert.

Mit einer wärmetechnisch verbesserten Gebäudehülle, die gleichzeitig weitgehend luftundurchlässig ausgebildet ist, und dem Einbau neuer Fenster ist eine Reduzierung des natürlichen Luftwechsels verbunden. Das gilt vor allem dann, wenn der fehlende „Lüftungsanteil" über Fugen und Fehlstellen in der Gebäudehülle nicht vom Nutzer aufgefangen und kompensiert wird. Da die sog. Grundlüftung nach der Normenreihe DIN 1946 praktisch nicht geplant und vorgesehen wird, gilt das in gleicher Weise auch für den Neubaubereich.

Aus dieser Tatsache resultieren ganz allgemein sehr viel höhere relative Luftfeuchten im Gebäude und oft auch gleichzeitig höhere Raumtemperaturen. Das führt zwangsläufig zu veränderten Taupunkttemperaturen und die Wahrscheinlichkeit von Schimmelbefall und Tauwasserausfall wird wesentlich erhöht. Über die noch verbleibenden Fugen und Fehlstellen findet automatisch ein erhöhter Wasserdampftransport statt, und wenn Tauwasser ausfällt, ist die Menge wesentlich größer als bei einem „undichten" Gebäude. Damit wird jeder Baukörperanschluss generell einer höheren Belastung ausgesetzt. Bedeutungsvoll ist, dass eine (theoretisch vorhandene) dauerhaft luftundurchlässig abgedichtete Anschlussfuge dafür die Grundlage bildet.

Die Konsequenz aus diesen Zusammenhängen kann und darf keinesfalls lauten, die Luftdichtheit der Gebäudehülle wieder zu verschlechtern. Beispielsweise durch eine undefinierte „Lüftung" durch Bohrungen oder durch „teildurchlässige Mitteldichtungen" in Fenstern. Kaum etwas ist daher so überflüssig wie die Entwicklung von „Fugenlüftungs-" oder gar „Grundlüftungssystemen" und „Druckausgleichsprofilen" einiger Systemhäuser. Also letztendlich die Entwicklung von Fenstern, deren längenbezogene Fugendurchlässigkeit aufgrund solcher „Maßnahmen" bei dem viel zu hohen Druckunterschied von 10 Pa irgendwo zwischen 0,71 und 0,93 m³/hm liegt. Glaubt man den Prospekten und technischen Beschreibungen, dann wird mit solchen „bedarfsgerecht dosierten Luftaustauschleistungen" Schimmelbefall vermieden und es werden sogar feuchte Wände getrocknet. Nicht wenige Anbieter sprechen dann auch noch leichtfertig von „intelligenten Fenstern".

Unter einer Wärmebrücke versteht man im allgemeinen einen Bereich, in dem relativ zu den angrenzenden Flächen ein zusätzlicher Wärmestrom und eine niedrige innere Oberflächentemperatur auftreten. Die DIN EN 836 formuliert dazu kurz und bündig: *„In der vorliegenden Norm ist eine Wärmebrücke jede örtliche Änderung des Wärmedurchgangskoeffizienten der Gebäudehülle."*

Wärmebrücken sind unter energetischen und hygienischen Aspekten Schwachstellen in der Gebäudekonstruktion. Die Betonung liegt hier auf Konstruktion, da Wärmebrückenwirkungen fast ausschließlich durch konstruktive Maßnahmen beeinflusst werden können. Nun ist mit jedem umlaufenden Fensteranschluss eine zwar unterschiedlich wirkende, aber in jedem Fall vorhandene Wärmebrücke verbunden. Es kommt im Anschlussbereich von Fenstern und Außentüren sogar zur Überlagerung einer materialbezogenen – heute stoffbedingten – und einer geometrischen Wärmebrücke. Bedingt durch die sehr unterschiedlichen Materialien von Wand und Fenster und deren Wärmeleitfähigkeit entsteht die stoffbezogene Wärmebrücke. Die gleichzeitig vorhandenen sehr unterschiedlichen Dicken von Außenwand und Fensterrahmen sind die Grundlage für die geometrische Wärmebrücke. Im Regelfall hat die geometrische Wärmebrücke die mit Abstand größeren Auswirkungen.

Die geometrische Wärmebrücke wird allgemein dadurch beschrieben, dass die wärmeaufnehmende innere Fläche wesentlich kleiner ist, als die wärmeabgebende äußere Fläche. Es wird also eine Situation beschrieben, die typisch ist für Gebäudeecken. Geht man nun davon aus, dass in eine beispielsweise 36 cm dicke Außenwand ein beispielsweise 6 cm dickes Fenster eingebaut wird, dann ist immerhin eine Fläche von 30 cm nicht durch den Fensterrahmen abgedeckt. Damit ergibt sich automatisch die Frage, ob es energetisch günstiger ist, wenn durch die verbleibenden 30 cm, also durch die Leibung die äußere oder die innere Wandfläche vergrößert wird. In der

direkten Folge ergibt sich ebenso automatisch die Frage, in welche Einbauebene dieses Fenster montiert werden muss.

Einen Aufschluss über die bauphysikalisch günstigste Einbauebene einer bestimmten Fensterkonstruktion in eine bestimmte Außenwand erhält man über eine Isothermenverlaufsberechnung. Daher wird aus dem Standardleistungsbuch „Bauen im Bestand (BIB) Block- und Plattenbau · Leistungsbereich 510" wie folgt zitiert:

„Der Anschluss einer Fensteranlage an einen Baukörper stellt sowohl im Hinblick auf Transmissionswärmeverluste als auch im Hinblick auf möglichen Schimmelpilzbefall oder Tauwasserschäden als Folge von niedrigen inneren Oberflächentemperaturen eine Schwachstelle dar. Durch eine genaue Untersuchung der Anschluss-Situation mit Hilfe von verfügbaren Rechenprogrammen können beispielsweise die Ist-Zustände erfasst, thermische Schwachstellen erkannt und Vorschläge für eine wärmetechnisch verbesserte konstruktive Auslegung des Baukörperanschlusses erarbeitet und beurteilt werden."

Eine Isotherme ist eine Linie einer bestimmten Temperatur. In „ungestörten" Bereichen verlaufen die Isothermen parallel zur Bauteiloberfläche. Im Bereich von Wärmebrücken kommt es wegen zusätzlicher Wärmeströme zur Verzerrung der Isothermen und – wie bereits erwähnt – zur Verringerung der inneren Oberflächentemperatur, damit zu zusätzlichen Wärmeverlusten. Für die Beurteilung von Baukörperanschlussausbildungen wurde bisher über Isothermenverläufe die Temperaturverteilung und vor allem der Verlauf der 10 °C-Isotherme – auch als Taupunktisotherme bezeichnet – herangezogen. Zur quantitativen Beschreibung der Wärmeverluste wurde der längenbezogene Wärmedurchgangskoeffizient, kurz Wärmebrückenverlustkoeffizient Ψ (Psi) eingeführt. Dieser Wert gilt auch für Wärmebrückenverluste im umlaufenden Anschlussbereich von Fenstern. Er kann auf den vier Seiten eines Fensters sehr unterschiedlich sein und mit dem Rohbaulichtmaß wurde ihm ein Bezugsmaß zugeordnet. In der Praxis hat sich gezeigt, dass die Beurteilung der Tauwasserfreiheit einer Baukörperanschlussausbildung über die Taupunktisotherme nicht ausreicht, um gleichzeitig auch die Gefahr einer Schimmelpilzbildung beurteilen zu können.

Das Ergebnis jüngerer Forschungsaufträge – hier hat vor allem die TU Dresden grundlegende Arbeiten durchgeführt – zeigt auf, dass bereits mit der Gefahr der Schimmelpilzbildung gerechnet werden muss, bevor es zum Tauwasserausfall kommt. Auch dafür gibt es einen relativ einfachen bauphysikalischen Hintergrund. Da die innere Oberflächentemperatur der Bauteile einer Gebäudehülle immer unterhalb der Raumtemperatur liegt, stellt sich auf der inneren Bauteiloberfläche eine relative Luftfeuchte ein, die immer weit über der relativen Raumluftfeuchte liegt. Das Ergebnis der Forschungsaufträge kann daher wie folgt beschrieben werden:

Schimmelpilzbildung auf inneren Bauteiloberflächen kann auftreten, wenn an mindestens fünf aufeinander folgenden Tagen die relative Luftfeuchte auf der Bauteiloberfläche einen Wert von $\geq$ 80 % aufweist. Ein Tauwasserausfall ist für einen Schimmelbefall nicht erforderlich. Damit schließt sich eigentlich ein Kreis, denn derartige Werte sind typisch für den Bereich von Wärmebrücken.

Zum Nachweis des Mindestwärmeschutzes auch im Bereich von Wärmebrücken wurde mit der DIN 4108-2 : 2001-03 als neue Kenngröße der Temperaturfaktor f_{Rsi} eingeführt. Die Einhaltung des Temperaturfaktors oder die Unterschreitung der daraus resultierenden „raumseitigen Mindestoberflächentemperatur an der ungünstigsten Stelle" von $\geq$ 12,6 °C verringert das Risiko des Schimmelbefalls. Diese Temperaturgrenze wird daher auch bereits allgemein als „schimmelpilzkritische innere Oberflächentemperatur" bezeichnet.

Die „ungünstigste Stelle" der Gebäudehülle ist im Regelfall der innere Übergang vom Blendrahmen eines Fensters zur Außenwand, also der innere Leibungsbereich in unmittelbarer Fensternähe. Zu beachten ist, dass die Norm dabei eine ausreichende Beheizung und Belüftung sowie eine übliche Nutzung voraussetzt.

Diese neue Forderung hat dazu geführt, dass jetzt neben der 10°-Isotherme auch die 13°-Isotherme als Beurteilungsgrundlage herangezogen wird. In entsprechenden grafischen Darstellungen wird der Verlauf der 10°-Isotherme blau und der Verlauf der 13°-Isotherme rot dargestellt. Gleichzeitig wird die 13°-Isotherme immer häufiger als „Redline" bezeichnet.

Auch die Beachtung des Temperaturfaktors f_{Rsi} zeigt auf, dass dabei die Einbauebene des Fensters eine große Bedeutung hat. Das vorstehend zitierte „Vier-Punkte-Programm" der anerkannten Regeln der Technik bei der Baukörperanschlussausbildung ist daher wegen der Änderung des Regelwerks um einen fünften Punkt zu ergänzen:

5. *Durch Festlegung der bauphysikalisch richtigen Einbauebene der Fenster und ausreichende Wärmedämmung ist sicherzustellen, dass die raumseitige Oberflächentemperatur im Übergangsbereich vom Fenster zum Baukörper oberhalb der schimmelpilzkritischen Oberflächentemperatur liegt.*

Der Anhang zu diesem Beitrag zeigt zunächst in einer Grafik den Zusammenhang zwischen der Taupunkttemperatur bzw. der 10°-Isotherme und dem Temperaturfaktor f_{Rsi} bzw. der schimmelpilzkritischen Temperatur von 12,6 °C. Das Ablesebeispiel der Grafik zeigt auf, dass es einen Bereich gibt, in dem es zur Schimmelpilzbildung kommen kann, nicht aber vorher oder gleichzeitig zum Tauwasserausfall.

Im Anhang befinden sich weiter einige Ausführungsbeispiele von Baukörperanschlüssen, die uneingeschränkt den anerkannten Regeln der Technik entsprechen. Sie wurden dem VFF Merkblatt ES.03 „Wärmetechnische Anforderungen an Baukörperanschlüsse für Fenster" entnommen. Diesen Beispielen ist gleichzeitig der jeweils erreichte f_{Rsi}-Faktor und der Ψ-Wert, also der zusätzliche Wärmeverlust über die Wärmebrücke im direkten Anschlussbereich zu entnehmen.

Als Fazit der beschriebenen Entwicklung ist Folgendes festzuhalten:

Durch erhöhte Anforderungen an den Wärmeschutz und die Dichtheit der Gebäudehülle hat die Problematik des Schimmelbefalls und der Feuchteschäden zugenommen. Sachschäden, Wertminderungen und gesundheitliche Beeinträchtigungen sind die Folge. Bauliche Ausführungsfehler sowie Ausstattung und Nutzereinflüsse haben eben bei einem erhöhten Dämmstandard einen größeren negativen Einfluss. Im dritten Bauschadensbericht der Bundesregierung wurden diese Zusammenhänge besonders hervorgehoben.

Über Ursachen und Vermeidung von Schimmelbefall bestehen nicht nur bei Mietern und Vermietern, sondern auch bei Planern und Bausachverständigen kontroverse Auffassungen. Auch die 29. Aachener Bausachverständigentage 2003 haben das gezeigt. Es besteht also auch ein gesamtgesellschaftliches Interesse an der Aufdeckung der Ursachen und der bauphysikalischen Zusammenhänge von Pilzbefall und Tauwasserausfall.

Gerade im Zusammenhang mit dem Einbau von Fenstern wurde vor allem die Fensterbranche mit dieser Situation konfrontiert. Die Auftraggeber fordern Lösungen, mit denen Schimmelbefall und Tauwasserausfall vermieden werden. Durch entsprechende Forderungen in den Ausschreibungen wird versucht, dieser Branche auch die Verantwortung für die Lüftungsplanung zu übertragen. Das ist im deutschen Regelwerk nicht vorgesehen und diese Verantwortung kann die Fensterbranche auch nicht übernehmen. Geht man beispielsweise davon aus, dass mit dem Bauproduktengesetz (BauPG) die Europäische Bauproduktenrichtlinie und damit die „Wesentlichen Anforderungen" Grundlage für das deutsche Bauordnungsrecht geworden sind, ist folgendes festzuhalten:

Das Grundlagendokument zur Wesentlichen Anforderung Nr. 3 „Hygiene, Gesundheit und Umweltschutz" fordert u. a.:
– Vermeidung von Tauwasserbildung auf Oberflächen und im Bauteilinneren

– Vermeidung von Pilzbefall auf Oberflächen und im Bauteilinneren
– Vermeidung von Bedingungen, die das Pilzwachstum begünstigen
– Angemessene Wärmedämmung und Konstruktionen zur Vermeidung von Wärmebrücken
– Angemessene Luftwechsel und angemessene Feuchtigkeit der Raumluft.

Verglichen mit diesen Forderungen sind die Grundlagen zur RAL-Gütesicherung der Montage wirklich nichts Besonderes, sondern lediglich die Beschreibung der anerkannten Regeln der Technik für diesen Bereich. Also Regeln, die von jedem Bauschaffenden zu erfüllen sind.

Literatur
[1] RAL-Gütesicherung Montage – Anerkannte Regeln der Technik; Professor Dipl.-Ing. J. Schmid, ift Rosenheim
[2] Der Fensteranschluss im Zentrum bauphysikalischer Betrachtungen; Dipl.-Ing. (FH) H. Froelich, ift Rosenheim

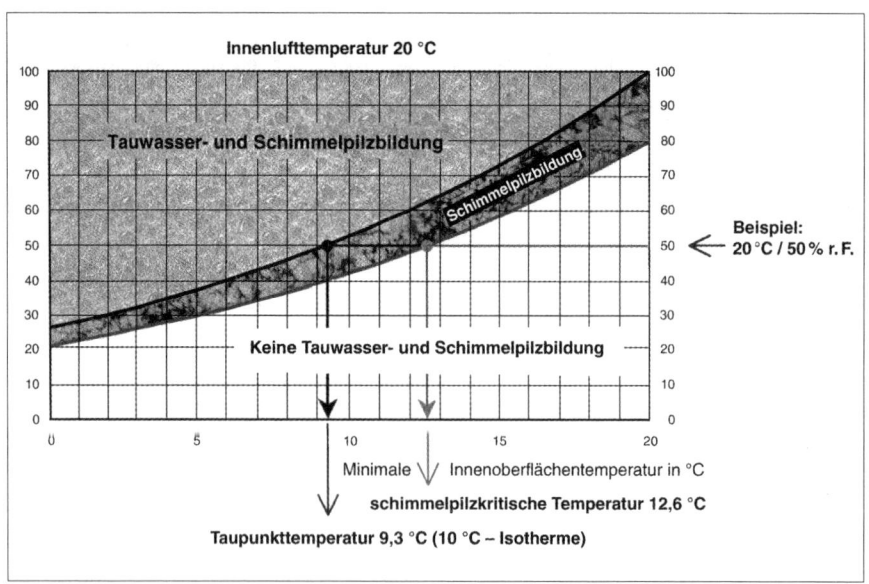

Bild 1

Nachweis zur Vermeidung von Tauwasser- und Schimmelpilzbildung im Anschlussbereich mit dem Temperaturfaktor f_{Rsi}

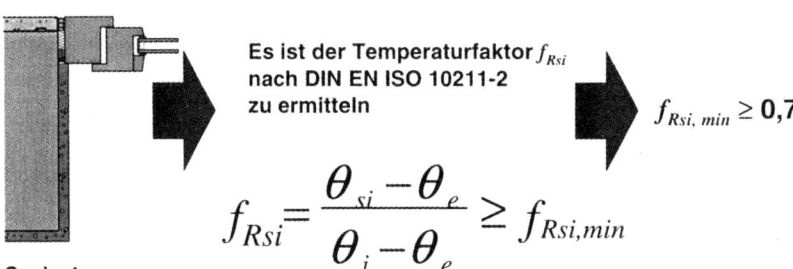

Es ist der Temperaturfaktor f_{Rsi} nach DIN EN ISO 10211-2 zu ermitteln

$$f_{Rsi} = \frac{\theta_{si} - \theta_e}{\theta_i - \theta_e} \geq f_{Rsi,min}$$

$$f_{Rsi,\,min} \geq 0,7$$

Geplante
Einbausituation

Bild 2

$f_{0,25} = 0,74$

$\Psi_e = 0,06\ \text{W/(m·K)}$

$f_{0,25} = 0,73$

$\Psi_e = 0,05\ \text{W/(m·K)}$

$f_{0,25} = 0,74$

$\Psi_e = -0,03\ \text{W/(m·K)}$

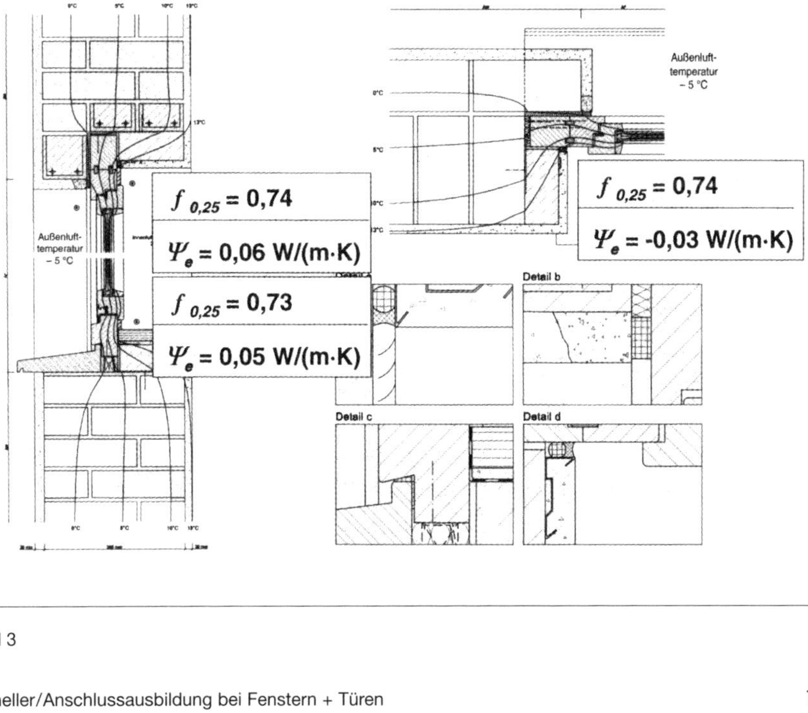

Außenluft-
temperatur
– 5 °C

Detail b

Detail c

Detail d

Bild 3

Scheller/Anschlussausbildung bei Fenstern + Türen

73

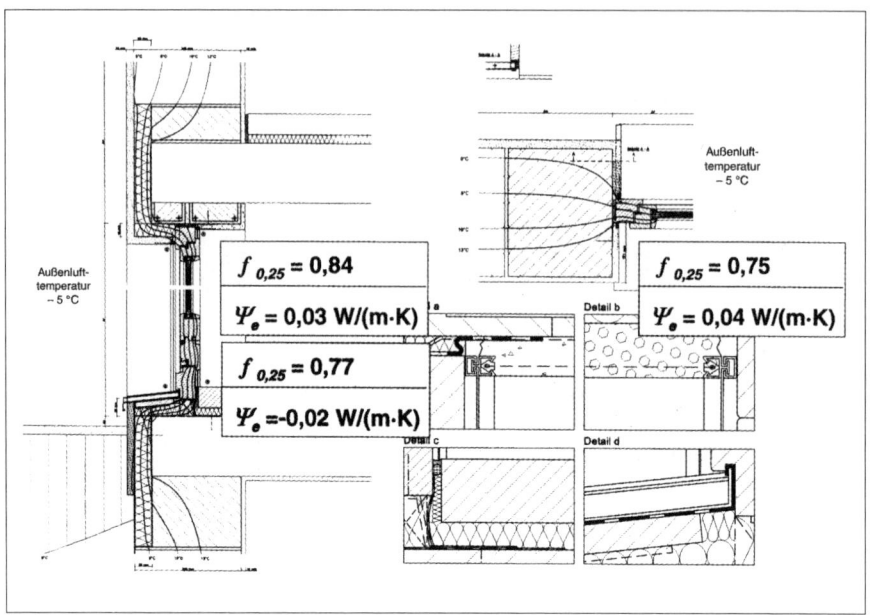

Bild 4

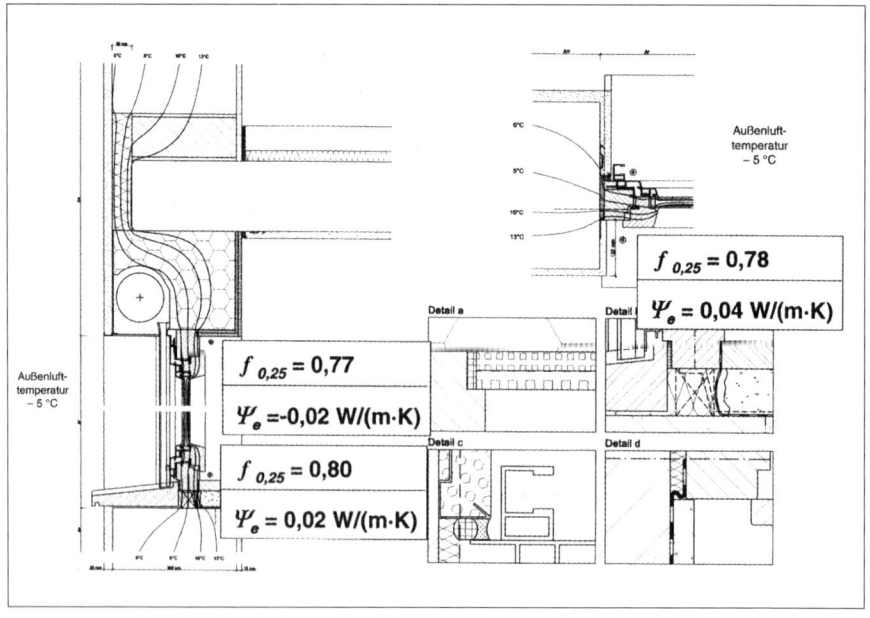

Bild 5

74

Scheller/Anschlussausbildung bei Fenstern + Türen

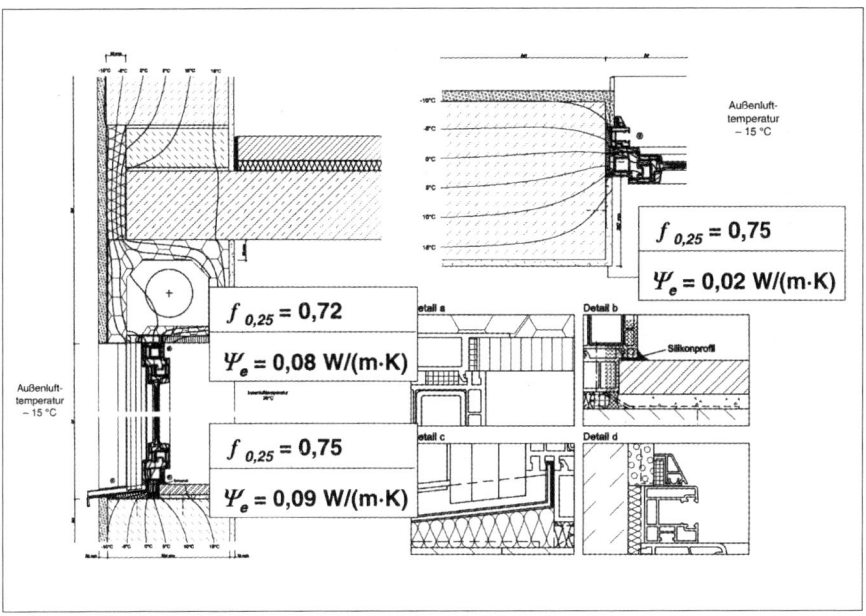

Bild 6

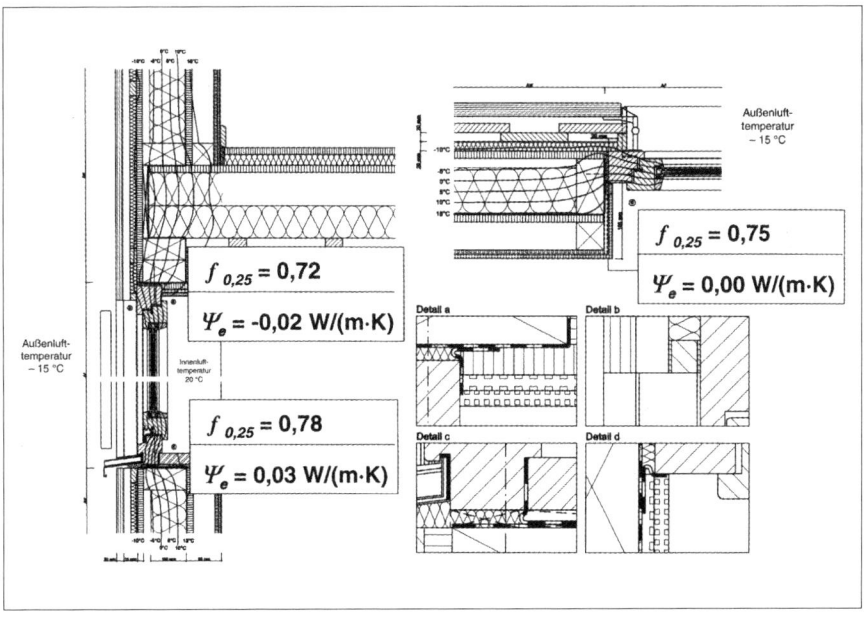

Bild 7

Scheller/Anschlussausbildung bei Fenstern + Türen 75

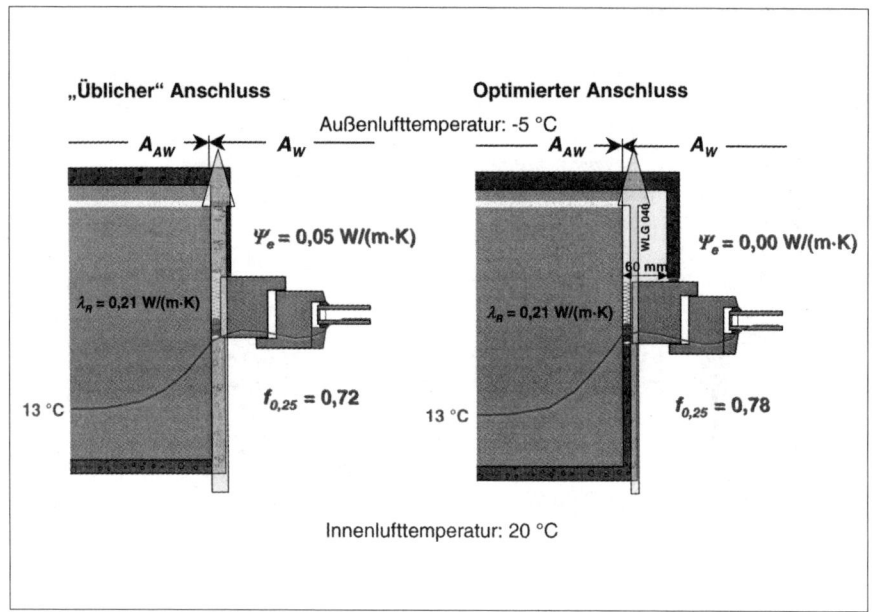

"Üblicher" Anschluss

Optimierter Anschluss

Außenlufttemperatur: -5 °C

A_{AW} — A_W

A_{AW} — A_W

$\Psi_e = 0,05\ \text{W/(m·K)}$

$\Psi_e = 0,00\ \text{W/(m·K)}$

$\lambda_R = 0,21\ \text{W/(m·K)}$

$\lambda_R = 0,21\ \text{W/(m·K)}$

WLG 040

60 mm

13 °C

13 °C

$f_{0,25} = 0,72$

$f_{0,25} = 0,78$

Innenlufttemperatur: 20 °C

Bild 8

Schimmelpilze aus der Sicht der Bauphysik: Wachstumsvoraussetzungen, Ursachen und Vermeidung

Prof. Dr. Klaus Sedlbauer, Dr. Martin Krus, Fraunhofer-Institut für Bauphysik, Holzkirchen

1 Hintergrund und Zielsetzung

Schimmelpilzbefall, insbesondere an Innenoberflächen von Außenbauteilen, aber auch an anderen Stellen auf und innerhalb von Bauteilen hat in letzter Zeit wieder vermehrt von sich reden gemacht. Seine Beseitigung bzw. Vermeidung führt nicht nur zu erheblichen Kosten. Schimmelpilz kann auch die Gesundheit der Bewohner gefährden [16]. Zwar besteht die Möglichkeit, durch Biozide oder ähnliche Mittel Schimmelpilzbefall in Räumen zu vermindern oder über gewisse Zeit zu verhindern. Allerdings kann eine Gesundheitsgefährdung durch diese Produkte nicht vollständig ausgeschlossen werden. Eine Vermeidung von Schimmelpilzbildung in Gebäuden muss deshalb von den Wachstumsvoraussetzungen für Schimmelpilze ausgehen. In [22] wurde ein Verfahren entwickelt, das die Vorhersage von Schimmelpilzbildung auf Basis von Isoplethensystemen ermöglicht. Diese geben temperaturabhängig eine für den Pilzmetabolismus erforderliche relative Feuchte an. In der Biologie ist dagegen als Maß für die Verfügbarkeit von Feuchte für biologisches Wachstum die Wasseraktivität bzw. der a_W-Wert üblich. Zielsetzung dieser Veröffentlichung ist es daher, Unterschiede oder Gemeinsamkeiten der beiden Betrachtungsarten zu diskutieren, aber auch aufzuzeigen, welche Zusammenhänge zwischen Feuchte an der Oberfläche, im Baustoff und in der Raumluft bestehen und wie diese Einfluss auf eine mögliche Schimmelpilzbildung nehmen.

2 Zusammenhang zwischen Wasseraktivität und relativer Feuchte

Verschiedene Materialien bieten für Mikroorganismen die gleiche Verfügbarkeit von Feuchte bei unterschiedlichen Wassergehalten. Dies wird in der Biologie allgemein mit Hilfe der so genannten Wasseraktivität (dem a_W-Wert) beschrieben, dessen Wert zwischen 0 und 1 liegen kann. Um zu verstehen, warum

der gleiche Wassergehalt je nach Material in unterschiedlichem Maße verfügbar ist, sind die Feuchtespeichervorgänge physikalisch genauer zu betrachten. Poröse Stoffe können in Abhängigkeit von ihrer Porenstruktur und inneren Oberfläche unterschiedliche Mengen Wasser an sich binden. Sie stehen in stetigem Austausch mit der Feuchte der sie umgebenden Luft. Bringt man ein anfangs getrocknetes Material in eine Umgebung konstanter relativer Luftfeuchte, so nimmt dieses solange Feuchte auf bis ein Gleichgewicht entstanden ist. Bei einer Erhöhung dieser Luftfeuchte wird vom Material weitere Feuchte aufgenommen bzw. bei einer Erniedrigung abgegeben. Das Erreichen eines Gleichgewichts bedeutet, dass der Wasserdampfdruck in den Poren des Materials der Gleiche ist, wie in der Umgebungsluft. Reiß [17] definiert die Wasseraktivität als

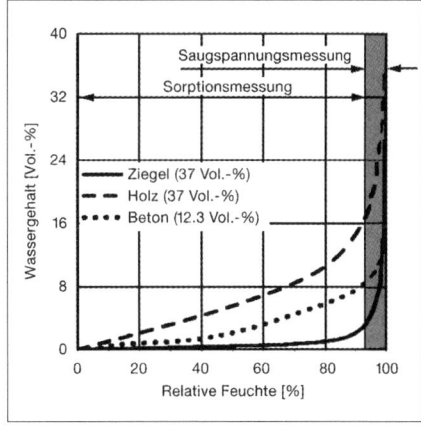

Bild 1: Typische Feuchtespeicherfunktionen für schwach (Ziegel), mäßig (Beton) und stark (Holz) hygroskopische Baustoffe. Die Feuchtespeicherfunktion kann bis 95 % r. F. über Sorptionsmessungen bestimmt werden, darüber wird sie über Saugspannungsmessungen ermittelt [15].

Verhältnis des im Porenraum vorherrschenden Wasserdampfpartialdrucks zum der Temperatur entsprechenden Sättigungsdampfdruck. Dies stellt damit aber nichts anderes als die relative Luftfeuchte dar. Der Zusammenhang zwischen der Menge des eingelagerten Wassers und der relativen Luftfeuchte wird bei isothermen Verhältnissen durch die Sorptionsisotherme charakterisiert. Bild 1 zeigt für drei unterschiedliche Materialien (Beton, Holz und Ziegel) die Sorptionsisotherme, also deren Wassergehalt in Abhängigkeit von der relativen Luftfeuchte oder gleichbedeutend dem a_w-Wert. Man erkennt, dass z. B. bei einem a_w-Wert bzw. einer relativen Luftfeuchte von 0,8 (bzw. 80 %) unterschiedliche Wassergehalte vorliegen; trotzdem ist bei allen das Wasser gleich stark gebunden bzw. in gleicher Weise für Mikroorganismen verfügbar. Zusammenfassend lässt sich damit feststellen, dass der a_w-Wert eines vorliegenden feuchten Materials nichts anderes als die an dessen Oberfläche vorliegende relative Luftfeuchte darstellt:

$$a_w = \varphi/100 \qquad (1)$$

mit: φ [%]   relative Luftfeuchte
        a_w [-]   Wasseraktivität.

3 Wachstumsvoraussetzungen von Schimmelpilzen

Schimmelpilze gedeihen im Unterschied zu Algen und Flechten auch unter biologisch ungünstigeren Umgebungsbedingungen. Sie werden daher häufig als „Erstkolonisierer" bezeichnet. Im Folgenden werden die unmittelbar auf den Pilzmetabolismus einwirkenden Parameter zusammengestellt. Es sollen die Grenzen aufgezeigt werden, in denen sich das Leben bzw. Überleben der Schimmelpilze abspielt. In Tabelle 1 ist eine Übersicht der wesentlichen Einflussfaktoren auf das Wachstum von Mikroorganismen dargestellt.

3.1 Temperatur

Da an den Wachstums- und Entwicklungsprozessen eines Organismus eine große Anzahl biochemischer Umsetzungen beteiligt sind, ist eine Temperaturabhängigkeit der mikrobiologischen Vorgänge zu erwarten. Aus der Mykologie ist bekannt, dass Pilzwachstum vor allem in einem Temperaturbereich von 0 °C bis 50 °C auftritt mit einer optimalen Wachstumstemperatur von etwa 30 °C. Je nach Temperatur ändert sich die Biomassenproduktion. In Bild 2 erkennt man bei der in Abhängigkeit von der Temperatur aufgetragenen Wachstumsrate [10] ein ausgeprägtes

Tabelle 1: Wesentliche Einflussfaktoren für das Auskeimen und Wachstum von Schimmelpilzen mit Angaben des minimalen und maximalen Wachstumsbereichs nach [22].

Einflussgröße	Parameter	Einheit	Wachstumsbereich		Bemerkungen
			minimal	maximal	
Temperatur	Temperatur an der Bauteiloberfläche	°C	-8	60	hängt von der Pilzart und dem Lebensstadium (Sporenkeimung oder Myzelwachstum) ab
Feuchte	relative Feuchte an der Bauteiloberfläche	%	70[1)]	100	
Substrat	Nährstoffe und Salzgehalt	–	–	–	auch in Staubablagerungen können Nährstoffe gefunden werden
Milieu	pH-Wert der Oberfläche	–	2	11	[2)]
Zeit	z. B. Stunden pro Tag	h/d	–	–	je nach Temperatur und Feuchte
Atmosphäre	Sauerstoffgehalt	%	0,25		immer vorhanden

1) Bekannt sind auch Schimmelpilze (Xeromycis), die auf Gebäck schon ab 45 % relativer Feuchte wachsen.
2) Der pH-Wert kann vom Pilz beeinflusst werden.

       Sedlbauer/Schimmelpilze aus d. Sicht d. Bauphysik

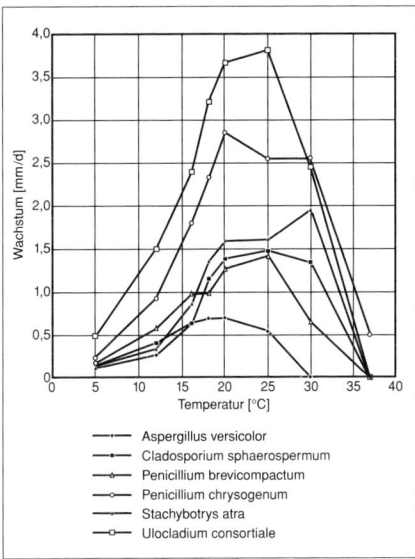

Bild 2: Wachstumsraten verschiedener Schimmelpilze in Abhängigkeit von der Temperatur
nach Grant [10].

sichtlich Temperatur, relativer Feuchte und
pH-Wert für Sporenauskeimung sowie Myzelwachstum angegeben.

3.2 Feuchte

Das entscheidende Kriterium für Keimung
und Wachstum von Mikroorganismen ist das
zur Verfügung stehende Wasser. Um aussagen zu können, bei welchen klimatischen
Randbedingungen mit Schimmelpilzbildung
zu rechnen ist, muss bedacht werden, dass
der Pilz sowohl vom Substrat als auch aus
der Luft Wasser bzw. Wasserdampf entnehmen kann (z. B. [1]). Dabei wird allgemein davon ausgegangen, dass Sporen, bevor sie
vollständig ausgekeimt sind und mit ihrem
Myzelwachstum beginnen, die Feuchte nahezu ausschließlich aus der Luft entnehmen,
da sie zunächst keinen Kontakt zum Untergrund, z. B. zu einer verputzten Wand, haben.
Erst nach Beginn der biologischen Aktivität,
also nach vollendeter Auskeimung kann das

Optimum. Demzufolge beeinflusst eine Veränderung der Temperatur den Metabolismus.
Nach Strasburger [25] gilt, dass zum Auslösen
eines Wachstumsvorganges, d. h. der Enzym-
aktivität von Schimmelpilzen, eine bestimmte Minimaltemperatur überschritten werden
muss. Von da an ist bei weiterem Temperatur-
anstieg eine Beschleunigung der Wachstumsgeschwindigkeit zu beobachten. Sie verzögert
sich kurz vor Erreichen des Idealbereichs. Nach
Überschreitung des Optimums machen sich
dann hemmende Einflüsse bemerkbar, die
schließlich zur Einstellung des Wachstums
führen. Hitze beispielsweise schränkt Biosyn-
these und Wachstumsvorgänge stark ein und
kann sie zum Erliegen bringen, da Proteine
(Enzyme) denaturieren [3].
Allerdings kann in vielen Fällen eine kleine
Temperaturdifferenz von wenigen Kelvin darüber entscheiden, ob Wachstum eine bestimmten Spezies stattfindet oder nicht. Eine
Übersicht des Temperaturbereichs sowie des
entsprechenden Optimums einiger repräsentativer Pilze zeigt Bild 3. Man erkennt sowohl
die große Bandbreite als auch die Unterschiede zwischen den einzelnen Pilzen. In Tabelle 2 sind die minimalen, optimalen sowie
maximalen Wachstumsvoraussetzungen hin-

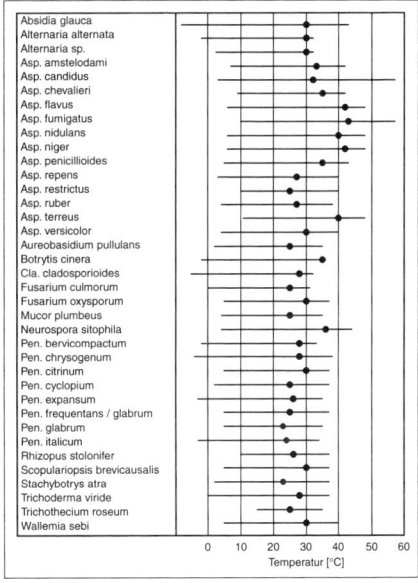

Bild 3: Schematische Darstellung des Temperatur-
bereichs für das Vorkommen verschiedener
Schimmelpilze nach [22]. Die Optima
sind jeweils durch Punkte gekennzeichnet.
Die Abkürzungen bedeuten:
Asp.: Aspergillus
Cla.: Cladosporium
Pen.: Penicillium
sp.: Spezies.

Tabelle 2: Angabe der minimalen, optimalen sowie maximalen Wachstumsvoraussetzungen für einzelne Schimmelpilze hinsichtlich Temperatur, relativer Feuchte und pH-Wert bzgl. Sporenauskeimung sowie Myzelwachstum nach [22].

Pilzspezies	Wachstumsvoraussetzungen												
	Temperatur [°C]						relative Feuchte [%]				pH-Wert [-]		
	Sporenkeimung			Myzelwachst.			Sporenk.		Myzelw.				
	min.	opt.	max.	min.	opt.	max.	min.	opt.	min.	opt.	min.	opt.	max.
Asp. flavus	10	30	45	6	40	45	80	100	78	98	2,5	7,5	<10
Absidia corymbifera				35	45						3		8
Absidia glauca				-8	30	43			70				
Alternaria alternata	3	35	37	-2	30	32	84		85	98	<2,7	5,4	<8
Asp. amstelodami	5	35	43	7	33	42	70	90	71	100			
Asp. candidus	10	35	45	3	32	57	70	95	74	90	2,1		7,7
Asp. fumigatus	10	40	50	10	43	57	80	97	82	97	3	6,5	8
Asp. nidulans	10	37	50	6	40	48	75	95	78	97			
Asp. niger	10	35	50	6	37	47	77	98	76	98	1,5		9,8
Asp. ochraceus					32				77	95	3	6,5	10
Asp. parasiticus				10	37				82		2	6,5	10,5
Asp. penicillioides				5	25	37							
Asp. restrictus	10	28		10	28		73	95	71	90			
Asp. ruber	5	30	42	4	27	38	70	90	71	93			
Asp. terreus	14	40	50	11	40	47	75	99	77	97			
Asp. versicolor	8	30	42	4	30	40	74	91	75	95			
Aureobasidium pullulans				2	25	35			88				
Botrytis cinera				-3	21	36			93				
Chatetomium globosum					35								
Chrysosporium fastidium							69	93	72	92			
Cla. cladosporioides				-5	28	32	85		84	96	3,1		7,7
Cla. sphaerosperum					25				82				
Eurotium herbariorum				30	40		73		75	96			
Fusarium culmorum	3	25	27	0	25	31	87		90				
Fusarium oxysporum				5	30	37			90		2		9
Fusarium solani									90				
Mucor plumbeus				4	25	35	93		93	98		7	
Paecilomyces lilachinus					35	60	84		84				
Pen. brevicompactum	5	25	32	-2	25	30	78		75	96			
Pen. chrysogenum				-4	2R	3R	78		70	00			
Pen. citrinum							84		80		2	5,5	10
Pen. cyclopium	5	25	33	2	25	37	80	97	80	98	2		10
Pen. expansum	<0			-3	26	35	82		82	95			
Rhizopus stolonifer	1,5	28	33	10	26	37	84		92	98			<6,8
Scopulariopsis brevicausalis				5	30	37			85	94	9,5		
Stachybotrys atra	5	25	40	2	23	37	85	97	89	98			
Trichoderma viride				0	28	37			99				
Trichothecium roseum	5			15	25	35	90		86	96			
Ulocladium sp.									89				
Wallemia sebi		30		5	30	40	69		70				

Sedlbauer/Schimmelpilze aus d. Sicht d. Bauphysik

Pilzmyzel auch Feuchte aus dem Baustoff entnehmen. Bei Schimmelpilzen muss mit einem bis zu 2 mm in das Porengefüge eines Baustoffs eindringenden Hyphengeflecht gerechnet werden. Jede einzelne Pilzspezies besitzt ihren eigenen, charakteristischen Feuchtebereich, der ihr Leben ermöglicht und u. a. die Intensität des Wachstums bestimmt, wie die Werte in Tabelle 2 zeigen. Aus den in dieser Tabelle aufgeführten Daten lässt sich aussagen, dass die Feuchtegrenze, unterhalb der kein Wachstum von Schimmelpilzen in Gebäuden auftritt, bei ca. 70 % relativer Feuchte liegt. Manche xerophile Pilze begnügen sich zwar schon mit einer relativen Feuchte von 65 %, aber diese Spezies treten in Gebäuden nicht auf [27]. Mit zunehmendem Feuchtegehalt steigt die Wahrscheinlichkeit, dass Schimmelpilzwachstum auftritt. Bei 80 % relativer Feuchte sind die Wachstumsbedingungen für fast alle Schimmelpilzarten erreicht. Bei höherer Feuchte kommen nur noch wenige Spezies hinzu; diese streben ihren Optimalbereich bei 90 % bis 96 % an. Ferner kann davon ausgegangen werden, dass nur wenige Schimmelpilze in flüssigem Wasser (a_w = 1,0 bzw. φ = 100 %) ausreichende Lebensbedingungen finden [17]. Bild 4 gibt die Wachstumsrate verschiedener xerophiler Pilze in Abhängigkeit von der relativen Feuchte bei optimaler Temperatur wider (nach [13]). Es zeigt sich, ähnlich dem Verhalten in Abhängigkeit von der Temperatur, auch eine deutliche Abhängigkeit des Wachstums von der Feuchte.

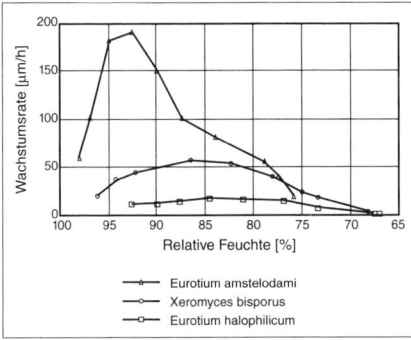

Bild 4: Wachstumsraten dreier xerophiler Pilze in Abhängigkeit von der relativen Luftfeuchte auf einem Nährboden aus Glucose und Fructose bei 25 °C nach Hocking [13].

3.3 Kombination von Temperatur und Feuchte

Die Wachstumsvoraussetzungen, Temperatur und Feuchte, können nicht getrennt voneinander betrachtet werden, da sich die Lage der minimalen und optimalen Feuchten bei unterschiedlichen Temperaturen verschieben kann. Die minimalen Werte der relativen Luftfeuchte sind nur bei optimalen Temperaturen zu erreichen [21] bzw. umgekehrt. Eine Überlagerung der beiden Einflüsse ergibt, in einem Diagramm aufgetragen, Linien gleichen Wachstums (Isoplethen). Die unterste Kurve kennzeichnet die Bedingungen, unter denen keine Sporenkeimung bzw. Wachstum mehr feststellbar ist. Ein Ansteigen des Feuchtebedarfs bei Temperaturen über etwa 30 °C begründet sich in der Temperaturabhängigkeit der Aktivität von am Stoffwechsel beteiligten Enzymen. Werden Auskeimungszeiten bzw. Wachstumsraten in Abhängigkeit von Feuchte und Temperatur angegeben, so spricht man von Isoplethensystemen. Die Bilder 5 bzw. 6 zeigen beispielsweise für *Aspergillus restrictus* (links) und *Aspergillus versicolor* (rechts) entsprechende Darstellungen, die auf messtechnisch ermittelten Daten beruhen [24].

3.4 Substrat

Der Nährstoffgehalt des Substrats, auf dem der Pilz wächst, ist neben der Temperatur und Feuchte die wichtigste Einflussgröße auf Schimmelpilzbildung. Die vorliegenden Untersuchungen zum temperatur- und feuchteabhängigen Pilzwachstum wurden überwiegend im Labor durchgeführt. Als Nährmedium wird dort i. d. R. Vollmedium verwendet, das für Pilze ein optimales Substrat darstellt. Je nach Substrat (z. B. Baustoff oder Verschmutzung) stehen dem Pilz im Vergleich zum Vollmedium aber in Gebäuden geringere Mengen und schwerer abbaubare Nährstoffe zur Verfügung. Andererseits reichen selbst geringe organische Zusätze in Baustoffen (z. B. in Putzmörteln oder Beschichtungen) aus, um mikrobiologisches Wachstum zu ermöglichen. Neben einigen mineralischen Substanzen bzw. Spurenelementen sind kohlenstoff- und stickstoffhaltige Nährstoffe essentiell. Mit Hilfe ihrer Enzyme können Pilze Substrate abbauen und in verwertbare Stoffe umwandeln. Liegen die Nährstoffe nicht in ausreichenden Mengen vor, führt dies zu verringertem Wachstum. Zur Anfälligkeit von Baumaterialien für Schimmelpilzbefall wurden von

Gertis, Erhorn und Reiß [8] umfangreiche Messungen durchgeführt. Diese Untersuchungen ergaben für den Einfluss der Nährböden, dass auch Verschmutzungen z. B. durch Staub, Fette, usw. das Wachstum entscheidend beeinflussen. Weitergehende Recherchen zeigen, dass für den Beginn des Myzelwachstums die Eigenschaften der Oberfläche entscheidend sind [8] und erst durch das Eindringen des Myzels (maximal einige Millimeter) in das Baumaterial, eine Beeinflussung durch den Untergrund auftritt. Dies zeigt sich gerade bei Anstrichen und Tapeten und wird durch [1] bestätigt. Das bedeutet, dass Verunreinigungen durch Staub, Fingerabdrücke und Luftverschmutzung (Küche, Rückstände beim Duschen, usw.) oder Ausdünstungen des Menschen ausreichen, um auch auf „sterilen" Medien eine dünne, aber doch relativ substratreiche Schicht zu bilden, auf der es, wenn auch etwas verzögert, zur Sporenauskeimung und erstem Myzelwachstum kommen kann.

Eine Einführung von Bewertungskriterien zur Beurteilung verschiedener Nährstoffe auf und in Bauprodukten als Wachstumsvoraussetzung von Schimmelpilzen ist unumgänglich. Ansonsten würden sich sämtliche Aussagen zur Pilzentwicklung auf Vollmedien beziehen und eine realitätsnahe Vorhersage einer möglichen Schimmelpilzbildung in Gebäuden wäre nicht möglich.

3.5 Zeit

Die meisten Versuche zur Bestimmung der Auskeimungszeit bzw. der Wachstumsgeschwindigkeit wurden unter stationären Bedingungen durchgeführt. Das mag für einige Industriezweige genügen (z. B. Konservierung von Lebensmitteln). Im Bauwesen unterliegen Temperatur und relative Luftfeuchte aber regelmäßigen Schwankungen. Aus bauphysikalischer Sicht ist es daher erforderlich, angeben zu können, welche Feuchtezustände wie lang und wie häufig auf ein Bauteil (z. B. eine Wandinnenoberfläche) einwirken dürfen, bevor eine Schimmelpilzbildung auftritt. Deshalb wurde von Gertis, Erhorn und Reiß [8] der Einfluss von instationärem Klimaverlauf auf das Schimmelpilzwachstum untersucht. Tabelle 3 zeigt neben den Untersuchungsergebnissen von Gertis [8] eine Zusammenstellung einiger Literaturangaben zur Abhängigkeit des Schimmelpilzwachstums von der Zeit sowie den entsprechenden Substraten.

Die Ergebnisse dieser Untersuchungen zeigen, dass je nach hygrothermischen Randbedingungen materialspezifisch unterschiedliche Zeitdauern zur Entwicklung von Schimmelpilzen erforderlich sind. Dies bedeutet, dass das zu entwickelnde Rechenverfahren zur Vorhersage der Schimmelpilzbildung neben dem Einfluss verschiedener Substrate von Baustoffen und Verschmutzungen auch instationäre Randbedingungen berücksichtigen muss.

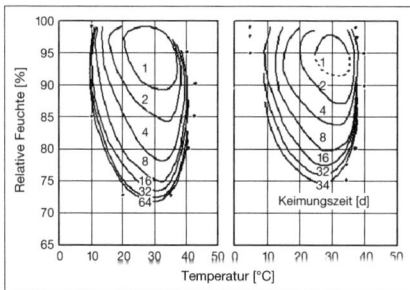

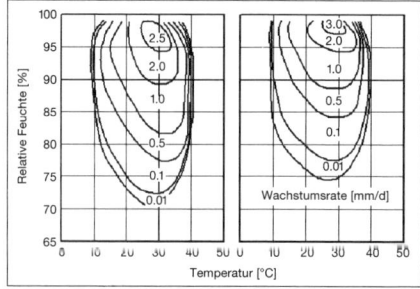

Bild 5: Isoplethensysteme für Sporenauskeimung der Schimmelpilze *Aspergillus restrictus* (links) und *Aspergillus versicolor* (rechts) nach Smith [24]. Die Isolinien geben in Abhängigkeit von Temperatur und relativer Feuchte die Keimungszeiten in Tagen an (eingetragene Zahlenwerte). Die Punkte zeigen Bedingungen, bei denen nach 95 Tagen noch keine Keimung stattgefunden hatte.

Bild 6: Isoplethensysteme für Myzelwachstum der Schimmelpilze *Aspergillus restrictus* (links) und *Aspergillus versicolor* (rechts) in Abhängigkeit von Temperatur und relativer Feuchte nach Smith [24]. Die Zahlen an den Isolinien kennzeichnen die Wachstumsraten in mm/d.

Sedlbauer/Schimmelpilze aus d. Sicht d. Bauphysik

Tabelle 3: Zusammenstellung einiger Angaben zu täglichen Dauern von relativer Feuchte und Temperatur, bis Sporenauskeimung und erstes sichtbares Myzelwachstum auftritt, sowie Nennung der entsprechenden Literaturstelle.

Minimale rel. Feuchte [%] 1)	Angaben zur Temperatur [°C]	Zeitdauer [h/d] 2) täglich [h/d]	Tage [d] 3)	Bemerkungen	Literatur-stelle
75	keine Angabe	keine Angabe	3		[14]
		12	5	verschiedene Materialien	[19]
					[28]
80		6			[2]
		12	täglich	Gipskarton	[1]
95	14	< 24		Putze und Anstriche ohne Verschmutzung	[8]
	18,5	6			
	14	< 24	6 Wochen	Putze mit leichter Verschmutzung	
		6		Dispersionsfarbe, Gipskarton und Raufasertapete mit Verschmutzung	
	18,5	1			

1) Ab dieser Feuchte- bzw. Temperaturbedingung wird Wachstum erwartet.
2) Ab dieser täglichen Zeiteinheit ist mit Wachstum zu rechnen.
3) Anzahl der aufeinanderfolgenden Tage mit den genannten Bedingungen.

3.6 Weitere Einflussfaktoren

Es bestehen neben den genannten noch weitere Einflussfaktoren auf das Wachstum von Mikroorganismen, wie pH-Wert, Licht, Sauerstoffgehalt, Oberflächenbeschaffenheit und evtl. Konzentration wachstumshemmender Chemikalien. Zusammenfassend können diese wie folgt beurteilt werden:

pH-Wert
Der pH-Wert stellt für die Beurteilung der Qualität von Nährböden ein weiteres Kriterium der Schimmelpilzbildung dar. Bild 7 zeigt dazu die Bandbreite dieses Einflussfaktors für unterschiedliche Schimmelpilze auf Basis der Daten in Tabelle 2. Während der optimale Wachstumsbereich bei pH-Werten zwischen 5 und 7 liegt, werden insgesamt pH-Werte zwischen 2 und 11 von vereinzelten Pilzen toleriert [3]. Die meisten Spezies wachsen in einem Bereich zwischen 3 und 9. Tapeten und Anstriche weisen beispielsweise einen pH-Wert zwischen 5 (z. B. Raufasertapete) und 8 (z. B. Kunstharz-Dispersionsanstrich) auf. Andererseits können kalkhaltige Baustoffe, wie zum Beispiel Putzmörtel oder Beton, pH-Werte von mehr als 12 besitzen; trotzdem kann Schimmelpilzwachs-

tum auf diesen Materialien nicht ausgeschlossen werden, da es nur auf den pH-Wert des zur Verfügung stehenden Nährbodens ankommt. Dieser Nährboden ist aufgrund von Staubablagerungen in ausreichender Menge auf fast allen Bauteiloberflächen vorhanden.

Licht
Licht ist für das Wachstum der Schimmelpilze nicht erforderlich; dies erkennt man daran, dass auch im Inneren opaker Bauteile Pilzbildung auftritt. Zu hohe Einstrahlung von Sonnenlicht wirkt vor allem aufgrund seines UV-Anteils eher wachstumsbeeinträchtigend. Einige Pilze wirken dem durch Einlagerung von Pigmenten wirksam entgegen (Schwärzepilze).

Sauerstoffgehalt
Der Sauerstoffgehalt muss mindestens 0,25 % betragen [17]. Diese Konzentration liegt auf und in allen Baukonstruktionen vor. Unter diesem Wert können einige der aeroben Pilze sogar auf Gärung umstellen [3]. Ein ausreichender Sauerstoffgehalt als Wachstumsbedingung wird daher als gegeben vorausgesetzt.

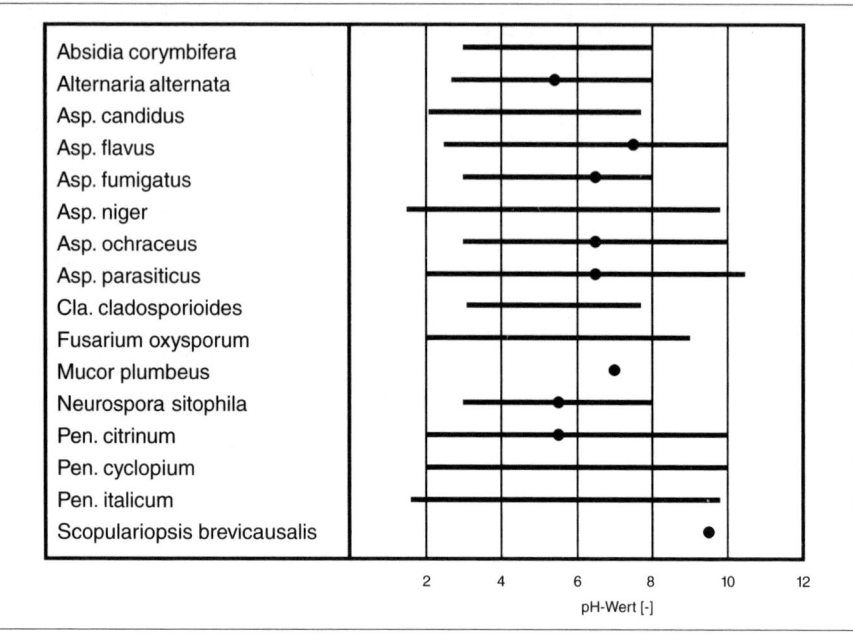

Absidia corymbifera						
Alternaria alternata						
Asp. candidus						
Asp. flavus						
Asp. fumigatus						
Asp. niger						
Asp. ochraceus						
Asp. parasiticus						
Cla. cladosporioides						
Fusarium oxysporum						
Mucor plumbeus						
Neurospora sitophila						
Pen. citrinum						
Pen. cyclopium						
Pen. italicum						
Scopulariopsis brevicausalis						
	2	4	6	8	10	12
			pH-Wert [-]			

Bild 7: Schematische Darstellung des pH-Wertbereichs für Schimmelpilze an besiedelten Materialoberflächen gemäß Literaturauswertung in Tabelle 2 für repräsentative Schimmelpilze. Die Optima sind jeweils durch Punkte gekennzeichnet.

Oberflächenrauigkeit

Mikrobielles Wachstum tritt oftmals in Zonen auf, in denen Staubablagerungen verstärkt vorhanden sind. Dies geschieht häufiger auf Materialien mit großer Oberflächenrauigkeit oder an schlecht zugänglichen Stellen, wie Ecken und Kanten. Allerdings sind Pilzbildungen auch auf glatten Oberflächen beobachtet worden, da neben der Oberflächenstruktur auch deren Adhäsionswirkung eine Rolle spielt. Daher ist es schwierig, die Rauigkeit als Wachstumsvoraussetzung zu quantifizieren. Häufig wird in Zusammenhang mit Rauigkeit die Porosität bzw. Porenradienverteilung von Baustoffen als Einflussgröße genannt. Deren Wirkung beruht aber ausschließlich auf der Möglichkeit der Feuchtespeicherung im Material.

4 Isoplethenmodell

Es hat sich gezeigt, dass die drei wesentlichen Wachstumsvoraussetzungen „Temperatur, Feuchte und Substrat" über eine bestimmte Zeitperiode simultan vorhanden sein

müssen, damit Schimmelpilzsporen keimen und anschließend das Myzel wachsen kann. Das Isoplethenmodell ermöglicht auf der Basis von Isoplethensystemen die Ermittlung der Sporenauskeimungszeiten und des Myzelwachstums, wobei auch der Substrateinfluss bei der Vorhersage der Schimmelpilzbildung berücksichtigt wird [22]. Ein Isoplethensystem beschreibt die hygrothermischen Wachstumsvoraussetzungen eines Pilzes und besteht aus einem von der Temperatur und der relativen Feuchte abhängigen Kurvenoytotom, den sog. „Isoplethen", die zur Vorhersage von Sporenkeimung Auskeimungszeiten (Bild 5), im Falle der Beschreibung des Myzelwachstums Wachstum pro Zeiteinheit (Bild 6) darstellen.

4.1 Isoplethensysteme

Zwischen einzelnen Pilzspezies ergeben sich bei den Wachstumsvoraussetzungen signifikante Unterschiede. Daher wurden bei der Entwicklung allgemein gültiger Isoplethensysteme nur Pilze berücksichtigt, die in Gebäuden auftreten und gesundheitsbeeinträchtigend sein könnten. Für diese etwa 200 Spezies sind quantitative Angaben zu den Wachstumsparametern Temperatur und Feuchte zusammengestellt worden [22]. Die in Bild 8 gezeigten Isoplethensysteme berücksichtigen die Wachstumsvoraussetzungen aller dieser Pilze, für die ausreichende Literaturdaten zur Verfügung standen. Die sich dabei ergebenden untersten Grenzen möglicher Pilzaktivität werden LIM (Lowest Isopleth for Mould) genannt. Die linken Isoplethensysteme in Bild 8 zeigen die Wachstumsvoraussetzungen für optimalen Nährboden. Um den Einfluss des Substrats, also des Untergrundes oder ggf. eventueller Untergrundverunreinigungen, auf die Schimmelpilzbildung berücksichtigen zu können, werden Isoplethensysteme für zwei Substratgruppen (Grenzkurve LIM_{Bau}) vorgeschlagen, die aus experimentellen Untersuchungen abgeleitet wurden. Dazu erfolgte in [22] eine Definition von Substratgruppen, denen unterschiedliche Untergründe zugeordnet werden:

Substratgruppe 0: Optimaler Nährboden (z. B. Vollmedien); das dafür gültige Isoplethensystem gibt die minimalen Wachstumsvoraussetzungen an, also auch die niedrigsten Werte für die relative Feuchte. Es bildet für alle in Gebäuden auftretenden Schimmelpilze die unterste Wachstumsgrenze (Bild 8 links).

Substratgruppe I: Biologisch gut verwertbare Substrate, wie z. B. Tapeten, Gipskarton, Bauprodukte aus gut abbaubaren Rohstoffen, Materialien für dauerelastische Fugen, stark verschmutztes Material; die unteren Grenzkurven im Isoplethensystem ($LIM_{Bau\ I}$; Bild 8 Mitte) zeigen erhöhten Feuchtebedarf.

Substratgruppe II: Biologisch kaum verwertbare Substrate, wie z. B. mineralische Baustoffe mit porigem Gefüge (Putze etc., manche Hölzer sowie Dämmstoffe, die nicht unter Substratgruppe I fallen; die unteren Grenzkurven im Isoplethensystem ($LIM_{Bau\ II}$; Bild 8 rechts) zeigen weiter erhöhten Feuchtebedarf.

Ein eigenes Isoplethensystem wird für diese Substratgruppen erstellt, wobei für die Substratgruppe 0 die Isoplethen für optimalen

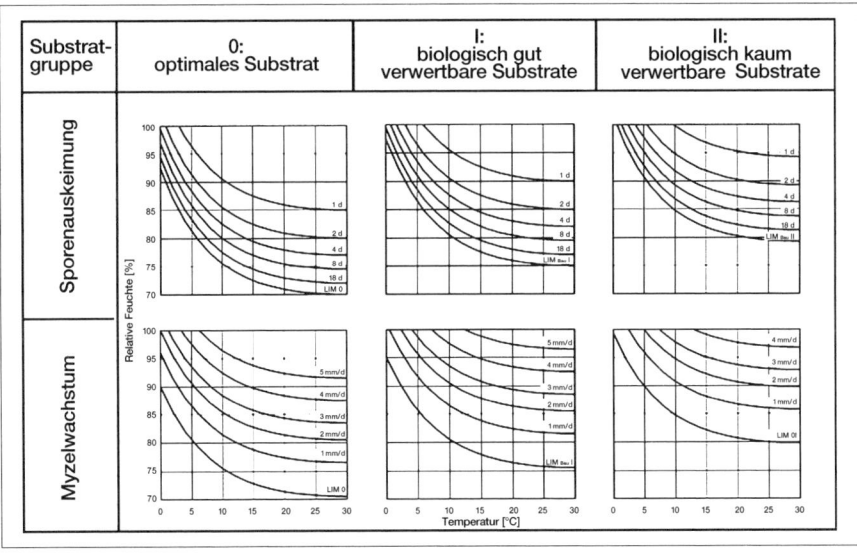

Bild 8: Verallgemeinertes Isoplethensystem für Sporenauskeimung (oben) bzw. für Myzelwachstum (unten) nach [22], das für alle im Bau auftretenden Pilze gilt. Die im Bild dargestellten Diagramme gelten links für optimales Substrat, Mitte für Substratgruppe I und rechts für Substratgruppe II. Die angegebenen Kurvenscharparameter charakterisieren für die Sporenauskeimungszeit (oben) die Dauer in Tagen, nach welcher eine Keimung abgeschlossen ist und für das Myzelwachstum (unten) die zu erwartende Wachstumsrate in mm/d.

Nährboden gelten. Im Fall einer starken Verschmutzung sollte stets die Substratgruppe I zugrunde gelegt werden. Mithilfe dieser Isoplethensysteme können für Angaben der Temperatur und relativen Feuchte entweder die Sporenauskeimungszeiten oder das Myzelwachstum ermittelt werden, wie im Folgenden an einem Beispiel erläutert wird.

4.2 Vergleich mit den Normangaben

Wie oben erläutert, existieren in den gängigen Baunormen neben Angaben zur Vermeidung von Tauwasser auch Kriterien zur Beurteilung von mikrobieller Aktivität an und in Bauteilen. Genannt werden 80 % relative Feuchte in DIN 4108 [4] und DIN EN ISO 13788 [5] als untere Wachstumsgrenze für Schimmelpilzbildung sowie Materialfeuchtekriterien (z. B. 20 M.-%) für Bauprodukte aus Holz bzw. Holzwerkstoffen in DIN 68800-2 [6]. Der 20 %-Wert bezieht sich auf holzzerstörende Pilze. Legt man die Sorptionsisotherme von Holz zugrunde, ergibt sich für diese Pilze eine relative Luftfeuchte von ca. 90 %; sie haben somit höhere Feuchteanforderungen als Schimmelpilze. Vergleicht man diesen Zahlenwert mit den kritischen Feuchten (LIM) aus [22], so erkennt man in Bild 9, dass für holzzerstörende Pilze neue deutlich höher liegende Isoplethen definiert werden sollten. Bei Temperaturen ober-

halb von 20 °C stimmt der LIM des Isoplethensystems für Substratgruppe II gut mit dem 80 %-Kriterium für Schimmelpilzbildung überein. Der LIM für Substratgruppe I liegt etwa 4 % r. F. darunter. Bei tieferen Temperaturen bis zu 10 °C, z. B. typisch für Wärmebrücken in Altbauten, entsprechen die Normbedingungen in etwa dem LIM der Substratgruppe I. Dieser liegt nur geringfügig unterhalb des in Bild 9 angegebenen Zustandes (beim geforderten Mindestdämmstandard ergeben sich bei einer Außentemperatur von -5 °C und 50 % r. F. auf der Innenoberfläche 12,6 °C und 80 % relative Feuchte), ab dem mit Pilzbildung gemäß Norm gerechnet werden muss. Bei Temperaturen von weniger als 10 °C sind die Angaben in den Normen „schärfer". Sie würden sogar Schimmelpilzbildung im Winter an Außenbauteilen „vorhersagen".

4.3 Funktionsweise des Isoplethenmodells anhand eines einfachen Anwendungsbeispiels

Um einen Vergleich der biologischen Wachstumsvoraussetzungen mit den errechneten hygrothermischen Bedingungen zu ermöglichen, müssen auf Basis des Isoplethenmodells die ermittelten instationären Verläufe von Temperatur und relativer Feuchte in der Bauteiloberfläche mit den Angaben der Sporenauskeimungszeiten bzw. des Myzelwachstums in den entsprechenden Isoplethensystemen verglichen werden. Die Wachstumsbedingungen, welche durch die zeitlichen Verläufe von Temperatur und relativer Feuchte charakterisiert werden, dienen als Eingangsdaten. Man trägt diese Mikroklima-Randbedingungen als Stundenwerte in die Isoplethensysteme ein. Liegen die Wachstumsbedingungen für eine bestimmte Zeitdauer oberhalb der Substratgruppe der entsprechenden LIM-Kurve, kann es zu Schimmelpilzaktivität kommen.

In der Regel treten aber instationäre Temperatur- und Feuchteverhältnisse auf. Um diese Verläufe, die aus bauphysikalischen Untersuchungen stammen, mithilfe des Isoplethenmodells ebenfalls erfassen und bewerten zu können, werden auf Basis der entsprechenden Isoplethensysteme für Sporenauskeimung die zeitlichen Beiträge, die einzelne hygrothermische Zustände zur Sporenauskeimung liefern, aufsummiert; d. h. es wird mithilfe der einzelnen Isolinien (z. B. 4 Tage) angegeben, welchen Beitrag ein Stundenwert, der beispielsweise auf dieser Isolinie liegt, zur Sporenauskeimung

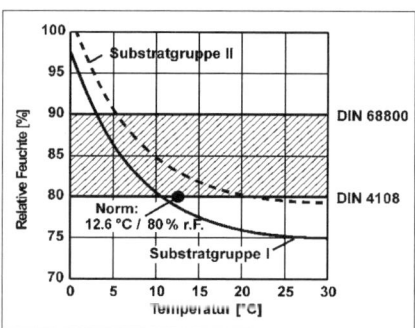

Bild 9: Vergleich der in DIN 4108 [4] und DIN EN ISO 13788 [5] als untere Wachstumsgrenze genannten relativen Feuchte von 80 % mit den LIM des Isoplethensystems für Sporenauskeimung bei einer angenommenen Substratgruppe II nach [23] (Bild unten). Ebenfalls dargestellt ist das in DIN 68800-2 [6] genannte Materialfeuchtekriterium von 20 M.-%, das sich mithilfe einer Sorptionsisotherme für Holz (Bild oben) als relative Feuchte (Bild unten: 90 % gilt für holzzerstörende Pilze) angeben lässt.

Sedlbauer/Schimmelpilze aus d. Sicht d. Bauphysik

liefert, nämlich 1 Stunde/(4 [Tage] · 24 Stunden) = 0,01. Diese Werte werden addiert und als zeitlicher Verlauf aufgetragen. Erreicht der Summenwert 1, so wird davon ausgegangen, dass die Sporenauskeimung erreicht ist und der Pilz zu wachsen beginnt. Dadurch ergibt sich eine einfache Bewertungsmöglichkeit; es kann also angegeben werden, ob es in einem bestimmten Zeitraum zu Sporenauskeimung kommt.

In einem in [18] beschriebenen Schadensfall wurde im Schlafzimmer einer Wohnung im 1. Obergeschoss an der nordöstlichen Außenwand eines im Jahr 1955 gebauten und 1993/94 sanierten Gebäudes Schimmelpilzbefall hinter einem Einbauschrank festgestellt. Die innere und äußere Oberflächensowie Lufttemperatur wurde während einer kalten Periode über eine längere Zeitspanne gemessen und ausgewertet. Des Weiteren war die relative Feuchte im Schlafraum messtechnisch erfasst worden. In Bild 10 unten sind auf Basis dieser Messwerte die ermittelten Ergebnisse für die Sporenauskeimung an der Wandinnenoberfläche in Wandmitte, in der Raumecke und hinter einer Möblierung an der Außenwand dargestellt. Nur hinter der Möblierung ergibt sich eine rasche Sporenauskeimung. In der Raumecke wird die Sporenauskeimung erst nach wesentlich längerer Zeit erreicht.

Analog kann mithilfe der substratspezifischen Isoplethensysteme für Myzelwachstum angegeben werden, wie die Pilze weiterwachsen. Das Myzelwachstum wird dazu in analoger Weise auf Basis der entsprechenden Isoplethensysteme ermittelt. Liegt ein Stundenwert im Isoplethensystem beispielsweise im Bereich von 6 mm Wachstum pro Tag, so bedeutet dies, dass der Pilz im betrachteten Stundenzeitraum um 6 mm pro 24 Stunden, also um 0,25 mm pro Stunde wächst. Es erfolgt auch hierbei wieder die Bildung eines Summenwertes, wie es für den Beispielfall eines Pilzbefalls im Innenraum in der oberen Graphik des Bildes 10 dargestellt ist. In der Raumecke wird durch kurzzeitig vorhandene gute Wachstumsbedingungen zwar die Sporenauskeimung erreicht, es kommt allerdings zu keinem nennenswerten Myzelwachstum. Dies ist hinter einer Möblierung anders. Dort wird ein großflächiger Pilzbefall prognostiziert, was auch in der Realität beobachtet werden konnte.

Das vorgestellte Isoplethenmodell kann zwar eine durch Trockenperioden auftreten-

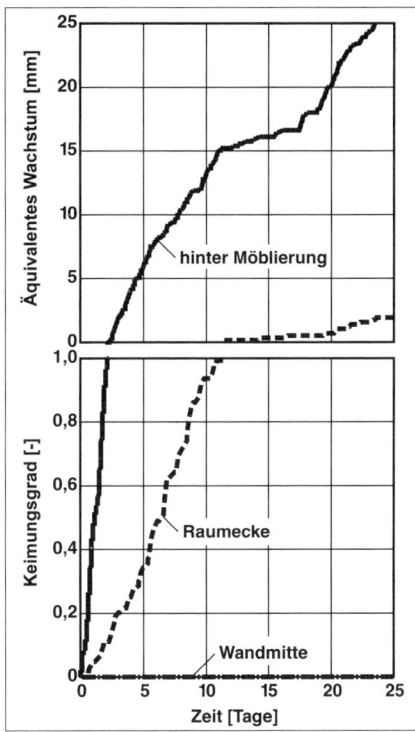

Bild 10: Mit dem Isoplethenmodell ermittelte Zeitverläufe von Keimung und Wachstum der Spore nach dem Isoplethenmodell für 3 verschiedene Stellen (Wandmitte, Ecke und hinter Möblierung). Zugrunde gelegt sind gemessene Oberflächentemperaturen und -feuchten eines im Jahr 1955 gebauten Gebäudes.

de Austrocknung bzw. ein Absterben der Sporen nicht berücksichtigen, bietet aber dennoch eine einfach handhabbare Möglichkeit einer Bewertung möglicher Schimmelpilzbildungen. Um auch Austrocknungseffekte von Pilzsporen berücksichtigen zu können, wurde in [22] das bereits erwähnte, auf dem Isoplethenmodell aufbauende, biohygrothermische Verfahren entwickelt, auf das in [23] näher eingegangen wird.

5 Bauphysikalische Ursachen für Schimmelpilze in Wohnräumen

Bei Bauprozessen beschäftigen sich Gerichte häufig mit den Ursachen für Schimmelpilzbefall in Gebäuden. Dabei steht meist die

Frage im Vordergrund, ob die Bausubstanz, also letztlich der Eigentümer, verantwortlich ist, oder ob falsches Nutzerverhalten vorliegt. Prinzipiell kann Schimmelpilzbildung nur dann auftreten, wenn die Wachstumsvoraussetzungen erfüllt sind. Feuchte spielt dabei die wesentliche Rolle. Es ist bekannt (u. a. [26]), dass Feuchte- und Schimmelpilzschäden vor allem hervorgerufen werden durch:

- ungenügendes Wärmedämmniveau,
- Wärmebrücken,
- erhöhte Wärmeübergangswiderstände,
- unzureichende Beheizung,
- erhöhte Feuchteproduktion in Innenräumen,
- mangelhaftes Lüftungsverhalten der Bewohner,
- Schlagregenpenetration und aufsteigende Feuchte,
- sowie Baufeuchte in Konstruktionen.

Im Folgenden soll dargestellt werden in welcher Weise die aufgezählten Einflussgrößen das Schimmelpilzwachstumsrisiko beeinflussen. Eine Grundvoraussetzung zum Verständnis der ablaufenden Mechanismen ist die Kenntnis des Einflusses der Oberflächentemperatur auf die Oberflächenluftfeuchte in Abhängigkeit der Raumluftklimarandbedingungen. Anhand des Zustandsdiagramms von Luft in Bild 11 lassen sich die ablaufenden Vorgänge anschaulich und leicht verständlich erläutern. Dargestellt sind die in Abhängigkeit vom Wassergehalt der Luft (Ordinate) und der Temperatur (Abszisse) vorliegenden relativen Luftfeuchten (in %). Die Luft in einem Raum mit beispielsweise 22 °C und einem Wassergehalt von 10 g/m^3 besitzt eine relative Luftfeuchte von 50 % (Punkt A). Hat die Innenwandoberfläche ebenfalls 22 °C, werden auch dort 50 % Luftfeuchte vorliegen. Gerade im Winter wird aber aufgrund der niedrigen Außenlufttemperaturen die innerseitige Oberflächentemperatur abgesenkt (für dieses Beispiel sei eine Oberflächentemperatur von 14 °C angenommen; siehe dazu auch Ziffer 5.2), wogegen durch die Raumheizung die Innenlufttemperatur auf 22 °C konstant gehalten wird. In Wandoberflächennähe ist aber weiterhin der absolute Wassergehalt der gleiche wie in Raummitte (in diesem Beispiel weiterhin 10 g/m^3). Das bedeutet: Bei Annäherung an die Wand ändert sich der Zustand der Luft, wie in Bild 11 dargestellt, parallel zur Abszisse bis zum Punkt B. Man erkennt, dass in Wandnähe somit eine höhere Luftfeuchte von 80 % vorliegt, was für das Schimmelwachstum günstigere Voraussetzungen bringt. Eine weitere Abkühlung der Wandinnenoberfläche würde unter diesen Bedingungen das Erreichen der Taupunkttemperatur (bei ca. 11 °C; Punkt C) bedeuten. Bei Unterschreitung dieser 11 °C läuft der Zustand der Luft entlang der Sättigungsline (bis z. B. zu Punkt D), d. h. der Wassergehalt der Luft muss abnehmen, da ansonsten relative Luftfeuchten über 100 % erreicht würden. Die Folge ist, dass an der kühlen Oberfläche Tauwasser ausfällt.

5.1 Einfluss des Dämmniveaus

Das Auftreten von Schimmelpilzen auf der Raumseite von Baukonstruktionen hängt von der sich einstellenden Oberflächentemperatur sowie -feuchte ab. Diese werden wiederum beeinflusst vom Wärmedurchgangskoeffizienten und den Wärmeübergangswiderständen sowie den im Raum herrschenden hygrothermischen Verhältnissen. Unter stationären Bedingungen kann die Temperatur der Oberfläche wie folgt berechnet werden:

$$\theta_{si} = \theta_i - U R_{si} (\theta_i - \theta_e) \qquad (2)$$

θ_{si}	[°C]	Temperatur der Innenoberfläche
θ_i	[°C]	Temperatur der Raumluft
θ_e	[°C]	Temperatur der Außenluft
U	[W/(m^2 K)]	Wärmedurchgangskoeffizient
R_{si}	[(m^2 K)/W]	Wärmeübergangswiderstand innen

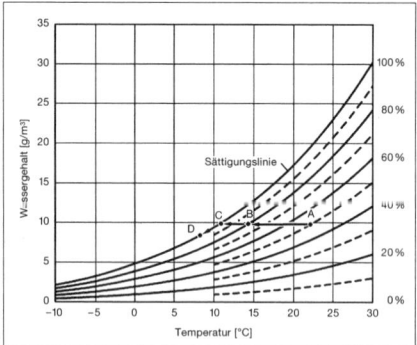

Bild 11: Wasserdampfgehalte der Luft in Abhängigkeit von Temperatur und relativer Luftfeuchte. Mit eingezeichnet sind als Beispiel die Zustandsänderungen der Luft mit anfänglich 22 °C und 50 % r. F. bei Abkühlung in mehreren Schritten (Punkte A → B →C → D).

Das Dämmniveau, das mit Hilfe des U-Wertes charakterisiert wird, beeinflusst maßgeblich die Oberflächentemperatur an der Innenwand und damit die dort vorliegende relative Luftfeuchte. Eine schlechte Wärmedämmung bzw. ein hoher U-Wert bewirkt niedrige Oberflächentemperaturen und mit der damit verbundenen Erhöhung der Luftfeuchte hohe Schimmelpilzgefahr.

5.2 Wärmebrücken

Wärmebrücken sind örtlich begrenzte Stellen in den Umfassungsflächen eines Gebäudes, durch die nach außen ein größerer Wärmeabfluss als in den angrenzenden Bereichen stattfindet, was zu einer Erniedrigung der inneren Oberflächentemperatur führt. Sie können durch die geometrischen Verhältnisse bedingt sein (z. B. Ecken) oder durch die Aneinanderreihung von Baustoffen unterschiedlicher Wärmeleitfähigkeit (z. B. Tragpfeiler in einer Wand) (siehe Bild 12). Die Folgen von Wärmebrücken sind (neben den höheren Energieverlusten) ein Absinken der Temperatur, eine Erhöhung der Feuchte (Bild 11) an der Innenoberfläche und die Gefahr der Unterschreitung der Taupunkttemperatur und damit einer Schimmelpilzbildung.

Dieser Effekt wird in Bild 13 am Beispiel einer Außenwandecke veranschaulicht. Angegeben werden die sich bei einer Außenlufttemperatur von -15 °C einstellenden Innenoberflächentemperaturen im Fall einer Pfosten-Riegel-Konstruktion mit einem U-Wert an der Dämmung von 0,5 W/(m² K) sowie von 1,0 W/(m² K) im Bereich der Pfosten sowie die daraus resultierenden maximal erlaubten Raumluftfeuchten, bei deren Überschreitung bei Annahme einer Raumlufttemperatur von 20 °C Tauwasser auftritt. Man erkennt, dass im Bereich der geometrischen Wärmebrücke, also in der Raumecke, die tiefsten Temperaturen (mit einem Pfeil gekennzeichnet) an der Wandoberfläche auftreten.

5.3 Erhöhte Wärmeübergangswiderstände

Möbel, Gardinen und dgl. stellen kaum einen Widerstand für den Feuchtetransport dar. Durch verringerten konvektiven und strahlungsbedingten Wärmeübergang erhöhen sich aber die Wärmeübergangswiderstände und damit die relativen Oberflächenfeuchten aufgrund der sich hinter den Gardinen einstellenden niedrigeren Oberflächentemperatu-

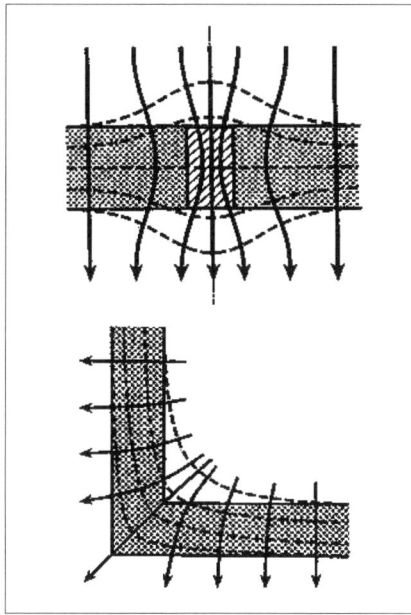

Bild 12: Schematische Darstellung von 2 Wärmebrücken mit Angabe der Wärmeströme (Adiabaten; durchgezogene Linie) und Isothermen (gestrichelte Linien). Wärmebrücken zeichnen sich aus durch verstärkten Wärmefluss mit Verdichtung der Adiabaten und Wölbung der Isothermen, nach [9].

oben: tragende Stütze innerhalb eines Gefaches; (materialbedingte Wärmebrücke),

unten: Wandecke; (geometrische Wärmebrücke).

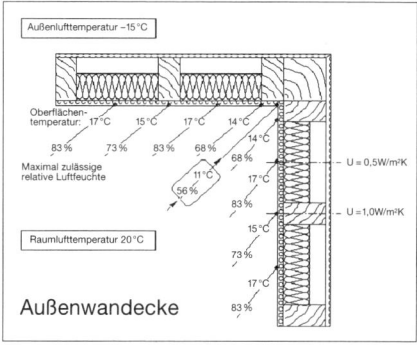

Außenwandecke

Bild 13: Darstellung des Wärmebrückeneffekts in einer Außenwandecke, nach [9].

ren. In Bild 14 sind bei einer Außentemperatur von -10 °C die Oberflächentemperaturen einer Außenecke mit Durchschnitts- bzw. Mindestwärmeschutz in Abhängigkeit vom Abstand zur Außenecke dargestellt. In einem Fall ist die Ecke frei (jeweils obere Linie) und im anderen Fall mit Möbeln verstellt (untere Linien). Dabei wurde von folgenden Wärmeübergangskoeffizienten ausgegangen (aus Erhorn [7] und mithilfe des Wärmebrückenkatalogs berechnet [12]):

Regelquerschnitt $h_i = 8$ W/m² K
Freie Ecke $h_i = 4$ W/m² K
Hinter einem
freistehenden Schrank $h_i = 4 - 6$ W/m² K
Ecke hinter einem
freistehenden Schrank $h_i = 3$ W/m² K

Rechts dargestellt ist die relative Raumluftfeuchte, ab der es zur Tauwasserbildung kommen kann. Folglich sind hinter Schränken und in Ecken bevorzugt Schimmelpilze anzutreffen, da diese temperaturabhängig schon ab einer relativen Feuchte von deutlich unter 100 % wachsen können. Rudolphi [20] sowie der zukünftige Neuentwurf der DIN 4108-x „Schimmelpilze" gibt noch niedrigere Werte für den Wärmeübergangskoefffizienten hinter Schränken an, mit entsprechend deutlicheren Auswirkungen für die Oberflächentemperaturen.

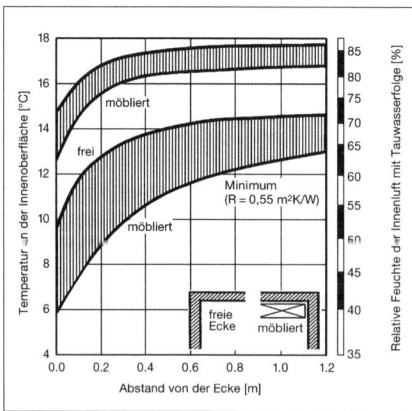

Bild 14: Innenoberflächentemperatur einer Außenwandecke mit Durchschnittswärmeschutz und mit Mindestwärmeschutz in Abhängigkeit vom Abstand zur Außenecke, modifiziert nach [9].

5.4 Unzureichende Beheizung
Bei gleichem absolutem Wassergehalt wird die relative Luftfeuchte durch eine Erhöhung der Raumlufttemperatur erniedrigt (siehe auch Bild 11) und die Innenoberflächentemperatur erhöht, was die Schimmelpilzgefahr vermindert. Ungünstig sind natürlich Wohnungen mit einzelnen unbeheizten Zimmern (meist Schlafzimmer). In diesen Räumen liegt eine niedrigere Raumluft- und damit Oberflächentemperatur vor, verbunden mit einer hohen Oberflächenluftfeuchte.

5.5 Feuchteproduktion im Raum
Die sich an Innenoberflächen von Außenbauteilen einstellende relative Feuchte hängt nicht nur von der Temperaturdifferenz zwischen Raumluft und Oberfläche ab, sondern auch maßgeblich von der Feuchteproduktion im Wohnraum. Eine hohe Feuchteproduktion im Wohnraum führt bei gleicher Lüftung zu höheren Raumluftfeuchten und damit gekoppelt auch zu höheren Innenraumoberflächenfeuchten. In Tabelle 4 sind typische Feuchteabgabemengen in Wohnräumen aufgelistet. Daran lässt sich erkennen, in welcher Weise die Feuchteproduktion in Gebäuden durch die Bewohner beeinflusst werden kann. Es verwundert nicht, dass Schimmelpilzbefall vor allem dann auftreten kann, wenn Fenster erneuert wurden, aber keine wärmetechnische Fassadensanierung erfolgte. Dabei kommt es durch die Reduktion des Luftwechsels aufgrund höherer Dichtheit der Fensterfugen zu erhöhten Feuchtelasten in den Räumen, da leider meist das Lüftungsverhalten nicht verändert wird. Auch wenn die Fensterindustrie moderne Fenster mit hoher Fugendichtheit herstellen kann, muss im geschlossenen Fensterzustand ein gewisser Grundluftwechsel möglich sein.

5.6 Lüftung
Die Lüftung des Wohnraumes stellt das wirksamste Mittel dar, um Feuchte aus dem Raum abzuführen. Vor allem im Winter kann die Außenluft trotz hoher relativer Feuchte eine geringe absolute Feuchte. Bei Winterlüftung wird die relative Feuchte im Raum erniedrigt. Ein Beispiel soll dies verdeutlichen. Tabelle 5 zeigt bei unterschiedlichen Außenlufttemperaturen und einer typischen relativen Außenluftfeuchte von 80 % die entsprechenden relativen Feuchten der Raumluft, wenn sie z. B. nach der Lüftung auf jeweils 20 °C erwärmt wird. Bei -10 °C außen werden

Sedlbauer/Schimmelpilze aus d. Sicht d. Bauphysik

Tabelle 4: Zusammenstellung der Feuchteabgabe in Räumen bei einer Innenlufttemperatur von 20 °C nach [22].

Feuchtequelle		Feuchteabgabe pro Stunde [g/h]
Mensch, leichte Aktivität		30– 40
trocknende Wäsche (4,5 kg Trommel)	geschleudert	50–200
	tropfnass	100–500
Zimmerblumen (z. B. Veilchen)		5– 10
Topfpflanzen (z. B. Farn)		7– 15
mittelgroßer Gummibaum		10– 20
freie Wasseroberfläche (z. B. Aquarium)		ca. 40 [1]

[1] Gramm pro Quadratmeter und Stunde, je nach Umgebungsbedingungen.

nach der Lüftung beispielsweise 9 % relative Feuchte erreicht.

Charakteristische Größe für den Luftwechsel bildet die sog. Luftwechselzahl, welche die Luftmenge, bezogen auf das Raumvolumen, angibt, die pro Stunde ausgetauscht und somit durch Außenluft ersetzt wird. Die verschiedenen Literaturangaben beziehen sich überwiegend auf den hygienisch bedingten Luftwechsel (als Maß gilt die CO_2-Konzentration). Die hierbei geforderten Angaben variieren stark und liegen zwischen 0,3 h^{-1} und 1,3 h^{-1}. Hartmann [11] gibt zur Verhinderung von Schimmelpilzbildung Luftwechselzahlen von 0,15 h^{-1} bis 0,70 h^{-1} an. Deren Einhaltung ist nötig, um die erzeugte Feuchte aus dem Raum zu entfernen. Häufig werden, meist bei dichten Fenstern, diese Werte nicht erreicht.

Vor allem nach kurzen Feuchtelastspitzen sollte durch Fensteröffnen gelüftet werden, um eine akkummulierende Feuchteaufnahme durch sorptive Innenoberflächenmaterialien zu vermeiden.

5.7 Schlagregenpenetration und aufsteigende Feuchte

Neben der durch erhöhte Feuchte an Bauteiloberflächen hervorgerufenen Schimmelpilzbildung können im Bauteilinneren andere Ursachen zu hoher Materialfeuchte und damit zu mikrobiellem Wachstum führen. Ein mangelhafter Schutz vor Schlagregen verstärkt in zweifacher Hinsicht die Schimmelpilzgefahr. Zum einen kann durch die Feuchtezufuhr von außen der Wassergehalt der Konstruktion zum Teil bis zur Innenoberfläche derart ansteigen, dass für Schimmelpilzwachstum günstige Voraussetzungen vorliegen. Längerfristig auftretende innenseitige Feuchteflecken werden in den meisten Fällen zu Schimmelwachstum führen. Verstärkend kommt hinzu, dass durch die Feuchte die Wärmeleitfähigkeit der Materialien zum Teil drastisch ansteigt. Durch den damit verbundenen örtlich verminderten U-Wert sinkt die Oberflächentemperatur mit der Folge einer erhöhten Tauwassergefahr.

Generell gelten für aufsteigende Feuchte aus dem Baugrund die gleichen Aussagen. Dabei dringt bei einer fehlerhaften Bauausführung Feuchte vom Erdreich ins Bauteil ein. Meist sind defekte Abdichtungen, schlecht konzipierte Drainelemente, fehlerhaft eingebrachter WU-Beton oder zu kleinkörnige Kiesbettungen unter der Bodenplatte daran schuld. In vielen Fällen wird über das angesaugte Wasser langfristig auch eine erhebliche Menge unterschiedlicher Salze vom Mauerwerk aufgenommen. Dies führt in vielen Fäl-

Tabelle 5: Relative Feuchte der hereingelüfteten Außenluft mit 80 % r. F. und unterschiedlicher Temperatur nach dessen Erwärmung auf 20 °C (Innentemperatur) bei unverändertem absolutem Feuchtegehalt (vgl. auch Bild 11).

Außenlufttemperatur [°C]	Relative Feuchte außen [%]	Absolute Feuchte [1] [g/m^3]	Relative Innenluftfeuchte bei 20 °C [%]
–10		1,7	9
0	80	3,9	21
10		7,5	42
20		13,5	80

[1] Absolute Feuchte ist aussen und innen gleich.

len zu Salzausblühungen an der Oberfläche, die häufig dem watteartigen Myzel des Schimmels vom Aussehen sehr ähnlich sind. Der Laie kann aber sehr leicht überprüfen, ob es sich um Salzausblühungen oder Schimmelpilz handelt. Nimmt man eine kleine Menge des „Bewuchses" ab und gibt sie in Wasser, so löst sich dieser in Wasser auf, sofern es sich um reine Salzausblühungen handelt. Im Allgemeinen kann man davon ausgehen, dass bei starker Salzbelastung aufgrund des damit verbundenen hohen osmotischen Potenzials Schimmelwachstum unwahrscheinlich ist. Dieser Effekt wird seit Alters her zur Konservierung von Nahrungsmitteln eingesetzt (Pökeln).

5.8 Baufeuchte
Unter Baufeuchte versteht man die Feuchte in Mauerwerk und Rohbau eines Neubaues. Baustoffe wie Mörtel, Putz, Estrich, Steine, Beton und die Witterung bringen bei deren Erstellung erhebliche Wassermengen in den Bau. Es dauert zum Teil mehrere Heizperioden, bis diese Baufeuchte aus dem neugebauten Haus verschwindet. Wird diese Baufeuchte bei der Konstruktion des Gebäudes nicht ausreichend berücksichtigt, kann dies zu Bauschäden führen. Die Baufeuchte kann aufgrund der mit der Feuchtigkeit verbundenen zum Teil erheblichen Erhöhung der Wärmeleitfähigkeit des Materials zu einem erhöhten Energieverbrauch in den ersten Wintern führen. Sie kann aber auch zu einer Beeinträchtigung der Gesundheit der Bewohner des Neubaus führen, wenn durch die erhöhte Feuchte im Material oder aufgrund der damit verbundenen hohen Raumluftfeuchte die Gefahr von Schimmelpilzwachstum gegeben ist. Aus diesem Grund ist es ganz wesentlich durch erhöhtes Lüften in den ersten Heizperioden, eventuell unterstützt durch eine großzügige Beheizung der Räume, die überschüssige Feuchtemenge zu reduzieren (siehe auch Kapitel 5.6 „Lüftung").

6 Bewertung und Zusammenfassung
Das neue Vorhersageverfahren unterscheidet sich gegenüber den bisher üblichen Methoden zur Abschätzung einer Schimmelpilzgefahr durch eine differenzierte Angabe von Wachstumsvoraussetzungen sowie durch mehrfache experimentelle Validierung. Im Isoplethenmodell werden für drei unterschiedliche Substratgruppen in Abhängigkeit von der Temperatur und relativen Feuchte die Sporenauskeimungszeiten bzw. Wachstumsraten präzisierbar. Diese Angaben beziehen sich auf Pilzarten, die nach dem derzeitigen Kenntnisstand in Gebäuden vorkommen, wobei jeweils die geringsten Sporenauskeimungszeiten sowie größten Wachstumsraten berücksichtigt wurden. Damit kann, allein durch Kenntnis der hygrothermischen Randbedingungen, für unterschiedliche Baustoffe und Verschmutzungsgrade die Zeit, die Schimmelpilze zum Auskeimen mindestens benötigen, ermittelt werden. Nach erfolgter Auskeimung wird prognostizierbar, mit welchem Myzelwachstum maximal zu rechnen ist.

Hinsichtlich der Wachstumsvoraussetzungen für Schimmelpilze zeigt sich, dass bei hoher Temperatur eine geringere relative Feuchte genügt, um Schimmelpilzbildung zu ermöglichen, während bei hohen Feuchten auch schon niedrigere Temperaturen kritisch sein können. Damit stehen erstmals differenzierte Hinweise zur Verfügung, die es erlauben, temperaturabhängig die für die Schimmelpilzbildung erforderlichen relativen Feuchten für unterschiedliche Substratgruppen anzugeben.

Literatur
[1]   Adan, O.: On the fungal defacement of interior finishes. Dissertation, University of Technology, Eindhoven (1994).
[2]   Cziesielski, E.: Schimmelpilz – ein komplexes Thema. Wo liegen die Fehler? wksb – Zeitschrift für Wärmeschutz – Kälteschutz – Schallschutz – Brandschutz 44 (1999), H. 43, S. 25 – 28.
[3]   Deacon, J. W.: Modern mycology. 3. Auflage, Blackwell Science-Verlag (1997).
[4]   DIN 4108 – Wärmeschutz und Energie-Einsparung in Gebäuden. Teil 3: Klimabedingter Feuchteschutz, Anforderungen, Berechnungsverfahren und Hinweise für Planung und Ausführung (2001 – 07).
[5]   DIN EN ISO 13788 – Berechnung der Oberflächentemperatur zur Vermeidung kritischer Oberflächenfeuchten und Berechnung der Tauwasserbildung im Bauteilinneren (2001 – 11).
[6]   DIN 68800 – Holzschutz. Teil 2: Vorbeugende bauliche Maßnahmen im Hochbau (1996 – 05).
[7]   Erhorn, H.; Reiß, J.: Schützt der Mindestwärmeschutz in der Praxis vor

Schimmelpilzschäden? IBP-Mitteilung 19 (1992), Nr. 224.

[8] Gertis, K.; Erhorn, H.; Reiß, J.: Klimawirkungen und Schimmelpilzbildung bei sanierten Gebäuden. Proceedings Bauphysik-Kongress in Berlin (1997), S. 241–253.

[9] Gertis, K.; Mehra, S. R.: Bauphysik, Vorlesungsskript. Lehrstuhl für Bauphysik, Universität Stuttgart (2001).

[10] Grant, C.; Hunter, C. A.; Flannigan, B.; Bravery, A. F.: The moisture requirements of moulds isolated from domestic dwellings. International Biodeterioration 25 (1989), S. 259–284.

[11] Hartmann, T.: Bauphysikalische und hygienische Aspekte der Wohnungslüftung. HLH – Heizung, Lüftung, Haustechnik Bd. 51 (2000), H. 7, S. 59 – 61.

[12] Hauser, G.: Wärmebrückenkatalog auf CD-Rom 2003.

[13] Hocking, A. D.: Responses of xerophilic fungi to changes in water activity. Jennings, D. H. (Hrsg.): Stress tolerance of fungi. Marcel Dekker Inc., New York (1993).

[14] Kruppa, B.; Veer, I.; Rüden, H.: Experimentelle Untersuchungen zur Frage der aerogenen Übertragung von Luftmikroorganismen bei hybriden Heizsystemen. gi – Gesundheits-Ingenieur 114 (1993), H. 1, S. 5 – 10.

[15] Krus, M.: Feuchtetransport- und Speicherkoeffizienten poröser mineralischer Baustoffe. Theoretische Grundlagen und neue Messtechniken. Dissertation, Universität Stuttgart (1995).

[16] Mücke, W.; Lemmen, C.: Schimmelpilze. ecomed-Verlag, Landsberg am Lech (1999).

[17] Reiß, J.: Schimmelpilze – Nutzen, Schaden, Bekämpfung. 2. Auflage, Springer-Verlag, Heidelberg (1988).

[18] Reiß, J.; Erhorn, H.: Beurteilung von Feuchteschäden. IBP-Bericht WG 47/

1997 des Fraunhofer-Instituts für Bauphysik, Stuttgart (1997).

[19] Richter, W.: Verhinderung der Schimmelpilzbildung – welche Möglichkeiten bietet die Fensterlüftung? Vortrags-Manuskript, Rosenheimer Fenstertage 14. – 15. Okt. 1999, S. 89 – 98.

[20] Rudolphi, A.; Kirchner, D.: Ökologische und gesundheitsorientierte Baustoff- und Konstruktionsauswahl. Moriske, H.-J.; Turouski, E. (Hrsg.): Handbuch für Bioklima und Lufthygiene. ecomed-Verlag, Landsberg am Lech (2000), 3. Erg. Lfg., Kap. IV-7.1, S. 12 – 24.

[21] Schwantes, H. O.: Biologie der Pilze, Eugen Ulmer-Verlag, Stuttgart (1996).

[22] Sedlbauer, K.: Vorhersage von Schimmelpilzbildung auf und in Bauteilen. Dissertation Universität Stuttgart (2001).

[23] Sedlbauer, K.: Vorhersage von Schimmelpilzbildung auf und in Bauteilen – Erläuterung der Methode und Anwendungsbeispiele. Bauphysik 24 (2002), H. 3, S. 167 – 176.

[24] Smith, S. L.; Hill, S. T.: Influence of temperature and water activity on germination and growth of Aspergillus restrictus and Aspergillus versicolor. Transactions of the British Mycological Society Vol. 79 (1982), H. 3, S. 558 – 560.

[25] Strasburger, E.: Lehrbuch der Botanik. 31. Auflage, Gustav Fischer-Verlag, Stuttgart (1978).

[26] T 2914: Gewährleistung einer guten Raumluftqualität bei weiterer Senkung der Lüftungswärmeverluste. Fraunhofer-IRB Verlag, Stuttgart (Jan. 1999).

[27] Zillig, W.: Hygrothermisches Modell zur rechnerischen Vorhersage des Schimmelpilzbefalls. Diplomarbeit, Fachhochschule Rosenheim (2001).

[28] Zöld, A.: Mindestluftwechsel im praktischen Test. HLH – Heizung, Lüftung, Haustechnik Bd. 41 (1990), H. 7, S. 620 – 622.

Nachweis, Bewertung und Sanierung von Schimmelpilzschäden in Innenräumen

Dr. Thomas Gabrio, Landesgesundheitsamt Baden-Württemberg, Stuttgart

1 Einleitung

Aufgrund der Wärmeschutzverordnung, der sich in den letzten Jahren veränderten Bauweise und der im Altbau durchgeführten Sanierungen häufen sich in den letzten Jahren Probleme im Zusammenhang mit Schimmelpilzbelastungen in Innenräumen. Dies und die bisher nicht geklärte Ursache für das verstärkte Auftreten von Allergien in den westlichen Industrieländern hat dazu geführt, dass in der Politik und in der Öffentlichkeit dem Thema der Belastung von Innenräumen mit Schimmelpilzen große Bedeutung zugemessen wird.

Gegebenenfalls vorhandene Schimmelpilzbelastungen sind nach abgestimmten Nachweis- und Bewertungskriterien zu beurteilen (Leitfaden zur Vorbeugung, Untersuchung, Bewertung und Sanierung von Schimmelpilzwachstum in Innenräumen, Umweltbundesamt Berlin, 2002, http://www.umweltbundesamt.de; Abgestimmtes Arbeitsergebnis des Arbeitskreises „Qualitätssicherung – Schimmelpilze in Innenräumen" am Landesgesundheitsamt Baden-Württemberg vom 14.12.2001, Schimmelpilze in Innenräumen – Nachweis, Bewertung, Qualitätsmanagement, http://www.landesgesundheitsamt.de).

1.1 Eigenschaften von Schimmelpilzen

Schimmelpilze sind praktisch in allen Lebensräumen vorhanden und haben als Destruenten im natürlichen Stoffkreislauf die wichtige Funktion der Zersetzung von organischen Substanzen. In unserer Umwelt gibt es viele tausend Arten von Schimmelpilzen, die sich bezüglich ihrer Morphologie als auch ihrer physiologischen Fähigkeiten und den bevorzugten Lebensbedingungen (Feuchte, Temperatur, pH-Wert) unterscheiden. Für den Innenraum relevant sind einige hundert Schimmelpilze. Zu ihrem Wachstum benötigen sie im Gegensatz zu Algen und Flechten kein Licht, daher können sie in Innenräumen auch an nicht einsehbaren Bereichen vorhanden sein (z. B. hinter Schränken oder Tapeten). Zum Lebenszyklus der Schimmelpilze gehört die Sporenkeimung, das Myzelwachstum und die Sporenbildung. Durch die so genannte Sporulation werden die Schimmelpilzsporen in der Umwelt verbreitet. Schimmelpilzsporen besitzen eine Größe zwischen 2 – 20 µm. Sie werden als Einzelspore oder in Ketten gebildet. Manche Schimmelpilze bilden trockene Sporen, andere Sporen sind mit einer Schleimmatrix umgeben. Dies und der unterschiedliche aerodynamische Durchmesser der Sporen der einzelnen Schimmelpilzarten bedingt ihre unterschiedliche Flugfähigkeit. Viele Pilzarten bilden gegen Austrocknung widerstandsfähige dicke Sporenwände aus Chitin.

Schimmelpilze sind natürlicher Bestandteil unserer Umwelt. Einige Schimmelpilze leben in geringer Anzahl ständig in der natürlichen Umwelt des Menschen, ohne ihn zu schädigen. Andere können selten z. T. schwerwiegende Krankheiten auslösen. Schimmelpilze können eine allergene, infektiöse oder toxische Wirkung auf den Menschen haben:

– allergene Wirkung:
Der Dosis-Wirkungszusammenhang von Sensibilisierungen ist in diesem Falle komplex. Er hängt u. a. von der genetischen Prädisposition, dem Zustand der betroffenen Haut oder Schleimhaut sowie von der Menge (Dosis pro Fläche) und vom allergenen Potential der Schimmelpilzsporen ab. Bei Sensibilisierten richtet sich das Auftreten allergischer Reaktionen nach dem Grad der Sensibilisierung, der Membranfunktion von Haut und Schleimhäuten und der Allergendosis. Mittels der heutigen Nachweisverfahren wurden bei etwa 5 % der Bevölkerung in Deutschland eine Sensibilisierung gegen Schimmelpilze mit zunehmender Tendenz nachgewiesen.

– toxische Wirkung:
Stoffwechselprodukte von Schimmelpilzen (z. B. Mykotoxine) sowie die Zellwandbestandteile (Glukane) wirken toxisch. Als immuntoxische Wirkung ist auch die Freisetzung von Interleukinen und sonstigen Entzündungsmediatoren in Haut und Schleimhäuten bei Schimmelpilzeinwirkung zu sehen.

– infektiöse Wirkung:
Die infektiöse Wirkung spielt vor allem bei immungeschwächten Menschen, nach einer Tuberkuloseerkrankung, bei Bronchiektasien bzw. chronischer Nasennebenhöhlenentzündung eine Rolle. Ausgelöst durch Innenraumbelastungen ist allerdings kaum mit einer solchen Wirkung zu rechnen.

– Geruchsbelästigung:
Sie kann die Lebensqualität beträchtlich beeinflussen. Gerüche können außer von Schimmelpilzen auch von Bakterien oder VOC-Emittenten verursacht werden. Dies sollte bei einer Untersuchung eines Gebäudes stets bedacht werden.

Die Ausprägung der toxischen und allergenen Wirkungen u. a. durch Mykotoxine ist erheblich von der Art der Schimmelpilze (Spezies) und von der aufgenommenen Gesamtmenge abhängig. Prinzipiell liegt bei erhöhten Schimmelpilzbelastungen potenziell eine gesundheitliche Gefährdung vor, die aus Gründen der Risikominimierung im Innenraum nicht auftreten sollten.

Das verstärkte Auftreten von Schimmelpilzen stellt also ein allgemein hygienisches Problem dar. Der Dosis-Wirkungs-Zusammenhang ist bei Schimmelpilzbelastungen äußerst komplex. Insbesondere hängt die Wirkung von Schimmelpilzen oft von der konstitutionell bedingten Reaktion des Individuums ab. Aufgrund der unterschiedlichen gesundheitlichen Gefährdung, die von Schimmelpilzen ausgeht, ist eine abgestufte Beurteilung von Schimmelpilzbelastungen in Innenräumen aus gesundheitlicher Sicht zurzeit nicht möglich.

Vereinfacht kann jedoch festgestellt werden, dass Pilze unbestritten adverse Effekte auf die Gesundheit haben können. Weiterhin konnte in epidemiologischen Untersuchungen gezeigt werden, dass bei Feuchteschäden, und damit unter Bedingungen bei denen sich Mikroorganismen vermehren, das Risiko zu erkranken zunimmt. Daher wird grundsätzlich eine Minimierung von mikrobiellen Belastungen empfohlen.

Das bedeutet, dass bei einer deutlichen, statistisch abgesicherten Erhöhung der Schimmelpilzbelastung in einem Innenraum im Vergleich zum allgemeinen Hintergrund, eine zusätzliche Quelle vorhanden (sichtbarer Schimmel) bzw. wahrscheinlich ist (erhöhte Konzentrationen von Schimmelpilzen bzw. deren Stoffwechselprodukten in der Luft bzw. im Staub), die

aus Gründen der Vorsorge beseitigt werden sollte. Um eine hygienische Beurteilung eines Schimmelpilzbefalls vornehmen zu können, sind die Ergebnisse der Untersuchungen der Material-, Luft und Staubproben zusammen mit bauphysikalischen Daten, wie z. B. Temperatur und relative Feuchte der Außen- und Raumluft sowie an der Innenoberfläche von Außenbauteilen und gegebenenfalls das Feuchteprofil des Wandmaterials, die Luftwechselrate sowie ergänzende Informationen der Betroffenen und gegebenenfalls des behandelnden Arztes im Gesamtzusammenhang auszuwerten. Weiterhin sollte beachtet werden, dass die Beurteilung einer Innenraumbelastung durch Mikroorganismen nicht auf Schimmelpilze begrenzt werden darf, sondern dass auch Bakterien, wie z. B. Actinomyceten, mit einzubeziehen sind.

2 Nachweis von Schimmelpilzbelastungen in Innenräumen

2.1 Allgemein
Der Nachweis von Schimmelpilzen in Innenräumen hat mehrere Ziele.

Ist sichtbarer Schimmel vorhanden, kann es zur Abschätzung des gesundheitlichen Risikos wichtig sein, die Art des vorhandenen Schimmelpilzes zu kennen. Entsprechende Untersuchungen haben auch für die medizinische Diagnostik eine entscheidende Bedeutung. Sie sind eine Grundvoraussetzung für die Abschätzung der Wahrscheinlichkeit, dass ein Zusammenhang zwischen gesundheitlichen Beschwerden und vorhandenen Schimmelpilzbelastungen besteht. Für eine spätere Freimessung zum Beleg der ordnungsgemäßen Sanierung ist es erforderlich, die Art des Schimmelpilzbefalls vor der Sanierung zu kennen.

Ist kein sichtbarer Schimmelpilzschaden vorhanden, machen es aber einige Indizien wie z. B. ein schimmelpilzartiger Geruch, ein vorhandener Feuchteschaden oder gesundheitliche Probleme der Raumnutzer wahrscheinlich, dass ein verdeckter Schimmelpilzschaden vorliegt, ist durch geeignete Untersuchungen die Wahrscheinlichkeit einer Schimmelpilzbelastung zu untermauern oder zu entkräften. Hierzu werden Luft oder Staubproben auf das Vorhandensein oder Nichtvorhandensein bestimmter Indikatororganismen bzw. -verbindungen (Stoffwechselprodukte) für eine Schimmelpilzbelastung untersucht. Bestätigt sich die

Wahrscheinlichkeit des Vorhandenseins einer Schimmelpilzbelastung, ist die Quelle der Schimmelpilzbelastung durch weitere Untersuchungen und die Erhebung bauphysikalischer Daten zu ermitteln. Bei der Untersuchungsplanung ist stets der Anlass und das Ziel der Messung zu berücksichtigen. Im Falle eines Rechtsstreits ist zu beachten, dass die Beweisaufnahme noch nach Jahren von allen am Verfahren Beteiligten plausibel nachvollziehbar sein muss.

Im Gegensatz zu vielen anderen Untersuchungen gibt es im Bereich „Schimmelpilze in Innenräumen" nur wenige allgemeinverbindliche Untersuchungsmethoden und Beurteilungskriterien. Daher kommt den Angaben in den entsprechenden Gutachten bezüglich der angewandten Nachweisverfahren, der erhaltenen bauphysikalischen Daten, der Dokumentation des vorgefundenen Zustands (Begehungsprotokoll, bildliche Darstellung), der genauen Beschreibung der räumlichen und zeitlichen Herkunft der Probe, den verwendeten Beurteilungskriterien und der Interpretation und Bewertung eine besondere Bedeutung zu. Aus dem Gutachten muss ersichtlich sein, wie groß und tief gegebenenfalls mit Schimmelpilzen befallenes Material ist, welche Intensität der Befall (z. B. punktförmiges oder rasenartiges Wachstum) hat und ob es sich um einen aktiven bzw. passiven Befall handelt, wobei plausibel zu belegen ist, dass die untersuchte Probe den Zustand des befallenen Materials insgesamt widerspiegelt (Repräsentativität der Probe). Ausserdem ist es wichtig, dass vermerkt wird, ob es sich um eine offene Quelle oder um eine z. B. mit Fussbodenbelag abgeschlossene Quelle handelt. Es ist abzusichern, dass gegebenenfalls nach Jahren noch die Plausibilität der Aussagen und Empfehlungen des Gutachters nachvollzogen werden können. Die Angabe von zusammenhangslosen Einzelergebnissen, selbst wenn sie an sich von hoher Qualität sind, ermöglichen keine Einschätzung der gegebenenfalls vorliegenden Belastung. Sie führt eher zur Verwirrung und Verunsicherung der Auftraggeber und ermöglicht Institutionen wie z. B. Stadtverwaltungen, Gesundheitsämtern, Trägern von Kindergärten und Schulverwaltungen kein sachgerechtes Reagieren auf die vorgelegten Gutachten. Fließen in einem Gutachten die Ergebnisse mehrerer Institutionen (Unterauftraggeber) ein, so ist von dem „Hauptgutachter" eine zusammenfassende Begutachtung

vorzunehmen. Die qualitätsgerechte Begutachtung setzt das Sachverständnis des Gutachters und eine Betrachtung des Gesamtzusammenhanges voraus.

Die von dem Labor erstellten Gutachten müssen die gegebenenfalls vorliegende Schimmelpilzbelastung eindeutig belegen und bezüglich der Interpretation und Bewertung plausibel nachvollziehbar sein. Ein Gutachten sollte folgende Angaben enthalten:

– Problem- und Zielstellung des Gutachtens
– angewandte Nachweisverfahren
– bauphysikalische Daten
– Dokumentation des vorgefundenen Zustands
– Begehungsprotokoll
– bildliche Darstellung
– genaue Beschreibung der räumlichen und zeitlichen Herkunft der Probe
– Beurteilung des Ausmasses des Schadens
– Grösse und Tiefe des mit Schimmelpilzen befallenen Materials
– Intensität des Befalls (z. B. punktförmiges oder rasenartiges Wachstum)
– aktiver bzw. passiver Befall
– offene Quelle oder eine mit einem Fußbodenbelag wie z. B. Linoleum oder PVC abgeschlossene Quelle
– verwendete Beurteilungskriterien
– Interpretation und Bewertung der Daten
– wurden Untersuchungen an Unterauftraggeber vergeben

Die einzelnen Verfahren zur Untersuchung von Schimmelpilzen setzen einen hohen Sachverstand, langjährige Erfahrungen und interdisziplinäre Zusammenarbeit voraus. Dies trifft sowohl für die Probenahme einschließlich Objektbegehung, den mikrobiologischen Nachweis und die abschließende zusammenfassende Bewertung zu. Das Ergebnis kann durch unterschiedlichste Faktoren, die Einfluss auf die Probenahme haben, beeinträchtigt werden. Daher ist es u. a. wichtig, parallel zur Untersuchungsprobe eine Referenzprobe zu untersuchen, um z. B. bei Luftmessungen den Einfluss der Außenluft auf die Schimmelpilzkonzentration der Innenraumluft zu kennen. Bei bestimmten Baumaterialien, besonders bei solchen die aus Rohstoffen (z. B. Altpapier) gewonnen werden, die normalerweise an sich schon Schimmelpilze oder Zellbestandteile bzw. Stoffwechselprodukte in größerem Umfang enthalten können, ist dies zwingend erforderlich. Ähnliches trifft auch auf Materialien zu, die sehr raue (Raufasertapete) oder sehr große Oberflächen (Dämmmaterialien) haben, wo sich Staub und damit auch Schimmelpilzsporen auf bzw. in ihnen gut ablagern können. Bei einem Nachweis von Schimmelpilzsporen auf bzw. in solchen Materialien muss es sich nicht zwangsläufig um einen aktiven Schimmelpilzbefall handeln, sondern es können auch nur Anflugsporen aus der Umgebungsluft vorhanden sein. Die Durchführung von Schnelltesten unter nicht definierten Probenahmebedingungen ist als sehr problematisch einzuschätzen. An dieser Stelle soll das Prinzip der verschiedenen Nachweisverfahren kurz dargestellt werden:

Morphologische Identifizierung nach Kultivierung

Die morphologische Identifizierung der Schimmelpilze erfolgt sowohl stereomikroskopisch als auch mikroskopisch. Es ist zu beachten, dass die Anzahl der Kolonien, die sich auf einer Nährmediumplatte kultivieren lassen, von der Gesamt-KBE-Zahl abhängt. Bei einer großen Anzahl von Kolonien pro Platte ist immer damit zu rechnen, dass das Wachstum einiger Schimmelpilzsporen unterdrückt wird. Bezüglich der Bewertung ergeben sich daraus besondere Probleme, da die bewertungsrelevanten „Indikatororganismen" für einen baulichen Schaden oft nur in geringen Konzentrationen auftreten und daher in Verdünnungsstufen ausgewertet werden müssen in denen ihr Wachstum von anderen Schimmelpilzen wie z. B. *Cladosporium spp.* eingeschränkt wird. Einzelne Schimmelpilze haben ein so intensives Wachstum wie z. B. *Chrysonilia* oder auch *Aspergillus niger*, dass eine Auswertung der Platten nur bedingt möglich ist. Außerdem ist zu beachten, dass einige Schimmelpilzarten nicht auf allen Nährmedien wachsen. Bestimmte Schimmelpilzarten setzen spezielle Wachstumsbedingungen voraus. So wächst z. B. *Stachybotrys chartarum* auf Malzextraktagar, aber nicht auf DG 18-Agar. Bei anderen Arten kann es umgekehrt sein. Holzzerstörende Pilze (Basidiomyceten) wie z. B. echter Hausschwamm (Serpula lacrymans) und brauner Keller- oder Warzenschwamm (Coniophora putena) lassen sich mit dem beschriebenen Verfahren nicht nachweisen.

In die Bewertung gehen bevorzugt die Ergebnisse der Auswertung der DG-18-Platten ein. Schimmelpilze die auf DG 18-Agar nicht anzüchtbar sind, werden auf Malzextrakt-Agar bewertet *(Acremonium, Stachybotrys* oder *Chaetomium)*. Folgende Schimmelpilze sollten differenziert werden:
Alternaria spp., Cladosporium spp., Aspergillus flavus, Aspergillus fumigatus, Aspergillus nidulans, Aspergillus niger, Aspergillus ochraceus. Aspergillus penicillioides, Aspergillus restrictus, Aspergillus sydowii, Aspergillus versicolor, Aspergillus ustus, Aspergillus spp., Eurotium amstelodamii, Eurotium herbariorum, Eurotium spp., Penicillium brevicompactum, Penicillium chrysogenum, Penicillium expansum, Penicillium glabrum, Penicillium olsonii, Penicillium spp., Hefen, Mucor spp., Rhizopus spp., andere Zygomyceten, Acremonium spp., Aureobasidium spp., Botrytis, Chaetomium spp., Fusarium spp., Paecilomyces spp., Phialophora spp., Scopulariopsis spp., Stachybotrys chartarum, sterile Myzelien, Tritirachium (Engyodontium) album, Trichoderma spp., Wallemia sebi, andere Spezies.

Treten auf den drei Platten der Luftkeimsammlung im Mittel mehr als 40 KBE/m^3 Sporen einer Spezies mit hohem Sporenflug bzw. 10 KBE/m^3 Sporen mit geringem Sporenflug (z. B. Stachybotrys oder Chaetomium) auf, das heißt auf der „100 L Platte" 4 bzw. 1 KBE bzw. bei der Staubuntersuchung auf den drei Platten im Mittel mehr als 4000 KBE/g einer Art mit hohem Sporenflug bzw. 1000 KBE/g mit geringem Sporenflug (z. B. Stachybotrys oder Chaetomium) auf, das heißt auf der Platte der Ausgangssuspension 4 bzw. 1 KBE, so sind die Spezies aufgrund der phänotypischen Unterscheidung der Isolate auf den Originalplatten (DG 18, MEA) einer der in der Auswertetabelle angegebenen Spezies zuzuordnen, die anderen unter „Sonstige Aspergillen, Penicillien usw.". Ermöglicht die makrobzw. mikroskopische Betrachtung der Kolonien keine eindeutige Zuordnung, sind Subkulturen anzulegen und zu differenzieren.

2.2 Materialproben

Suspensionsmethode

Die mechanisch entnommene Materialprobe wird zunächst mechanisch zerkleinert und im Allgemeinen mit dem 100fachen des Material-gewichts mit einer 0,9 % NaCl/0,01 % TWEEN 80-Lösung versetzt und 30 min mit einem Rundschüttler (500 U/min) suspendiert. Jeweils 100 µl der erhaltenen Suspension und weiterer Verdünnungen von 1:10 und 1:100 (eventuell weitere Verdünnungen) dieser Ausgangssuspension werden auf jeweils drei DG-18-Platten und jeweils drei Malzextrakt-Platten für die Bebrütung bei 25° ± 3 °C und aus jeder Verdünnungsstufe 3 Malzextrakt-Platten für die Bebrütung bei 36° ± 2 °C ausgespatelt und anschließend morphologisch identifiziert.

Abklatschverfahren

Der Keimindikator zum Nachweis von Hefen und Schimmelpilzen auf Oberflächen ist eine versiegelte, mit Nährboden beschichtete flexible Trägerfolie. Der Nährboden wird im Abklatschverfahren direkt mit der vermutlich mit Schimmelpilzen befallenen Oberfläche in Kontakt gebracht. Durch das mechanische Andrücken werden vorhandene Schimmel-pilzsporen auf den Nährboden übertragen. Dieser wird bei 25 °C ± 3 °C kultiviert und anschließend morphologisch identifiziert. Die Unterscheidung von aktivem Befall und Anflugsporen ermöglicht dieses Verfahren nicht.

Klebefilm-Abriss-Präparat

Durch das Andrücken und wieder Abnehmen eines durchsichtigen Klebefilmstreifens an die visuell erkennbare oder vermutete Schimmelpilzbefallsstelle bleiben Bestandteile der Schimmelpilzstruktur wie Sporen, Fruchtkörper, Mycel usw. an dem Klebestreifen haften, die nach der Fixierung auf einem Objektträger und Anfärbung mit Anilin oder Baumwoll-blaulösung aufgrund ihrer morphologischen Struktur direktmikroskopisch identifiziert werden können.
Die Methode ermöglicht zwar nicht in jedem Falle eine eindeutige Identifizierung der Gattung und Art der vorliegenden Schimmelpilze, aber aufgrund des Vorhandenseins von weiteren Schimmelpilzbestandteilen außer Sporen eine relativ sichere Aussage darüber, ob es sich um einen aktiven oder passiven Befall handelt. Bei Schimmelpilzen, die sich in der Wachstumsphase befinden, ist dieser Nach-weis relativ sicher. Bei einem Schimmelpilz-befall, der im Absterben begriffen ist, ist die Eindeutigkeit geringer. Zu beachten ist auch, dass Materialien nacheinander von bestimmten Schimmelpilzen besiedelt werden können. Die eine Art schafft die Lebensvoraussetzungen für eine andere Art. Hierdurch kann die Identifizierung der vorhandenen Schimmelpilze erschwert werden.

2.3 Luftproben

Direktes Verfahren

Nach aktiver Sammlung der Schimmelpilzsporen durch Impaktion auf ein Nährmedium bzw. auf einem Gelatine-Filter, der nach der Beaufschlagung auf eine Nährmediumplatte aufgelegt wird, werden die Schimmelpilze inkubiert. Die Probenahme erfolgt je nach Fragestellung bei mindestens zwei Probenvolumina unter Verwendung von mindestens zwei Nährmedien (DG 18- und Malzextrakt-agar). Die Kultivierung erfolgt bei 25° ± 3 °C bzw. bei 36° ± 2 °C und anschließend die morphologische Identifizierung.

Indirektes Verfahren

Nach aktiver Sammlung der Schimmelpilzsporen auf einem Gelatine-Filter bzw. Gelatine-Polycarbonat-Filter werden die auf dem Filter zurückgehaltenen Sporen mit einer 0,9 % NaCl/0,01 % TWEEN 80-Lösung in eine Suspension überführt. Von dieser Suspension werden jeweils 100 µL in die verschiedenen Verdünnungsstufen auf mindestens zwei Nährmedien (DG 18 und Malzextrakt) ausplattiert und bei 25° ± 3 °C bzw. bei 36° ± 2 °C kultiviert und anschließend morphologisch identifiziert.

Direktmikroskopischer Nachweis von Schimmelpilzen aus der Luft

Nach aktiver Sammlung der Schimmelpilzsporen durch Impaktion auf einem mit einer Haftfolie versehenen Objektträger, wird das Präparat mit Anilin- oder Baumwollblaulösung angefärbt und mit einem Deckglas abgedeckt. Bei einer 100- bis 1000fachen Vergrößerung erfolgt die Auszählung der Sporenarten.

MVOC–Bestimmung

Die MVOC werden aktiv auf Adsorbtionsröhrchen (z. B. Tenax bzw. Anasorb) angereichert. Nach Thermodesorption bzw. Elution werden die MVOC mittels GC/MS bestimmt. Die Adsorbtionsröhrchen müssen vor ihrer Anwendung auf Eignung, wie z. B. auf Blindwerte und Durchbruchsvolumina überprüft werden. Zu den MVOC gehören eine Reihe von Substanzen aus unterschiedlichen Stoffklassen, wie Aldehyde, Alkanole, Alkenole, Ester, Ether, Karbonsäuren, Ketone, schwefelhaltige Verbindungen, Terpene und Terpenalkohole. Verbindungen, die zu den typischen MVOC gerechnet werden, werden auch u. a. durch viele andere Quellen abgegeben: Aroma- bzw. Inhaltsstoffe, die beim Backen und Kochen entstehen, in Duftstoffen und Pflanzen enthalten sind oder in der Technik häufig genutzte Substanzen wie u. a. Vergaserkraftstoffe, Lösungsmittel in Farben, Lacken, Kunststoffen, Pyrolyseprodukte (u. a. Rauchen). Alle diese Emittenten können aufgrund ihrer Eigenschaften die Bestimmung stören, weshalb entsprechende Vorgaben des untersuchenden Labors zwingend einzuhalten sind.

2.4 Kulturelle Bestimmung von Schimmelpilzen im Staub

Nach der Staubsammlung vom Teppich mit einem Spezialsaugkopf wird der so gewonnene Staub mit einem Mini-Siebsatz unter Saugen gesiebt. Die Staubfraktion < 63 μm wird mit dem 100fachen des Staubgewichts mit einer 0,9 % NaCl/0,01 % TWEEN 80-Lösung versetzt und 30 min mit einem Rundschüttler (500 U/min) suspendiert. Jeweils 100 μl der erhaltenen Suspension und weiterer Verdünnungen von 1:10 und 1:100 dieser Ausgangssuspension werden auf jeweils drei DG 18-Platten und jeweils drei Malzextrakt-Platten für die Bebrütung bei 25° ± 3 °C und aus jeder Verdünnungsstufe 3 Malzextrakt-Platten für die Bebrütung bei 36° ± 2 °C ausgespatelt.

3 Versuchsplanung

Die Bewertung von Schimmelpilzschäden in Innenräumen erfolgt anhand der Größe der befallenen Biomasse. Ein Maß für die Größe der befallenen Biomasse ist die Größe und Tiefe der mit Schimmelpilzen befallenen Flächen, sowie die Intensität und Aktivität des Befalls. Zum Nachweis von befallenen Materialien ist die Klebefilm-Abrissmethode, die Abklatsch-Methode oder die Suspensions-Methode zu nutzen. Sprechen bestimmte Indizien wie z. B. Geruchsbelästigungen, Wasserschäden oder häufig auftretende unklare gesundheitliche Probleme für einen Schimmelpilzschaden, obwohl kein aktiver Schimmelpilzbefall sichtbar ist, empfiehlt es sich im

Zusammenhang mit einer Objektbegehung und der Erhebung bauphysikalischer Daten Luft- oder Staubmessungen durchzuführen. Die Wahrscheinlichkeit einer Innenraumbelastung kann mit folgenden Untersuchungen festgestellt werden: Bestimmung der kultivierbaren Schimmelpilzsporen in der Luft mittels Luftkeimsammlung (Innenraum- und Außenluft); Summe der kultivierbaren und nicht mehr kultivierbaren Schimmelpilzsporen in der Luft mittels Partikelsammlung (Innenraum- und Außenluft); die von den Schimmelpilzen abgegebenen flüchtigen Stoffwechselprodukte, die MVOC; kultivierbare Schimmelpilzsporen im Staub. Der Nachweis relevanter „Indikatororganismen bzw. -Verbindungen" deutet auf das Vorhandensein eines aktiven Schimmelpilzbefalls hin.

Bei der Interpretation der einzelnen Analysenergebnisse ist zu beachten, dass Schimmelpilzsporen im Material, in der Luft und im Staub nicht ideal verteilt sind. Deshalb muss bei der Bestimmung der Gesamt-KBE-Zahl bzw. Gesamt-Sporen Typen mit einer Streuung von ca. 30 % gerechnet werden. Bei der Bestimmung der einzelnen Sporenarten bzw. Typen liegt die Streuung deutlich höher (je nach Art bis zu über 100 %). Daher sollten prinzipiell jeweils Mehrfachbestimmungen durchgeführt werden. Die Interpretation und Bewertung eines Einzelergebnisses ist immer im Gesamtzusammenhang u. a. mit den anderen Ergebnissen, bauphysikalischen Daten und Fragebogenangaben vorzunehmen.

4 Beurteilung aus hygienischer Sicht

4.1 Allgemein

Für die Beurteilung, ob eine Schimmelpilzbelastung vorliegt, sind alle erfassten Daten (Begehungsprotokolle, Informationen der Betroffenen bzw. des behandelnden Arztes sowie Untersuchungsergebnisse) im Gesamtzusammenhang auszuwerten.

Die nachfolgend aufgestellten Beurteilungsschemata stellen eine Hilfe dar, um die Schwere einer Belastung aus hygienischer Sicht zu beurteilen. Für eine medizinische Bewertung sollte in jedem Fall ein Arzt hinzugezogen werden.

Die Angaben in den nachfolgenden Tabellen können nicht als Absolutwerte herangezogen werden. Bei einer Beurteilung sind immer der Einzelfall sowie gegebenenfalls besondere Umstände zu prüfen.

4.2 Bewertung von Materialproben

Erhöhte Schimmelpilzbelastungen im Innenraum sind in der Regel auf kontaminierte Materialien zurückzuführen. Sofern eine gezielte Entnahme von belasteten Materialproben möglich ist, sollten derartige Proben für die Beurteilung eines Schadens herangezogen werden.

Allgemein liegt die Schimmelpilzkontamination an technisch hergestellten fabrikneuen Materialen unter der Nachweisgrenze. Dennoch ist der Nachweis mäßiger Pilzkonzentrationen an Materialoberflächen, die von Luft umspült werden nicht ungewöhnlich. In Abhängigkeit von der Oberflächenstruktur, der Standzeit und der Luftqualität ist eine unterschiedlich starke Sporensedimentation zu erwarten. Derartige Hintergrundkonzentrationen können in der Regel an der Artenzusammensetzung sowie der unregelmäßigen und durchmischten Anordnung der Pilze auf dem Material erkannt werden. Recyclingprodukte und Naturprodukte haben allgemein höhere Hintergrundwerte und können in Einzelfällen stark mit Schimmelpilzen bewachsen sein.

Der Nachweis von Schimmelpilzen an bewachsenen Materialien kann häufig bereits anhand von mikroskopischen Untersuchungen erfolgen. Bei diesen Untersuchungen lässt sich in der Regel eindeutig erkennen, ob vorhandene Schimmelpilzstrukturen (Myzel und Sporenträger) auf dem Material gebildet wurden oder auf anderem Wege auf das Material gekommen sind. Die Keimfähigkeit von vorhandenen Pilzstrukturen kann dagegen nicht sicher erkannt werden und muss durch Kultivierungsmethoden untersucht werden. Weiterhin ist der mikroskopische Nachweis zeitaufwendig und daher nur auf kleinen Flächen bzw. in Stichproben möglich. Geringe und farblich unauffällige Pilzbesiedlungen können dabei leicht übersehen werden.

Die Ergebnisse von Kultivierungsmethoden müssen besonders kritisch auf Plausibilität überprüft werden. Zum einen können nicht keimfähige Pilze auch in hohen Konzentra-

Tabelle 1: Bewertung von Materialproben mit Schimmelpilzbewuchs

Sichtbare und nicht sichtbare Materialschäden	Kategorie 1	Kategorie 2	Kategorie 3
Schadensausmaß	keine bzw. sehr geringe Biomasse (z. B. geringe Oberflächenschäden < 20 cm^2)	mittlere Biomasse; oberflächliche Ausdehnung < 0,5 m^2, tiefere Schichten sind nur lokal begrenzt betroffen	große Biomasse; große flächige Ausdehnung > 0,5 m^2, auch tiefere Schichten können betroffen sein

Wichtige Anmerkungen zu sichtbarem Schimmel an Materialien!

Tiefenschäden:
Wenn bei einem Oberflächenschaden der Pilzbewuchs tief in das Material geht, muss der Schaden entsprechend dem Befallsumfang gegebenenfalls höheren Kategorien zugeordnet werden.

Es ist zwischen einem *aktiven Befall* und einem abgetrockneten Altschaden oder einer Sporenkontamination zu unterscheiden: Bei einem aktiven Befall sollte fallbezogen durch die Sachverständigen entschieden werden, ob die Kategorie erhöht wird, denn:

1. Die Mikroorganismenpopulation kann sich relativ schnell ändern, und es können unerwartete krankheitserregende Schimmelpilzarten auftreten.

2. Es können kontinuierlich und über längere Zeit hohe Mengen lebensfähiger Sporen abgegeben werden (im Gegensatz dazu nimmt bei einem Altschaden die Sporenkonzentration und deren Lebensfähigkeit mit der Zeit ab).

3. Ein aktiver Schimmelpilzbefall stellt häufig die Nährstoffgrundlage für andere Organismen wie z. B. Milben dar. Nach Austrocknung eines Schadens nimmt in der Regel die Anzahl dieser Organismen schnell ab.

Organismenzusammensetzung:
Ein häufiges bis überwiegendes Auftreten von Schimmelpilzarten, denen eine besondere gesundheitliche Bedeutung zugeordnet wird (z. B. Aspergillus fumigatus, Aspergillus flavus, Stachybotrys chartarum), führt zu einer Verschiebung in eine höhere Kategorie.

Gabrio/Schimmelpilzschäden in Innenräumen

tionen im Material enthalten sein und zum anderen können hohe Keimzahlen auch bei Materialien auftreten, die mit Schimmelpilzsporen bewusst oder versehentlich kontaminiert wurden. Oberflächliche Sporenkontaminationen durch benachbarte Schadensbereiche wirken sich naturgemäß stark auf Abklatsch- bzw. Oberflächenuntersuchungen aus und weniger auf Verdünnungsuntersuchungen.

Bei der Beurteilung von befallenen Materialproben ist zu berücksichtigen, dass z. B. auch von Materialien mit vergleichbar geringen Keimzahlen ein starker Geruch ausgehen kann und dass sich die Pilzkonzentration von bereits befallenen Materialien unter geeigneten Bedingungen sehr schnell erhöhen kann. Die Beurteilung von Materialproben sollte deshalb nicht allein auf die aktuelle Pilzkonzentration fokussiert werden, sondern darüber hinaus auch die Artenzusammensetzung und Entwicklungsmöglichkeiten berücksichtigen.

Die Dringlichkeit und der nötige Aufwand einer Sanierung kann zzt. nur aufgrund der erwarteten Auswirkungen auf die Raumluftqualität erfolgen. In Anbetracht der adversen Effekte von Schimmelpilzen, sollte prinzipiell eine Minimierung der Exposition aufgrund eines vorbeugenden Gesundheitsschutzes erfolgen (Minimierungsgebot).

In Tabelle 1 werden drei Kategorien zur Einstufung von Schimmelpilzschäden vorgeschlagen.

Kategorie 1:
Normalzustand bzw. geringfügiger Schaden

Kategorie 2:
Geringer bis mittlerer Schaden. Die Freisetzung von Pilzbestandteilen sollte unmittelbar unterbunden und die Ursache mittelfristig ermittelt und saniert werden.

Kategorie 3:
Großer Schaden. Die Freisetzung von Pilzbestandteilen sollte sofort unterbunden werden, die Ursache des Schadens ist unverzüglich zu ermitteln und zu beseitigen. Die Betroffenen sind auf geeignete Art und Weise über den Sachstand zu informieren, eine umweltmedizinische Betreuung sollte erfolgen. Nach abgeschlossener Sanierung hat eine Kontrolluntersuchung stattzufinden.

Für die Einstufung in die nächst höhere Bewertungsstufe reicht die Überschreitung eines Bewertungskriteriums.

4.3 Bewertung von Luftproben

4.3.1 Allgemein

Mit Luft- oder Staubuntersuchungen werden Pilze bzw. deren Sekundärmetabolite erfasst, die aus unterschiedlichen Quellen stammen können. Das Ergebnis kann als Summenparameter aufgefasst werden und wird vor allem durch die Außenluft, den vorherrschenden Hygienestandard sowie durch verschimmelte Materialien beeinflusst.

Erhöhte Messwerte von Luftproben (Luftkeimsammlung, Luftpartikelsammlung, MVOC) oder Staubproben können hierbei nur Indizien für eine Schimmelbelastung sein. Ob diese Ergebnisse tatsächlich auf belastete Materialien zurückzuführen sind oder andere Erklärungen haben, muss im konkreten Einzelfall überprüft werden. Andererseits wird vereinzelt trotz vorhandenem Schimmelschaden nur eine unwesentliche Schimmelpilzkonzentration bzw. MVOC-Konzentration in der Luft festgestellt. Derartige Phänomene sind in der Regel darauf zurückzuführen, dass entweder ungeeignete Untersuchungsmethoden verwendet wurden oder keine großen Sporenmengen im Befallsbereich gebildet wurden bzw. es sich um einen bereits abgestorbenen bzw. stoffwechselinaktiven Altschaden handelt.

Für die Erfassung von Innenraumquellen kommt der Spezies-Zusammensetzung eine hohe Bedeutung zu. Bei der Untersuchung auf Schimmelpilze geht es vor allem um den Nachweis von charakteristischen Schimmelpilzen, wie z. B. Indikatororganismen aus baulicher Sicht für Feuchteschäden (*Acremonium spp., Aspergillus penicillioides, Aspergillus restrictus, Aspergillus versicolor, Chaetomium spp., Phialophora spp., Scopulariopsis brevicaulis, Scopulariopsis fusca, Stachybotrys chartarum, Tritirachium [Engyodontium] album, Trichoderma spp.*) oder Schimmelpilze, die in der Literatur aus gesundheitlicher Sicht als besonders problematisch diskutiert werden (z. B. *Aspergillus fumigatus, Aspergillus flavus, Stachybotrys chartarum*). Weiterhin sind Schimmelpilze, die im Vergleich zur Außenluft verstärkt auftreten und die häufig mit Feuchteschäden assoziiert sind (wie z. B. *Penicillium expansum, Wallemia sebi, Ulocladium chartarum, Cladosporium sphaerospermum*) besonders zu beachten. Prinzipiell kommt Schimmelpilzen, die im Vergleich zur Außenluft verstärkt im Innenraum auftreten, eine besondere Bedeutung bei der Bewertung zu. Die verschiedenen

Pilzarten haben eine unterschiedliche Relevanz hinsichtlich einer Indikation. Während einige Pilze häufig auch in Blumentöpfen oder im Biomüll in erhöhten Konzentrationen auftreten können (z. B. *Penicillium spp.*), ist das Auftreten anderer Arten (z. B. *Stachybotrys chartarum*) stärker auf Feuchteschäden begrenzt.

Weiterhin unterscheiden sich die Sporen der unterschiedlichen Pilzarten z. T. sehr wesentlich in ihrer „Flugfähigkeit". Die Erfahrung zeigt, dass Pilzarten mit so genannten trockenen, gut flugfähigen Sporen bereits bei geringen Materialschäden zu hohen Sporenkonzentrationen in der Luft führen können. Die Sporen dieser Arten sind in der Regel relativ klein und werden in großer Anzahl gebildet. Sie sind nicht in eine „Schleimmatrix" eingebettet, so dass einzelne Sporen oder kleine Sporenaggregate durch leichte Luftbewegungen verbreitet werden können. Als Leitarten für diesen Verbreitungstyp können Arten der Gattungen Penicillium und Aspergillus gelten. Wesentlich geringere Luftbelastungen werden dagegen festgestellt, wenn Materialien von Pilzen besiedelt wurden, deren Sporen relativ groß sind oder nach ihrer Bildung in Schleimsubstanzen gesammelt werden und daher schlecht flugfähig sind. Als Leitarten für diesen Verbreitungstyp gelten viele Arten der Gattungen *Acremonium* oder *Fusarium* sowie Sporen der Pilzart *Stachybotrys chartarum*.

Die Ausführungen legen nahe, dass die Interpretation von Luft- oder Staubsammlungen nur mit viel Sachverstand erfolgen kann und eine relativ große Schwankungsbreite berücksichtigen muss.

Als Bewertungs- und Orientierungshilfe werden nach gegenwärtigem Erkenntnisstand die folgenden drei Konzentrationsbereiche vorgeschlagen:

1. Konzentrationen, die als Hintergrundbelastung gelten,
2. Übergangsbereich von geringen zu erhöhten Schimmelpilzbelastungen,
3. Bereich mit Konzentrationen, die mit hoher Wahrscheinlichkeit auf eine Innenraumquelle hinweisen.

4.3.2 Kultivierbare Schimmelpilze in Luftproben

Die Sporenkonzentration in der Luft unterliegt besonders starken Schwankungen. Im Innenraum wird die Sporenkonzentration sehr entscheidend von den jeweiligen Probenahmebedingungen und insbesondere von den vorhandenen Aktivitäten im Raum beeinflusst.

Mit der nachstehenden Tabelle wird versucht, die verschiedenen Kriterien, die bei der Bewertung von Innenraumluftproben zu beachten sind, zu strukturieren, wobei die folgenden drei Aspekte zur Bewertung einer Innenraumluft herangezogen werden:

– *Vergleich der Konzentrationen der Pilzarten, die erfahrungsgemäß in der Außenluft in hohen Konzentrationen auftreten mit den entsprechenden Konzentrationen in der Innenraumluft.*

Welche Pilzarten als typische Außenluftpilze bewertet werden ist von der Jahreszeit und dem Standort abhängig und muss an die jeweilige Situation angepasst werden. Für den Vergleich wird das Verhältnis der jeweiligen Konzentration zwischen Außenprobe und Innenprobe berechnet. Die Bewertung wird in den bereits vorgestellten Kategorien 1 – 3 vorgenommen. Die Innenraumkonzentration wird als unauffällig bzw. als Hintergrundkonzentration bewertet, wenn sie ca. 70 % der entsprechenden Außenluftkonzentration nicht überschreitet. Die naturgemäß große Streuung der Ergebnisse (Zahl in der Klammer) ist bei der Interpretation zu berücksichtigen. Die Kategorie 2 beschreibt einen Übergangsbereich von niedrigen bis zweifach erhöhten Konzentrationen. Konzentrationen dieser Kategorie können im Innenraum vor allem durch Schimmelschäden oder mangelnden Hygienestandard verursacht sein. Noch höhere Konzentrationen sind in der Regel auf Schimmelschäden zurückzuführen.

– *Überprüfung, ob die Summe der Konzentrationen untypischer Außenluft-Spezies in der Innenraumluft erhöht ist.*

Durch die Betrachtung der absoluten Erhöhung der um die typischen Außenluftarten bereinigten Schimmelpilzkonzentration der Innenraumluft, ist eine Erfassung mehrerer kleiner Schäden, die erst in der Summe auffallen, möglich.

– *Überprüfung, ob eine Art der untypischen Außenluft-Spezies, insbesondere der oben aufgeführten charakteristischen Schimmelpilzespezies in der Innenraumluft erhöht ist.*

Die absolute Erhöhung der um die typischen Außenluftarten bereinigten Schimmelpilzkonzentration einer Spezies in der Innenraumluft, ist ein Indiz für einen Schadensfall. Für die meisten Arten können Konzentrationen

Gabrio/Schimmelpilzschäden in Innenräumen

Tabelle 2: Bewertungshilfe für Luftproben (kultivierbare Schimmelpilze, die angegebenen KBE beziehen sich auf 1 m³). Die drei Zeilen der Tabelle sind nicht als eigenständige Kriterien gedacht, sondern sind in einer umfassenden Auswertung gemeinsam zu betrachten.

	Kategorie 1 Innenraumquelle unwahrscheinlich	Kategorie 2 Innenraumquelle nicht auszuschließen	Kategorie 3 Innenraumquelle wahrscheinlich
Cladosporium sowie andere Pilzgattungen, die in der Außenluft erhöhte Konzentrationen erreichen können z. B. Alternaria, Botrytis, Hefen sowie Basidiomyceten bzw. sterile Myzelien	Wenn die KBE einer Gattung in der Innenluft unter dem 0,7 (+ 0,3)-fachen der Außenluft liegen $I_{typ\,A} \leq A_{typ\,A} \times 0{,}7\,(+0{,}3)$	Wenn die KBE einer Gattung in der Innenluft unter dem 1,5 ± 0,5-fachen der Außenluft liegen $I_{typ\,A} \leq A_{typ\,A} \times 1{,}5\,(\pm 0{,}5)$	Wenn die KBE einer Gattung in der Innenluft über dem 2-fachen der Außenluft liegen $I_{typ\,A} > A_{typ\,A} \times 2$
Summe KBE der untypischen Außenluft-Spezies (R)	Wenn die Differenz der KBE-Summen Außen- zu Innenluft der untypischen Außenluft-Spezies unter 150 liegt $I_{\Sigma untyp\,A} \leq A_{\Sigma untyp\,A} + 150$	Wenn die Differenz der KBE-Summen Außen- zu Innenluft der untypischen Außenluft-Spezies unter 500 liegt $I_{\Sigma untyp\,A} \leq A_{\Sigma untyp\,A} + 500$	Wenn die Differenz der KBE-Summen Außen- zu Innenluft der untypischen Außenluft-Spezies über 500 liegt $I_{\Sigma untyp\,A} > A_{\Sigma untyp\,A} + 500$
eine Art der untypischen Außenluft-Spezies (!)	Wenn die Differenz der KBE von Außen- zu Innenluft einer untypischen Außenluft-Spezies unter 50 liegt $I_{Euntyp\,A} \leq A_{Euntyp\,A} + 50$	Wenn die Differenz der KBE von Außen- zu Innenluft einer untypischen Außenluft-Spezies unter 100 liegt $I_{Euntyp\,A} \leq A_{Euntyp\,A} + 100$	Wenn die Differenz der KBE von Außen- zu Innenluft einer untypischen Außenluft-Spezies über 100 liegt $I_{Euntyp\,A} > A_{Euntyp\,A} + 100$

KBE	= Koloniebildende Einheit
Typ A	= Konzentration einer typischen Außenluft-Spezies bzw. -Gattung (wie z. B. Cladosporium, sterile Myzelien, gegebenenfalls Hefen, gegebenenfalls Alternaria, gegebenenfalls Botrytis)
$\Sigma untyp\,A$	= Summe der Konzentrationen untypischer Außenluft-Spezies
Euntyp A	= eine Art der untypischen Außenluft-Spezies, insbesondere die der unter Kapitel Indikatororganismen aufgeführten Schimmelpilzspezies
R	= Summe-KBE – KBE typischer Außenluft-Spezies bzw. -Gattung (wie z. B. Cladosporium, sterile Myzelien, gegebenenfalls Hefen, gegebenenfalls Alternaria, gegebenenfalls Botrytis)
!	= die angegebenen Konzentrationen gelten für Pilzarten mit gut flugfähigen Sporen. Für Pilzsporen mit geringer Flugfähigkeit gelten deutlich geringere Konzentrationen

unter 50 KBE/m³ nicht sicher interpretiert werden und müssen als Hintergrundwerte beurteilt werden. Ausnahmen sind solche Arten, deren Sporen nur begrenzt flugfähig sind (z. B. *Stachybotrys chartarum*) und daher bereits geringere Konzentrationen auf einen Schadensbereich schließen lassen.

4.3.3 Gesamtsporenzahl
Bei der direkten mikroskopischen Partikelauswertung werden kultivierbare und nicht kultivierbare Schimmelpilze gemeinsam erfasst. Eine differenzierte Auswertung unterschiedlicher Arten mit ähnlichen Sporen ist in

der Regel nicht möglich. Es werden die Konzentrationen von ähnlichen Sporen bzw. die Sporen einer Pilzgattung als ein Sporentyp zusammengefasst. Lediglich charakteristische Sporen wie z. B. die von Stachybotrys chartarum können gesondert angegeben werden. Die Bewertung der Ergebnisse erfolgt mit der nachfolgenden Tabelle und ist vergleichbar wie bereits für die Luftkeimsammlung dargestellt. Die Verhältnisse und Konzentrationen sind verändert, da zusätzlich zu den keimfähigen Pilzen auch nicht kultivierbare Pilze berücksichtigt werden und die Auswertung auf Sporentypen begrenzt ist. Auch bei dieser

Tabelle 3: Bewertungshilfe von Luftproben (Partikelauswertung)
Die nachfolgenden Angaben beziehen sich auf Luftproben, die unter normalen Bedingungen gezogen wurden (keine gezielte Staubaufwirbelung), angegeben sind Sporen pro Kubikmeter.

Gesamtpilzsporen Auf Objektträger	Kategorie 1 Innenraumquelle unwahrscheinlich	Kategorie 2 Innenraumquelle nicht auszuschließen	Kategorie 3 Innenraumquelle wahrscheinlich [2]
Sporentypen, die in der Außenluft erhöhte Konzentrationen erreichen z. B. Typ Ascosporen, Typ Alternaria/Ulocladium Typ Basidiosporen Cladosporium spp.	Wenn die Summe eines Sporentyps in der Innenluft unter dem 1 (+ 0,4)-fachen der Außenluft liegt $I_{Typ\,A} \leq A_{Typ\,A} \times 1\,(+\,0,4)$	Wenn die Summe eines Sporentyps in der Innenluft unter dem 1,6 (± 0,4)-fachen der Außenluft liegt $I_{Typ\,A} \leq A_{Typ\,A} \times 1,6\,(\pm\,0,4)$	Wenn die Summe eines Sporentyps in der Innenluft über dem 2-fachen der Außenluft liegt $I_{Typ\,A} > A_{Typ\,A} \times 2$
Typ Penicillium/Aspergillus $(\Sigma P+A)$	Wenn die Differenz Außen- zu Innenluft für den Sporentyp Penicillium/Aspergillus nicht über 300 liegt $I_{\Sigma P+A} \leq A_{\Sigma P+A} + 300$	Wenn die Differenz Außen- zu Innenluft für den Sporentyp Penicillium/Aspergillus nicht über 800 liegt $I_{\Sigma P+A} \leq A_{\Sigma P+A} + 800$	Wenn die Differenz Außen- zu Innenluft für den Sporentyp Penicillium/Aspergillus über 800 liegt $I_{\Sigma P+A} > A_{\Sigma P+A} + 800$
Ein charakteristischer Sporentyp (B) mit guter Flugfähigkeit	Wenn die Differenz Außen- zu Innenluft des Sporentyps B ausgeglichen ist $I_{Typ\,B} \leq A_{Typ\,B} + 100$	Wenn die Differenz Außen- zu Innenluft des Sporentyps B nicht über 300 liegt $I_{Typ\,B} \leq A_{Typ\,B} + 300$	Wenn die Differenz Außen- zu Innenluft des Sporentyps B 300 übersteigt $I_{Typ\,B} > A_{Typ\,B} + 300$
Ein charakteristischer Sporentyp (C) mit schlechter Flugfähigkeit z. B. Chaetomium spp. Stachybotrys chartarum	Wenn die Differenz Außen- zu Innenluft des Sporentyps C ausgeglichen ist $I_{Typ\,C} \leq A_{Typ\,C}$	Wenn die Differenz Außen- zu Innenluft des Sporentyps C nicht über 10 liegt $I_{Typ\,C} \leq A_{Typ\,C} + 10$	Wenn die Differenz Außen- zu Innenluft des Sporentyp C 10 übersteigt $I_{Typ\,C} > A_{Typ\,C} + 10$
Summe diverser Pilzsporen, die nicht den typischen Außenluftsporen entsprechen und jeweils in geringen Konzentrationen auftreten	Wenn die Differenz Außen- zu Innenluft der diversen Pilzsporen nicht über 400 liegt $I_{divers} \leq A_{divers} + 400$	Wenn die Differenz Außen- zu Innenluft der diversen Pilzsporen nicht über 800 liegt $I_{divers} \leq A_{divers} + 800$	Wenn die Differenz Außen- zu Innenluft der diversen Pilzsporen 800 übersteigt $I_{divers} > A_{divers} + 800$
Myzelstücke	Wenn die Differenz Außen- zu Innenluft der Myzelstücke nicht über 150 liegt $I_{Myzel} \leq A_{Myzel} + 150$	Wenn die Differenz Außen- zu Innenluft der Myzelstücke nicht über 300 liegt $I_{Myzel} \leq A_{Myzel} + 300$	Wenn die Differenz Außen- zu Innenluft der Myzelstücke 300 übersteigt $I_{Myzel} > A_{Myzel} + 300$

A	= Außenluft
I	= Innenluft
ΣTyp A	= Sporentypen, die in der Außenluft erhöhte Konzentrationen erreichen wie z. B. Ascosporen, Alternaria/Ulocladium, Basidiosporen oder Cladosporium spp.
ΣP+A	= Summe der Sporen vom Typ Penicillium und Aspergillus
Typ B	= ein charakteristischer Sporentyp B mit guter Flugfähigkeit
Typ C	= Ein charakteristischer Sporentyp C mit schlechter Flugfähigkeit
divers	= Summe diverser uncharakteristischer Sporen, die nicht den typischen Außenluftsporen entsprechen und jeweils in geringen Konzentrationen auftreten
Myzel	= Summe der Myzelstücke

Auswertung ist ein Vergleich mit der Außenluft notwendig. Zusätzlich zu typischen Außenluftsporen werden in Innenräumen in der Regel Sporen vom Typ Penicillium/Aspergillus festgestellt. In belasteten Räumen können darüber hinaus auch erhöhte Konzentrationen der Sporentypen *Alternaria/Ulocladium, Cladosporium, Oidiodendron, Chaetomium, Scopulariopsis, Stachybotrys chartarum* u. a. festgestellt werden. Die Höhe der jeweiligen Hintergrundkonzentration ist von der Sporenbildungsrate und der Flugfähigkeit der Sporen abhängig. Neben Sporen kann das Auftreten von Myzelstücken erkannt werden. Myzelstücke kommen normalerweise nur in geringen Konzentrationen in Luftproben vor. Erhöhte Konzentrationen lassen auf mechanische Krafteinwirkungen schließen (bewegte Teile etc.)

Hinweis:
Bei einer geringen Sporenkonzentration kann eine Beurteilung nur in Kombination mit einer Luftkeimsammlung erfolgen. Auch hier können, wie bei der Bestimmung kultivierbarer Schimmelpilze, nicht alle Problemsituationen mit dem vorgeschlagenen Schema bewertet werden. Die Beurteilung setzt daher einen hohen Sachverstand voraus.

4.3.4 Bewertung von MVOC-Bestimmungen
Im Hinblick auf die Indikatorfunktion der MVOC ist es sehr wichtig, nur solche Verbindungen zur Bewertung heranzuziehen, die in überwiegendem Maße im Innenraum von Mikroorganismen stammen. Im Einzelnen werden derzeit folgende Verbindungen als relevante MVOC betrachtet:
2-Methylfuran, 3-Metylfuran, 2-Pentylfuran, 2-Methyl-1-propanol, 2-Pentanol, 3-Metyl-1-butanol, 2-Metyl-1-butanol, 1-Okten-3-ol, 3-Oktanol, Dimethylsulfid, Dimetyldisulfid, Dimethylsulfoxid, 2-Hexanon, Etyl-2-metylbutyrat, 2-Heptanon, 3-Oktanon, sec-Butylmethylether, Methylisopentylether, endo-Borneol, trans-β-Farnesen, Geosmin.
Als Hauptindikatoren für ein mikrobielles Wachstum im Innenraum werden 3-Methylfuran, Dimethyldisulfid, 1-Octen-3-ol, 3-Octanon und 3-Methyl-1-butanol angesehen.
Die Auswertung der Proben umfasst die Quantifizierung aller o. a. Verbindungen. Durch Vergleich der Ergebnisse mit einer Referenzprobe aus der Außenluft oder falls möglich aus einem „unbelasteten" Raum kann eine Bewertung vorgenommen werden.
Beim praktischen Einsatz von MVOC-Bestimmungen kann folgendes Bewertungsschema zugrunde gelegt werden. Hierbei ist zu berücksichtigen, dass eine Einordnung in die drei Kategorien der Summenkonzentrationen einerseits und der Hauptindikatoren andererseits (Tabelle 4) immer vor dem Hintergrund der möglichen Exaktheit bei der instrumental-analytischen Bestimmung vorgenommen werden muss.

Tabelle 4: Bewertungshilfe zur Interpretation von MVOC-Messungen (nach Lorenz 2001 verändert)

	Kein Nachweis eines Hauptindikators	0,05 bis 0,10 µg/m³ bei mindestens einem Hauptindikator	> 0,10 µg/m³ bei mindestens einem Hauptindikator
Summenkonzentration ≤ 0,5 µg/m³	Kein mikrobieller Befall	Ein lokal begrenzter mikrobieller Befall, ein raumhygienisches Problem oder ein mikrobieller Befall in angrenzenden Gebäudeteilen liegt vor.	Ein mikrobieller Befall ist wahrscheinlich.
Summenkonzentration > 0,5 bis 1,0 µg/m³	Es liegt vermutlich kein mikrobieller Befall, sondern evtl. ein raumhygienisches Problem vor.	Ein mikrobieller Befall im Gebäude ist wahrscheinlich.	Ein mikrobieller Befall ist sehr wahrscheinlich.
Summenkonzentration > 1,0 µg/m³	Da keine Hauptindikatoren nachgewiesen wurden, ist ein mikrobieller Befall im Gebäude fraglich.	Ein mikrobieller Befall im untersuchten Raum oder unmittelbar angrenzenden Räumen ist sehr wahrscheinlich.	Ein mikrobieller Befall muss vorhanden sein.

4.4 Bewertung von Staubproben

Staubproben werden vor allem in den Sommermonaten durch Sporen der Außenluft stark beeinflusst, da es nicht praktikabel ist die Lüftung der zu untersuchenden Räume für einen längeren Zeitraum zu unterbinden. Bei der Beurteilung von Pilzkonzentrationen, die zumindest teilweise auch aus der Außenluft stammen, muss deshalb der Einfluss der Jahreszeit berücksichtigt werden. Im Jahreslauf sind insbesondere die Konzentrationen von Hefen, sowie Cladosporium spp. und sterilen Kolonien (*Basidiomyceten, Phoma* u. a.) relativ hohen Schwankungen unterworfen. Mögliche Hintergrundkonzentrationen dieser Gruppen müssen daher weit gespannt sein

Tabelle 5: Bewertungshilfe von Staubproben (gesiebt)

Staubuntersuchung	Hintergrundbelastung		
Proben *gesiebt*, Korngröße	Innenraumquelle unwahrscheinlich	Innenraumquelle nicht auszuschliessen[1]	Innenraumquelle wahrscheinlich[2]
Konzentrationen häufiger Pilzgattungen bzw. Arten im Staub KBE/g			
Cladosporium spp.	*< 500.000	> 500.000	> 2.000.000
Hefen	< 400.000	> 400.000	> 2.000.000
sterile Kolonien	< 170.000	> 170.000	> 1.000.000
Penicillium spp.	< 120.000	> 120.000	> 300.000
Aureobasidium spp.	< 70.000	> 70.000	> 300.000
Aspergillus spp.	< 15.000	> 15.000	> 60.000
Aspergillus fumigatus	< 5.000	> 5.000	> 30.000
Aspergillus niger	< 5.000	> 5.000	> 30.000
Aspergillus versicolor	< 9.000	> 9.000	> 40.000
Alternaria spp.	< 15.000	> 15.000	> 60.000
Eurotium spp.	< 5.000	> 5.000	> 40.000
Feuchteindikatoren mit hohem Sporenflug	< 5.000	> 5.000	> 40.000
Feuchteindikatoren mit geringem Sporenflug	< 1.000	> 1.000	> 5.000
Zusammensetzung	**Allgemeine Mischpopulation**	**Konzentration an Feuchte-Indikatoren erhöht**	**Überwiegend Indikatorkeime**
Gesamt-KBE *ohne* Aureobasidium spp. Cladosporium spp. Penicillium spp. Hefen sterile Kolonien	< 60.000	> 60.000	> 150.000
Gesamt-KBE	*< 500.000	> 500.000	> 2.000.000

* In den Sommermonaten können bei hohen Cladosporiumkonzentrationen auch Werte um 1×10^6 KBE/g in unbelasteten Proben auftreten

bzw. für bestimmte Jahreszeiten getrennt angegeben werden. Die Konzentrationen der Gattungen Aspergillus und Penicillium gelten als relativ stabil im Jahresverlauf. Anzunehmende Hintergrundkonzentrationen dieser Gattungen sollten daher in einem schmaleren Bereich schwanken.

Darüber hinaus können Hintergrundkonzentrationen für die Pilzarten *Aspergillus fumigatus, Aspergillus niger* und *Aspergillus versicolor* aufgestellt werden, die in vielen Staubproben in geringen Konzentrationen festgestellt werden.

Ein weiterer Aspekt für die Beurteilung einer Staubprobe ist die Artenzusammensetzung. Hierbei ist zu berücksichtigen, dass Schimmelpilzspezies wie die o. g. Indikatororganismen für Feuchteschäden entsprechend ihrer Sporenbildung, Sporenverbreitung und Überlebensdauer sehr unterschiedliche Konzentrationen in belasteten Staubproben erreichen können. Viele weitere Pilzarten, die an befallenen Materialien auftreten, werden in Staubproben nur selten festgestellt, weil sie entweder aufgrund eines geringen Sporenfluges (z. B. *Stachybotrys chartarum*) nicht in ausreichend hohen Konzentrationen im Staub vorliegen oder von anderen sich entwickelnden Pilzen unterdrückt bzw. überwachsen werden (z. B. *Wallemia sebi*).

Bei der Beurteilung von Schimmelpilzen im Staub muss darüber hinaus die verwendete Aufarbeitungsmethode berücksichtigt werden. Für *gesiebte Staubproben* wird die in Tab. 5 dargestellte Bewertungshilfe vorgeschlagen.

5 Qualitätssicherung

5.1 Qualitätsmanagement – Schimmelpilze in Innenräumen

Untersuchungen auf dem Gebiet „Schimmelpilze in Innenräumen" haben das Ziel, die Belastung durch innenraumbedingte Schimmelpilze und deren Stoffwechselprodukte bzw. Zellbestandteile bei Einzelpersonen sowie Personen- bzw. Bevölkerungsgruppen in Material, Staub und Luft zu ermitteln und zu beurteilen.

Im Gegensatz zu vielen anderen Untersuchungsgebieten gibt es im Bereich „Schimmelpilze in Innenräumen" nur wenige allgemeinverbindliche Untersuchungsmethoden und Beurteilungskriterien. Daher sollte das beauftragte Labor vor einer Auftragsvergabe immer an folgenden Qualitätskriterien überprüft werden:

– Qualifikation und bisherige Berufserfahrung des Prüfleiters
– Qualifikation und bisherige Berufserfahrung des Verantwortlichen für die Interpretation und Bewertung
– Qualifikation der wissenschaftlichen und technischen Mitarbeiter
– Beachtung der Forderungen der §§ 44 ff Infektionsschutzgesetz vom 20. Juli 2000, vormals § 19 Bundesseuchengesetz
– Fixierung des Laborbetriebes in einer Laborordnung (Qualitätsmanagement-Handbuch), in der alle organisatorischen Maßnahmen schriftlich festgehalten sind (Verfahren zur Qualitätssicherung, Dokumentation der Ergebnisse, Anforderungen bei der Probenahme, Dokumentation der Analysenmethoden, Umgang mit gefährlichen Arbeitsstoffen, Hygieneplan usw.).
– Anpassung der apparativen, technischen und räumlichen Ausstattung des Labors an die durchzuführenden Untersuchungsverfahren
– Wartung der Analysegeräte des Labors
– internes Programm zur Qualitätssicherung
– Teilnahme an Laborvergleichsuntersuchungen wie z. B. an Ringversuchen (seit 2001 wird vom Landesgesundheitsamt BW ein Ringversuch – Differenzierung von innenraumrelevanten Schimmelpilzen angeboten)
– Information des Auftraggebers über die spezifischen Anforderungen, die sich bei dem zu bestimmenden Parameter bezüglich der Probenahme, des Probentransports und der Probenlagerung ergeben. Der Auftraggeber wird ebenfalls bei der Untersuchungsplanung beraten, wobei ihm nur solche Untersuchungen empfohlen werden, die zzt. schon ausreichend standardisiert sind, die zur Lösung des konkreten Problems beitragen und für die es verallgemeinerungsfähige Bezugswerte gibt.
– Teilnahme an Fortbildungsveranstaltungen

5.2 Ringversuch – Differenzierung von innenraumrelevanten Schimmelpilzen

Die externe Qualitätssicherung ist eine Grundvoraussetzung für die Absicherung von Analysenergebnissen. Dies trifft im Besonderen auch für den Nachweis von innenraumrelevanten Schimmelpilzen zu. Die bisher von vielen Untersuchungslabors geübte Praxis der Beurteilung einer Schimmelpilzbelastung auf der Basis der Gesamtzahl Koloniebildender Einheiten, hat sich als unzureichend erwiesen. Es ist vielmehr notwendig, die Gattung und Art der Schimmelpilze zu differenzieren, um einerseits entsprechende „Indikatororganismen" für einen baulich bedingten Schaden erkennen zu können und andererseits bei medizinischen Fragestellungen die weitere Diagnostik aufgrund der nachgewiesenen innenraumrelevanten Schimmelpilze durchführen zu können. Durch die Erfahrungen des Austausches von realen Luft- und Staubproben wurde der „Ringversuch – innenraumrelevante Schimmelpilze" am LGA BW etabliert. Von den Teilnehmern waren von 6 Reinkulturen 4 nach Gattung und Art richtig zu identifizieren. Vor dem Versand wurden die Kulturen jeweils von 8 Referenzlabors auf ihre Eignung bezüglich der Eindeutigkeit der morphologischen Ausprägung, der Reinheit, des Schwierigkeitsgrades und der Relevanz für Fragestellungen in Innenräumen überprüft. Der internen Qualitätssicherung kommt bei der Vorbereitung der Ringversuchsproben eine besondere Bedeutung zu. Nur so kann die Reinheit und Identität der versandten Proben abgesichert werden. Voraussetzung für die Teilnahme am Ringversuch ist die Bestätigung der selbständigen Durchführung und die Arbeitserlaubnis der zuständigen Behörde gemäß §§ 44 ff Infektionsschutzgesetz vom 20. Juli 2000. An den bisherigen 3 Ringversuchen beteiligten sich jeweils ca. 45 überwiegend deutsche Laboratorien, aber auch einige aus Belgien, den Niederlanden, Österreich, Portugal, Schweden und der Schweiz. 37 Laboratorien (82 %) wurden beim 1. Ringversuch der Forderung für eine erfolgreiche Teilnahme gerecht, beim 2. 27 (60 %) und beim 3. 35 (83 %). Die Differenzierung von *Penicillium spp.* bereitete den Teilnehmern die größten Schwierigkeiten. Es ist beabsichtigt, den Ringversuch zu internationalisieren und neben Reinkulturen auch reale Proben bzw. Gemische von unterschiedlichen Kulturen zu versenden. Der erste Austausch von realen Proben zeigte, welche Schwierigkeiten die teilnehmenden Laboratorien mit solchen Proben haben. Parallel zu den Ringversuchen werden entsprechende Qualifizierungsmaßnahmen angeboten.

6 Sanierung von mit Schimmelpilzen befallenen Objekten

6.1 Allgemein

Bezüglich der Sanierung von Schimmelpilzschäden gibt es bisher keine verbindlichen Festlegungen. Aufgrund der Komplexität des Problems sowohl bezüglich der Schadensursachen und der Größe des Schadens als auch der unterschiedlichen technischen Verfahren, die zu ihrer Behebung eingesetzt werden müssen, wird es auch nie das Einheitssanierungsverfahren geben. Bei der Durchführung von Sanierungen sollte man sich aber an dem folgenden Ablaufschema orientieren:

– Ermittlung der Ursache des Schimmelpilzbefalls
– Gefährdungseinschätzung und Schutzmaßnahmen bei der Sanierung von mit Schimmelpilzen befallenen Objekten
– Sanierung
  • Beseitigung der Ursache des Befalls
  • gegebenenfalls Trocknung feuchten Materials
  • Entfernung des mit Schimmelpilzen befallenen Materials
  • in Ausnahmefällen desinfizierende Reinigung der Bauteile, die vom Schimmelpilz befreit wurden
  • Wiederaufbau
  • Reinigung des Objektes
– Abnahme des Bauwerks, gegebenenfalls mit Hinweisen über erforderliche Änderungen des Nutzungsverhaltens, gegebenenfalls auch Sanierungsfreimessung unter Nutzungsbedingungen (bauphysikalisch, mikrobiologisch)

6.2 Ermittlung der Ursache des Schimmelpilzbefalls

Ein Schimmelpilzbefall kann u. a. auf folgende Ursachen zurückzuführen sein:
– Schimmelpilzbefall aufgrund von Feuchte aus dem Innenraum, die zu einer erhöhten Feuchte des Bauwerks, insbesondere bei geometrischen Wärmebrücken oder hinter Möbeln vor Außenwänden führt
– Schimmelpilzbefall aufgrund materialbedingter Wärmebrücken
– Schimmelpilzbefall aufgrund einer kurzfristigen massiven Leckage mit mikrobiologisch unbelastetem Wasser
– Schimmelpilzbefall aufgrund einer kurzfristigen massiven Leckage mit mikrobiologisch belastetem Wasser

– Schimmelpilzbefall aufgrund einer langfristigen geringen Leckage mit mikrobiologisch unbelastetem bzw. belastetem Wasser
– Schimmelpilzbefall aufgrund aufsteigender oder seitlich eindringender Feuchte
– Schimmelpilzbefall aufgrund undichter Dächer
– Schimmelpilzbefall bei Bauten, bei denen Feuchtigkeit in Dämmmaterialien eingedrungen ist (vor allem Ständerbauten)
– Schimmelpilzbefall aufgrund von Hochwasserkatastrophen
– Schimmelpilzbefall in Kellern und anderen unter Erdniveau liegenden Bauteilen
– Schimmelpilzbefall in wasserdampfdichten Dach- oder anderen Konstruktionen, in denen feuchte Baumaterialien wie Holz eingebaut worden sind

6.3 Gefährdungseinschätzung und Schutzmaßnahmen bei der Sanierung von mit Schimmelpilzen befallenen Objekten

6.3.1 Allgemein

Die Biostoffverordnung (BioStoffV) vom 27. Januar 1999 regelt den Umgang mit biologischen Arbeitsstoffen. Aus dem § 5 Abs. 1 der BioStoffV ergibt sich für den Arbeitgeber die Notwendigkeit, eine Gefährdungsbeurteilung vorzunehmen. Das Risiko einzelner Tätigkeiten, bei denen Arbeitnehmer gegenüber biologischen Arbeitsstoffen exponiert sind, sollte bewertet werden. Dies gilt folglich auch für Sanierungsarbeiten bei mit Schimmelpilzen befallenen Objekten.

Schimmelpilze sind natürlicher Bestandteil unserer Umwelt. Einige Schimmelpilze leben in geringer Anzahl ständig in der natürlichen Umwelt des Menschen, ohne ihn zu schädigen. Andere können selten z. T. schwerwiegende Krankheiten auslösen. Schimmelpilze können eine allergene, infektiöse oder toxische Wirkung auf den Menschen haben. Inwieweit es zu einer wirklichen Erkrankung kommt, hängt zum einen von der Konzentration ab, in der die Schimmelpilze vorhanden sind, zum anderen auch von der Art des Schimmelpilzes und von den Veranlagungen bzw. gesundheitlichen Vorschädigungen des betreffenden Menschen. Schimmelpilze, die Infektionen des Menschen verursachen können, sind in die Risikogruppe 2 eingeteilt.

Generalisierte Schimmelpilzinfektionen wie z. B. die Aspergillose treten fast ausschließlich bei immungeschwächten Menschen auf. Lokale Infektionen durch Schimmelpilze wie z. B. das Aspergillom im Bereich der Lunge und Nasennebenhöhlen findet man besonders bei Menschen mit Bronchiektasen, Zustand nach Tuberkulose oder Nebenhöhlenentzündungen. Schimmelpilzbelastungen können sich auf Atopiker z. B. schwerwiegender auswirken als auf Nichtatopiker. Atopiker sind Menschen, die zu Asthma, Neurodermitis, Heuschnupfen u. ä. neigen. Für sie besteht nicht nur die Gefahr, gegen Schimmelpilze allergisch zu reagieren, sondern auch die erhöhte Gefahr von Allergien gegen Hausstaubmilben, die sich von Schimmelpilzen ernähren und deren Population in schimmelpilzbefallenen Wohnungen zunehmen kann. Obwohl dies nicht verboten ist, sollten Menschen, die zu den genannten Risikogruppen gehören, Schimmelpilzsanierungen besser nicht durchführen. Schimmelpilze zeigen zusätzlich, besonders in hohen Konzentrationen toxische Wirkungen, die sich am häufigsten auf die Bindehäute, die Haut, seltener auf die Schleimhaut der Nase, der oberen Atemwege, seltener auch auf die tiefen Atemwege auswirken. Es handelt sich um vorübergehende Entzündungen (mucous membrane irritation syndrome, ODTS).

6.3.2 Gefährdungseinschätzung des Sanierers

Aufgrund folgender Kriterien kann die Belastung des Sanierers mit Schimmelpilzen orientierend abgeschätzt werden durch:
– voraussichtliche Staubentwicklung bei den Sanierungsarbeiten (z. B. beim Entfernen des Putzes: groß)
– Art des Staubes (z. B. Feinstaub, Grobstaub)
– Raumgröße (Staubbelastung wird z. B. bei Abschottungsmaßnahmen verhältnismäßig größer)
– Möglichkeiten der technischen Staubreduzierung (Absaugung, Zuluft)
– voraussichtliche Dauer der Tätigkeit
– Größe und Tiefe des Schimmelpilzbefalls
– gesundheitliche Wirkung der vorhandenen Schimmelpilze (in der Literatur wird z. B. Schimmelpilzen der Risikogruppe wie Aspergillus fumigatus, sowie Mykotoxinbildnern wie Aspergillus flavus und Stachybotrys chartarum eine besondere gesundheitliche Bedeutung zugeordnet)

6.3.3 Gefährdungseinschätzung des Nutzers

Neben der Gefährdung des Sanierers ist die Gefährdung der Nutzer und des Objektes sel-

ber zu beachten. Einschätzungskriterien sind hierbei:
– Gesundheitszustand der Nutzer (z. B. Bewohner eines Altenheims oder Mitarbeiter eines Büros)
– Gefahr der Verbreitung von Schimmelpilzsporen im Objekt (z. B. offener Treppenaufgang zwischen mehreren Etagen eines Einfamilienhauses oder geschlossene Wohnung)
– Reinigungsmöglichkeit der Gegenstände im Objekt

Aus den einzelnen Gefährdungen ergibt sich die Gesamtgefährdung, aus der sich die erforderlichen Schutzmaßnahmen ableiten. Bei den Schutzmaßnahmen ist zu unterscheiden zwischen den Maßnahmen, die aus Sicht des Arbeitsschutzes und denen aus der Sicht des Verbraucherschutzes erfolgen.

6.3.4 Arbeitsschutzmaßnahmen
Arbeitsschutzmaßnahmen (siehe auch TRBA 500 März 1999, Hygienemaßnahmen: Mindestforderungen):
– Technische und bauliche Maßnahmen
  • Staubabsaugung bei Tätigkeiten mit erhöhter Staubentwicklung
  • Minimierung der Staubentwicklung durch Befeuchten** oder durch Bindemittel
  • Abdecken bzw. Abkleben schimmelpilzbefallener Materialien
– Organisatorische Maßnahmen
  • Verpflichtung zum Händewaschen vor Pausen und nach Beendigung der Tätigkeit
  • Schaffung der Möglichkeit zur Aufnahme von Speisen und Getränken in einem gesonderten Raum
  • Einnahme der Mahlzeiten nicht in verschmutzter Arbeitskleidung
  • Schaffung der Möglichkeit, Lebensmittel und Getränke außerhalb des kontaminierten Bereiches aufzubewahren
  • Schaffung der Möglichkeit zur getrennten Aufbewahrung von Schutzkleidung und persönlicher Schutzausrüstung von der Straßenkleidung
  • regelmäßige Reinigung der Schutzkleidung und persönlichen Schutzausrüstung durch den Arbeitgeber

---

** Diese Maßnahme empfiehlt sich nur, wenn nur kurze Zeit gearbeitet wird, da es bei Langzeitbefeuchtung eher zu Schimmelpilzvermehrung kommt.

  • Sammeln der mit schimmelbefallenen Materialien in geeigneten verschließbaren Behältnissen
– Persönliche Schutzausrüstung
  • Schutzkleidung z. B. Einwegschutzanzug mit Kapuze
  • Handschutz z. B. Schutzhandschuhe
  • Augenschutz/Gesichtsschutz z. B. Schutzbrille
  • Atemschutz z. B. Filter FFP2
  • Hautschutz-, Hautreinigungs- und Hautpflegemittel
– Arbeitsmedizinische Vorsorge
  • Angebot von Vorsorgeuntersuchungen nach Biostoffverordnung bei Vorkommen von Schimmelpilzen der Risikogruppe 2
  • G 26 (Atemschutz)

Die konkret anzuwendenden Schutzmaßnahmen sind entsprechend der Gefährdung festzulegen; z. B. sind bei der Entfernung einer Silikonfuge ohne große Staubbelastung (Tätigkeitsdauer ca. 30 min) Schutzhandschuhe zu tragen. Ist hingegen eine mit Stachybotrys chartarum großflächig befallene Decke unter großer Staubentwicklung zu sanieren (Tätigkeitsdauer mehrere Stunden), sind neben Schutzhandschuhen ein Einwegschutzanzug, Atemschutz und Schutzbrille zu tragen. Außerdem ist gegebenenfalls eine Luftabsaugung vorzunehmen.

6.3.5 Allgemeine Schutzmaßnahmen
Neben dem Arbeitsschutz kommt dem Schutz des Gebäudenutzers eine große Bedeutung zu. Folgende Punkte sind dabei zu beachten:
– Vermeidung der Ausbreitung von Schimmelpilzsporen
– Vermeidung der Belastung mit Schimmelpilzsporen von Menschen, die nicht direkt die Sanierung durchführen
– Vermeidung der Übertragung von Schimmelpilzsporen auf Lebensmittel und schwer zu reinigende Gegenstände (Raumtextilien, rohes Holz)

Je nach Schwere des Schimmelpilzbefalls sind zuzüglich zu den aus Sicht des Arbeitsschutzes durchgeführten technischen und baulichen sowie organisatorischen Schritten zur Minimierung der Freisetzung von Schimmelpilzsporen folgende Maßnahmen durchzuführen:
– Festlegung und Abgrenzung des Sanierungsbereiches
– Entfernung von Lebensmitteln
– Entfernung bzw. Abdecken schwer von

Schimmelpilzsporen zu reinigenden Gegenständen (z. B. Teppiche und andere Raumtextilien)
– Abschottung besonders belasteter Bereiche gegebenenfalls mit Schleuse und Entlüftung

Aufgrund der Komplexität der Ursachen, der Art und Schwere der Gefährdung und der technischen Möglichkeiten der Sanierung ist es nicht möglich, für jeden auftretenden Fall genaue Festlegungen, die bezüglich des Arbeits-, Verbraucher- sowie Umweltschutzes einzuhalten sind, festzulegen. Daher ist es unumgänglich, dass der Sanierer in jedem einzelnen Fall eine Gefährdungseinschätzung durchführt und daraufhin verantwortlich die einzuhaltenden und durchzuführenden Schutzmaßnahmen in Form einer Betriebsanweisung festlegt. Anhand dieser Betriebsanweisung müssen die Arbeitnehmer belehrt werden. Die Belehrung ist durch Unterschrift zu bestätigen und muss mindestens einmal jährlich erfolgen.

6.3.6 Gefährdungseinschätzung und Schutzmaßnahmen bei der Sanierung von mit Schimmelpilzen befallenen Objekten beim Einsatz von Chemikalien

Vor Beginn der Tätigkeit muss der Arbeitgeber Sicherheitsdatenblätter der Chemikalien (z. B. Chlorbleichlauge und H_2O_2) anfordern, die verwendet werden sollen. Eine Gefährdungsbeurteilung und eine Betriebsanweisung muss erstellt werden. Der verwendete Arbeitsschutz muss so gewählt werden, dass die persönliche Schutzausrüstung den Gefahrstoff zurückhält.

6.4 Sanierung

Eine Sanierung sollte stets mit der Beseitigung der Ursachen des Schimmelpilzbefalls beginnen. Sicher ist es schwierig, bei der Vielschichtigkeit der verschiedenen Schadensursachen, für die notwendigen Tätigkeiten bei der Sanierung sowie bei dem unterschiedlichen Schadensumfang und bei der unterschiedlichen Gefährdung und für alle sonstigen denkbaren Fälle geeignete Sanierungsempfehlungen zu geben. Daher sollten zuerst einmal für die relevantesten Fälle Sanierungsempfehlungen erarbeitet werden.

Bei einer sachgerechten Bautrocknung sind folgende Aspekte zu beachten: Schimmelpilzsanierungen setzen häufig eine Bautrocknung voraus. Die Lüftung des Wohnraumes stellt dabei in den meisten Fällen die einfachste und wirksamste Maßnahme dar, um Feuchte aus dem Raum abzuführen. Vor allem im Winter enthält die Außenluft trotz hoher relativer Feuchte eine geringe absolute Feuchte. Bei Lüftung im Winter wird die relative Feuchte im Raum stark erniedrigt. Ein Beispiel soll dies verdeutlichen. Die folgende Tabelle zeigt bei unterschiedlichen Außenlufttemperaturen und einer typischen relativen Außenluftfeuchte von 80 % die entsprechenden relativen Feuchten der Luft, wenn die auf jeweils 20 °C erwärmt wird. Beispielsweise bei −10 °C außen wird durch die Erwärmung auf 20 °C die Luftfeuchte auf 9 % gesenkt.

Eine Lüftung im Sommer sollte generell nur dann durchgeführt werden, wenn die Temperatur im Gebäude höher liegt als draußen. Dies ist insbesondere in Kellern oftmals schwierig. Ist diese Bedingung nicht gegeben, müssen die Fenster geschlossen bleiben! Ggf. kann oder sollte sogar durch Beheizung (auch bei warmer Witterung) die Temperatur künstlich angehoben werden, um per Lüftung Feuchte abtransportieren zu können.

Vor der Durchführung der Sanierung ist es z. B. bei einem überfluteten Keller sinnvoll, zuerst sämtliches, nicht fest eingebautes Material, das verschimmeln könnte, aus

	Relative Feuchte außen [%]	Absolute Feuchte[1] [g/m³]	Relative Innenluftfeuchte bei 20 °C [%]
-10		1,7	9
0	80	3,9	21
10		7,5	42
20		13,5	80

[1] Absolute Feuchte ist außen und innen gleich.

den entsprechenden Räumen zu entfernen. Dies gilt insbesondere für Gegenstände aus Holz, Papier, Textilien wie Polstermöbel, Teppiche, Tapeten etc.

Nach der Beseitigung der Ursache für den Schimmelpilzschaden ist unter Beachtung der unter „Gefährdungseinschätzung und Schutzmaßnahmen bei der Sanierung von mit Schimmelpilzen befallenen Objekten" gegebenen Empfehlungen mit Schimmelpilzen befallenes Material zu entfernen.

In Ausnahmefällen kann es sinnvoll sein, Bauteile, die vom Schimmelpilz befreit wurden, desinfizierend zu reinigen. Hierbei sind die entsprechenden Bestimmungen des Arbeits– und Gesundheitsschutzes einzuhalten. Bei der Verwendung von Fungiziden ist zu bedenken, dass diese die Ursache für erneute gesundheitliche Belastungen der Nutzer sein können.

Der Wiederaufbau des Objektes sollte unter Beachtung der spezifischen Gegebenheiten so erfolgen, dass ein erneutes Schimmelpilzwachstum nicht gefördert, sondern gehemmt wird. Hierbei sind die Auswahl der verwendeten Baumaterialien, aber auch die konstruktive Bauausführung eine große Rolle spielen. Bevor möglicherweise neu verputzte Bauteile wieder tapeziert bzw. gestrichen werden, ist darauf zu achten, dass sie zuvor ausgetrocknet sind. Detaillierte Empfehlungen wie der Wiederaufbau

durchzuführen ist, können nicht gegeben werden. Es ist aber darauf zu achten, dass durch die Baumaßnahme selbst und durch die spätere Nutzung die längerfristigen Materialfeuchtebelastungen möglichst gering sind. Zur Sanierung gehört auch die abschließende Feinreinigung, die zum Ziel hat, die Staubbelastung zu reduzieren. Die Feinreinigung ist unter möglichst geringer Staubverwirbelung und hoher Effektivität bezüglich der Staubreduzierung durchzuführen. Glatte, feuchtigkeitsunempfindliche Materialien sind feucht abzuwischen. Raue Oberflächen sind unter Verwendung von HEPA-Filtern abzusaugen. Es sind jeweils die oben genannten Empfehlungen bezüglich des Arbeits- und Gesundheitsschutzes zu beachten.

Bei der Abnahme des Bauwerks sind dem Nutzer Hinweise über erforderliche Änderungen des Nutzungsverhaltens (z. B. Lüftungs- und Heizungsverhalten, Aufstellen von Möbeln) zu geben. Je nach Art und Schwere des Schimmelpilzschadens sind gegebenenfalls Sanierungsfreimessungen (bauphysikalisch, mikrobiologisch) durchzuführen. Diese Untersuchungen sollten unter nutzungsgegebenen Staubverwirbelungen oder Feuchtigkeitsentwicklungen erfolgen. War eine Wärmebrücke die Ursache für den Feuchteschaden, sind die Untersuchungen im nächsten Winter vorzunehmen.

Beurteilung von Schimmelpilzbefall in Innenräumen – Fragen und Antworten[1)]

Dr.-Ing. Heinz-Jörn Moriske, Wissenschaftlicher Direktor im Umweltbundesamt, Berlin

Vorbemerkung

Schimmelpilzwachstum in Innenräumen gibt es seit geraumer Zeit. Dass dennoch in letzter Zeit eine Zunahme von Anfragen betroffener Bewohner zu Schimmelbefall bei zuständigen Bundes- und Landesbehörden (Gesundheits- und Umweltämter, Bauaufsichtsämter) sowie bei Sachverständigenbüros, die sich mit dieser Thematik beschäftigen, zu beobachten ist, hat mehrere Gründe:

Das Bewusstsein der Bevölkerung gegenüber der Einwirkung von umweltbedingten Schadstoffen nimmt seit Jahren zu. Die Substanzen, um die es dabei geht, sind unterschiedlichen Ursprungs und wechseln sich im Laufe der Zeit ab. Waren es in Innenräumen früher z. B. Asbest, Holzschutzmittelwirkstoffe (Pentachlorphenol (PCP), Lindan, DDT), Formaldehyd oder polychlorierte Biphenyle (PCB), sind es heute verschiedene flüchtige organische Verbindungen (englisch: Volatile Organic Compounds „VOC") sowie schwerflüchtige organische Verbindungen (englisch: Semivolatile Organic Compounds „SVOC"), die die allgemeine Diskussion bestimmen (Moriske und Turowksi 1998; Moriske 2001). Bei einigen „älteren" Substanzen, wie Formaldehyd und PCB, wird die Diskussion um eine sachgerechte hygienische und toxikologische Bewertung zum Teil neu geführt.

Neben diesen chemischen Parametern gewinnt seit Jahren die Diskussion um mikrobielle Verunreinigungen in Gebäuden, insbesondere die Diskussion um die Beurteilung von Schimmelpilzwachstum, an Bedeutung.

Schimmelpilzbefall tritt auf, wenn es – direkt oder indirekt – aufgrund baulicher Mängel zu Feuchteschäden in der Wohnung kommt. Außerdem kann Schimmelpilzwachstum in Gebäuden beobachtet werden, die baulich intakt sind, bei denen es jedoch aufgrund von verbesserten Wärmeschutzmaßnahmen (Einbau neuer Fenster und Türen, allgemeine Erhöhung der Luftdichtheit) zu einer Verringerung des Luftaustausches über Fugenundichtigkeiten in der Gebäudehülle kommt. Der Wasserdampf, den jeder Raumnutzer produziert (beim Kochen, Waschen, Duschen, Schwitzen, Ausatmen) kann aufgrund der „luftdichten" Bauweise kaum noch auf natürliche Weise über Fugenundichtigkeiten nach außen entweichen. Gleichzeitig reicht das aktive Lüftungsverhalten der Bewohner in einigen Fällen offenbar nicht aus, um das Entstehen von Schimmelpilzschäden zu vermeiden.

Genaue Statistiken über die Zahl der von Schimmelpilzen betroffenen Wohnhaushalte in Deutschland gibt es nicht. Die mancherorts vorgenommenen Angaben, wonach etwa jeder dritte Haushalt oder mehr von Schimmelpilzwachstum betroffen sei, beruhen in der Regel auf Einzelfallstudien und sollten nicht verallgemeinert werden. Im Umweltbundesamt häufen sich seit einiger Zeit die Anfragen zu Schimmelpilzbefall in Wohnungen. Ob dies überwiegend oder ausschließlich auf die zunehmende Sensibilisierung der Bevölkerung dieser Thematik gegenüber zurückzuführen ist (siehe Eingangsbemerkung), kann derzeit nur vermutet werden.

Da bei der Erfassung und Bewertung von Schimmelpilzwachstum in Innenräumen bisher in der Wissenschaft, Fachöffentlichkeit und bei Verbrauchern sehr unterschiedliche Vorstellungen und Vorgehensweisen existierten, hat die Innenraumlufthygiene-Kommission (IRK) des Umweltbundesamtes dies zum Anlass genommen, in einem umfassenden „Leitfaden zur Vorbeugung, Untersuchung, Bewertung und Sanierung von Schimmelpilzwachstum in Innenräumen" (kurz: „Schimmelpilz-Leitfaden") (Umweltbundesamt 2002) Empfehlungen und Hilfestellung für diejenigen, die mit dem Thema „Schimmelpilze in Gebäuden" befasst sind, zu geben. Zum ersten Mal existieren damit bundesweit einheitliche Empfehlungen. Bewusst wurden die Inhalte des Leitfadens mit Ländergremien, in denen zuletzt ähnliche Leitfäden erarbeitet wurden (Landesgesundheitsamt BW, 2001) abgestimmt.

Die Nachfrage nach dem Schimmelpilz-Leitfaden des Umweltbundesamtes übertrifft alle Erwartungen. Bereits kurze Zeit nach Erscheinen im Dezember 2002 war die erste Druckauflage von mehreren Tausend Exemplaren vergriffen. Von der dritten Druckauflage (Stand Juni 2003) sind ebenfalls nur noch wenige Belegexemplare vorhanden. Das Umweltbundesamt (UBA) hat dies frühzeitig zum Anlass genommen, eine Online-Version des Leitfadens in das Internet einzustellen; der vollständige Text ist über die UBA-Homepage (www.umweltbundesamt.de) abrufbar. Außerdem wurde – speziell für betroffene Bewohner – eine verkürzte Fassung des Leitfadens („Schimmelpilz-Broschüre") erstellt, die praktische Tipps enthält. Leitfaden und Broschüre werden kostenlos an Interessierte abgegeben (Bezugsadresse: Umweltbundesamt, Zentraler Antwortdienst, Postfach 33 00 22, 14191 Berlin).

Nach der anfänglichen Euphorie über das Erscheinen des Schimmelpilz-Leitfadens brachten in den letzten Monaten einige Kritiker ihre Sorge zum Ausdruck, dass es aufgrund des UBA-Leitfadens zu einer Überbewertung des Themas Schimmelpilze im Bewusstsein der Bevölkerung komme mit der Folge, dass nunmehr quasi jeder Schimmelbefall in einer Wohnung – mag er noch so gering sein – als gesundheitsgefährdend beurteilt werde, dass Mieter daraufhin z. B. die Miete kürzten und es zu vermehrten rechtlichen Streitigkeiten komme. Der vom Gericht bestellte Sachverständige habe es dann schwer, „die Spreu vom Weizen zu trennen" und berechtigte Sorgen Betroffener von übertriebenen Ängsten zu trennen. Zudem müsse genauer spezifiziert werden, wann und in welchem Unfang Sanierungen in den betroffenen Wohnungen vorzunehmen seien.

Kritiker des Leitfadens befürchten, dass es für den Sachverständigen – in erster Linie ist hier der Bausachverständige angesprochen, da zum Entstehen von Schimmelpilzen Feuchtigkeit bzw. Feuchteschäden notwendig sind, die sinnvollerweise vom Baufachmann beurteilt werden – nicht einfacher, sondern schwerer wird, hygienisch erforderliche *und* praxisgerechte Lösungen zu finden.

Die Diskussion um das „Pro und Kontra" der Beurteilung von Schimmelpilzwachstum in Innenräumen wurde auch auf den diesjährigen 29. Aachener Bausachverständigentagen intensiv, kontrovers und zum Teil emotional diskutiert. Der Autor will im Folgenden versuchen, die wichtigsten, dort gestellten Fragen (Oswald 2003; Friedrichs 2003) nochmals aufzugreifen und darzustellen a) welche

Probleme der Sachverständige vor Ort bei der Beurteilung von Schimmelpilzschäden hat und b) welche Hilfestellung die UBA-Leitfaden hierbei geben kann.

Frage 1 – Messungen, Spezialuntersuchungen

Wann müssen im Rahmen von Schimmelpilzbegutachtungen Messungen durchgeführt werden? Wann müssen durch den Bausachverständigen spezielle Untersuchungen veranlasst werden?

Als „Messungen" sollen jegliche Pilzkeimbestimmungen verstanden werden; als „spezielle Untersuchungen" sollen zum einen sämtliche Maßnahmen zum Aufspüren eines verdeckten Befalls (incl. Raumluftmessungen), zum anderen die Bestimmung der Pilzarten, der Befallstiefe sowie die Beurteilung der Gesundheitsgefährdung verstanden werden (Oswald 2003).

Im Schimmelpilz-Leitfaden des UBA werden hierzu folgende Empfehlungen gemacht.

Nicht erforderlich ist eine Pilzkeimmessung in der Wohnung, geschweige denn eine weitergehende, spezielle Untersuchung, bei deutlich sichtbarem Schimmelpilzbefall mit einer Befallsfläche von ca. 0,5 m² und mehr. In diesen Fällen wird – per se – von einem Gesundheitsrisiko für die Bewohner ausgegangen. Das heißt wohlgemerkt nicht, dass jeder Bewohner bei derartigen Befallsflächen erkrankt. Empfindliche Personen, wie Allergiker und Asthmatiker, sind jedoch einem erhöhten Risiko ausgesetzt. Es gilt das Präventionsprinzip, wonach nicht abgewartet wird, bis jemand erkrankt ist, bevor man handelt. Die Ursachen für den Schimmelbefall müssen ermittelt und die befallenen Flächen sollen saniert werden, *ohne* dass es zuvor weiterer Messungen bedarf (zum Begriff „Sanierung" vgl. Frage 4).

Bei großflächigem Befall > 0,5 m² soll die Sanierung möglichst rasch erfolgen. Bei Flächen zwischen 0,2 und 0,5 m² entscheidet unter anderem die Tiefe des Befalls, also das Ausmaß des Hineinwachsens der Pilze in eine befallene Putzoberfläche (das kann man z. B. durch Abkratzen des Putzes an einigen Stellen feststellen) darüber, ob kurz- oder mittelfristig saniert werden muss.

Bei kleineren Befallsflächen (< 0,2 m²) geht die Innenraumlufthygiene-Kommission davon aus, dass in der Regel keine Gesundheitsgefahr besteht und – außer der Beseitigung des Befalls – keine weiteren Maßnahmen erforderlich sind.

Zwei – häufig anzutreffende – Beispiele aus der Praxis sollen verdeutlichen, was gemeint ist:

Der mancherorts in Badezimmern, entlang der Silikonfuge an der Badewanne oder der Duschtasse vorkommende, wenige cm lange Schimmelbefall stellt kein erhöhtes Gesundheitsrisiko dar. Es sind keine kostenintensiven Messungen des Pilzgehaltes der Raumluft etc. erforderlich, um das genaue Gesundheitsrisiko zu ermitteln. Es wird jedoch empfohlen, die befallene Silikonfuge zu entfernen. Überdies sollte vom Sachverständigen vor Ort gemeinsam mit den Bewohnern ermittelt werden, warum es überhaupt zur Verschimmelung der Fugen kommen konnte. Im Badbereich ist hier oftmals der ungenügende Abtransport der Feuchtigkeit nach dem Duschen und Waschen der Grund. Der Schimmelpilz-Leitfaden und die Schimmelpilz-Broschüre des UBA geben Tipps, wie dies zu vermeiden ist.

Im zweiten Beispiel wird nach Entfernen eines Kleiderschrankes vor einer Außenwand massiver Schimmelpilzbefall an der Wand sichtbar. Mehrere Quadratmeter Tapete sind betroffen. Es riecht beim Betreten des Zimmers stark muffig. In diesem Fall ist die Ursache des Befalls zu ermitteln (das wird bei Schränken vor Außenwänden oftmals die ungenügende Luftzirkulation hinter dem Schrank, verbunden mit erhöhtem Tauwasseranfall aufgrund zu niedriger Oberflächentemperatur der Außenwand im Winter sein); Sanierungsmaßnahmen sind einzuleiten (vgl. Frage 4).

Schwieriger zu beurteilen ist folgende Situation:

Der Sachverständige findet vor Ort in der Wohnung kaum sichtbaren Pilzbefall, vernimmt aber einen deutlich muffigen bzw. erdigen Geruch beim Betreten der Wohnung oder einzelner Räume. Die Recherche ergibt, dass vor nicht allzu langer Zeit – z. B. in der Wohnung des Nachbarn daneben oder darüber – ein Wasserschaden entstanden war, so dass Wasser in Decken- oder Wandbereiche der Wohnung eingedrungen ist und evtl. immer noch Restfeuchte vorhanden sein könnte. Es liegt der Verdacht auf einen *verdeckten* Schimmelpilzbefall vor. Auch in solchen Fällen muss – abgesehen von der Beseitigung des störenden Geruches – den Ursachen auf den Grund gegangen werden und das Schimmelpilzproblem wirksam beseitigt werden. Es genügt nicht, die vermuteten oder – nach Öffnen einzelner Gebäudebereiche nachgewiesenen – verdeckten Befallsschäden einfach

„abzuschotten" und den Schimmelpilz dahinter „munter weiter wachsen zu lassen".

Verdeckte Befallsschäden können zum einen über Messungen der Konzentrationen mikrobiell bedingter flüchtiger organischer Verbindungen (englisch: „MVOC") in der Raumluft erkannt werden. Leider gibt es bis heute keine klare Festlegung auf ein einheitliches Messverfahren für MVOC (Arbeiten dazu beim VDI sind im Gange). Überdies sind einige der „M"VOC nicht nur mikrobiellen, sondern im Einzelfall eventuell auch chemischen Ursprungs, so dass eine genaue Interpretation von MVOC-Messungen schwierig ist. Erst recht im Hinblick auf eine Beurteilung des möglichen Gesundheitsrisikos für die Bewohner. MVOC-Messungen sind lediglich ein Indikator für das Vorhandensein eines verdeckten Schimmelpilzbefalls. Unmittelbare Sanierungsentscheidungen sollten daraus nicht abgeleitet werden.

Das Gleiche gilt für den Einsatz von Schimmelpilzspürhunden. Damit kann ermittelt werden, ob und wo tatsächlich verdeckte Schimmelpilzschäden lokalisiert werden können (dies ist wichtig für die Entscheidung, wo später z. B. der Fußboden oder die Decke zwecks Sanierung geöffnet werden muss). Kritiker werfen ein, dass ein ausgebildeter Schimmelspürhund zwar die Quelle lokalisieren kann – auch in Bereichen, wo der Hund nicht direkt hingelangt, z. B. an der Decke, indem er durch spezielles Bellen dem Hundeführer signalisiert, dass dort Schimmel vorhanden ist – dass damit allein aber noch keine Sanierungsentscheidung verbunden sein darf. Das ist richtig und wird im Schimmelpilz-Leitfaden des UBA auch explizit so ausgesagt. Nach Markieren der befallenen Bereiche durch den Hund muss der Sachverständige vor Ort sich durch Öffnen einzelner Stellen vergewissern, ob der Hund „korrekt" markiert hat; erst danach kann er das genaue Ausmaß des Schadens beurteilen und über weitergehende Maßnahmen entscheiden.

Über eine Messung des Pilzkeimgehaltes der Raumluft (bitte immer parallel zur Außenluftmessung, da Pilzsporen auch von draußen in Innenräume gelangen) sollte bei verdecktem Befall ermittelt werden, ob überhaupt Pilzsporen in erhöhtem Maße in die Raumluft gelangen.

Da das Ausmaß und das Gesundheitsrisiko für die Bewohner bei verdeckten Schimmelpilzschäden oft schwer einzuschätzen ist, sollten hierbei in jedem Fall Experten, die mit solchen Problemen vertraut sind, hinzugezogen werden. Ohne Messungen und ohne sachgerechte Interpretation der Messergebnisse wird man ansonsten entweder übers „Ziel hinausschießen" oder nicht ausreichende bzw. falsche Maßnahmen ergreifen. Beides verursacht unnötige Kosten für die Bewohner oder Gebäudebetreiber.

Weitergehende Messungen (egal ob bei verdecktem oder sichtbarem Schimmelpilzbefall) sind erforderlich, wenn die Bewohner über gesundheitliche Beschwerden klagen und deswegen z. B. die Miete mindern oder dem Vermieter die Kosten für Arztbesuche, Therapien etc. in Rechnung stellen. Diese Streitigkeiten enden zumeist vor Gericht. Dann muss durch ein gerichtliches Gutachten geklärt werden, ob und in welchem Ausmaß die Bewohner bei Exposition gegenüber Schimmelpilz x oder y krank geworden sind.

Bei den Messungen ist neben der Gesamtkeimzahl-Bestimmung der Raumluft (im Vergleich zur Außenluft) eine Pilzkeimdifferenzierung der Luftproben und ggf. befallener Materialien erforderlich, da nur über die Keimdifferenzierung eine Einschätzung des gesundheitlichen Risikos möglich wird. Eine Pilzkeimdifferenzierung kann außerdem hilfreich sein, wenn nach Feuchtekeimen, wie Acremonium, gesucht werden soll.

An dieser Stelle darf angemerkt werden, dass dem „klassischen" Bausachverständigen hier die Grenzen seiner Beurteilungsmöglichkeiten aufgelegt sind. Nur mit der Materie intensiv vertrauter Hygieniker, Umweltmediziner oder Mykologen werden im Allgemeinen in der Lage sein, zu den gesundheitlichen Fragen ein „gerichtsfestes" Urteil abzugeben. Im Einzelfall sollte der zuerst hinzugezogene Bausachverständige in solchen Fällen also weiteren Rat einholen. Das gilt im Übrigen umgekehrt genauso, wenn z. B. ein Umweltmediziner als Erster zum Schadensort gerufen wird und die baulichen Schäden als Ursache für den Schimmelpilzbefall beurteilen soll, was er – auch nach den Empfehlungen des UBA-Leitfadens – nicht kann und nicht soll. Der „Allroundexperte", der alles überblicken kann – vom baulichen Problem, über rechtliche Fragen bis hin zur Abschätzung des Gesundheitsrisikos – dürfte kaum die Regel sein und man sollte selbstkritisch seine eigenen „Grenzen" kennen.

Zur Beurteilung und Bewertung von Schimmelpilzschäden in Innenräumen ist ein interdisziplinäres Vorgehen unerlässlich. Das wird im Leitfaden des UBA mehrfach zum Ausdruck gebracht, wenn es heißt „hoher Sachverstand" der zu Hilfe gerufenen Personen ist erforderlich. Aus welcher Ausbildungsrichtung die Sachverständige dabei kommt, ist zunächst unerheblich, die im Leitfaden gemachten Angaben sind nur Beispiele und schließen nicht genannte Berufsgruppen nicht aus.

Frage 2 – Arbeitsschutz beim Ortstermin

Wann muss während des Ortstermins bei der Besichtigung bzw. bei näherer Untersuchung der befallenen Oberflächen mit besonderen Arbeitsschutzmaßnahmen (und welchen?) gearbeitet werden?

Müssen z. B. bei der Besichtigung des Schimmelpilzes hinter dem Kopfende eines Bettes (die schimmelbewachsene Fläche wird meist 0,5 m^2 übersteigen – und damit ein sanierungsnotwendiger Befall vorliegen) den Rechtsanwälten und den übrigen Verfahrensbeteiligten – etwas überspitzt formuliert – Schutzanzüge und Atemmasken ausgeteilt werden (Oswald 2003)?

Wenn beim Ortstermin Wände zur näheren Betrachtung teilweise geöffnet werden, Bodendielen hochgehoben werden, befallene Bereiche abgekratzt werden (mit Messer o. ä.), dann sollte der Gutachter – aus vorbeugenden Gründen – Mundschutz und Handschuhe tragen. Geschieht dies nicht, wird also beim ersten Inspizieren lediglich eine oberflächliche Inaugenscheinnahme vorgenommen, kann darauf unter Umständen verzichtet werden.

Würde der Sachverständige von vorn herein mit „massiver Schutzausrüstung" die Wohnung betreten, kann dies beim Bewohner die Vorstellung erzeugen (immerhin kommt ja der Fachmann oder die Fachfrau), dass der Schimmelpilzbefall in der Wohnung in jedem Fall krank macht und nur unter großen Vorsichtsmaßnahmen – im wahrsten Sinne des Wortes – zu betrachten ist. Schon allein deshalb sollte der Sachverständige vor Ort hier „mit Fingerspitzengefühl" vorgehen und die Bewohner beim Ergreifen von persönlichen Schutzmaßnahmen darauf hinweisen, dass dies zur Vorbeugung geschehe und damit noch kein Urteil über die Gesundheitsgefahr durch den vorgefundenen Schimmelpilzbefall verbunden sei.

Anders sieht es bei der Messung (Probenahme durch Abkratzen, Abklatschproben, Wischproben) und bei der späteren Sanierung aus.

Da bei der *Messung* Pilzkeime aufgewirbelt werden können und damit vermehrt Pilzsporen in die Raumluft freigesetzt werden können, sollten gemäß UBA-Leitfadenempfehlung dabei Schutzhandschuhe, Mundschutz, ggf. Schutzkittel und – beim Abstemmen größerer Bereiche wegen der damit verbundenen Staubentwicklung – vorsorglich eine Schutzbrille getragen werden.

Nach erfolgter Messung soll bei massivem sichtbaren Befall dieser möglichst rasch entfernt werden. Zum Beispiel muss eine befallene Tapete entfernt und entsorgt werden; die Wandflächen darunter sollten anschließend gereinigt und desinfiziert werden (70 % Ethylalkohol (Ethanol) bei trockenen Flächen, 80 % bei feuchten Flächen), um akutes Pilzwachstum zu beseitigen. Mittel zur Schimmelpilzbekämpfung mit fungiziden Zusätzen bewertet das Umweltbundesamt in diesem Zusammenhang übrigens eher kritisch. Bei einigen Mitteln scheint die Wirksamkeit nicht ausreichend belegt, bei einigen Mitteln ist die Emission von bioziden Wirkstoffen nach der Ausbringung auf die befallenen Flächen in der Wohnung ein Problem. Essig als „Hausmittel" zur Behandlung von mit Schimmel befallenen Flächen ist – per se – zwar geeignet, neutralisiert sich z. B. bei Aufbringung auf alkalische Putzflächen aber, so dass die Wirksamkeit dann nicht mehr gegeben ist.

Bei der eigentlichen *Sanierung* sind Schutzmaßnahmen für die „Sanierer", die sich aus einschlägigen Arbeitsschutzvorschriften (Biostoffverordnung etc.) ergeben, zu beachten.

Frage 3 – Gefahrenabwehr
Wann muss der (Gerichts)-Sachverständige noch während des Ortstermins den Nutzer über die Gesundheitsgefahren aufklären?
Diese Frage ist dann für den weiteren Ablauf eines Verfahrens und auch die „Akzeptanz" des Sachverständigen wichtig, wenn bis zum Gerichtstermin bisher über gesundheitliche Aspekte gar nicht gestritten wurde. Der Bausachverständige ist faktisch gezwungen, „Öl ins Feuer zu gießen", falls ihm zur Gefahrenabwehr eine solche Aufklärungspflicht obliegt. Werden nicht der Nutzer, sondern der Vermieter oder Gebäudebetreiber als Verursacher ermittelt, so wird verstärkt der Streit über Ansprüche aus den erlittenen oder möglichen Gesundheitsschäden beginnen. Diese Auseinandersetzung ist – Gott sei Dank – allein von Medizinern und Juristen zu führen; der Bausachverständige ist allerdings indirekt

betroffen. Seine Ursachen- und damit Verantwortlichkeitsanalyse wird ein noch größeres Gewicht bekommen und noch kritischer auf Schwachstellen hinterfragt werden (Oswald 2003).

Grundsätzlich ergibt sich nach dem UBA-Leitfaden keine *Verpflichtung* des Sachverständigen auf die Gesundheitsgefahr hinzuweisen. Bei deutlich sichtbarem Befall (gemäß Leitfaden befallene Flächen von mehr als ca. 0,5 m^2; vgl. Anmerkungen zu Frage 1) wird dennoch empfohlen, bei der Ortsbesichtigung auf die *möglichen* Gesundheitsrisiken hinzuweisen. Dabei sollte immer aber auch betont werden, dass auch ein massiverer Schimmelpilzbefall nicht gleichbedeutend damit ist, dass der oder die Bewohner in jedem Fall erkranken! Der UBA-Leitfaden kann hierbei Hilfestellung geben.

Fühlt der Bausachverständige sich in dieser Frage nicht kompetent genug (was ja auch „normal" ist und ihm nicht zum Vorwurf gemacht werden kann), sollte er sich zu der Frage des Gesundheitsrisikos nicht äußern – schon, um nicht durch Falschaussagen später selber in Regress genommen zu werden. Der Hinweis eines Sachverständigen auf mögliche gesundheitliche Risiken begründet oder ersetzt überdies keine Einzelfall-Anamnese (vgl. Hinweis zu medizinischem Gutachten unter Frage 1).

Bei geringem Befall (vgl. Beispiel der verschimmelten Silikonfuge entlang der Badewanne im Badbereich unter Frage 1) ist, wie beschrieben, im Allgemeinen keine konkrete Gesundheitsgefahr gegeben – dies sollte den Bewohnern zur Beruhigung ebenfalls gesagt werden. Das kann (auch) ein Bausachverständiger tun, ohne dass es weiteren medizinischen Sachverstandes bedarf. Er verweist zweckmäßigerweise z. B. auf die UBA-Empfehlungen.

Bei verdeckten Schimmelpilzschäden mit deutlichen Geruchsproblemen sollte der Bausachverständige sich angesichts der Komplexität zu den möglichen gesundheitlichen Risiken nicht äußern und lieber auf andere Experten verweisen.

Frage 4 – Beseitigungs- und Instandsetzungsaufwand:
Wann sind zur Beseitigung des Schimmelpilzbefalls (unabhängig von der Frage der Ursachenbeseitigung) neben einer Entfernung der bewachsenen Oberflächen (Tapeten, Anstriche) auch umfangreichere Baumaßnahmen (Abstemmen ganzer Putzschichten, vollstän-

diges Entfernen von Fußböden, Abbruch leichter Trennwände mit Gipskartonplatten etc.) erforderlich?

Warum werden bei Schimmelpilzbefall in tiefen Bauteilschichten nach Beseitigung der Wachstumsursachen und Trocknung nicht in ähnlicher Weise wie bei anderen gesundheitsschädigenden Stoffen abschottende oder abdeckende Methoden akzeptiert? Soweit für den Außenstehenden erkennbar, wird im UBA-Leitfaden die Entfernung all dieser Schichten gefordert, und zwar nicht etwa weil eine gesundheitliche Gefährdung sicher ist. Nach dem Leitsatz „Schimmel gehört nicht ins Haus" dienen die Maßnahmen allein der hygienischen Vorsorge. Es kann der Eindruck entstehen, dass damit eine Lawine von Streitigkeiten und volkswirtschaftlich unproduktiven Baumaßnahmen – bei konsequenter Anwendung der Vorsorgeprinzips – hervorrufen würde. Auch wenn die Gesundheit des Menschen höchstes Gut ist, muss auch in Fragen der Gesundheitsvorsorge grundsätzlich ein angemessenes Kosten-Nutzen-Verhältnis bei der Auswahl der notwendigen Sanierungsmaßnahmen beachtet werden (Oswald 2003).

Dies steht nur scheinbar im Widerspruch mit Aussagen im Schimmelpilz-Leitfaden des Umweltbundesamtes. Schimmelpilzbefall wird danach zwar als „hygienisches Risiko gesehen", der auf Dauer nicht in einem Wohnhaushalt geduldet werden sollte. Sehr wohl wird im Leitfaden an anderer Stelle jedoch darauf verwiesen, dass z.B. in nur vorübergehend und nicht zu Wohnzecken genutzten Kellerräumen Schimmelpilzbefall oftmals „in Kauf genommen wird" – bei Abwägung auch der Kosten zur Beseitigung des Schadens und des Nutzens, der sich daraus ergibt. Im Leitfaden wird jedoch empfohlen, solche Kellerbereiche zum Wohnbereich hin abzugrenzen bzw. abzuschotten, so dass keine vermehrte Sporenfreisetzung in die benachbarten Wohnräume gelangt.

Im UBA-Schimmelpilz-Leitfaden wird überdies im Hinblick auf die Sanierung befallener Bauteile unterschieden zwischen glattflächigen und porösen Materialien. Bei glatten Flächen ist eine oberflächliche Reinigung mit Wischtuch (Tuch anschließend entsorgen) oder Staubsauger (mit Feinfilterzusatz, bei heutigen Bodenstaubsaugern Standard) in der Regel ohne Probleme möglich; anschließend sollen die betroffenen Flächen desinfiziert werden (70–80 % Ethanol).

Danach können die Wände z.B. mit „normaler" Dispersionsfarbe oder – sofern aufgrund

einer kurz- und mittelfristig nicht zu verändernden baulichen Struktur des Gebäudes (aus welchen Gründen auch immer) „kalte" Wände nicht zu vermeiden sind und somit nicht gänzlich ein erneutes Entstehen von Schimmel auszuschließen wäre – mit Silikatfarbe gestrichen werden. Wandfarben mit fungiziden Zusätzen sollten nicht verwenden werden, da durch Freisetzung der bioziden Wirkstoffe andere gesundheitliche Probleme entstehen können. Möbelstücke sollten anschließend nicht direkt an die Außenwände gestellt werden, um eine Hinterlüftung zu gewährleisten. Langfristig ist in Fällen „kalter" Wände eine Verbesserung des Wärmeschutzes und damit eine Erhöhung der Oberflächentemperatur der Außenwände in der kalten Jahreszeit zur Raumseite hin anzustreben.

Bei porösen Materialien sieht die Situation anders aus. Letztlich muss hier der Sachverstand des Experten vor Ort entscheiden, was genau zu tun ist. Die Empfehlungen im Leitfaden, wonach diese Materialien oftmals nicht zu reinigen sind und daher entsorgt werden sollten, sind aus Vorsorgegründen getroffen worden. Eine mit Schimmelpilzen „vollgesogene", aufgequollene und verschimmelte Span- oder Gipskartonplatte wird in der Praxis kaum ausreichend zu reinigen sein und ist überdies aufgrund des eingetretenen Schadensfalles (aufgequollen) auch baulich kaum mehr zu gebrauchen. Das gilt im Einzelfall auch für Putzschichten, in die das Pilzgeflecht tiefer hineingewachsen ist. Dann ist eine sachgerechte Reinigung und insb. Desinfektion kaum mehr machbar. Ähnliches gilt für befallene Vorhänge, Sitzgarnituren etc., sofern diese intensiv verschimmelt sind.

Die Empfehlungen im Leitfaden bedeuten aber nicht, dass dem Sachverständigen vor Ort „keinen Spielraum" mehr lassen, eine dem Einzelfall angemessene und ausgewogene Entscheidung zu treffen. Der Sachverständige muss sich aber im Falle eines Nicht-Entfernens befallener poröser Bauteile und einer stattdessen vorgenommenen Abschottung mit Alutapeten etc. sicher sein, dass damit eine Einwirkung von eventuell vorhandenen Restkontaminationen an Schimmelpilzen in den Wohnraum wirksam und *dauerhaft* unterbunden ist. Gerade letzteres dürfte – schon aus rein bautechnischer Sicht – oft schwierig zu gewährleisten sein.

Gerade die Frage einer sachgerechten Sanierung, die einerseits die hygienischen Belange berücksichtigt, andererseits aber auch bautechnisch mögliche und kostenmäßig angemessene Lösungen berücksichtigt, bedarf – auch nach Erscheinen des UBA-Leitfadens – weiterer Präzisierungen und Empfehlungen. Bausachverständige, Hygieniker und andere an der Begutachtung von Schimmelpilzschäden in Wohnungen beteiligte Sachverständige und Experten sind hier gemeinsam aufgefordert konkrete Lösungsvorschläge zu erarbeiten. Expertengespräche im Umweltbundesamt zu der Frage der Sanierung von Schimmelpilzschäden sind geplant.

Hinweis
1) Dieser Artikel erschien in „Der Sachverständige" Heft 06/2003

Literatur
[1] R. Oswald: Schimmelpilzbewertung aus der Sicht des Bausachverständigen. In: 29. Aachener Bausachverständigentage 2003. Kurzfassungen der Vorträge. Aachener Institut für Bauschadensforschung (AIBau), Aachen 2003, S. 12.1–12.7

[2] M. Friedrichs: Aachener Leckstellen. Der Sachverständige 30: 2003, S. 133
[3] Landesgesundheitsamt Baden-Württemberg: Schimmelpilze in Innenräumen – Nachweis, Bewertung, Qualitätsmanagement – abgestimmtes Arbeitsergebnis des Arbeitskreises Qualitätssicherung Schimmelpilze in Innenräumen am LGA BW, Stuttgart 2001
[4] H.-J. Moriske: Innenraumluftqualität in Wohn- und Bürogebäuden – Erfordernisse aus der Sicht der Lufthygiene. Der Sachverständige 28: 2001, S. 228–233
[5] H.-J. Moriske und E. Turowski (Hrsg.): Handbuch für Bioklima und Lufthygiene. ecomed-Verlagsgesellschaft, Landsberg 1998; 1. bis 9. Ergänzungslieferung 1999–2003
[6] Umweltbundesamt, Innenraumlufthygiene-Kommission: Leitfaden zur Vorbeugung, Untersuchung, Bewertung und Sanierung von Schimmelpilzwachstum in Innenräumen („Schimmelpilz-Leitfaden"). Berlin 2002

Schimmelpilzbewertung aus der Sicht des Bausachverständigen

Prof. Dr.-Ing. Rainer Oswald, AIBau, Aachen

1 Einleitung

„Schimmelpilze kommen in der Umwelt des Menschen weit verbreitet vor … Der Mensch ist deshalb an ein Vorkommen von Schimmelpilzen in seiner Umgebung angepasst und weist gegenüber Schimmelpilzen eine hohe natürliche Resistenz auf. Er reagiert folglich nur selten mit Krankheitssymptomen auf eine Schimmelpilzexposition." [1]

Von je her wird die Tätigkeit des mit bauphysikalischen und abdichtungstechnischen Fragen beschäftigten Bausachverständigen von Schimmelpilzen begleitet. Sie sind für ihn immer schon typische Anzeiger eines erhöhten Feuchtigkeitsgehaltes an der Bauteiloberfläche. Speziell der Bausachverständige ist demnach an das Vorkommen von Schimmelpilzen in seiner Arbeitsumgebung angepasst und weist ihnen gegenüber offenbar „eine hohe natürliche Resistenz" auf. Es sollte deshalb niemand verwundern, wenn ein jahrzehntelang auch mit Schimmelpilzen beschäftigter Bausachverständiger mit einem gewissen ungläubigen Staunen die Geschehnisse zur Kenntnis nimmt, die in der letzten Zeit rund um das Schimmelpilzthema stattfinden.

Das Thema ist grundsätzlich alt: Blickt man z. B. in die Veröffentlichungen der Aachener Bausachverständigentage, so findet man bereits im 2. Tagungsband (1976) Ausführungen von Prof. Schild zur „Schwärzepilzbildung" auf Außenwänden und eine Diskussion über die „falsche Raumnutzung" als mögliche Schadensursache [3]. Ebenso ist bereits seit langem bekannt, dass Schimmelpilze nicht nur optisch unschöne Regleiter von Feuchtigkeitserscheinungen im Gebäudeinneren sind, sondern gesundheitliche Beeinträchtigungen zur Folge haben können (ich verweise dazu z. B. auf den Beitrag von Usemann während der Aachener Bausachverständigentage 1988 [4]). Der Tagungsband des Jahres 1992 [5] gibt verschiedene Facetten des Schimmelpilzthemas wieder und beschreibt den Kenntnisstand vor gut 10 Jahren.

In aller Regel lag bisher bei Schimmelpilzstreitigkeiten, die vom Bausachverständigen zu bearbeiten waren, bereits ein eindeutiger, unübersehbarer Befall vor. Es ging also *nicht* darum, Schimmelpilzsporen in der Luft nachzuweisen oder durch Spürhunde orten zu lassen. Es war die Aufgabe des Bausachverständigen, die physikalischen und bautechnischen Ursachen des offensichtlichen Schimmelpilzbefalls zu untersuchen und die Verantwortlichen zu ermitteln und die angemessenen Maßnahmen und Kosten zur Beseitigung der eigentlichen Ursachen und des Schimmelpilzschadensbildes selbst abzuschätzen.

2 Gründe für frühere Schimmelpilzauseinandersetzungen

Kennzeichnend für die Problematik der Schimmelpilze ist zunächst einmal die außerordentlich große Fülle möglicher Schadensursachen, die im abgebildeten „Ursachenbaum" (Bild 1) systematisch zusammengefasst sind. Die beiden Hauptursachen – „Zweige" – „Feuchte aus der Raumluft" bzw. „Wasser im Bauteil" verzweigen sich zu 21 Fehlermöglichkeiten, die zu allem Überfluss überlagert auftreten können.

Die Beurteilung von Schimmelpilzschäden besaß immer schon eine besondere Brisanz. Der Grund liegt weniger in der Vielzahl der möglichen Ursachen als vielmehr in der Tatsache, dass die Ursachen zum Teil bautechnischer Art sein können, andererseits aber durch das Verhalten des Nutzers gesetzt werden können.

Die Schimmelpilzbeurteilung war seit jeher aus folgenden Gründen ein schwieriges Arbeitsfeld:

– Streitigkeiten zwischen Mieter und Vermieter sind häufig generell schon emotional aufgeladen, erst recht, da bei Vorhaltung des „falschen Wohnens" meist auch der (beleidigende) Vorwurf eines „sozialen Fehlverhaltens" mitschwingt.

– Die Rekonstruktion des Heiz- und Lüftungsverhaltens ist für den Sachverständigen in der Regel nicht verlässlich möglich.

– Es gibt keine klaren Grenzwerte für „richtiges" Wohnverhalten.

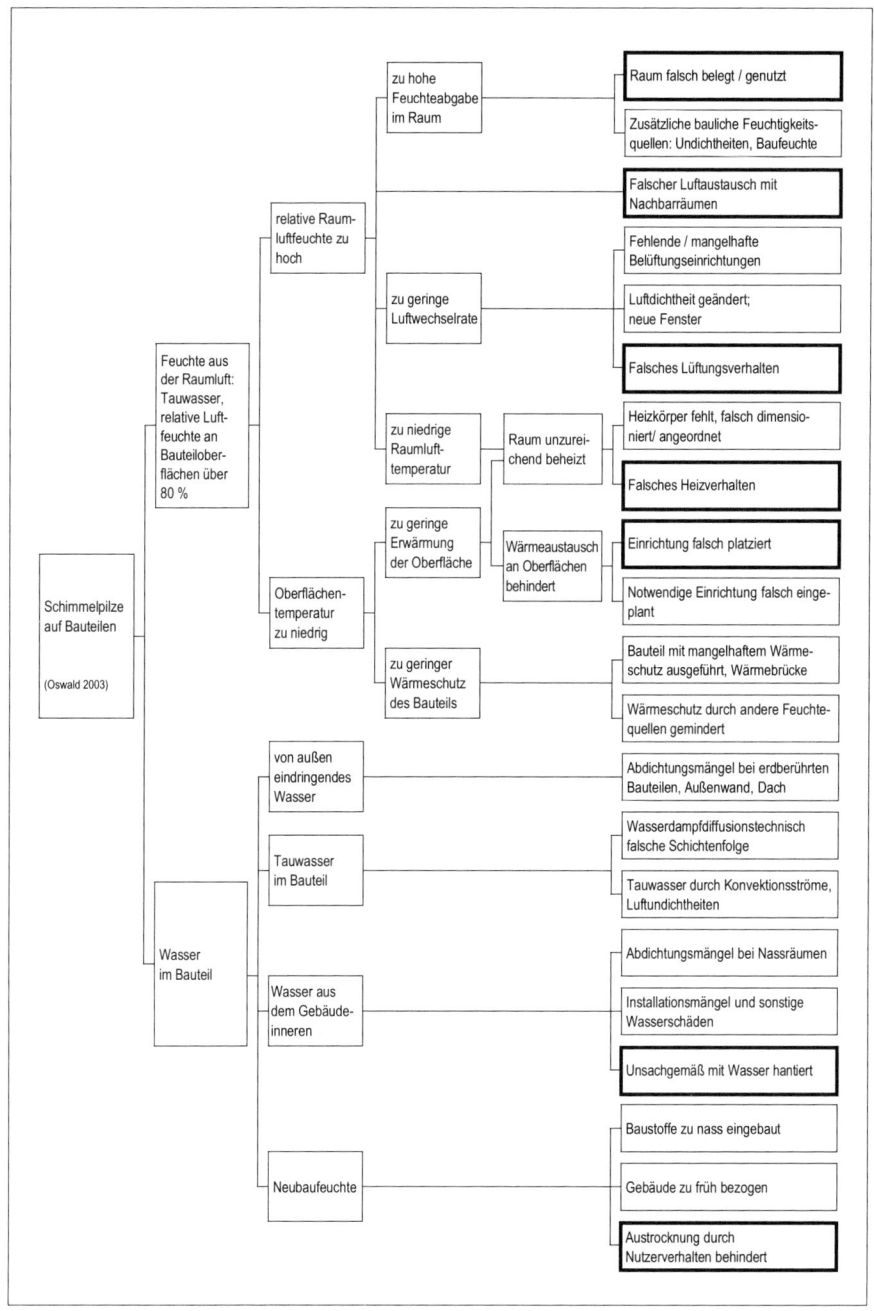

Bild 1: Ursachenbaum für das Schadensbild Schimmelpilze auf Bauteilen
(die dick umrandeten Ursachen fallen in den Verantwortungsbereich des Nutzers)

So decken sich die für die Beurteilung des Schimmelrisikos in DIN 4108, Teil 2 (2001-03) angegebenen Werte einer Innenlufttemperatur von +20 °C und einer relativen Innenraumluftfeuchte von 50 % nicht mit den häufig in Innenräumen tatsächlich anzutreffenden und offenbar noch üblichen Klimawerten. Sie decken sich im Übrigen nicht mit den Grenzwerten, die im Schimmelpilzleitfaden [2] aufgeführt sind. Dort wird empfohlen, dass *„die relative Feuchte der Luft im Gebäude dauerhaft 65 bis 70 % nicht überschreiten sollte"*. Diese Werte sind für winterliche Außenklimabedingungen eindeutig zu hoch, um Schimmelfreiheit bei sachgerecht errichteten Gebäuden überall sicherzustellen.

– Die genaue konstruktive Situation und die wärmetechnischen Eigenschaften an Wärmebrücken sind im Übrigen in vielen Fällen nicht völlig unzweifelhaft zu klären, ohne bei der Untersuchung durch Öffnungsarbeiten oder umfangreichere Messungen einen Aufwand zu treiben, der im Missverhältnis zum Streitwert steht.

Solange nicht völlig eindeutige, bauliche Mängel festgestellt werden konnten oder das Bewohnerverhalten eindeutig grob falsch war, boten daher die für die Verantwortlichkeit wesentlichen Schlussfolgerungen in Sachverständigengutachten immer schon viele Angriffsflächen. Aussagen waren häufig nicht mit völliger Gewissheit, sondern nur mit „gewisser Wahrscheinlichkeit" zu treffen. Fehlentwicklungen in den staatlichen Anforderungen an den Wärmeschutz von Gebäuden haben dabei zum Umfang der Schäden sehr erheblich beigetragen: Politisch unterstützte Änderungen im Heizverhalten durch verbrauchsabhängige Heizkostenabrechnung und die erhöhten Anforderungen an die Luftdichtheit von Fenstern wurden schon vor 20 Jahren nicht angemessen durch erhöhte Anforderungen an den Mindestwärmeschutz flankiert. Auch zum heutigen Zeitpunkt steht die Verbindlichkeit der Anforderungen an eine hohe Luftdichtheit der Gebäudehülle im Missverhältnis zur Unverbindlichkeit der Anforderungen an den sicherzustellenden Mindestluftwechsel [6]. Inkonsequente und widersprüchliche Normregelungen hatten eine eindeutige und überzeugende Beurteilung weiter erschwert [7].

3 Eine neue Dimension des Schimmelpilzstreits

Die immer schon schwierige Beurteilungssituation hat in den letzten Jahren eine wesentliche Wende genommen – und dies nicht etwa, weil die Anzahl der Schimmelpilzfälle zugenommen hätte:

Zumindest nach den Beobachtungsmöglichkeiten des AIBau war die größte Häufung von Schimmelpilzstreitigkeiten in den 80er Jahren festzustellen. Damals wurden in äußerst großem Umfang in schlecht wärmegedämmten Nachkriegsbauten der alten BRD Fenster ausgetauscht, ohne den miserablen Mindestwärmeschutz zu verbessern. Der heute in Veröffentlichungen beklagte Schimmelpilzbefall hochluftdichter und hochwärmegedämmter Bauweisen mag zwar vorkommen; dass es sich dabei aber um ein weit verbreitetes, gravierendes Problem handelt, ist zumindest nicht statistisch belegt.

Es ist die Diskussion über die gesundheitlichen Folgen von Schimmelpilzen, die die wesentliche Wende herbeigeführt hat. Schimmelpilze scheinen inzwischen zum Umweltgift avanciert zu sein. Wie andere Umweltgifte sind sie aus Gründen der Gesundheitsvorsorge zu bestimmen, zu bekämpfen, restlos zu beseitigen und zu entsorgen. Sie genießen – mit ähnlichen publizistischen Vergröberungen – das gleiche öffentliche Interesse wie es in zurückliegender Zeit Umweltskandalen entgegen gebracht wurde. Überreaktionen verunsicherter Bürger dürfen da nicht verwundern. Schimmelpilze beschäftigen inzwischen eine große Gruppe von Umwelt-Experten, Medizinern, Mikrobiologen, Prüfinstitutionen, Verbraucherberater, Schimmelpilzspürhunde mit ihren geprüften Führern und demnächst wohl auch eine große Gruppe von speziell ausgebildeten Entsorgungsfirmen für die „kontaminierten Baumaterialien".

Kennzeichnend ist, dass ein neuer Leitfaden des Umweltbundesamts [2] bzw. das zitierte Papier des Landesgesundheitsamts BW [1] sich zum weitaus überwiegenden Teil nicht mit der Ursachenerforschung beschäftigen, sondern die Messregeln zum Aufspüren gar nicht sichtbarer, verdeckter Schimmelpilzphänomene und deren gesundheitliche Bewertung im Vordergrund stehen. Diese Fragestellungen richten sich nicht an den Bausachverständigen und es ist insofern auch nicht verwunderlich, dass im 30-köpfigen Verfassergremium des vom Umweltbundesamt herausgegebenen Leitfadens sich kein einziger Bautechniker oder gar Sachverständiger aus dem Baubereich befindet.

Die Wende in der Schimmelpilzbeurteilung betrifft die beurteilenden Personen:

Die wesentlichen Aufgaben werden von Medizinern, Mikrobiologen und Prüfeinrichtungen übernommen; der Bausachverständige wird ggf. noch in technisch sehr komplizierten Fällen um Rat gefragt werden und darf die Kosten der nach dem Befund der Mikrobiologen von Medizinern für notwendig erachteten Maßnahmen schätzen. Dieses Szenario ist sicher überspitzt, charakterisiert aber die Entwicklung.

Unter vernünftigen Menschen dürfte unumstritten sein, dass die bautechnische Ursachenermittlung in die Hände des Bausachverständigen gehört. Nur er ist in der Lage, die komplexen Fragen der möglichen abdichtungstechnischen Fehler, der Feuchteverteilung im Querschnitt und der wärmeschutztechnischen und sonstigen bauphysikalischen Bewertungen von Bauteilquerschnitten und Wärmebrücken sachkundig durchzuführen und daraus ebenso sachkundig angemessene Entscheidungen zur dauerhaften Ursachenbeseitigung abzuleiten. Mit der Klärung der Ursachen bleibt auch die brisante Frage nach der Verantwortlichkeit vom Bausachverständigen zu beantworten.

Zum Aufgabenbereich der Mediziner, Umwelttechniker, Prüflabors etc. gehört die
– Klärung des Gefährdungspotenzials
– Klärung der Befallstiefe
– Festlegung der unter Vorsorgeaspekten notwendigen Konsequenzen für
  • Arbeitsschutz
  • Sofortmaßnahmen
  • Umfang und Art der Beseitigung der kontaminierten Bauteile.

Bei größeren Objekten und umfangreichem Befall wären demnach in Zukunft mindestens zwei Sachverständige einzuschalten – es sei denn, die bautechnische Ursache des Problems und die notwendigen Maßnahmen zur Beseitigung der Ursachen sind so eindeutig, dass es der Hinzuziehung eines Bausachverständigen gar nicht bedarf.

Zu fragen ist aber, wie eine zukünftige Vorgehensweise gestaltet sein soll, die auch für die Vielzahl der „kleinen" Streitfälle im Wohnungsbau angemessen und praktikabel ist.

4 Verfahrensfragen zur zukünftigen Schimmelpilzbeurteilung

Mit der wesentlich schärferen Bewertung der gesundheitlichen Folgen bestimmter Schimmelpilzarten muss dem zur Ermittlung der Ursachen und der Verantwortlichkeit hinzugezogenen Bausachverständigen von Seiten der Medizin bzw. der Gesundheitsfürsorge eine klare Anweisung darüber gegeben werden, wie im Hinblick auf die im Folgenden aufgezählten Fragen verfahren werden soll. Diese Fragen können nämlich nicht vom Bausachverständigen, sondern nur von der Medizin und der Gesundheitsfürsorge beantwortet werden, da sie sich nicht aus einer bautechnischen Problematik, sondern aus einer gesundheitspolitischen Aufgabenstellung ergeben.

Frage 1 – Spezialuntersuchungen

Wann müssen im Rahmen von Schimmelpilzbegutachtungen durch den Bausachverständigen Spezialuntersuchungen veranlasst werden?

Zu Spezialuntersuchungen möchte ich hier zum einen sämtliche Maßnahmen zum Aufspüren eines verdeckten Befalls und zum Nachweis von Schimmelpilz in der Luft zählen – zum anderen die Bestimmung der Pilzart, der Befallstiefe und die Beurteilung der Gesundheitsgefährdung.

Spezialuntersuchungen werden doch nicht etwa schon beim Schimmelpilzbefall der Dichtstofffugen eines Badezimmers notwendig werden? Das Kriterium für Bagatellschäden mit max. 20 cm^2 Befall [2] ist dann aber offensichtlich ungeeignet, da 1 m befallene Fuge von 5 mm Breite bereits 50 cm^2 ergeben.

Im beigefügten Flussdiagramm (Bild 2) wird ein Vorschlag unterbreitet, nach welchen Kriterien die Entscheidung für oder gegen Spezialuntersuchungen bei Fällen oberhalb der Bagatellgrenze aus bautechnischer Sicht getroffen werden könnte.

So sind doch wohl Luftanalysen und z. B. der Einsatz von Spürhunden völlig unnötig, wenn der Umfang des Befalls offen sichtbar ist. Weiterhin erscheint eine Bestimmung der Pilzart und der Befallstiefe nicht notwendig, wenn von Seiten der Verfahrensbeteiligten weder von Krankheiten berichtet wird, noch gesundheitliche Beeinträchtigungen als diskussionswürdig im Raum stehen. Auch eine Untersuchung der Befallstiefe scheint mir unangemessen, wenn ohnehin sicher ist, dass

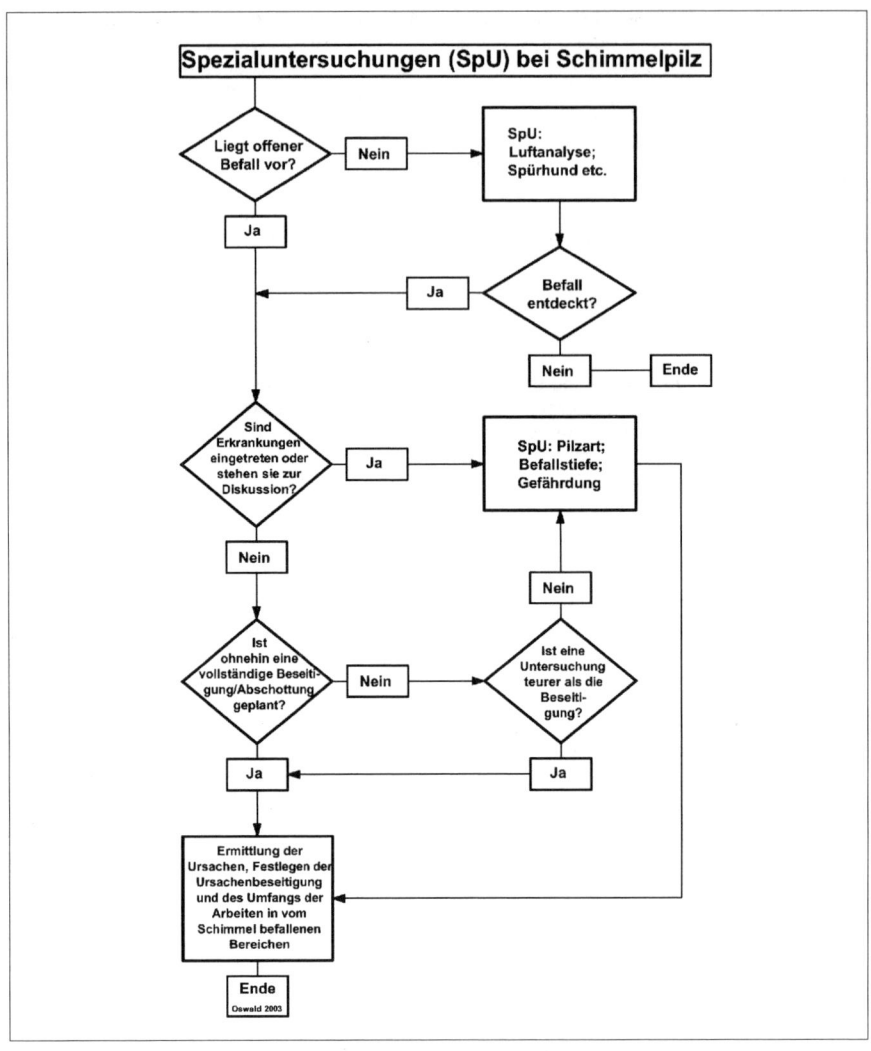

Spezialuntersuchungen (SpU) bei Schimmelpilz

- Liegt offener Befall vor? — Nein → SpU: Luftanalyse; Spürhund etc.
- Ja ↓
- Befall entdeckt? — Ja → (zurück)
- Nein → Ende
- Sind Erkrankungen eingetreten oder stehen sie zur Diskussion? — Ja → SpU: Pilzart; Befallstiefe; Gefährdung
- Nein ↓
- Nein
- Ist ohnehin eine vollständige Beseitigung/Abschottung geplant? — Nein → Ist eine Untersuchung teurer als die Beseitigung?
- Ja ↓ ← Ja
- Ermittlung der Ursachen, Festlegen der Ursachenbeseitigung und des Umfangs der Arbeiten in vom Schimmel befallenen Bereichen
- Ende

Oswald 2003

Bild 2· Flussdiagramm zur Entscheidung über die Notwendigkeit von Spezialuntersuchungen (SpU)

der ungünstigstenfalls befallene Bauteilbereich völlig abgetragen oder dauerhaft zur Innenraumluft hin abgeschottet werden soll. Es werden allerdings die Fälle zunehmen, bei denen eine eigentlich nicht nötige, völlige Beseitigung ganzer Bauteile nur durchgeführt wird, um umfangreiche, in die Bauteiltiefe reichende Untersuchungen aus Zeit- und Kostengründen zu vermeiden.

Frage 2 – Arbeitsschutz beim Ortstermin
Wann muss während des Ortstermins bei der Besichtigung bzw. bei näherer Untersuchung der befallenen Oberflächen mit besonderen Arbeitsschutzmaßnahmen (und welchen?) gearbeitet werden?
Müssen z. B. bei der Besichtigung des Schimmelpilzes hinter dem Kopfende eines Bettes (die schimmelbewachsene Fläche

wird meist 0,5 m² übersteigen und damit [nach 2] ein schwerwiegender Befall vorliegen) den Rechtsanwälten und den übrigen Verfahrensbeteiligten Schutzanzüge und Atemmasken ausgeteilt werden?

Frage 3 – Gefahrenabwehr
Wann muss der Gerichtssachverständige noch während des Ortstermins den Nutzer über die Gesundheitsgefahren aufklären?
Diese Frage ist dann für den weiteren Ablauf eines Verfahrens und auch die Akzeptanz des Sachverständigen wichtig, wenn bis zum Termin bisher über gesundheitliche Aspekte gar nicht gestritten wurde. Der Bausachverständige ist faktisch gezwungen, Öl ins Feuer zu gießen, wenn ihm zur Gefahrenabwehr eine solche Aufklärungspflicht obliegt!
Der hartnäckige Streit über die Verantwortlichkeit für Schimmelpilzbefall wird in Zukunft nicht nur wegen dieser drei Verfahrensfragen, als vielmehr unter folgenden Aspekten an Intensität zunehmen.

5 Fragen zum entstandenen Schaden und zum notwendigen Instandsetzungsumfang

Werden nicht der Nutzer, sondern der Vermieter oder Unternehmer als Verursacher ermittelt, so wird verstärkt der Streit über Ansprüche aus den erlittenen oder möglichen Gesundheitsschäden beginnen. Diese Auseinandersetzung ist Gott sei Dank allein von Medizinern und Juristen zu führen; der Bausachverständige ist allerdings indirekt betroffen. Seine Ursachen- und damit Verantwortlichkeitsanalyse wird ein noch größeres Gewicht bekommen und noch kritischer auf Schwachstellen hinterfragt werden.
Bei der Festlegung der Nachbesserungs- bzw. Instandsetzungsmaßnahmen spielte in Sachverständigengutachten bisher die Beseitigung der eigentlichen Ursachen die wesentliche Rolle. Die abschließende Bearbeitung der trockengelegten, schimmelpilzbefallenen Fläche rangierte im Wesentlichen unter „Schönheitsreparaturen" mit einem relativ geringen Kostenanteil. Dies wird nach den nun vorliegenden Veröffentlichungen völlig anders werden.
Nur bei Bagatellfällen (Befallfläche < 20 cm² und ohne deutlich gesundheitsschädigende Pilze [2]) und bei glatten Flächen kann eine Oberflächenbearbeitung ausreichen.

Der Leitfaden [2] formuliert zu porösen Materialien: *„Befallene poröse Materialien (Tapeten, Gipskartonplatten, poröses Mauerwerk, poröse Deckenverschalungen) können nicht gereinigt werden. Leicht ausbaubare Baustoffe wie Gipskartonplatten oder leichte Trennwände sind auszubauen und zu entfernen. Schimmelpilze auf nicht ausbaubaren Baustoffen sind vollständig (d. h. auch in tiefer liegenden Schichten) zu entfernen."*
Nach meiner langjährigen Erfahrung dürfte der Anteil der porösen Untergründe bei Schimmelpilzbefall in Wohnungen über 99 % liegen, da gerade die Sorptionseigenschaften der porösen Materialien eine wesentliche Wachstumsvoraussetzung für Schimmelpilze – auch unter der Tauwassergrenze – darstellen. Weiterhin handelt es sich fast ausschließlich um Tapeten und Anstriche auf Gipsputz – in geringerem Umfang auch anderen Putzuntergründen –, in kleinerem Umfang um unmittelbar beschichtete Gipsdielen, Gipskartonplatten, KS-Plan-Blockmauerwerk und Stahlbetonuntergründe. In Badezimmern sind in aller Regel die – porösen – Fliesenfugen und die Dichtstoffphasen betroffen.
Die Forderung nach dem Abbruch und der Entsorgung all dieser Materialien (bis in welche Tiefe?) gibt dem Schimmelpilzstreit eine ganz neue Kostendimension.

Die 4. Frage betrifft daher den Instandsetzungsaufwand:
Wann sind zur Beseitigung des Befalls (unabhängig von der Frage der Ursachenbeseitigung) neben einer Entfernung der bewachsenen Oberflächen (Tapeten, Anstriche) auch umfangreichere Baumaßnahmen (Abstemmen ganzer Putzschichten, Entfernen vollständiger Fußböden, Abbruch von leichten Trennwänden mit Gipskartonplatten) erforderlich?
Warum werden bei Schimmelpilzen in tiefen Bauteilschichten nach Beseitigung der Wachstumsursachen und Trocknung nicht in ähnlicher Weise wie bei anderen gesundheitsschädigenden Stoffen abschottende oder abdeckende Methoden akzeptiert?
Soweit für mich erkennbar, wird die Entfernung all dieser Schichten nicht etwa gefordert, weil eine gesundheitliche Gefährdung sicher ist. Nach dem Leitsatz „Schimmel gehört nicht ins Haus" dienen die Maßnahmen der reinen hygienischen Vorsorge. Ich habe den Eindruck, dass den Verantwortlichen nicht klar ist, in welchem Umfang Schimmelpilz im kleineren und mittleren Um-

fang in Wohnräumen auftritt und welche Lawine von Streitigkeiten und volkswirtschaftlich unproduktiven Baumaßnahmen eine solche Vorsorgephilosophie bei konsequenter Anwendung hervorrufen würde.

Auch wenn die Gesundheit des Menschen höchstes Gut ist, muss auch in Fragen der Gesundheitsvorsorge grundsätzlich ein angemessenes Kosten-Nutzen-Verhältnis bei der Auswahl der notwendigen Maßnahme beachtet werden. Diese Angemessenheit scheint mir insgesamt – insbesondere unter Berücksichtigung des im Einleitungssatz dargestellten, geringen Gefährdungspotenzials – in der derzeitigen Praxis von Schimmelpilzsanierungen häufig nicht mehr gegeben zu sein. Einsichtig ist, dass in Aufenthaltsräumen von Risikogruppen strengere Maßstäbe gelten müssen.

Da es bei all diesen Fragestellungen nicht mehr um bautechnische, sondern gesundheitspolitische Aspekte geht, bleibt mir als Bürger und Bausachverständiger nur übrig, an die Verantwortlichen zu appellieren, das Augenmaß zu bewahren. Vor allem der unmittelbar den Bausachverständigen betreffende Fragenkomplex der angemessenen Instandsetzung der mit Schimmelpilz befallenen Flächen muss durch wesentlich handhabbarere und praxisnähere Anweisungen klar geregelt werden. Insbesondere bei der Vielzahl der kleineren Objekte muss sowohl der Begutachtungsaufwand als auch der Instandsetzungsaufwand im Rahmen des Verhältnismäßigen bleiben.

Werden keine vernünftigen, gut handhabbare Regelungen gefunden, so wird der Untersuchungsaufwand und auch der Instandsetzungsaufwand stark zunehmen. Angesichts der dargestellten, generell schwierigen Beurteilungssituation für den Bausachverständigen wird sich damit der Streit über die Verantwortlichkeit bei Schimmelschäden in Zukunft wesentlich verschärfen. Die zwischen den

Parteien stehenden Bausachverständigen werden dann einer noch größeren Zerreißprobe ausgesetzt sein.

Literatur

[1] Schimmelpilze in Innenräumen – Nachweis, Bewertung, Qualitätsmanagement – abgestimmtes Arbeitsergebnis des Arbeitskreises Qualitätssicherung Schimmelpilze in Innenräumen am Landesgesundheitsamt BW, 14.12.2001 (E-Mail: Gabrio@lga.bwl.de)

[2] Leitfaden zur Vorbeugung, Untersuchung, Bewertung und Sanierung von Schimmelpilzwachstum in Innenräumen – Umweltbundesamt, November 2002 (www.umweltbundesamt.de)

[3] Schild, E.: Untersuchung der Bauschäden an Außenwänden und Öffnungsanschlüssen. In: Aachener Bausachverständigentage 1976

[4] Usemann, K. W.: Was muss der Bausachverständige über Schadstoffimmissionen im Gebäudeinneren wissen? In: Aachener Bausachverständigentage 1988

[5] Aachener Bausachverständigentage 1992: Wärmeschutz – Wärmebrücken – Schimmelpilz (sämtliche Tagungsbände sind auf einer CD-ROM erhältlich)

[6] Dritter Bericht über Schäden an Gebäuden – Themenkomplex III: Schäden durch mangelhafte Luftdichtheit oder mangelhafte Belüftung von Gebäuden. Bundesbauministerium 1996 (Projektleiter: R. Oswald)

[7] Oswald, R.: Die geometrische Wärmebrücke – Sachverhalt und Beurteilungskriterien, Aachen 1992 (in [5])

[Die vier in den Kapiteln 4 und 5 aufgeworfenen Fragen werden in der 1. Podiumsdiskussion am 8.04.2003 diskutiert, siehe Seite 154]

Praxisprobleme bei der Rissverpressung in Beton-bauteilen mit hohem Wassereindringwiderstand

Dipl.-Ing. Holger Graeve, MC-Bauchemie, Bottrop

1 Einleitung

Zu den Aufgaben während der Errichtung von Bauwerken und der Erhaltung ihrer Tragfähigkeit, Gebrauchsfähigkeit und Dauerhaftigkeit, zählen regelmäßig abdichtende Injektionen. Davon sind besonders die Bauteile betroffen, die neben ihrer tragenden, aussteifenden oder Raum umschließenden Funktion gleichzeitig die Abdichtung gegen Wasser zu erbringen haben. Der Wassereindringwiderstand von Beton wird durch Risse oder Hohlräume stark vermindert.

Fachleuten ist bewusst, dass in begrenztem Umfang das abdichtende Verpressen von unplanmäßig auftretenden Rissen und Hohlräumen genau so systemspezifisch ist, wie die Entstehung von Rissen in Stahlbeton selbst. Das Verpressen von Rissen gehört inzwischen zum normalen Leistungsumfang für die Gewährleistung wasserundurchlässiger Konstruktionen [1]. Es sollte in Ergänzung zur Entwurfsplanung vorbereitet werden. Nur so kann eine Injektionsmaßnahme im Bedarfsfall objektgerecht und ohne zeitbedingte Fehler ausgeführt werden.

Arbeitsfugen – häufig wasserdurchlässige Schwachstellen in der Konstruktion – können vorbeugend mit zusätzlichen Einbauteilen (z. B. Injektionsschläuchen) ausgebildet werden. Leider wird bei allen Vorteilen dieser Maßnahmen im Vertrauen auf die vermeintliche zusätzliche Sicherheit mehr und mehr vergessen, dass Arbeitsfugen bei sorgfältiger Ausführung auch ohne diese Hilfsmittel wasserundurchlässig ausgebildet werden können. Das zusätzliche Sicherheitsbedürfnis gipfelt z. B. in der Entwicklung mehrfach verpressbarer Schlauchsysteme.

Bei zu erwartenden Relativverschiebungen zwischen benachbarten Bauteilen muss ein Konzept zur nachträglichen Abdichtung gegebenenfalls entstehender Undichtigkeiten vorliegen. Andernfalls sind Bewegungsfugen vorzusehen [2]. Auch diese können zum Injektionsfall werden.

Injektionsschläuche sind Hilfskonstruktionen zum Einpressen von Füllgütern in Fugen. Die technischen Anforderungen an die Injektions-systeme können wie für Risse betrachtet werden.

Die abdichtende Injektion von Bauteilen mit hohem Wassereindringwiderstand ist eine Herausforderung für alle Beteiligten und nicht zuletzt für die Injektionssysteme. Sie kann nur erfolgreich gemeistert werden, wenn alle Schritte der Instandsetzung fachgerecht und mit Aufmerksamkeit für besondere Situationen ausgeführt werden. Wichtige Schritte auf dem Weg zur objektorientierten Instandsetzung sind:

Bestandsaufnahme:
– Konstruktion
– Baustoffe
– Lastabtragung
– mögliche Ursachen
– Rissmerkmale/ Hohlraummerkmale

Bewertung:
– Tragfähigkeit
– Gebrauchsfähigkeit
– Dauerhaftigkeit
– Notwendigkeit und Möglichkeiten einer Injektion

Planung:
– Ziel
– Füllart
– Injektionsdruck
– Packeranordnung
– Füllmenge
– Einfluss auf die aquate Umwelt

Bauüberwachung:
– Füllgutverbrauch
– Füllgutverteilung
– Füllgrad
– Dokumentation

Probleme in der Praxis haben nur bedingt ihre Ursache in der Ausführung. Gründe dafür können sowohl vorher, in der Planung, wie auch später, in einer von der ursprünglichen Planung abweichenden Nutzung liegen. Für den dauerhaften Erfolg von Injektionsmaßnahmen ist eine fachgerechte Planung

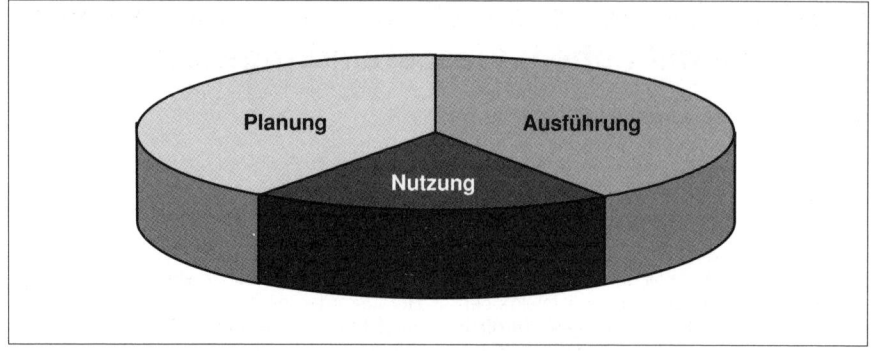

Bild 1: Geschätzte Verteilung der Fehlerhäufigkeit für WU-Bauteile

und Ausführung erforderlich. Alle Maßnahmen zur abdichtenden Injektion von Rissen oder Hohlräumen sind dem Injektionsziel entsprechend materialspezifisch in einem Instandsetzungskonzept auszuarbeiten. Das Gesamtkonzept der Instandsetzung soll anhand einer genauen Schadensanalyse die technisch und wirtschaftlich sinnvollste Injektionsmaßnahme herausstellen. Die konzeptionelle Vorarbeit ist für Injektionsmaßnahmen besonders wichtig, da die Arbeiten selbst ohne direkte Einsicht des zu füllenden Injektionsraums ausgeführt werden müssen.

2 Bestandsaufnahme
Die Ursachenforschung für wasserdurchlässige Risse und Hohlräume setzt Informationen über die bestehende Konstruktion voraus. Konstruktionsunterlagen und Bautagebücher liefern Grundinformationen. Der Gutachter muss jedoch jederzeit mit nicht dokumentierten Abweichungen rechnen. Art und Beschaffenheit der Baustoffe im Instandsetzungsbereich müssen bekannt sein, um ein Injektionssystem festlegen zu können. Wesentliche Erkenntnisziele müssen sein:

– Ursache des Schadens
  • konstruktions-, herstellungs- oder nutzungsbedingt
  • einmalig
  • während der Injektion und der Härtung wiederkehrend
– Beanspruchung des Bauwerks aus
  • Lasten

  • Temperatur
  • ggf. dem Wasserdruck /Druckgefälle

Eine Beurteilung vor Ort ist unabdingbar. Ergeben sich aus der Ursachenbetrachtung Zweifel an der Lastabtragung werden statische Nachberechnungen notwendig.
Wesentliche Elemente der Bestandsaufnahme sind Detailuntersuchungen des mangelhaften, durchfeuchteten Bereichs. In der Regel sind die Trennrisse wasserführend, die das gesamte Bauteil durchtrennen. Hohlräume, die als Fehlstellen im Baustoffgefüge während der Herstellung verursacht werden, senken den Widerstand gegen anstehendes, drückendes Wasser und führen zu flächigen Durchfeuchtungen.
Zur Erfassung von Rissen und Hohlräumen werden in [3], Tabelle 6.1 und 6.2 bzw. in [4], Tabelle 3.5.1 und 3.5.3 ausführliche Hinweise gegeben.

Für Risse sind folgende Merkmale zu bestimmen:
– Rissart
– Rissverlauf
– Rissbreite
– Rissbreitenänderung (kurzzeitig, täglich, langzeitig)
– Hohlraumeigenschaften
– Risszustand (insbesondere Feuchtezustand)
– vorangegangene Maßnahmen

Für Hohlräume sollen erfasst werden:
– Lage und Ausmaß
– Durchgängigkeit für Füllgüter

- Zustand (insbesondere Feuchtezustand)
- vorangegangene Maßnahmen

3 Bewertung des Ist-Zustandes

Ziel der Bewertung sollte die Beantwortung der Frage nach Notwendigkeit und Erfolgsaussichten einer Injektion sein. Dem Ergebnis der Bewertung ist die Ursache voran zu stellen. Nicht jeder Riss ist ein Mangel. Unter dem Gesichtspunkt der Dauerhaftigkeit ist z. B. für den Korrosionsschutz der Bewehrung in DIN 1045-1 [5], Tabelle 18 eine zulässige Rissbreite von 0,3 mm für den Regelfall „Außenbauteil aus Stahlbeton" bei verschiedenen Umweltklassen ohne besonderes Angriffsrisiko angegeben. Diese Größenordnung ist Basis der Grundprüfungen für Füllgüter und Injektionsverfahren zur abdichtenden Injektion nach [3,4].

WU-Betone sind neben der Standsicherheit und Dauerhaftigkeit vor allem nach ihrer Funktionalität klassifiziert. Je nach Wasserundurchlässigkeitsklasse (Tabelle 1.2 in [5]) und Nutzungsanforderungen in Bezug auf das Druckgefälle sind Risse zwischen 0,1 mm (> 15 bis ≤ 25) und 0,2 mm (Druckwasserhöhe zu Bauteildicke ≤ 10) zulässig.

Das Phänomen der Selbstheilung als zeitabhängige Verringerung bzw. Unterbindung des Wasserdurchtritts wird bei Neubauten häufig angeführt. Grundlagenuntersuchungen zu diesem Thema von Ripphausen [6] und Edvardsen [7] haben gezeigt, dass Selbstheilungsprozesse bei Rissbreiten zwischen 0,05 und 0,2 mm möglich sind. Selbstheilung erfolgt durch eingeschwemmte (Schwebstoffe) oder neu gebildete Partikel (Hydratatisierungs- und Karbonatisierungsprodukte), die im Riss festgehalten werden. Infolge von Rissbewegungen lösen sich diese Partikel und werden ausgespült [6], d. h., dass bei Rissbreitenänderungen Selbstheilung nicht zu erwarten ist.

Steuerbar und erfolgversprechend sind hingegen Injektionsmaßnahmen die auch unter veränderlichen Rissbreiten funktionieren.

4 Konzeptionelle Planung des Instand-
setzungskonzepts

Wurde die Notwendigkeit einer Instandsetzung festgestellt, so kann der Planer das Instandsetzungskonzept entwickeln. Die ernsthafte Beschäftigung mit diesem Thema führt zur Instandsetzungsrichtlinie Teil 1 und Teil 2 [3] und zum sachkundigen Planer.

In der Praxis zeigt sich, dass der Planungsaufwand gern eingespart wird. Ungeachtet dessen benötigt das ausführende Unternehmen den Instandsetzungsplan und eine Leistungsbeschreibung. Auf dieser Basis ist eine Überwachung und Kontrolle möglich. Mit steigendem Anforderungsniveau der Injektionsmaßnahme werden die Randbedingungen immer komplexer. Abdichtende Injektionen stehen in einer Hierarchie sicher an oberer Stelle und sollten nicht ohne Vorbetrachtungen begonnen werden.

Die nach einschlägigen Regeln der Technik verwendbaren Füllstoffe für Risse und Hohlräume bzw. Füllgüter funktionieren innerhalb materialspezifischer Grenzen. Um Fehlbewertungen der Leistungsfähigkeit von Injektionsstoffen vorzubeugen, sprechen Regelwerke heute schon von bedingt dehnfähigen oder bedingt kraftschlüssigen Verbindungen. Planer mit praktischen Material- und Technologiekenntnissen sind für diese Einschätzung im Vorteil.

Risse sind entsprechend der Eingangsrissbreiten injizierbar. Für Hohlräume gilt hinsichtlich ihrer Durchgängigkeit sinngemäß das Gleiche. Mit der abdichtenden Injektion werden nach [3,4] riss- und hohlraumbedingte Undichtigkeiten beseitigt. Dieses Ziel ist grundsätzlich mit feuchtigkeitsverträglichen Produkten erreichbar. Durch Injektion können Fehlstellen dauerhaft abgedichtet

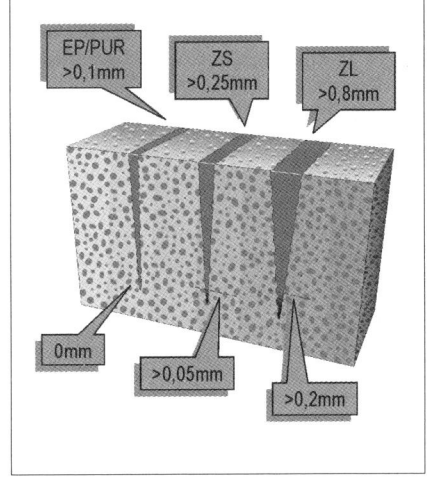

Bild 2: Grenzwerte für die Füllung von Rissen nach [3]

und so die Wasserundurchlässigkeit des hohlraumreichen Gefüges erhöht oder vollständig hergestellt werden.

Die Regelwerke in Deutschland kennen das Abdichten unter Wassereinfluss mit dehnfähigem Verbund (Polyurethanharze) oder kraftschlüssigem Verbund (Zementsuspensionen/ Zementleime). Die in Vorbereitung befindliche europäische Vorschrift EN 1504-5 [8] beschreibt darüber hinaus das Füllen mit quellfähigen Füllstoffen (Acrylatharze) für Risse und Hohlräume.

Aus der universellen Produktpalette der Polyurethanharze interessieren besonders die weichelastischen Systeme mit hohen Verformungen bei geringen Kräften und Haftfestigkeiten bis ca. 1 N/mm^2 auf Beton. Die Leistungsfähigkeit dehnbarer Verbindungen ist begrenzt. Von herausragender praktischer Bedeutung für die Injektion ist die Viskosität der Füllgüter. Sie bestimmt maßgeblich den Füllerfolg einer Injektionsmaßnahme. Polyurethanharze weisen unterschiedliche Viskositäten auf. Für die dehnbar abdichtende Injektion sind Produkte mit Viskositäten um ca. 300 mPa · s ab 0,3 mm im Einsatz. Harze mit höheren Viskositäten erfordern bei gleichen Rissbreiten höhere, gegebenenfalls nicht ausführbare Injektionsdrücke. Der erzielbare Füllgrad bleibt begrenzt. Verbleibende Wasserdurchlässigkeiten sind die Folge. Ideal sind optimierte Viskositäten von ca. 100 mPa · s. Mit diesen Systemen sind Risse ab ca. 0,1 mm Breite verpressbar.

Reaktionsharze zeigen einen typischen Anstieg der Viskosität. Er begrenzt bei ca. 1000 mPa · s die Verarbeitbarkeitsdauer. Innerhalb ausreichend langer Zeiten können Injektionsharze tief in Risse gepresst werden. Eine übermäßig lange Verarbeitbarkeitsdauer ist wie eine zu kurze unzweckmäßig. Mit einer langen Flüssigphase ist zwangsläufig eine lange Reaktionszeit verbunden. Diese kann bei tiefen Bauteiltemperaturen mehrere Tage beanspruchen. Lange Reaktionszeiten bergen die Gefahr des unkontrollierbaren Abfließens von Harz. Andererseits kann drückendes Wasser bereits injizierte, noch fließfähige Harze wieder verdrängen. Die optimale einkomponentige Verarbeitung von Polyurethanharzen erfordert eine Verarbeitbarkeitsdauer von mindestens 20 min.

Die Wahl des Injektionsharzes wird i. d. R. dem Bieter überlassen. Es ist nur allzu verständlich, dass er lange Verarbeitungszeiten bevorzugt. Doch das ist, wie begründet, nicht immer sinnvoll. Maßgebend sind die Objektbedingungen. Darauf sollte der Planer Einfluss nehmen.

Zur vorübergehenden Reduzierung drückenden Wasserzuflusses kann der Einsatz eines schnellschäumenden Polyurtehanharzes (SPUR) erforderlich werden. Das zum Injektionsverfahren gehörende SPUR ist kein dehnfähiges Füllgut und hat keine dauerhaft abdichtende Wirkung. [4] Der Einsatz dieses Hilfsproduktes sollte auf unbedingt notwendige Fälle beschränkt bleiben und auch dann nur abschnittsweise erfolgen. Obwohl schäumende Polyurethanharze sehr schnell reagieren, benötigen sie einige Sekunden bis wenige Minuten, um sich mit dem Reaktionspartner Wasser zu vermengen und zu reagieren. Bei intervallweiser Injektion kann die Wirkung des Schaumes kontrolliert und gesteuert werden. Es genügt die Reduzierung des Wasserdrucks für eine optimale Hauptinjektion mit dauerhaft abdichtendem Polyurethanharz. Häufig wird die Schauminjektion jedoch bis zur vollständigen Abdichtung von Rissen betrieben. Die Vorfüllung der Injektionsbereiche behindert das vollständige Füllen mit Polyurethanharz. In der Folge sind erhöhte, mitunter schädliche Injektionsdrücke notwendig.

Bei Hohlrauminjektionen sollte der Einsatz von Polyurethanschaum grundsätzlich ausgeschlossen werden. Eine raumfüllende Hauptinjektion ist danach i. d. R. nicht mehr möglich. Alternativ hierzu kann der dem geschädigten Bauteil vorgelagerte Baugrund zur druckmindernden Injektion herangezogen werden.

Mineralische Injektionsmaterialien erfordern im Vergleich zu den Grenzwerten der Wasserdurchlässigkeit von Rissen eine relativ hohe Eingangsrissbreite. Darüber hinaus sind während der langen Härtungsphase Rissbreitenänderungen schädlich. Suspensionen erfordern niedrige Injektionsdrücke, damit sie während der Injektion nicht entmischt werden. Alles in allem verbergen sich hinter dem wohl preiswertesten der hier angeführten Injektionsprodukte einige nicht zu vernachlässigende Einschränkungen.

Die Injektion von Acrylatgelen in Bauteile ist in Deutschland umstritten. Schwindprozesse bei fehlendem Feuchteangebot und Korrosionsbedenken bei Kontakt mit Bewehrungsstahl begründen Gegenargumente. Diese sind zwar produktspezifisch sehr unterschiedlich zu bewerten, verhindern jedoch bis heute den Einzug in Regelwerke für die Stahlbetoninjektion. Dagegen haben sich Acrylatgele seit Jahrzehnten zur Abdichtung von Bauwerken im angrenzenden Baugrund bewährt. Unter bestimmten Umständen kann diese Technologie eine technisch-wirtschaftliche Alternative zur Bauteilinjektion sein. [9] Produktstärken sind u. a. die ausgesprochen niedrige Viskosität, die schnelle steuerbare Reaktivität, hohe Elastizität und die begrenzt mögliche Volumenzunahme. Allerdings erfordert die Injektion von Acrylatgelen ein anspruchsvolles Equipment und hohe Qualifikation des ausführenden Personals. Der Einsatz einer 2-Komponentenpumpe ist notwendig, wenn die beschriebenen Vorteile ausgenutzt werden sollen.

Eine sinnvolle Möglichkeit der nachträglichen Abdichtung bieten diese Produkte z. B. für undichte Bewegungsfugen bei denen die Elastizität der Polyurethanharze nicht ausreichend ist. Weitere Anwendungsmöglichkeiten sind wasserdurchlässige Bauteile mit schmalen, eng beieinander liegenden Rissen, die aus Viskositätsgründen mit regelgerechten Füllgütern nicht im Bauteil abgedichtet werden können oder übermäßig viele Packer erfordern würden.

Eine Gegenüberstellung der Injektionssysteme für die abdichtende Injektion wasserdurchlässiger Konstruktionen unter Berücksichtigung der alternativen Acrylatgele enthält Tabelle 1.

5 Ausführung

Die Umsetzung des Injektionskonzeptes setzt Fachkenntnisse zu Material und Technologie beim ausführenden Unternehmen voraus. Grundkenntnisse können auf SIVV-Lehrgängen erworben werden. Besondere fachgewerkliche Schulungen zum real eingesetzten Injektionsverfahren bieten darüber hinaus die Systemanbieter.

Während der Ausführungsarbeiten werden wichtige Erkenntnisse gewonnen, die das Injektionskonzept beeinflussen können. So sind Bohrungen, die für das Setzen von Bohrpackern notwendig werden, auch Erkundungsbohrungen zur Kontrolle der Beschaffenheit des Injektionsbereiches.

Während der Injektionsarbeiten geben Injektionsdrücke und Packerkontakt Auskunft über die Verteilung des Füllgutes in Rissen oder Hohlräumen. Ausführende Unternehmen und Planer sollten in dieser Phase ihre Erkenntnisse zeitnah austauschen. Eine Dokumentation der Arbeiten ist hierfür notwendige Voraussetzung.

Injektionen erfolgen mit Druck erzeugenden Pumpen. Nur selten breitet sich das Füllgut nahezu drucklos aus. Der Injektionsdruck wird begrenzt durch :

– Baustoff
– Bauteilgeometrie
– Füllgut
– Packer
– ggf. Verdämmmaterial
– Pumpe

Beton kann Injektionsdrücken bis zu dem etwa 3 bis 4-fachen seiner Nenndruckfestigkeit widerstehen. Für feingliedrige Konstruktionen sind die Drücke auf geringere Werte (etwa die Hälfte) zu begrenzen. Eine Überschreitung der Höchstdrücke führt zu Rissbildung im Baukörper. Füllgüter begrenzen den Injektionsdruck in der Regel nur, wenn sie Gemische aus flüssigen und festen Komponenten, wie z. B. Suspensionen sind. Für sie gilt erfahrungsgemäß eine Begrenzung auf 10 bar. Wird dieser Druck überschritten, kommt es zu Entmischungen der Suspension. Dieser Tatsache müssen die verwendeten Packer entsprechen. Sie sollen von der Zementsuspension über große Durchlassöffnungen ohne hohen Überwindungsdruck (>1 bar) durchflossen werden können. Die Anordnung der Packer ist in [4] beschrieben. Diese Richtwerte müssen jedoch den Objektbedingungen angepasst werden. Bei starken Abweichungen vom Instandsetzungskonzept ist der Planer zu Rate zu ziehen. Aufgrund der Vielzahl angebotener Packer kann hier keine allgemeingültige Vorgabe formuliert werden. Es sind die Herstellerangaben zu beachten. Tendenziell sind Metallpacker druckbeständiger als Kunststoffpacker. Verdämmungen spielen bei Injektionen gegen Wasser selten eine Rolle. Wenn sie notwendig werden, kommen feuchtigkeitsverträgliche Materialien zum Einsatz. Die Feuchtigkeitsverträglichkeit geht jedoch zu Lasten des Haftverbundes, so dass nur mit bedingtem Druckwiderstand des Verdämmmaterials gerechnet werden kann. Injektionspumpen erzeugen so hohe Drücke, dass sie kaum das schwächste Element im Injektionssystem sind. Vielmehr sollten sie gut regelbar sein, damit die Grenzdrücke der anderen Systemelemente nicht überschritten werden. Um die entwurfsmäßige Wasserundurchlässigkeit zu erzielen, kann es je nach Objektsituation notwendig sein, die abdichtende Injektion in mehreren Durchgängen auszuführen.

Tabelle 1

Phase	Kriterium	Injektionsprodukte und deren Anwendungsbereiche		
		Zementsuspensionen, Zementleime (Kraftschlüssigkeit)	Polyurethanharze (Dehnfähigkeit)	Acrylgele (Quellfähigkeit)
Bestands-aufnahme	Baustoffe	Beton, Stahlbeton, Spannbeton	Beton, Stahlbeton, Spannbeton	Beton
	Konstruktion	Risse/Hohlräume/Fugen		Fugen [1], (bauteilnahes Erdreich)
	Ursache	bekannt, nicht wiederkehrend	bekannt	bekannt
	vorangegan-gene Füllung	keine mit Reaktionsharzen	möglich	möglich
	mechanische und physika-lische Einwir-kungen	Rissbreitenänderung unzulässig	Rissbreitenänderung begrenzt zulässig	Rissbreitenänderung begrenzt zulässig
	chemische Einwirkungen	keine haftungs- und reaktionsstörenden Substanzen	keine haftungs- und reaktionsstörenden Substanzen	keine reaktions-störenden Substanzen, Haftverlust kann begrenzt durch Quellen ausgeglichen werden
	Feuchte-zustand	trocken[2], feucht, wasserführend	trocken, feucht, wasserführend, unter Druck wasserführend	feucht, wasserführend, unter Druck wasserführend[3]
Planung	kleinste injizierbare Rissbreite	ZS: $\geq 0{,}25$ mm ZL: $\geq 0{,}8$ mm	$\geq 0{,}1$ mm	$\leq 0{,}1$ mm [4]
	Rissbreiten-änderung während Injektion und Härtung	unzulässig	< 0,3mm: $\Delta w \approx 0\,\%$ 0,3 – 0,5mm: $\Delta w \geq 5\,\%$ > 0,5[5]: $\Delta w \geq 10\,\%$	ca.15 % [6]
	Injektions-system	1-Komponenten-Niederdruckinjektion, Packer mit geringem Überwindungsdruck, Kolloidalmischer (ZS)	1-Komponenten-Hochdruckinjektion, Bohrpacker	2-Komponenten-Hochdruckinjektion, Bohrpacker
	Ziel	Abdichtung wasser-undurchlässig mit bedingtem Kraftschluss $\sigma_{Zwang+Last} \leq \beta_{bZL/ZS\,Z}$ bei $\beta_{bz} \geq \beta_{ZL/ZS\,Z}$	Abdichtung wasser-dicht mit bedingter Dehnbarkeit	Abdichtung wasser-undurchlässig mit hoher Verformbarkeit
Aus-führung	niedrigste Anwendungs-temperatur	5 °C	6 °C [7]	1 °C
	Härtezeit [7]	Tage	Stunden	Minuten

[1] quellfähige Produkte sind nach [3,4] für Riss-/Hohlrauminjektionen nicht zugelassen
[2] Haftflanken sollen durch Vorinjektion von Wasser vorgenässt werden
[3] dauerhafte Feuchte (z. B. Baugrundfeuchtigkeit) ist für Volumenkonstanz Bedingung
[4] kleinster Grenzwert vergleichbar Wasser
[5] bis etwa 1mm annehmbar
[6] Grenzwert nach [10]
[7] produktabhängig unterschiedlich

6 Fazit

Praxisprobleme bei der Riss- bzw. Hohlrauminjektion in Betonbauteilen mit hohem Wassereindringwiderstand sind häufig auf die Missachtung grundlegender Erfahrungen zurück zu führen. Für eine bedarfsgerechte Planung und Ausführung der abdichtenden Injektion sind die engen Grenzwerte der Injektionsprodukte mit der Bauteilsituation abzustimmen. Dazu ist eine detaillierte Planung erforderlich. Während der Umsetzung des Instandsetzungskonzepts ist eine enge Zusammenarbeit zwischen ausführendem Unternehmen und Planer zu empfehlen.

Die Anforderungen an wasserundurchlässige Konstruktionen mit:
– dichtem Betongefüge
– geschlossenen, wasserundurchlässigen Rissen
– dichten Fugen

können durch Injektionen auch nachträglich noch gesichert werden. Alternativvergleiche zur außenseitigen Abdichtung erdberührter Bauteile sind sinnvoll. Sie sind teilweise wirtschaftlich und technisch erfolgreicher auszuführen.

Literatur

[1] Weber, J.: Weiße Wannen verlangen sehr große Sorgfalt. Deutsches Ingenieurblatt, 3. Jahrgang, Heft 6/1996, S. 24–33

[2] DafStb-Richtlinie: Wasserundurchlässige Bauwerke aus Beton. Entwurf Mai 2002

[3] DafStb-Richtlinie. Schutz und Instandsetzung von Betonbauteilen. Sonderdruck der Deutschen Bauchemie e. V., Frankfurt, 2000

[4] ZTV-ING: Zusätzliche Vertragsbedingungen und Richtlinien für Ingenieurbauten. Teil 3 Massivbau, Abschnitt 5: Füllen von Rissen und Hohlräumen in Betonbauteilen. Entwurf 2002

[5] DIN 1045-1: Tragwerke aus Beton, Stahlbeton und Spannbeton, Teil 1: Bemessung und Konstruktion. Ausgabe 2001-07

[6] Ripphausen, B.: Untersuchungen zur Wasserdurchlässigkeit und Sanierung von Stahlbetonbauteilen mit Trennrissen. Dissertation, RWTH Aachen, 1989.

[7] Edvardsen, C. K.: Wasserundurchlässigkeit und Selbstheilung von Trennrissen im Beton. Dissertation, RWTH Aachen,1994.

[8] pr EN 1504-5: Conrete Injection. Entwurf 2002

[9] Haack, A.; Emig, K.-F.: Abdichtungen im Gründungsbereich und auf genutzten Deckenflächen. Verlag Ernst und Sohn, Berlin 2003

[10] Abdichtung Ingenieurbauwerke(AIB), Ril 8359201: Hinweise für die Planung und Durchführung von Vergelungsmaßnahmen bei der Deutschen Bahn AG. Oktober 1999 und folgende Ausgaben

Schallbrücken – Auswirkungen auf den Schallschutz von Decken, Treppen und Haustrennwänden

Prof. Rainer Pohlenz, Aachen/Bochum

Schallschutzmängel im Wohnungsbau sind selten auf Ursachen zurückzuführen, die nur Spezialisten bekannt sein können und die deshalb nur durch Einschaltung von Fachingenieuren oder Sachverständigen zu vermeiden sind. Vielmehr handelt es sich häufig um die Reproduktion längst bekannter und einfach erkennbarer Fehlleistungen. Typische Beispiele dafür sind Schallbrücken im Querschnitt von mehrschaligen Bauteilen und in Bauteilauflagern.

1 Anforderungen an den Schallschutz

1. Bauordnungsrecht:
Die bauaufsichtlich eingeführte DIN 4109 [1] legt den gemäß Bauordnung erforderlichen Mindestschallschutz zwischen fremden Nutzungsbereichen fest. Er darf nicht unterschritten werden und bedarf keiner besonderen Vereinbarung.
2. Zivilrecht:
Unabhängig davon hat ein Bauherr Anspruch auf einen angemessenen Schallschutz. Das bedeutet, dass auch für sogenannte „eigene Bereiche" ein ausreichender Schallschutz zu planen ist, auch wenn dieser nicht in DIN 4109 erwähnt ist. Auch kann in Fällen erhöhter Gebäudequalität der Schallschutz zwischen fremden Bereichen nach oben von den Anforderungen der DIN 4109 abweichen.

Um unliebsamen Diskussionen über nicht erfüllte Erwartungen zu vermeiden, sollte der geplante Schallschutz unter Berücksichtigung wirtschaftlicher oder baukonstruktiver Restriktionen ausführlich erörtert und möglichst präzisiert werden. Als brauchbare Planungsgrundlage sei hier die VDI 4100 [4] genannt, die für unterschiedliche Gebäudequalitäten drei Schallschutzstufen vorsieht (Tab. 1). Dabei sei erwähnt, dass die in Deutschland anzutreffende mittlere Art und Güte des Schallschutzes bei den Geschossdecken zwischen der Schallschutzstufe I und II und bei den Reihenhaustrennwänden etwa bei Schallschutzstufe II liegt [4]. Für Geschosstreppen liegen in dieser Hinsicht keine Erkenntnisse vor. Auch auf die mit diesem Schallschutz verknüpfte Schutzwirkung sei hingewiesen (Bild 2).
Darüber hinaus gilt: Ein Schallschutz ist (unabhängig von etwaigen DIN-Forderungen) mangelhaft, wenn er nicht den Regeln der Technik entspricht [39] oder wenn er nicht die Qualität erreicht, die bei einwandfreier Herstellung eines Bauteils regelmäßig erzielt worden wäre [38], [40]. Das heißt, dass ein mit Schallbrücken behaftetes Bauteil unabhängig vom erzielten Schallschutz grundsätzlich als mangelhaft gilt.

Wohnungstrenndecken
DIN 4109:	erf. R'$_w$ = 54 dB	erf. L'$_{n,w}$ = 53 dB
VDI 4100 SSt I:	soll R'$_w$ = 54 dB	soll L'$_{n,w}$ = 53 dB
SSt II:	soll R'$_w$ = 57 dB	soll L'$_{n,w}$ = 46 dB
SSt III:	soll R'$_w$ = 60 dB	soll L'$_{n,w}$ = 39 dB

Treppen in Geschosshäusern
DIN 4109:	erf. L'$_{n,w}$ = 58 dB
VDI 4100 SSt I:	soll L'$_{n,w}$ = 58 dB
SSt II:	soll L'$_{n,w}$ = 53 dB
SSt III:	soll L'$_{n,w}$ = 46 dB

Haustrennwände
DIN 4109:	erf. R'$_w$ = 57 dB
VDI 4100 SSt I:	soll R'$_w$ = 57 dB
SSt II:	soll R'$_w$ = 63 dB
SSt III:	soll R'$_w$ = 68 dB

Tabelle 1: Schallschutzanforderungen/ -empfehlungen

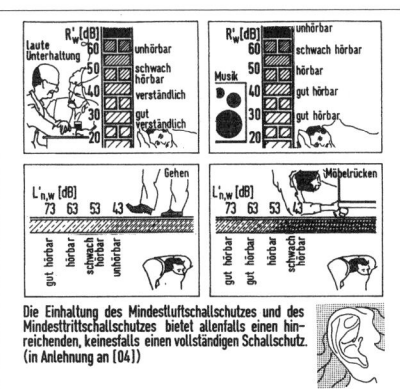

Bild 2: Wirkung der Schalldämmung

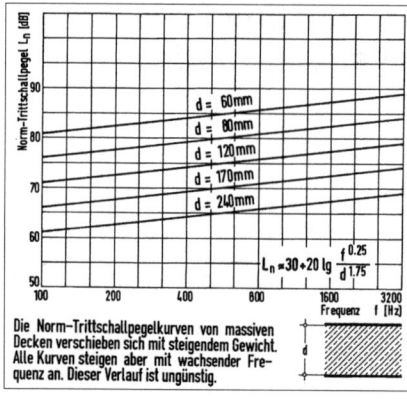

Die Norm-Trittschallpegelkurven von massiven Decken verschieben sich mit steigendem Gewicht. Alle Kurven steigen aber mit wachsender Frequenz an. Dieser Verlauf ist ungünstig.

Bild 3: Rohdecke: Norm-Trittschallpegelkurven

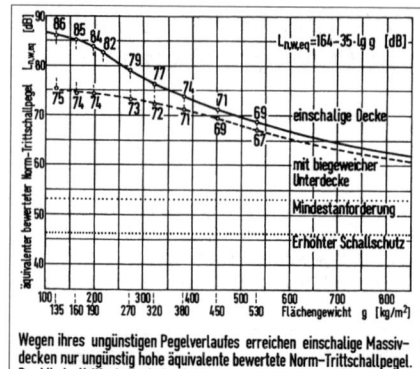

Wegen ihres ungünstigen Pegelverlaufes erreichen einschalige Massivdecken nur ungünstig hohe äquivalente bewertete Norm-Trittschallpegel. Der Mindesttrittschallschutz wird bei weitem nicht erreicht. (Werte [02])

Bild 4: Rohdecke: Äquiv. bew. Norm-Trittschallpegel

2 Schalldämmung von Massivdecken

Mit Massivdecken lässt sich bei regelgerechter Ausführung leicht ein hoher Luft- und Trittschallschutz erfüllen. Gründe dafür sind das hohe Flächengewicht der Rohdecken und die günstige ergänzende Wirkung des schwimmenden Estrichs. Dies soll nachfolgend kurz erklärt werden.

Die trittschalldämmende Wirkung von Rohdecken, ausgedrückt durch deren äquivalenten bewerteten Norm-Trittschallpegel $L_{n,w,eq}$ nimmt mit wachsendem Flächengewicht g zu. Gemäß [2] errechnet dieser sich wie folgt:

(1) $L_{n,w,eq} = 164 - 35 \cdot \lg g$ [dB]

Allerdings weisen die Norm-Trittschallpegelkurven von einschaligen Massivdecken einen steigenden, d. h. ungünstigen Kurvenverlauf auf (Bild 3). Da das menschliche Ohr auf Schalleinwirkungen bei hohen Frequenzen besonders empfindlich reagiert, hat dies zur Folge, dass hohe Trittschallpegel bei hohen Frequenzen als besonders störend wahrgenommen werden. Das wiederum bedeutet, dass selbst dicke, schwere Betondecken nur eine geringe wirksame Trittschalldämmung, d. h. hohe bewertete Norm-Trittschallpegel erzielen (Bild 4).
Eine gute Trittschalldämmung wird nur dann erreicht, wenn die Norm-Trittschallpegelkurven einen fallenden Verlauf aufweisen. Dies wird nur mit entkoppelten Auflagen bewirkt.
Die trittschallmindernde Wirkung eines schwimmenden Estrichs beruht darauf, dass mit wachsender Frequenz eine zunehmende Entkopplung der Estrichplatte von der Rohdecke festzustellen ist. Allerdings ist zu beachten: Der Estrich bildet zusammen mit der Rohdecke ein Masse-Feder-Masse-System mit einer Eigenfrequenz f_0, bei der sich die Schalldämmung gravierend verringert. Sie errechnet sich aus dem dynamischen E-Modul E_{dyn} und der Dicke d der Dämmschicht sowie den Flächengewichten der Estrichplatte g_E und der Rohdeckenplatte g_{Rd}:

(2) $f_0 = 160 \cdot [E_{dyn}/d \, (1/g_E + 1/g_{Rd})]^{1/2}$ [dB]

Günstig ist eine geringe Eigenfrequenz f_0, denn erst oberhalb f_0 entkoppeln sich Estrich und Rohdecke nach [8] theoretisch mit 12 dB/ Frequenzverdopplung (Bild 5):

(3) $\Delta L = 40 \cdot \lg (f/f_0)$ [dB]

Da die Flächengewichte der Estrich- und Rohdeckenplatten in der Praxis relativ invariabel sind, lässt sich die Eigenfrequenz im Wesentlichen nur über die Eigenschaften der Trittschalldämmschicht steuern. Um das zuvor genannte Ziel einer geringen Eigenfrequenz f_0 zu erreichen, sollte der Quotient E_{dyn}/d, auch dynamische Steifigkeit s' genannt, unter 10 MN/m³ liegen. Dies wird mit Mineralfaserplatten ab einer Dicke von 20 mm oder mit Polystyrolhartschaumplatten, Typ T von 40 mm erreicht. Dünne Dämmschichten (d < 10 mm), gleich welchen Materials, sind schalltechnisch immer zu steif.

Pohlenz/Schallbrücken

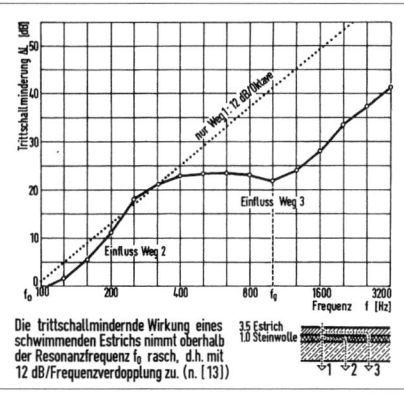

Die trittschallmindernde Wirkung eines schwimmenden Estrichs nimmt oberhalb der Resonanzfrequenz f_0 rasch, d.h. mit 12 dB/Frequenzverdopplung zu. (n. [13])

Bild 5: Schwimmender Estrich: Trittschallminderung

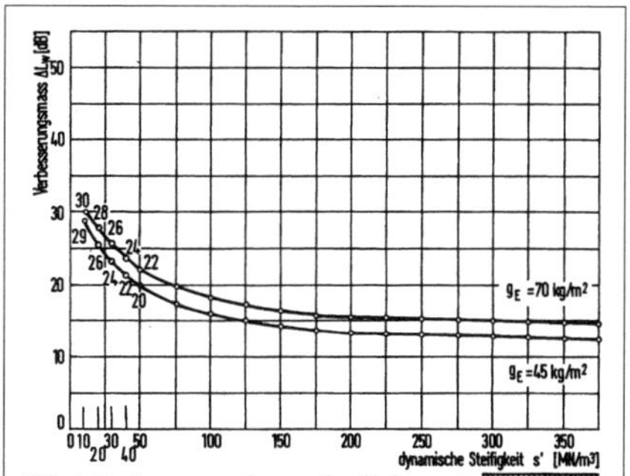

Trittschallverbesserungsmaße von unterschiedlich schweren schwimmenden Estrichen. Sie sinken mit wachsender dynamischer Steifigkeit des Dämmstoffs. (nach [02])

Bild 6: Schwimmender Estrich: Verbesserungsmaß

Subtrahiert man frequenzweise die Werte der Trittschallminderungen eines schwimmenden Estrichs von den Norm-Trittschallpegeln einer massiven Rohdecke, so erhält man den Verlauf der Norm-Trittschallpegelkurve des Gesamtaufbaus. Dieser ist gekennzeichnet durch relativ geringe Werte im unteren Frequenzbereich, hervorgerufen durch das hohe Gewicht der Deckenplatte, und durch stetig fallende Pegelwerte, hervorgerufen durch die Entkopplung durch den schwimmenden Estrich. Zwei positive Eigenschaften werden also miteinander verknüpft. Im Ergebnis entstehen bewertete Norm-Trittschallpegel, die auch bei dünnen Deckenplatten leicht unter 50 dB liegen. Aus diesem Grunde liegt die mittlere Art und Güte des Trittschallschutzes von Massivdecken mit schwimmendem Estrich bei $L'_{n,w} \leq 50$ dB, also merklich unter dem nach DIN 4109 erforderlichen Trittschallschutz (Tab. 1).

Da sowohl die Verläufe der Norm-Trittschallpegelkurven von Massivdecken als auch die Verläufe der Trittschallminderungskurven von schwimmenden Estrichen einander immer sehr ähnlich sind, führt die Kombination beider Elemente immer zu ähnlichen Verläufen der Norm-Trittschallpegelkurven der Gesamtaufbauten. Deshalb lässt sich die durch einen schwimmenden Estrich bewirkte Verbesserung der Trittschalldämmung einer massiven Rohdecke unmittelbar aus der dynamischen Steifigkeit der Trittschalldämmschicht vorherbestimmen (Bild 6). Es wird deutlich, dass insbesondere mit geringen Dämmschichtsteifigkeiten (am besten s'≤10), weniger durch

große Estrichgewichte hohe Verbesserungsmaße erzielt werden. Erfahrungsgemäß sind die Werte um 3 bis 5 dB höher als in Bild 6 angegeben.

Die insgesamt zu erwartende Trittschalldämmung lässt sich mit Hilfe der äquivalenten Norm-Trittschallpegel aus Bild 4 und den Trittschallverbesserungsmaßen aus Bild 6 nach Gleichung (4) bestimmen:

$$(4) \quad L'_{n,w} = L_{n,w,eq} - \Delta L_{,w} + 2 \quad [dB]$$

Der 2-dB-Zuschlag begründet sich mit der zu erwartenden Verringerung des Verbesserungsmaßes von schwimmenden Estrichen innerhalb der ersten zwei, drei Jahre nach Fertigstellung (Bild 7).

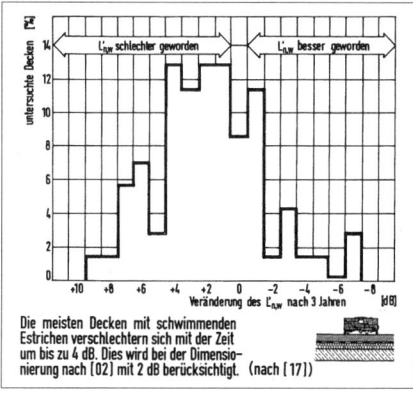

Die meisten Decken mit schwimmenden Estrichen verschlechtern sich mit der Zeit um bis zu 4 dB. Dies wird bei der Dimensionierung nach [02] mit 2 dB berücksichtigt. (nach [17])

Bild 7: Schwimmender Estrich: Dämmveränderung

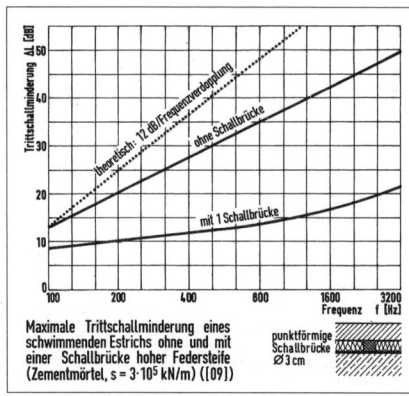

Maximale Trittschallminderung eines
schwimmenden Estrichs ohne und mit
einer Schallbrücke hoher Federsteife
(Zementmörtel, s = 3·10⁵ kN/m) ([09])

punktförmige
Schallbrücke
∅ 3 cm

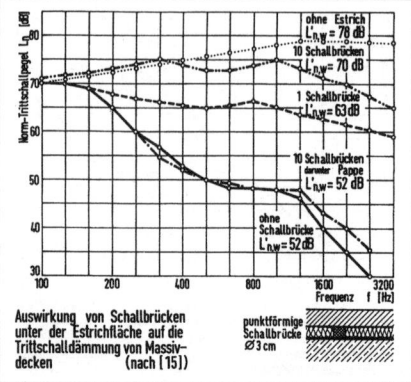

Auswirkung von Schallbrücken
unter der Estrichfläche auf die
Trittschalldämmung von Massivdecken   (nach [15])

punktförmige
Schallbrücke
∅ 3 cm

Bild 8: Schwimmender Estrich: Wirkung von
Schallbrücken

Bild 9: Schwimm. Estrich: Wirkung von Schallbrücken

3 Schallbrücken in Massivdecken

Durch Schallbrücken, die die Estrichplatte mit den umgebenden Bauteilen verbinden, verringert sich die Trittschallminderung von schwimmenden Estrichen drastisch. Dabei muss unterschieden werden zwischen
– Schallbrücken unterhalb der Estrichplatte
– Schallbrücken in den Randanschlüssen

Schallbrücken unterhalb der Estrichplatte können z. B. aus Estrichmaterial, das in die Dämmschicht gelaufen ist, durch Rohrleitungen oder Befestigungsmittel gebildet werden. Dabei genügt eine einzige Verbindungsstelle, um die Trittschallminderung des Estrichs bereits erheblich zu verringern. Nach [9] lässt sich die maximal erreichbare Trittschallminderung in Abhängigkeit vom E-Modul des Materials [kN/m²], der Höhe h [m] und der Fläche S [m²] der Schallbrücke und ihrer Anzahl n wie folgt errechnen:

(5) $\Delta L = 5 \cdot \lg (0{,}11 \cdot f) - 10 \cdot \lg n \cdot ...$
$... + 10 \cdot \lg \{1 + 2{,}25 \cdot 10^4 \cdot [f \cdot h/(E \cdot S)]^2\}$ [dB]

Bild 8 zeigt die nach Gleichung (5) maximal zu erwartende Trittschallminderung eines schwimmenden Estrichs mit einer Schallbrücke aus Zementmörtel mit einem Durchmesser von nur 3 cm. Sie ist im oberen Frequenzbereich (ab 500 Hz) um mindestens 20 dB geringer als die des mängelfreien Estrichs. Die Norm-Trittschallpegelkurve der Decke hebt sich dadurch ab etwa 200 Hz deutlich an (Bild 9).

Der bewertete Norm-Trittschallpegel erhöht sich dadurch um mehr als 10 dB. Das bedeutet, dass eine Decke mit nur einer einzigen Schallbrücke die Anforderung nach DIN 4109 nicht mehr erfüllt. Mehrere solcher Schallbrücken verringern die Trittschallminderung nahezu auf Null: Die Trittschalldämmung der Decke sinkt auf das Niveau der Rohdecke ab (Bild 9). Anzumerken ist, dass diese drastischen Verschlechterungen nur dann erfolgen, wenn ein inniger Verbund zwischen Estrichplatte und Rohdecke durch die Mörtelbrücke hergestellt wird.

Um ungewollte Mörtelbrücken unterhalb der Estrichplatte zu vermeiden, müssen die Trittschalldämmplatten eben und dicht gestoßen im Verband verlegt werden. Die Dämmplatten sind einlagig zu verlegen, weil eine doppellagige Verlegung die mögliche Zusammendrückung der Dämmschicht von zulässig 5 mm auf 10 mm erhöhen würde. Oberhalb der Dämmschicht ist eine Schutzlage aus Kunststofffolie oder Bitumenbahnen zu verlegen, die ein Eindringen von flüssigem Estrichmaterial in die Dämmschicht verhindert.

Ein Höchstmaß an Sicherheit gegen die Auswirkungen ungewollter Schallbrücken wird erreicht, wenn unterhalb der Dämmschicht eine Wellpappe oder eine Bitumenbahn verlegt wird. Dadurch wird der oben erwähnte innige Kontakt unterbunden und Schallbrücken werden damit nahezu wirkungslos (Bild 9).

Eine unübersehbare Zahl von Trittschallschutzmängeln wird durch Rohrleitungen zwischen schwimmendem Estrich und Rohdecke verursacht. Der Mangel wird bei allen Decken mit

Pohlenz/Schallbrücken

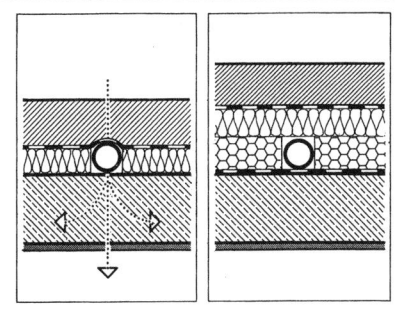

Unter schwimmenden Estrichen verlegte Rohre sind potenzielle Linien-
schallbrücken (links). Rohrleitungen sollten daher immer in dafür vor-
gesehenen Verlege- oder Ausgleichsschichten verlegt werden (rechts).

Bild 10: Schwimmender Estrich: Schallbrücken –
Rohrleitungen

Heizungsrohre und Befestigungen der Heizung, die auf der Rohdecke befestigt sind und den Estrich durchdringen, müssen von der Estrichplatte
durch Dämmmanschetten getrennt werden, um Schallbrücken zu vermeiden.

Bild 11: Schwimmender Estrich: Schallbrücken –
Rohrleitungen

harten Belägen „auffällig". In aller Regel werden
bewertete Norm-Trittschallpegel von etwa 60
bis 65 dB festgestellt.
Wie auf der Vorseite beschrieben, genügen
wenige Kontaktstellen zwischen der Estrichplatte und den Befestigungselementen der
Rohrleitungen, um eine erhebliche Verschlechterung der Trittschalldämmung hervorzurufen. Befinden sich, wie im Bild 10 links dargestellt, ganze Rohrstücke in Kontakt zur
Estrichplatte, beträgt die Trittschallminderung lediglich etwa 5 dB anstatt 30 dB (Bild
13, Kurve 3).
Ursächlich für diesen Missstand ist die Tatsache, dass in der Planungsphase schlichtweg
vergessen wurde, den für diese Rohrleitungen
ausreichend hohen „Raum" vorzusehen, was
die Installateure hin und wieder dazu zwingt,
ihre Rohrleitungen in die Betondecke „zu ver-
graben".
Zu vermeiden ist dieser krasse Mangel durch
Einplanung von etwa 4 cm hohen Verlege-
oder Ausgleichsschichten aus Schüttung oder
Leichtbeton, die unterseitig der Trittschalldämmung angeordnet werden (Bild 10 re). Auch
PS-Hartschaumplatten können verwendet werden, sollten aber nur zum Einsatz kommen,
wenn sie großflächig und nicht gestückelt
verlegt werden können. Nach [27] sollten sie
gar nicht verwendet werden.
Da durch die Verlegeschicht die Geschosshöhe um 4 cm wächst, ist diese Festlegung
bereits im Vorplanungsstadium zu treffen.
Eine Alternative dazu stellen körperschall-
dämmende Rohrhülsen dar [33]. Auch hier ist
eine Mindesthöhe der Dämmschicht mit 40 mm

(für die kleinste Hülse für Rohr-ø 18 mm) vorzusehen. Entscheidend dabei ist, dass diese
Hülsen eine hohe Reißfestigkeit aufweisen, um
vor und beim Aufbringen des Estrichmaterials
nicht beschädigt zu werden.
Schließlich stellen alle Rohrdurchführun-
gen durch den Estrich potenzielle Schallbrücken dar. Heizungsrohre und -füße müssen im Bereich der Estrichplatte ummantelt
werden.
Schallbrücken im Randanschluss der schwimmenden Estrichplatte an das aufgehende
Mauerwerk wirken sich nicht ganz so negativ
auf die Trittschalldämmung aus wie Schallbrücken im Deckenquerschnitt. Dennoch sind
sie bei weitem nicht unerheblich.

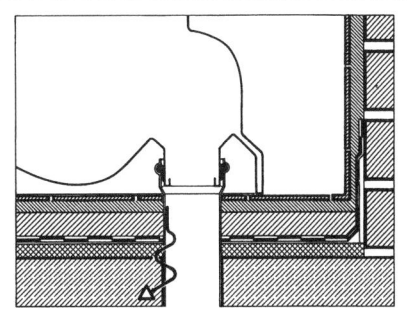

Abflussrohre, die durch Estriche und Rohdecke geführt werden, bilden
punktförmige Schallbrücken. Die Rohre sind devor von Estrich und Fliesenbelag durch Manschetten weichfedernd zu trennen.

Bild 12: Schwimmender Estrich: Schallbrücken –
Rohrleitungen

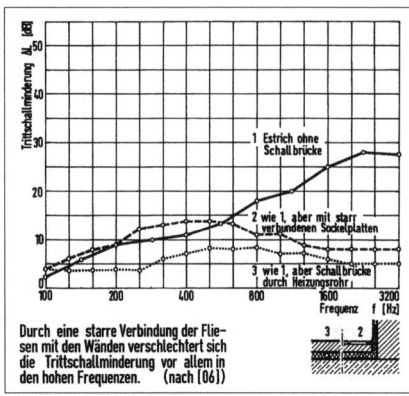

Durch eine starre Verbindung der Fliesen mit den Wänden verschlechtert sich die Trittschallminderung vor allem in den hohen Frequenzen. (nach [06])

Bild 13: Gefliester schwimmender Estrich: Randanschluss

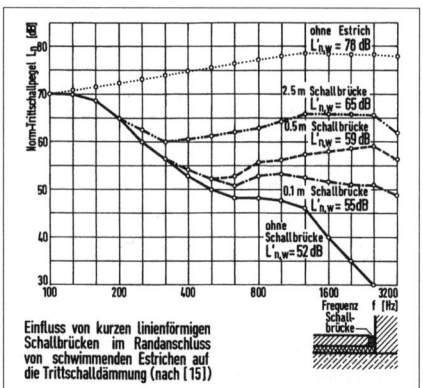

Einfluss von kurzen linienförmigen Schallbrücken im Randanschluss von schwimmenden Estrichen auf die Trittschalldämmung (nach [15])

Bild 14: Schwimmender Estrich: Schallbrücken im Rand

Die Trittschallminderung wird vor allem im oberen Frequenzbereich stark verringert (Bild 13). Das hat zur Folge, dass die Norm-Trittschallpegelkurven bei Vorliegen von Randschallbrücken oberhalb 500 Hz zu steigen beginnen. Die Verringerung der Trittschalldämmung ist dabei abhängig von der Länge der Randschallbrücken. Bild 14 zeigt, dass bereits ein 10 cm langes Kontaktstück eine Verschlechterung von 3 dB bewirkt.

Asphalt weist mit 0,05 bis 0,40 einen etwa 10 mal größeren Verlustfaktor auf als Zement- oder Anhydritestrich. Aus diesem Grunde breitet sich in Asphaltestrichen der (an einem Punkt erzeugte) Trittschall schlechter aus als in Zement- oder Anhydritestrichen. Asphaltestriche reagie-

ren auf Schallbrücken im Randbereich daher unempfindlicher. Geringfügige Kontaktstellen bleiben nahezu ohne Folgen. Auf Randdämmstreifen kann trotzdem nicht verzichtet werden. Eine nicht seltene Fehlerquelle des Trittschallschutzes bilden Böden mit Fliesen- oder Plattenbelägen, bei denen die Randfugen starr vermörtelt werden. In solchen Fällen ist der schwimmende Estrich nahezu wirkungslos: Die Norm-Trittschallpegelkurve der Decke mit Estrich gleicht sich mit zunehmender Schallbrückenlänge der Norm-Trittschallpegelkurve der Rohdecke an (Bild 14). Dieser Ausführungsmangel kann nur dadurch verhindert werden, dass der Randdämmstreifen genügend breit ausgeführt und erst nach

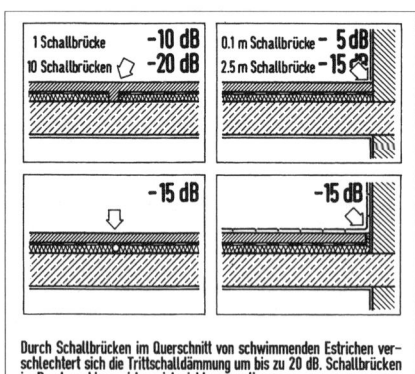

Durch Schallbrücken im Querschnitt von schwimmenden Estrichen verschlechtert sich die Trittschalldämmung um bis zu 20 dB. Schallbrücken im Randanschluss wirken sich nicht so negativ aus.

Bild 15: Schwimmender Estrich: Wirkung von Schallbrücken

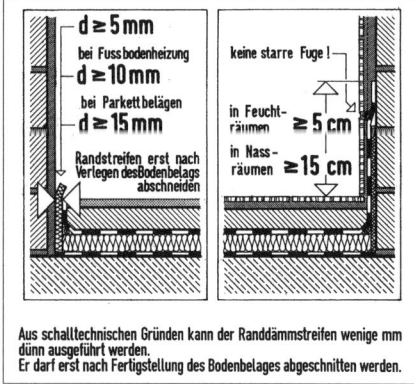

Aus schalltechnischen Gründen kann der Randdämmstreifen wenige mm dünn ausgeführt werden. Er darf erst nach Fertigstellung des Bodenbelages abgeschnitten werden.

Bild 16: Schwimmender Estrich: Randdämmstreifen

Pohlenz/Schallbrücken

Fertigstellung (Verfugung) der Bodenfläche abgeschnitten wird. Sockelfliesen können erst jetzt angebracht werden.

Diese Empfehlung gilt grundsätzlich auch für Parkett- und Teppichböden. In die Randfuge gelaufener und dort erhärtender Kleber bildet eine Randschallbrücke, die bei Böden mit geringem Verbesserungsmaß Trittschallschutzprobleme verursachen können.

Die Steifigkeit des Randstreifens kann erheblich größer gewählt werden als diejenige von Trittschalldämmplatten. Während im Deckenquerschnitt vorzugsweise Dämmplatten mit einer dynamischen Steifigkeit von s' ≤ 10 MN/m³ gewählt werden sollen, kann die Steifigkeit der Randstreifen bei s' ≤ 100 MN/m³ liegen. Deren Dicke kann deshalb mit d ≥ 5 mm gering ausfallen. Es können Kunststoffschäume, Mineralfaser- oder Wellpappestreifen (mit der gewellten Seite zur Wand) als Randdämmung verwendet werden. Randdämmstreifen sollen auf der Rohdecke aufstehen. Bei Verwendung von L-förmig abgewinkelten Randdämmstreifen wird ein unbeabsichtigtes Herausrutschen des Dämmstreifens verhindert und die Schallbrückengefahr vermindert.

Rand- und Feldfugen müssen Bewegungen der Estrichplatte aufnehmen und Körperschallübertragungen verhindern. Zur Fugenausbildung können mehrteilige Kunststoffprofile (Bild 18 u. l. [36]) oder dauerelastische Verfüllmassen verwendet werden. Dauerelastische Fugen sollten ≥ 5 mm, besser 10 mm breit sein und parallele Fugenflanken aufweisen. Der Fugenfüllstoff muss dauerelastisch sein. Acryl-Fugenfüllstoffe, die nach kurzer Zeit erhärten, bewir-

ken nahezu keine Entkopplung mehr (Bild 17). Der Luftschallschutz zwischen zwei übereinanderliegenden Räumen wird durch Schallbrücken unter der Estrichplatte oder in deren Randanschlüssen in der Regel kaum verschlechtert. Dies hat folgenden Grund: Im Massivbau wird die vertikale Luftschalldämmung im Wesentlichen durch die flankierenden Wände bestimmt, weil deren Schalllängsdämmung regelmäßig geringer ist, als die Transmissionsdämmung der Decke.

Dagegen können Schallbrücken zwischen Estrichplatte und massiven Trennwänden eine Verschlechterung der horizontalen Luftschalldämmung bewirken. Die Estrichplatte stellt ein nicht ausreichend biegesteifes Bauteil dar, das – vor allem im mittleren Frequenzbereich – eine starke Schallübertragung erzeugt (Bild 5, Weg 2). Die Verbindung der Estrichplatte mit der Trennwand führt zu einer starken Flankenschallübertragung aus der Estrichplatte in die Trennwand und damit zu einer Verringerung der Gesamtschalldämmung.

4 Schallbrücken in Massivtreppen

Die Trittschallübertragung vom Treppenpodest oder Treppenlauf erfolgt als Horizontal- oder Diagonalübertragung in die neben oder schräg unter dem Treppenhaus liegenden Aufenthaltsräume. Durch die damit verbundene Stoßstellendämmung sinkt der Norm-Trittschallpegel um etwa 10 dB gegenüber der Direktübertragung von oben nach unten ab (Bild 21.1). Um allerdings die Anforderungen an den Trittschallschutz zu erfüllen (Tab. 1) müssen zu-

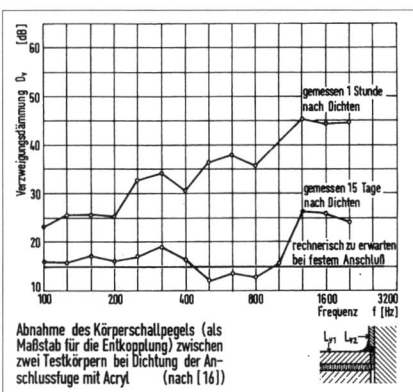

Bild 17: Schwimmender Estrich: Fugenfüllmaterial

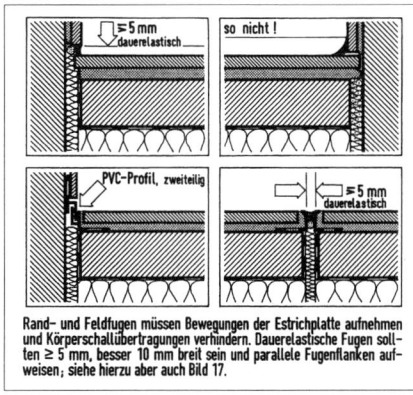

Bild 18: Schwimmender Estrich: Fugenausbildung

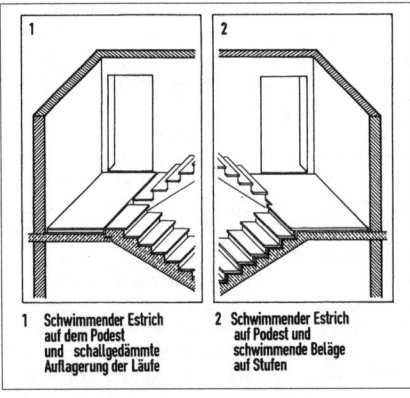

1 Schwimmender Estrich auf dem Podest und schallgedämmte Auflagerung der Läufe

2 Schwimmender Estrich auf Podest und schwimmende Beläge auf Stufen

Bild 19: Treppen: Konstruktive Systeme

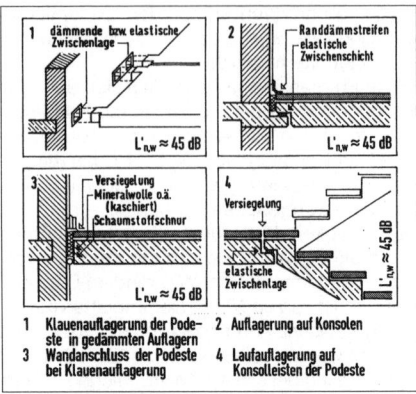

1 dämmende bzw. elastische Zwischenlage

$L'_{n,w} \approx 45\,dB$

2 Randdämmstreifen elastische Zwischenschicht

$L'_{n,w} \approx 45\,dB$

3 Versiegelung Mineralwolle o.ä. (kaschiert) Schaumstoffschnur

$L'_{n,w} \approx 45\,dB$

4 Versiegelung elastische Zwischenlage

$L'_{n,w} \approx 45\,dB$

1 Klauenauflagerung der Podeste in gedämmten Auflagern
3 Wandanschluss der Podeste bei Klauenauflagerung

2 Auflagerung auf Konsolen
4 Laufauflagerung auf Konsolleisten der Podeste

Bild 20: Treppen: Auflager und Anschlüsse

sätzliche Maßnahmen zur Trittschallminderung ergriffen werden. Podeste müssen elastisch gelagert (Bilder 20.1 und 20.2 [32]) oder mit einem schwimmenden Estrich versehen werden. In beiden Fällen wird ein $L'_{n,w} \approx 45\,dB$ erreicht. Werden Läufe durch Fugen seitlich von den Wänden getrennt, ergibt eine starre Auflagerung auf den Podesten ein $L'_{n,w} \leq 58\,dB$, eine elastische Lagerung ein $L'_{n,w} \approx 45\,dB$ (Bilder 20.4 und 21.3). Mit schwimmenden Stufen wird ein $L'_{n,w} \leq 45\,dB$ erreicht (Bild 19.2).

Schallbrücken im Bereich der elastischen Auflagerung der Läufe entstehen durch Eindringen von Bauschutt, häufiger aber durch starres Vermörteln der Belagsfugen. Auch wird überraschend häufig die seitliche Fuge zwischen Lauf und Treppenhauswand überputzt.

Die Trittschalldämmung verschlechtert sich dadurch nicht selten um mehr als 10 dB (Bild 22).

5 Schallbrücken in Haustrennwänden

Zweischalige Haustrennwände sind als Masse-Feder-Masse-Systeme einzustufen, deren Wirkungsweise 7 Seiten zuvor beschrieben wurde. Die Schalldämmkurve steigt nach der Resonanzfrequenz stark an (theoretisch mit 18 dB/Frequenzverdopplung). Auch hier geht es deshalb darum, durch eine große Schalenfuge eine günstige Resonanzfrequenz von unter 50 Hz zu erzeugen (Gleichung 2). Die zu erwartende Schalldämmung lässt sich gemäß [7] aus dem Gesamtflächengewicht beider Wandschalen $\sum g\ [kg/m^2]$ und der Fugenbreite

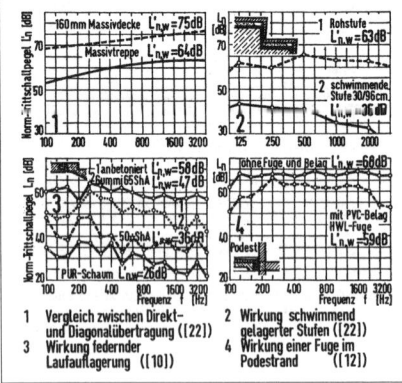

1 Vergleich zwischen Direkt- und Diagonalübertragung ([22])
3 Wirkung federnder Laufauflagerung ([10])

2 Wirkung schwimmend gelagerter Stufen ([22])
4 Wirkung einer Fuge im Podeststrand ([12])

Bild 21: Treppen: Auflager und Anschlüsse – $L'_{n,w}$

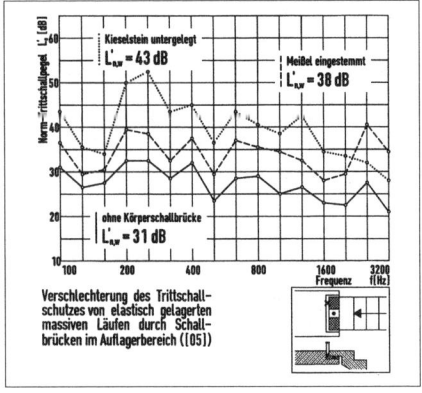

Verschlechterung des Trittschall-schutzes von elastisch gelagerten massiven Läufen durch Schall-brücken im Auflagerbereich ([05])

Bild 22: Treppen: Körperschallbrücken

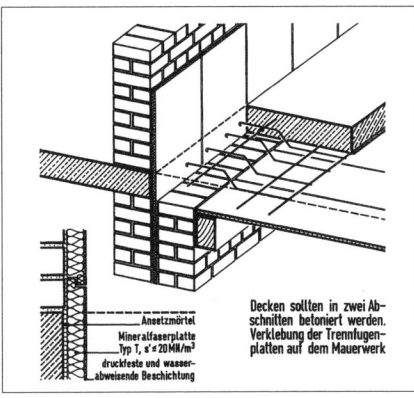

Bild 23: Haustrennwandfuge

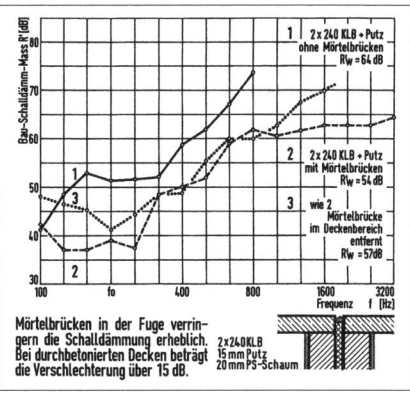

Bild 24: Haustrennwände: Wirkung von Schallbrücken

b [mm] bei Vorliegen einer Mineralfaserfüllung wie folgt bestimmen:

(6) $R'_w \approx 27,5 \cdot \lg \sum g + 10 \cdot \lg b - 21,3$ [dB]

Durch Schallbrücken wird die Schalldämmverbesserung durch die Zweischaligkeit in ähnlicher Weise begrenzt wie die Trittschallminderung schwimmender Estriche (Gleichung 5). Sie können gebildet werden durch Mauermörtel, der in die Schalenfuge gequetscht wird, Deckenträger und Decken, Dachbalken, Fundamente und Bodenplatten, die ohne Fugen unter, durch und über die zweischalige Trennwand geführt werden. Sie wirken sich sehr unterschiedlich negativ aus.

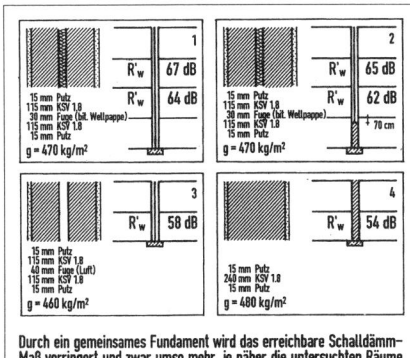

Durch ein gemeinsames Fundament wird das erreichbare Schalldämm-Maß verringert und zwar umso mehr, je näher die untersuchten Räume dem Fundament liegen. (nach [21])

Bild 25: Haustrennwände: Wirkung des Fundaments

Die Gefahr von Mörtelbrücken ist in Zeiten geklebter, großformatiger Platten relativ gering geworden. Sie besteht aber nach wie vor im Bereich der Geschossdecken. Mörtelbrücken bewirken eine Schalldämmverringerung von bis zu 10 dB (Bild 24). Ähnlich wirken sich durch die Trennwand geführte Deckenträger aus. Werden sogar Geschossdecken ohne Fuge durchbetoniert, ist mit einer Verringerung der Schalldämmung von etwa 15 dB zu rechnen. Die Schalldämmung der zweischaligen Wand ist dann geringer als die der gleich schweren einschaligen Wand. Durch solche Wände wird Sprache verständlich wahrgenommen.
Einteilige Fundamente und durchlaufende Bodenplatten verringern die Schalldämmung im „Fundamentgeschoss" um etwa 5 bis 7 dB (Bild 25). Durchbetonierte Kelleraußenwände von weißen Wannen haben eine ähnliche Wirkung. Im EG beträgt die Verschlechterung allerdings nur noch 1 bis 2 dB.

Literatur

Normen und Richtlinien

[1] DIN 4109 Schallschutz im Hochbau – Anforderungen u. Nachweise; 1989-11

[2] Beiblatt 1 zu DIN 4109 Schallschutz im Hochbau – Ausführungsbeispiele und Rechenverfahren; 1989-11

[3] Beiblatt 2 zu DIN 4109 Schallschutz im Hochbau – Hinweise für Planung und Ausführung; Vorschläge für einen erhöhten Schallschutz; Empfehlungen für den

Schallschutz im eigenen Wohn- oder
Arbeitsbereich; 1989-11
[4] VDI 4100 Schallschutz von Wohnungen –
Kriterien für Planung und Beurteilung;
1994-09

Fachbücher/Veröffentlichungen
[5] Bertsch/Ertel/Mechel: Bautechnische Erfahrungen zur Verbesserung des Trittschallschutzes bei Treppen; Bauphysik-
Taschenbuch, Bauverlag Wiesbaden
1985 und Bauphysik 03/1985
[6] Bobran: Handbuch der Bauphysik;
Vieweg-Verlag, Wiesbaden, 6. Auflage
1990
[7] Bundesanstalt für Materialforschung/
DIBt/Forschungsvereinigung Styropor
e. V.: Einflüsse unterschiedlicher Dämm-
Materialien im Fugenbereich von zweischaligen Trennwänden auf die Luftschalldämmung; BM Raumordnung,
Bauwesen und Städtebau, IRB-Verlag,
Stuttgart 1998
[8] Cremer: Näherungsweise Berechnung
der von einem schwimmenden Estrich
zu erwartenden Verbesserung; Fort-
schritte und Forschungen im Bauwesen,
Reihe D (1952) H. 2, S. 123
[9] Cremer: Berechnung der Wirkung von
Schallbrücken; Acustica 1954, S. 273
[10] Ertel/Hefele: Trittschallschutz von Treppen; FBW – Blätter 4/1981
[11] Eckoldt/Ertel/Schmidt: Trittschalldämmung an Treppen durch elastische Lagerung der Laufflächen; IBP-Bericht BS
170/1987
[12] Fasold/Sonntag: Bauphysikalische Ent-
wurfslehre 4; Verlagsgesellschaft Rudolf
Müller, Köln 1989
[13] Gösele: Trittschall, Entstehung und Dämmung; VDI-Berichte 8 (1954) S. 23
[14] Gösele: Über Schallbrücken b. schwimmenden Estrichen; Die Schalltechnik 39
und 40/1960
[15] Gösele: Schallbrücken bei schwimmenden Estrichen und anderen schwimmend
verlegten Böden; Berichte aus der Bauforschung 1964, Heft 35, S. 23–24
[16] Gösele/Engel: Körperschalldämmung von
Sanitärräumen; Bauforschung für die Praxis, Band 11; IRB-Verlag, Stuttgart 1995
[17] Gösele/Schüle: Schall, Wärme, Feuchte;
Bauverlag, Wiesbaden, 6. Auflage 1980
[18] Heckl: Messungen an Schallbrücken
zwischen Estrich und Rohdecke; Acustica 1954

[19] Heckl: Fehler beim Schallschutz; Ge-
sundheitsingenieur GI, 105, 03/1984
[20] Lutz: Decke in Einfamilien-Reihenhaus –
Fehlerhafter schwimmender Estrich –
Punktschallbrücken; DAB 15 – 16/1973
[21] Palazy: Schalldämmung von massiven
Haustrennwänden; Bauphysik 04/1989
[22] Paschen/Steinert/Malonn: Schallschutz
bei Massivtreppen im Mehrgeschossbau;
BM Raumordnung, Bauwesen, Städtebau; B I 5 – 80 01 79 – 171, 1981
[23] Ruhe: Treppe im Mehrfamilienhaus –
Mangelhafter Trittschallschutz infolge
fehlerhaften Einbaus elastischer Lager;
DAB 07/1995
[24] Ruhe: Treppe im Mehrfamilienhaus –
Mangelhafter Trittschallschutz infolge
durchlaufender schwimmender Estriche;
DAB 07/1995
[25] Ruhe: Schwimmender Estrich mit Rohrleitungen im Mehrfamilienhaus – Unzulässig laute Trittschallübertragungen;
DAB 10/1998
[26] Scholze: Schalldämmung zweischaliger
Haustrennwände; Bauphysik 21, 03/1999,
S. 106 – 113

Fachregeln
[27] Rohrleitungen und Kabel auf Deckenflächen – Planung und Ausführung;
Fachgruppe Estrich- und Fußboden-
technik der Fachgemeinschaft Bau
Berlin und Brandenburg e. V., Berlin

Produktinformationen, Prüfzeugnisse
[28] Becker GmbH, Kaarst-Büttgen: Produktinformation ESZ-Pyramidenlager
[29] Calenberg Ingenieure, Salzhemmendorf:
Produktinformation Calenberger bi-Tra-
pezlager
[30] Getzner Werkstoffe GmbH, Berlin: Produktinformationen und Datenblätter
Sylomer
[31] Industrieverband Hartschaum e. V., Heidelberg: Styropor Dämmpraxis 5.310:
Decken und Böden; 05/1992
[32] MEA Meisinger GmbH, Aichach: Produktinformation MEA-Schallschutzelemente
[33] Missel GmbH, Stuttgart: Produktinformation Missel-Kompaktdämmhülse;
IBP-Prüfbericht P-BA 284/1992: Trittschallminderung durch eine Deckenauf-
lage mit Missel-Kompaktdämmhülse
KDH 13 – 18; 30.09.1992
[34] Pfeifer GmbH, Memmingen: Treppen-
auflager VarioSonic V

[35] Saint-Gobain ISOVER G+H AG, Ludwigshafen: Schallschutz/Innenausbau Isover Akustic

[36] Schlüter GmbH, Iserlohn: Produktinformation Schlüter-Schienen mit Prüfzeugnis des MPA Braunschweig 617/2316-1 vom 21.12.1987 über die Trittschallminderung eines schwimmenden Estrichs mit Schlüter-Eck-Bewegungsprofil

[37] Schöck Bauteile GmbH, Baden-Baden: Technische Informationen Schöck Tronsolen

Rechtsprechung

[38] OLG Köln v. 10.06.1992 – 13 U 267/91; ZfL 2/95, S. 52

[39] BGH v. 14.05.1998 – VII ZR 184/97 (OLG München); BauR 8/98 S. 872

[40] OLG Hamm v. 08.03.2001 – 21 U 24/00; Schreiben des Umweltbundesamtes v. 12.08.2002

1. Podiumsdiskussion am 07. 04. 2003

Frage:
Kann der Einwand der Unverhältnismäßigkeit der Mängelbeseitigung schon vor der Abnahme erhoben werden?

Schulze-Hagen:
Hierzu gibt es ein Urteil des OLG Düsseldorf aus dem Jahre 1994 und vom BGH. Es ist grundsätzlich möglich, den Einwand der Unverhältnismäßigkeit schon vor der Abnahme zu bringen. Aber er wird sicherlich nicht so leicht durchzusetzen sein, wie nach der Abnahme. Denn vor der Abnahme bin ich im Erfüllungsstadium und habe einen Erfüllungsanspruch. Der Herstellungsprozess ist noch nicht abgeschlossen, so dass ich das Entstehen eines Mangels ganz anders unterbinden kann, als bei vollendeten Tatsachen. Ausgeschlossen ist es jedoch nicht. Wenn z. B. kurz vor der Abnahme im Rohbaubereich ein Mangel festgestellt wird, der nur noch mit unsinnigem Aufwand beseitigt werden kann, dann wird man eine Minderung vor der Abnahme anwenden können.

Oswald:
Im alltäglichen Baugeschehen kann man sich auch gar nicht anders verhalten, sonst würden Baustellen ständig stillgelegt und es würde fast kein Haus fristgerecht fertig werden. Faktisch wird im Bauablauf täglich auch vor der Abnahme über die Frage entschieden, welche Abweichung schwerwiegend ist und welche nicht. Das gebietet die praktische Vernunft. Zwischen vernünftigen Vertragspartnern wird auf der Baustelle tagtäglich ohne Juristen entschieden, ob die Beseitigung von erkannten Mängeln unverhältnismäßig ist oder nicht. Es wäre schön, wenn wir als Sachverständige, die im Bauablauf wesentlich zu diesen Entscheidungen beitragen, zu dieser wichtigen Frage etwas mehr realitätsnahe juristische Rückendeckung erhalten würden.

Frage:
Wie ist ein offensichtlich wesentlicher Mangel (z. B. bei einem Wohnhaus, bei dem die Fenster signifikant zu klein sind und zwar jenseits jeglicher Norm und mit deutlich spürbarem Lichtverlust) zu werten, der bei der Abnahme nicht vorbehalten wurde?

Schulze-Hagen:
Ein Problem entsteht, wenn der Bauherr das Haus bereits abgenommen hat. Die Abnahme schließt zwar Gewährleistungsansprüche nicht aus, sondern begründet sie in Wirklichkeit erst, da aus den Erfüllungsansprüchen Gewährleistungsansprüche werden, doch wenn der Bauherr den Mangel positiv als solchen erkannt hat, werden in dieser Situation durch die Abnahme Gewährleistungsansprüche ausgeschlossen. Die Abnahmeerklärung ist somit in gewisser Weise das Einverständnis mit der Leistung des Bauunternehmers. Wenn ich weiß, das Fenster ist zu klein und trotzdem sage, ich bin mit der Leistung einverstanden, dann habe ich Gewährleistungsansprüche verloren.
Der Unternehmer muss allerdings die positive Kenntnis nachweisen und das ist fast nicht machbar. Aber nur bei Nachweis der positiven Kenntnis gehen die Gewährleistungsansprüche verloren.
Der Jurist unterscheidet außerdem zwischen Gewährleistungsansprüchen und Schadensersatzansprüchen. *Gewährleistungsansprüche* sind verschuldensunabhängig (Materialfehler sind häufig vom Unternehmer nicht verschuldet, gleichwohl lösen sie ihm gegenüber Gewährleistungsansprüche aus). *Schadensersatzansprüche* sind verschuldensabhängig. Folgeschäden setzen immer ein Verschulden voraus. Wenn ich also die Abnahme in Kenntnis eines Mangels erklärt habe, verliere ich zwar die Gewährleistungsansprüche, aber die Schadensersatzansprüche bleiben erhalten. Die Reparatur dieser Fenster könnte also über den Schadensersatz erreicht werden. Im Ergebnis spielt demnach der Vorbehalt im Mängelbereich keine allzu große Bedeutung, denn ich kann diesen Mangel über den Schadensersatz liquidieren.
Handelt es sich allerdings um einen unwesentlichen Mangel, dann gibt es keinen Schadensersatz.

Oswald:
Ich möchte zur Konkretisierung die Frage ergänzen: Wenn während der Abnahme deutlich darauf hingewiesen wird, dass die Fenster zu klein sind und der abnehmende Käufer ausdrücklich erklärt, dass er den Sachverhalt

nicht bemängelt, kann der Käufer dann im Nachhinein immer noch einen Rückzieher machen, in dem er z. B. erklärt, er habe die Tragweite des Mangels nicht erkannt?

Schulze-Hagen:
Sofern sich dieser Sachverhalt aus dem Schriftverkehr ergibt, habe ich einen Fall der positiven Kenntnis und befinde mich sehr schnell im Bereich des Verzichts und habe somit auch keine Schadensersatzansprüche mehr.

Frage:
Gilt als positive Kenntnis auch, wenn der Auftraggeber den Mangel vor Abnahme erkannt, die Ursache aber unbekannt war?

Schulze-Hagen:
Nein, die Kenntnis muss sich nicht nur auf das Symptom beziehen, sondern auf die ganze Geschichte des Mangels, von seiner Ursache angefangen bis zu den Auswirkungen, sonst bleibt der Gewährleistungsanspruch offen.

Oswald:
Ich möchte Ihnen zur Illustration ein Beispiel nennen: Bei der Abnahme sieht man einen kleinen Wasserflecken im Keller. Da es sich um Reste der Baufeuchte handeln kann, wird der Sachverhalt nicht bemängelt. Hinterher stellt sich heraus, dass der Keller erheblich undicht ist, und der Anfangsschaden nur deshalb harmlos aussah, da zum Zeitpunkt der Abnahme die Druckwasserbelastung nicht groß war.

Schulze-Hagen:
Die Angabe des Symptoms hat wiederum eine sehr weitgehende Bedeutung, wenn Sie das kleine Wasserfleckchen z. B. in einem Beweissicherungsantrag aufführen, dann ist mit dieser Angabe die Verjährung für alle möglichen in Frage kommenden Ursachen nach neuem Recht unterbrochen bzw. gehemmt. Von daher hat die Angabe des Symptoms schon eine große Bedeutung, aber die Kenntnis ist damit nicht erreicht.

Oswald:
Das von Herrn Schulze-Hagen dargestellte Fallbeispiel eines Industriehallenbodens sollte kurz diskutiert werden. Da wird wegen einer 35 %igen Dickenunterschreitung einer Hartstoffverschleißschicht die Abnahme ver-

weigert und völlige Neubestellung verlangt. Das Gericht bestätigt dieses Begehren. Mich erschreckt dieses Urteil, da es hier doch vernünftigere Lösungen unter Gewährung eines Minderwerts geben müsste – da doch die volle Verwendungseignung über sehr lange Zeit auch bei geringerer Schichtdicke vorliegt. Wollte hier das Gericht aus erzieherischen Gründen ein Exempel statuieren oder lag Arglist vor?

Schulze-Hagen:
Grundlage der angesprochenen Gerichtentscheidung war ein Gutachten, in dem festgestellt wurde, dass die Lebensdauer der Verschleißschicht durch die geringere Schichtdicke um 35 bis 40 % verkürzt ist. Als Richter kann man nur darüber entscheiden, was der Sachverständige an Erkenntnissen vorlegt. Mit dieser Zusatzinformation fällt ihr Urteil über die Juristen vielleicht nicht so hart aus. Sie haben allerdings recht, das Problem ist hier die Arglist und ob ein wesentlicher Mangel vorliegt. Inwiefern in dem angesprochenen Beispiel ein Exempel statuiert werden sollte, kann nicht überprüft werden. Wenn allerdings der Sachverständige angibt, dass die Lebensdauer um 35 – 40 % verkürzt ist und hinzukommt, dass arglistig die Schichtdicke reduziert wurde um Material zu sparen, dann würde ich mich dagegen wehren zu sagen, dass ein Exempel statuiert werden sollte.
Ein deutsches Gericht hat hier auf der Grundlage eines Sachverständigengutachtens mit dem wohl unstreitigen Vortrag, dass ein Arglist-Moment mitgespielt hat, entschieden. Vor diesem Hintergrund halte ich das Urteil nicht für falsch.
In diesem Zusammenhang möchte ich noch kurz die Situation nach der ZPO-Reform ansprechen. Der eigentliche Bauprozess existiert nämlich nur noch in der ersten Instanz. In der Berufungsinstanz wird lediglich der Rechtssatz der 1. Instanz geprüft. Das heißt, bei falschem Sachverständigengutachten besteht keine Chance in zweiter Instanz ein Ergänzungsgutachten vorzulegen.

Oswald:
Die Richtigkeit des Sachverständigengutachtens möchte ich ohne genaue Kenntnis des Falls nicht weiter kommentieren. Ich muss aber zugeben, dass der Richter sich auf die Sachaussagen des Sachverständigen verlassen muss.

148

Ich versuche – als juristischer Laie – nun seit Jahren Entscheidungen von höchsten Gerichten nicht nur zur Kenntnis zu nehmen, sondern zu verstehen. Da muss ich allerdings sagen, dass für mich BGH-Entscheidungen zum Thema „Unverhältnismäßigkeit" nur als „ordnungspolitische Maßnahme" verständlich sind. Das mag erklären, warum ich wohl fälschlich vermutet habe, dass auch hier ein Exempel statuiert werden sollte.

Frage:
Welche zeitliche Definition sieht der Baurechtler für den Begriff „dauerhaft" als einigermaßen realistisch an, maximal 30 Jahre?

Oswald:
Das ist eine Frage an die Sachverständigen, nicht den Baurechtler. Es geht nämlich um die Frage, welche übliche Lebensdauer ein fachgerecht hergestelltes Bauteil hat.
Zum Beispiel bei einer transluzenten Lasur auf einem Holzfenster beträgt die technische Lebensdauer im Wetterschenkelbereich ein bis zwei Jahre und nicht 30 Jahre. Das ist dann die übliche Beschaffenheit. Andererseits kann man z. B. nicht erwarten, dass der Käufer eines Hauses alle 15 Jahre die Gipskartonplatten seines Dachausbaus beseitigt, um mal wieder die Luftdichtheit herzustellen, da sich die Klebebänder an den Folien gelöst haben. Hier muss das entscheidende Kriterium die übliche Nutzungsdauer des Gebäudebereichs sein. Nach den derzeitigen Erfahrungen wird man sagen können, dass aufgrund voraussichtlich geänderter Anforderungen an die Gebäudehülle und geänderter Wohnvorstellungen wohl spätestens nach ca. 50 Jahren mit einer Erneuerung des Dachausbaus zu rechnen ist. So lange muss die Klebeverbindung eigentlich halten.
Die Angabe einer konkreten, allgemeingültigen Zahl ist daher nicht möglich. Das ist von Bauteil zu Bauteil und auch je nach Einbausituation vollkommen verschieden.
Feste Regeln können nicht aufgestellt werden, sondern es muss im Einzelfall durch einen Sachverständigen entschieden werden, welche Lebensdauer etwa erwartet werden kann, der dann den Begriff „dauerhaft" definiert.

Frage:
Wer haftet für Schäden bei Eingriffen in die Bausubstanz, die im Rahmen der Abnahme entstehen?

Wer trägt die Kosten für die Nachbesserung, z. B. bei der Gitterschnittprüfung, wenn sich eine regelgerechte Ausführung ergibt?

Ubbelohde:
Zunächst muss festgestellt werden, wer die Prüfungen veranlasst hat. Ich als abnehmender Sachverständiger oder Ingenieur kann darauf hinweisen, dass man an dieser und jener Stelle Öffnungsarbeiten durchführen sollte und warum die vorgeschlagenen Maßnahmen sinnvoll und notwendig sind, aber die entgültige Entscheidung darüber wird der Auftraggeber treffen müssen.
Sofern ein Mangel festgestellt wird, müssen sowieso Maßnahmen zur Mängelbeseitigung getroffen werden. Wenn sich der vermutete Mangel nicht bestätigt, kann der abnehmende Erfüllungsgehilfe nicht für die Kosten aufkommen. Die dann anfallenden Kosten müssen vom Auftraggeber getragen werden.
Das gleiche Thema wird in dem zweiten Teil der Frage angesprochen. Eine Gitterschnittprüfung kann ich natürlich auch nicht direkt veranlassen. Ich kann dahingehend beraten, ob diese durchgeführt werden sollte oder nicht, aber die Entscheidung muss letztendlich der Auftraggeber treffen.

Frage:
Wer trägt die Kosten dieser Qualitätsüberwachung?

Ubbelohde:
Die Kosten trägt zunächst einmal derjenige, der die Qualitätsüberwachung beauftragt. Man kann aber auch eine Kostensplittung zwischen den am Bau Beteiligten vereinbaren, wenn ein gemeinsames Interesse an einer baubegleitenden Qualitätsüberwachung besteht. Verkäufer und Erwerber beschließen dann gemeinsam, dass sie sich nicht gerichtlich auseinandersetzen, sondern baubegleitend strittige Fragen durch einen Sachverständigen entscheiden lassen und sich dann diesem Urteil unterwerfen. Diese Fälle nehmen zu.
Es stellt sich allerdings folgende Frage: Es gibt ja bereits eine bezahlte Bauleitung, wozu braucht man dann noch die Qualitätsüberwachung?
Wenn die Bauleitung gemäß dem Leistungsbild der HOAI eingesetzt wird und gewissenhaft arbeitet, braucht man die Qualitätsüberwachung natürlich nicht. Die Anforderungen an diese Überwachung sind auch im Leis-

tungsbild der HOAI festgeschrieben. Die Baupraxis sieht allerdings anders aus. Die Qualitätsüberwacher sollten meiner Ansicht nach nicht gegen die Bauleitung arbeiten, sondern als Partner der Bauleitung tätig sein. Der Bauleiter kann unter den gegebenen Randbedingungen am Bau das Leistungsbild der HOAI nicht mehr erfüllen. Er bekommt nicht das eigentlich dafür erforderliche Honorar und begibt sich in eine Haftung, die er auf Basis der vorliegenden Unterlagen und Grundlagen gar nicht kontrollieren kann. Somit ist der Qualitätsüberwacher letztendlich Partner der Bauleitung und nicht Gegenpol.

Frage:
Ist es vorstellbar, dass für bestimmte Bauteile und Bauweisen vorformulierte Prüfvertragstexte vorgegeben werden?

Ubbelohde:
Ich bin kein Freund von Checklisten. Ein Bauvorhaben ist ein vielschichtiges Objekt und alle Einflüsse, die sich während eines Bauvorhabens ergeben, lassen sich nie direkt erfassen. Ein projektbezogener Überwachungsplan kann sinnvoll sein, aber man kann nicht einen Anspruch auf Vollständigkeit erheben. Wesentliche Baufortschritte und Eventualitäten müssen daran erfasst werden. Ein projektbezogener Überwachungsplan sollte Gegenstand der vertraglichen Vereinbarung werden. Es muss nachvollziehbar sein, was, wann und wie überprüft worden ist.

Oswald:
Herr Ubbelohde, Sie hatten sehr klar dargestellt, dass man nicht alles prüfen kann, deswegen muss der Prüfungsumfang klar definiert sein.
Die Lebenserfahrung sagt aber schon, wo die häufigsten Fehlerquellen liegen und wo daher Prüfschwerpunkte liegen sollten. Diese kann man schon sinnvoll in „Checklisten" zusammenstellen. Bei der Prüfung einer unterlüften geneigten Dachkonstruktion befinden sich z. B. die Problemstellen an den Luftdichtheitsschichten, an der Endigung der Unterspannbahn und im Bereich typischer Fensteranschlüsse. Dafür kann ein Grundprüfprogramm festgelegt werden, welches mit den Vertragspartnern abgesprochen wird. Ein formalisiertes Prüfprogramm ist prinzipiell für typische Situationen sehr vernünftig. Es würde uns allen helfen, solange man sich nicht stur danach richtet.

Frage:
Wann sind Qualitätskontrollen notwendig?

Ubbelohde:
Notwendig und unerlässlich sind Qualitätsüberwachungen bei Bauweisen, die als kritisch einzuschätzen sind, bei denen aus der Erfahrung heraus häufig Mängel auftreten. Ein kleines Beispiel: Klebebefestigung von vorgehängten hinterlüfteten Fassaden. Als Sachverständiger weiß ich genau, dass unter Laborbedingungen alles funktioniert, nur nicht in der Praxis hinsichtlich einzuhaltender Temperatur, Luftfeuchtigkeit etc. Als Qualitätskontrolleur muss ich an dieser Stelle 100 %ig aufpassen oder ich lehne diese Bauweise von vornherein ab.

Frage:
Wird eine Anforderung an die Luftdichtheit/Winddichtheit der Unterspannbahn gestellt?

Dorff:
Die DIN 4108 Teil 7 regelt die Luftdichtheit von der Raumseite. In Bezug auf die Winddichtheit gibt es darin keine Regelungen. Nach meinem Kenntnisstand gibt es keine definierten Anforderung an die Qualität der Unterspannbahn bezüglich der Winddichtheit, obwohl sie in der Regel eine Winddichtheitsschicht bildet.

Oswald:
Man muss hier differenzieren: Im traditionellen belüfteten Dach mit zwei Lüftungsebenen über und unter der Unterspannbahn erfüllt diese natürlich überhaupt keine Luftdichtheitsfunktion. Bei Vollsparrendämmungen mit luftdurchströmbaren Dämmstoffen (z. B. Mineralfasern) sollte die obere Abdeckung – meist eine diffusionsoffene Unterspannbahn – schon Luftströmungen im Dämmstoff verhindern. Messbare Anforderungen bestehen dazu aber nicht.

Frage:
Ist ein Herdabzug oder eine WC-Entlüftung eine raumlufttechnische Anlage im Sinne der EnEV und ist damit die Anforderung $n_{50} \leq 1,5$ maßgeblich?

Dorff:
Nein, dies sind keine raumlufttechnischen Anlagen im Sinne der EnEV. In der EnEV sind Kriterien zur Einstellung und Regelung der Anlagen festgelegt, die bei den angesprochenen Lüftungen nicht gegeben sind.

Oswald:
Wann kann man grundsätzlich von einer hinreichenden Luftdichtheit sprechen? In Ihrem Beitrag haben Sie diese Frage offen stehen lassen. Nach Ihrer Aussage darf der Grenzwert von 3-fach/h (volumenbezogener Leckagestrom) ohnehin erreicht werden. Unter üblichen Messbedingungen muss von ± 40 % Ungenauigkeit ausgegangen werden. Heißt das, dass die zulässigen gemessenen Luftundichtigkeiten eine Größenordnung von 4,2-fach/h erreichen können, ohne dass von einem Mangel zu sprechen ist?

Dorff:
Nein, hinsichtlich der Genauigkeit müssen entsprechende Berechnungen durchgeführt werden. Außerdem müssen gleichzeitig die äußeren Wetterverhältnisse, besonders zur Windgeschwindigkeit, mit in den Prüfbericht aufgenommen werden. Danach können sie den sogenannten Vertraulichkeitsgrad bestimmen.

Frage:
Beträgt der obere Grenzwert für zulässige Strömungsgeschwindigkeiten bei einzelnen Luftlecks in Außenbauteilen 2 m/sec?

Dorff:
Bei einzelnen lokalen Lecks ist dieser Wert nach meiner Einschätzung noch zu akzeptieren, bezogen auf eine Druckdifferenz von 50 Pa.

Frage:
Wer überprüft die Einhaltung der Energieeinsparverordnung?

Dorff:
Das wird jeweils in den Ländern geregelt. Es gibt also 16 verschiedene sogenannte Einführungserlasse oder Überwachungsverordnungen in denen festgelegt ist, wie die Verordnung überwacht werden muss. In Nordrhein-Westfalen müssen die staatlich anerkannten Sachverständigen für Schall- und Wärmeschutz stichprobenartig Kontrollen durchführen und die Einhaltung der EnEV hinsichtlich der erforderlichen Nachweise und der Bauausführung kontrollieren.

Frage:
Wie dauerhaft sind Klebeverbindungen? Handelt es sich dabei, wie in der Werbung immer wieder versprochen, um eine dauerhafte Lösung?

Dorff:
Die Werbung ist enorm, aber ich halte Klebeverbindungen nicht für dauerhaft. Ich sehe grundsätzlich eine zusätzliche Pressleiste als erforderlich an.
Ein entscheidender Faktor ist die Untergrundbeschaffenheit. Obwohl nicht zulässig wird oft versucht, auf nicht verputztem Ziegelmauerwerk zu kleben. Natürlich muss vor dem Verkleben der Untergrund verputzt werden und dann kommt es darauf an, wie sandig die Fläche ist.

Oswald:
Unter idealen Laborbedingungen kann es sein, dass solche Klebeverbindungen dauerhaft sind, nur eben nicht unter Praxisbedingungen. Das gilt besonders, wenn die Verbindung sozusagen „freischwebend" auf weichem Dämmstoffuntergrund gefügt werden soll.

Frage:
Bieten PA-Folien, feuchtigkeitsadaptive Dampfsperren, die Möglichkeit den Zwischenraum zwischen Dämmung und Raum bei Undichtigkeiten besser nach innen auszutrocknen?

Dorff:
Bei Feuchtigkeitseintrag aufgrund von Diffusionsvorgängen halte ich PA-Folien für geeignet den Zwischenraum nach innen wieder auszutrocknen, aber nicht aufgrund von Leckagen.

Oswald:
Immer dann, wenn nicht ausgeschlossen werden kann, dass z. B. während der Bauzeit Wasser eingeschlossen wird, sind Konstruktionen, die zumindest zeitweise diffusionsoffen sind, zuverlässiger als absolut diffusionsdichte Konstruktionen.

Dorff:
Bei Feuchtigkeit, die während der Bauzeit eingeschlossen ist, z. B. bei Flachdächern mit Vollsparrendämmung, ist die Ausführung von PA-Folien durchaus sinnvoll. Feuchtigkeit, die aufgrund einer unzureichenden Luftdichtheitsebene konvektiv in die Konstruktion eingedrungen ist, tritt allerdings in einer ganz anderen Größenordnung auf, als während der Bauphase eingeschlossene Feuchte. Hier sind andere Maßnahmen erforderlich.

2. Podiumsdiskussion am 07.04.2003

Frage:
Bei Fassadenkonstruktionen aus Metallkassetten wird im Industriebau normalerweise lediglich eine thermische Entkoppelung der Unterkonstruktion zum Deckblech vorgesehen. Wie hoch schätzen Sie dabei die U-Wert-Zunahme ein, wenn bei einer sehr deutlichen 40 mm-Überdeckung gemäß den Untersuchungen von Tanner schon eine 80 %ige Erhöhung des U-Werts einer 140 mm dicken Dämmung eintritt? Oder sind diese Werte falsch?

Tanner:
Die in dem Beispiel genannten Werte sind richtig. Trotz der 40 mm Überdeckung gibt es immer noch eine Zunahme des U-Wertes um 80 %. Ein entscheidender Faktor dabei ist die Breite der Kassetten und somit des Befestigungsabstandes. In dem Beispiel wird von 33er Kassetten ausgegangen, d. h. die durch den Dämmstoff hindurchgehenden Metallstege (Wärmebrücken) sind im Abstand von 33 cm relativ nahe beieinander. Bei 50er oder 66er Kassetten ist der Effekt natürlich weniger deutlich.
Genauere Informationen können in dem Heft „Fassadentechnik" (5/2002 und 6/2002) nachgelesen werden. Darin wird gezeigt, wie man mit Nomogrammen und verschiedenen Parametern den U-Wert solcher Kassettenkonstruktionen ablesen kann.

Frage:
Es besteht Unsicherheit zur U-Wertberechnung bei zweischaligem Mauerwerk mit Luftschichten. Wird die Luftschicht im zweischaligen Mauerwerk trotz freigelassener Stoßfugen oben und unten wie eine ruhende Luftschicht behandelt?

Ghazi Wakili:
Dies ist erstens abhängig von der Größe der Luftspalten. Wenn keine Luftspalten vorhanden sind, wird es als eine ruhende Luftschicht betrachtet. Zweitens spielt die Dicke der Luftschicht eine Rolle. Weiterhin kommt es darauf an, wie groß flächenmäßig prozentual die Verbindung zwischen der Luftschicht und der kalten Seite ist.
In der Norm EN ISO 6946 werden drei verschiedene Situationen dargestellt. Es wird unterschieden zwischen stehender Luft, schwach belüftetem Zwischenraum oder es wird von durchfluteter Schicht gesprochen. Die Norm ist allerdings zur Zeit in Revision, da noch einige Unklarheiten darin enthalten sind.

Oswald:
Im Deutschen Normenwerk werden seit langem (DIN 4108-2: 1981-08) die Luftschichten im zweischaligen Mauerwerk bei der üblichen „Belüftung" über einige offene Stoßfugen als „ruhend" angesehen (Abschnitt 5.2.2 der o. a. Norm). Sie dürfen daher incl. Außenschale angerechnet werden. DIN EN ISO 6946 behält, in einer Anmerkung vorgehoben, diese Regelung eindeutig bei.

Frage:
Luftspalten zwischen Fassadendämmplatten sind in der Praxis kaum vermeidbar. Muss man nicht fordern, dass diese Platten bei Vorhangfassaden mit einer diffusionsoffenen Bahn abgedeckt werden, damit der Kontakt der Hohlräume mit dem Hinterlüftungsspalt vermieden wird?

Tanner:
Das muss nicht gefordert werden. Die Norm sieht eine Toleranz bis zu 5 mm vor. Für eine einzelne Platte ist diese Toleranz hinsichtlich des Effektes der Wärmedämmung sehr erheblich. Es ist allerdings auch zu berücksichtigen, dass diese Spalten in der Vorhangfassade kaum über mehrere Platten durchgehend sind. Das Entstehen eines Luftstroms mit entsprechendem Kamineffekt ist daher nicht möglich.
Durch Abdecken des Dämmstoffs oder Überziehen mit einer Folie werden zusätzliche Probleme geschaffen. Eine solche Folie kann nie völlig satt und sauber gespannt werden. Durch Temperaturdifferenzen kommt es dann zur Rumpfbildung, mit der die Hinterlüftung der Konstruktion blockiert wird. Unter Umständen wird damit sogar der Hinterlüftungsspalt verstopft.

Oswald:
Nach meinen Erfahrungen ist es in Deutschland heute allgemein üblich, auf der der Luftschicht zugewandten Seite des Faserdämm-

stoffs eine diffusionsoffene, überlappend auf-
gebrachte Vliesabdeckung aufzubringen, so
dass auch die Fugen überdeckt sind. Ich halte
dies für sehr vernünftig.

Tanner:
Aus meiner Sicht ist dies nicht notwendig, aber
man kann es machen. Wichtig ist die Auswahl
des Materials. Kunststoff bzw. Kunststofffolien
neigen zur Rumpfbildung, bei einem Vlies
geschieht das natürlich weniger. Die Dämm-
stoffhersteller haben diesbezüglich ebenfalls
reagiert und Produkte mit speziell behandelten
oder laminierten Oberflächen auf den Markt
gebracht.
Ich plädiere dafür, dass die Bauleitung vor Verkleidung des Dämmstoffs eine Abnahme durchführt und somit die Ausführung der Arbeiten
kontrolliert.

Frage:
Nach DIN 4108 sind ungedämmte, auskragende Bauteile ohne zusätzliche Wärmedämmung
nicht zulässig. Wie soll man sich bei Sichtbe-
tonstützen in Luftgeschossen verhalten, die
normalerweise auch im darüber liegenden beheizten Geschoss als Sichtbetonkonstruktion
sichtbar sein sollen. Können solche Konstruktionen nicht mehr ausgeführt werden? Muss
abgerissen werden?

Dahmen:
Natürlich nicht, aber in der Norm steht ausdrücklich, dass dies ohne zusätzliche Maßnahmen nicht zulässig ist. Eine Stütze im Luftge-
schoss muss meiner Meinung nach von außen
zusätzlich gedämmt werden.

Oswald:
Demnach könnte man im Hochbau keine Sichtbetonluftstützen mehr herstellen – es sei denn,
die Dämmung wird hinter einer abgehängten
Decke versteckt.
Es kommt doch darauf an, wie mit dem Detail
insgesamt umgegangen wird. Herr Cziesielski
hat z. B. an dieser Stelle vor einigen Jahren von
der Beheizung der Wärmebrücke gesprochen.
In einem Regelwerk einfach festzulegen, dass
bestimmte Konstruktionen gar nicht mehr zulässig sind, halte ich für unvernünftig und reali-
tätsfern.

Dahmen:
Früher wurde bei auskragenden Balkonplatten
zur Vermeidung der Wärmeverluste und möglicher Schimmelpilzschäden auf der Innenseite

ein Abschnitt wärmegedämmt. Innendämmung
ist eine der möglichen zusätzlichen Maßnahmen.

Oswald:
Wenn nachzuweisen ist, dass das Schimmel-
pilzkriterium erfüllt ist, halte ich z. B. den formal
wichtigen Einbau von Sichtbetonluftstützen für
völlig akzeptabel, wenn sich die Anzahl der
Stützen in Grenzen hält und der erhöhte punktuelle Wärmeverlust an anderer Stelle wieder
kompensiert wird.
Das Beispiel zeigt für mich recht deutlich, dass
auch beim Nachweisverfahren „Details nach
Beiblatt 2" ein Ausgleichen von Wärmebrücken durch einen verbesserten Wärmeschutz
an anderer Stelle möglich sein muss.

Dahmen:
Solange es alleine um den Wärmeverlust geht,
bin ich auch der Meinung, dass man den Wärmeverlust an anderer Stelle kompensieren
kann. Man könnte sich sogar vorstellen irgendwo im Gebäude, wo es leichter möglich ist, den
Wärmeschutz zu erhöhen, zusätzliche Dämm-
maßnahmen auszuführen um den Wärmeverlust insgesamt zu verringern. Entscheidend
ist, was unterm Strich rauskommt und nicht an
jeder einzelnen Stelle. Vorausgesetzt, dass
Schäden durch Schimmelpilzbildung vermieden werden.

Oswald:
Es freut mich, dass Herr Dahmen und ich einer
Meinung sind; das in den Erläuterungen zur
EnEV festgelegte Verbot der Aufrechnung unterschiedlicher Wärmeverluste an Details ist
stur und nicht zweckdienlich. Auch in diesem
Bereichen muss es möglich sein, technisch vernünftige Alternativen auszuführen. Die Anwendung der eigenen Vernunft sollten wir uns nicht
verbieten lassen.

Frage:
Lässt sich die Frage nach den Ursachen einer
Schimmelpilzbildung (Baumangel oder falsches
Nutzerverhalten) durch *eine* Wandoberflächen-
temperaturmessung bei etwa – 5 °C Außentemperatur beantworten?
Warum werden Wärmebrücken bei Vorliegen
eines Schadens immer nur berechnet, statt
die entsprechenden Parameter Oberflächentemperatur, Raumtemperatur, relative Luftfeuchte zu messen? (Die Möglichkeit der Lang-
zeitaufzeichnung der Klimaparameter vorausgesetzt.)

Dahmen:

Erstens können aus einer einmalig gemessenen Oberflächentemperatur bei gleichzeitiger Messung der Außen- und Innenlufttemperatur keine Rückschlüsse auf irgendwelche Wärmeströme gezogen werden. Einmalig gemessene Oberflächentemperaturen entstehen nicht durch die gleichzeitig außen und innen gemessenen Temperaturen, sondern resultieren möglicherweise aus wesentlich anderen Temperaturen in zurückliegender Zeit.

Zweitens liegen instationäre Bedingungen sowohl auf der Außenseite wie auch auf der Innenseite (z. B. Heizintervalle) vor. Mit einmaligen Messungen kann daher nicht auf den Wärmeschutz geschlossen werden. Das Mitteln der Ergebnisse von Langzeitmessungen über mindestens 5 Tage führt zu richtigen Werten.

Die Kosten für diese Untersuchungen befinden sich allerdings in einer Größenordnung von ca. 2000/2500 €. In einem Streitfall bei dem es um Nachbesserungskosten in Höhe von ca. 2000 € geht, halte ich diesen Untersuchungsaufwand für unverhältnismäßig und nicht gerechtfertigt.

Frage:

Bei dem dargestellten Fallbeispiel von einem Kirchdach sind durch die in der Dachkonstruktion eingeschlossene Baufeuchte Schäden aufgetreten. Warum sind die Wasserläufer immer im Frühjahr entstanden?

Oswald:

Das Tagwasser aus der Bauzeit war in den dampfdicht abgeschlossenen Hohlräumen des Daches eingeschlossen. Durch Diffusionsvorgänge wird die Feuchtigkeit je nach Jahreszeit umgelagert. Im Winter bildet sich das Tauwasser unter der kalten Dachhaut im Bereich der Holzschalung. Die Holzschalung speichert diese Feuchtigkeit. Im Frühjahr und Sommer ist der Kirchraum die kältere Seite der Dachkonstruktion, sodass ein konzentrierter Tauwasserausfall auf der unterseitigen PE-Folie auftritt. Da diese keine Speicherkapazität aufweist, läuft das Tauwasser an Fehlstellen der PE-Folie im Frühsommer aus.

Frage:

Wie sieht konkret die luftdichte Anschlussausbildung zwischen Wand und Gipskartonplattenkonstruktion aus, wenn die innere Gipskartonplatte als Luftdichtheitsschicht dienen soll?

Spitzner:

In dem von mir gezeigten Beispiel wurde der Anschluss abgeklebt mit zusätzlicher Schlaufenbildung. Diese Fuge kann Bewegungen aus den Bauteilen aufnehmen. Nach spätestens zwei bis vier Jahren reißt eine nicht flexible Anschlussausbildung ab und dann ist auch die Luftdichtheit nicht mehr gegeben. In diesem Fall liegt nicht nur ein Mangel vor, sondern (bald auch) ein ernsthafter Schaden!

Oswald:

Man kann durchaus die Gipskartonplatte zur Luftdichtheitsschicht erklären, unter der Voraussetzung, dass alle Anschlüsse entsprechend zuverlässig ausgeführt werden. Das Hauptproblem bilden weniger Decken- als Wandverkleidungen, da dort mehr Unterbrechungen zu erwarten sind.

Spitzner:

Damit ich nicht missverstanden werde, ich schlage nicht vor, dass wir das zukünftig nur noch so wie im berichteten Streitfall machen sollen. Es wäre ziemlicher Unsinn so etwas planmäßig auszuführen. Aber wenn das Kind bereits in den Brunnen gefallen ist, muss man ja nicht die gesamte Konstruktion demontieren, wenn es nicht wirklich erforderlich ist. Problematisch sind oft die Elektrodurchführungen. In dem angesprochenen Fall waren sie auf das absolute Minimum reduziert und wurden im Rahmen der Herstellung entsprechend sauber mit Klebebändern bzw. Formteilen abgedichtet.

Frage:

Reicht eine Überlappung von 20 cm für einen dichten Stoß der Dampfsperre aus?

Spitzner:

Die angesprochene Überlappung ist ausreichend. Solange die Luftdichtung von einer anderen Funktionsebene erbracht wird, gibt es keinen Grund, an die Verlegung der Dampfbremse höhere Anforderungen zu stellen als früher, als der Aspekt Luftdichtheit noch nicht so beachtet wurde. In der Regel sind Dampfbremse und Luftdichtung aber dieselbe Ebene und deswegen sind aus Gründen der Luftdichtheit höhere Anforderungen einzuhalten.

Frage:

Was passiert, wenn ich von außen durch die Wärmedämmung in die Unterkonstruktion nagele und dabei dann auch die Dampfsperre verletze?

Spitzner:
Sofern die Dampfsperre auch die luftdichtende Schicht ist, muss durch flächenhaftes Anpressen oder eine flächenhafte Abdichtung in dem Nagelbereich sichergestellt sein, dass Luft nicht in die Konstruktion eintreten kann. Dies ist z. B. bei einem festen Dämmstoff der Fall, der auf eine harte Unterlage gepresst wird. Hinsichtlich der Diffusion ist eine solche kleine Verletzung unerheblich, das entscheidende Kriterium ist die Luftdichtheit, sofern beide Funktionen von einer Schicht erfüllt werden müssen.

1. Podiumsdiskussion am 08.04.2003

Frage:
Um die Konvektionsströme innerhalb eines Leichthochlochziegelmauerwerks zu minimieren, wurden sog. „deckelbildende Mörtel" entwickelt, die die Lagerfuge verschließen. Sind diese Verfahren schon als „allgemein anerkannte Regel der Technik" zu bezeichnen?

Gierga:
Parallel zu den herkömmlich getauchten oder geklebten Planziegelmauerwerksarten bietet die Industrie seit Anfang 2000 Konstruktionen mit deckelbildendem Mörtel an. Die bauaufsichtliche Zulassung liegt vor. Inwieweit es sich dabei bereits um eine anerkannte Regel der Technik handelt, kann ich nicht sagen. Solange parallel geklebtes Mauerwerk auf dem Markt ist, befinden wir uns sicher mit dieser Konstruktion in der Einführungsphase.

Frage:
Müssen diese deckelbildenden Lagerfugen in jeder Schicht angeordnet werden oder ist eine geschossweise Abschottung ausreichend?

Gierga:
Laut bauaufsichtlicher Zulassung müssen diese Fugen in jeder Lagerfuge ausgebildet werden, da nicht nur die Luftkonvektion unterdrückt, sondern insbesondere die statische Eigenschaft einer Wand verbessert werden soll.

Frage:
Zum Thema Innenputz wurde ausgeführt, dass der Putz möglichst bis auf die Rohdecke hinuntergeführt werden soll. Entsprechend der DIN 18195 soll bei Vorhandensein einer Sperrschicht gegen aufsteigende Feuchtigkeit der Wandputz möglichst 1 cm oberhalb der Abdichtungsschicht angesetzt werden zur Vermeidung von kapillarem Saugen. Wie kann dieser Widerspruch geklärt werden?

Gierga:
Ich sehe darin nicht unbedingt einen Widerspruch. Einen Zentimeter kann man sicherlich akzeptieren, da sowieso die unterste Lagerfuge im Planziegelmauerwerk aus einer Mörtelschicht hergestellt wird, um den Höhenabgleich zu schaffen.

In den normalen Geschossen, in denen keine Feuchtigkeitsbelastung zu erwarten ist, muss man das sowieso nicht einhalten.

Oswald:
Der Fragesteller ist zudem zu korrigieren: DIN 18195 fordert in Teil 4 lediglich, dass „Putzbrücken" vermieden werden. Wenn die auf der Bodenplatte liegende Querschnittsabdichtung nicht unterkellerter Gebäude (und nur hier besteht das diskutierte Problem) etwas die Wandoberfläche überragt, damit die Fußbodenabdichtung angeschlossen werden kann, kann der Putz bis unmittelbar auf diesen Abdichtungsrand ausgezogen werden. Dann entsteht keine „Feuchtigkeitsbrücke".

Frage:
Welche Empfehlungen gibt die Ziegelindustrie für die Gestaltung von Wandaufbauten mit nur einer raumseitigen Nassputzbeschichtung?

Gierga:
Zweischalige Außenwände und Wände mit zusätzlicher Dämmung, z.B. Wärmedämmverbundsystem, sollten unserer Ansicht nach zukünftig nur noch unter Verwendung deckelbildender Lagerfugenmörtel ausgeführt werden, um eine hohe Sicherheit für die Luftdichtheit der Konstruktion zu erlangen. Die nicht „deckelnden" Ausführungen werden über kurz oder lang ganz vom Markt verschwinden.

Frage:
Wer ist verantwortlich für die Ausbildung und Ausführung der Anschlussfugen vom Fenster zum Baukörper?

Scheller:
In erster Linie handelt es sich um eine Planungsaufgabe. In der DIN 4108, Teil 7, steht: *Unvermeidbare Fugen in der wärmeübertragenden Umfassungsfläche eines Gebäudes sind so zu planen, dass sie dauerhaft luftundurchlässig zu verschließen sind.*
In zweiter Linie ist es abhängig von der Vertragsgrundlage. Was ist über die Ausschreibung angeboten und damit Vertragsgrundlage geworden.

Bezüglich der Ausführung sagt die DIN 18355, Tischlerarbeiten (sie gilt für Holzfenster, Holzmetallfenster und für Kunststofffenster), dass die Ausbildung der Anschlussfuge und der Abdichtung Aufgabe des Fensterbauers ist. Gleiches steht in der DIN 18360, Metallbauarbeiten, sie geht sogar noch ein wenig weiter; sie fordert, dass Fenster und Außentüren abzudichten sind und dabei die DIN 18540 zu beachten ist, obwohl diese Norm nicht für den Fensterbereich gemacht worden ist.

Frage:
Sind so genannte Anputzleisten, die auf den Fensterblendrahmen aufgeklebt werden und dann in den Innenputz eingebunden werden als dauerhaft luftdicht zu bewerten?

Scheller:
Grundsätzlich gibt es im Augenblick noch keine Anputzleisten, die diesen Anschluss dauerhaft luftundurchlässig abdichten. Es gibt Anputzleisten, die die Anforderungen zwar theoretisch erfüllen können, bisher wurde allerdings nur die Klebekraft geprüft.

Oswald:
Seit wann sind die Montagerichtlinien, deren Einhaltung teilweise einen recht hohen Aufwand erfordern, ihrer Ansicht nach allgemeine anerkannte Regel der Bautechnik? Als diese Richtlinien 1994 zum ersten Mal erschienen sind, war ich zunächst sprachlos. Zum Beispiel beidseitige Dichtstoffphasen am Holzfensterleibungsanschluss eines verputzten Mauerwerksbaus hatte ich bis dahin noch nicht gesehen. Damit wurde ich erstmalig in dem „Leitfaden für die Montage" konfrontiert. Beim Erscheinen des Leitfadens war diese Art der Ausführung keinesfalls bereits unter gut vorgebildeten Technikern „allgemein bekannt" und damit sicher auch noch nicht a. a. R. d. Bt.

Scheller:
Die erste Veröffentlichung der Richtlinie ist abgestimmt auf das Erscheinungsdatum der Wärmeschutzverordnung 1995, die bereits im August 1994 verabschiedet wurde. Die Inhalte sind aufeinander abgestimmt. Die in der ersten Ausfertigung enthaltenen Anforderungen sind noch heute gültig und wir haben diese erste Ausfertigung als *anerkannte Regel der Technik* bezeichnet.
Die angesprochene Richtlinie war also die erste schriftliche Unterlage, die sich mit der

Ausbildung der Anschlussfuge beschäftigt hat. Sie basiert auf zwei Forschungsvorhaben.

Frage:
Wieso muss eine Fensteranschlussfuge innen mit höherem Wasserdampfdiffusionswiderstand als außen ausgebildet werden, wenn die Flanken in der Regel auch einen deutlich niedrigeren s_d-Wert aufweisen?

Scheller:
Die Antwort auf diese Frage muss geteilt werden. Es gibt nur in der Außenwand parallel zum Temperaturgefälle ein Dampfdruckgefälle, sondern auch in der Anschlussfuge von Bauteilen. Hat die äußere Abdichtung einen höheren s_d-Wert als die innere Abdichtung, kommt es zu einem Diffusionsstau. Andererseits folgt unmittelbar nach der inneren Abdichtung die Wärmedämmung und sie hat immer einen geringeren s_d-Wert als die Fugenflanken, wobei man grundsätzlich berücksichtigen muss, dass Aluminium- und Kunststoffprofile einen unterschiedlichen s_d-Wert haben.

Frage:
Gleicht das Mauerwerk nicht aus, indem evtl. anfallendes Tauwasser aufgesogen wird?

Scheller:
Zunächst ist zu berücksichtigen, dass Mauerwerk nicht grundsätzlich die zweite Anschlussfugenflanke bildet. Dann erinnere ich an die Feststellung dieses Hauses im Dritten Bauschadensbericht: „Undichtheiten in Bauteilanschlüssen führen über den Luftaustausch zu einem unkontrollierten Feuchtetransport in den Anschlussbereich und damit in einen Bereich, der weit unterhalb der Raumtemperatur liegt. Tauwasserausfall ist dann in der Regel nicht zu vermeiden."

Frage:
Sind die Feuchtigkeitsprobleme in den Anschlussfugen nicht nur auf Luftkonvektion zurückzuführen und eben nicht auf Diffusion?

Scheller:
Auch darauf eine zweiteilige Antwort: Aufgrund der Regelwerkanforderungen ist die Gebäudehülle von Neubauten und energetisch sanierten Altbauten effektiv dichter, d. h. luftundurchlässiger geworden. Mit der erhöhten Dichtigkeit steigt der Feuchtedruck auf die Gebäudehülle und besonders belastet

sind alle theoretisch luftundurchlässigen Fugen, also auch die umlaufende Anschlussfuge von Fenstern. Außerdem müssen wir davon ausgehen, dass mit dem Luftaustausch über Fugen auch ein Feuchtetransport verbunden ist und letztendlich fordert die DIN 4108-7 ja dauerhaft luftundurchlässig abgedichtete Fugen.

Frage:
Sind denn überhaupt ernsthafte Tauwassermengen in Spalten nachweis-/berechenbar?

Scheller:
Ich erinnere daran, dass der erste „Leitfaden zur Montage" aus dem Juli 1994 das Ergebnis von zwei Forschungsaufträgen erfasst hat. Bei ausschließlich außen abgedichteten, also versiegelten Fugen, haben wir einen Diffusionsstau feststellen müssen. Es ergibt sich daher die grundsätzliche Frage, ob es sinnvoll ist, feuchtwarme Raumluft in Bereiche eindringen zu lassen, in denen durch Abkühlung zwangsläufig Tauwasser ausfallen muss und die mögliche Menge, mit der ein Monteur vor Ort sowieso nichts anfangen kann, sollte uns zuletzt interessieren.

Frage:
Schließlich sind die gezeigten Schadensbeispiele auf Luftdurchlässigkeit zurückzuführen.

Scheller:
Hier muss ich Sie etwas korrigieren: die gezeigten Schäden waren in der Hauptsache auf Wärmebrückenwirkung aufgrund einer falschen Einbauebene zurückzuführen. Ich erinnere dazu an die Bedeutung der schimmelpilzkritischen inneren Oberflächentemperatur. Wesentlich erscheint mir, dass wir die in der DIN 4108-7 geforderte dauerhaft luftundurchlässige Abdichtung von Fugen nicht auf ihrer Außenseite ausführen dürfen und insofern hat die von Ihnen angesprochene Luftdurchlässigkeit durchaus eine Bedeutung.

Frage:
Wieso wird in Regelwerken mehr gefordert? Etwa mit der Zielsetzung, dass von den Fassaden sowieso nur die Hälfte ausgeführt wird, die dann ausreicht?

Scheller:
Ich habe den Eindruck, dass das neue deutsche Regelwerk auf der Basis der europäischen Harmonisierung mehr fordert, als nach

den derzeitigen Erkenntnissen erforderlich ist. Dann gehe ich davon aus, dass Sie nicht die Fassaden, sondern evtl. die Fassadenhersteller meinen, die nach Ihrer Meinung nur die Hälfte ausführen. Mit dieser Meinung stehen Sie keinesfalls allein, denn das ist leider schon fast der Regelfall und das liegt auch an mangelnder Planung und mangelnder Überwachung – oft leider auch an mangelnder Begutachtung.

Frage:
Wie soll sich der Sachverständige dann bei der Beurteilung verhalten?

Scheller:
Diese Frage ist eigentlich ganz einfach zu beantworten: ein Sachverständiger hat immer die zeitbezogen geltenden anerkannten Regeln der Technik zugrunde zu legen. Wie ich bereits erwähnt habe, wurde die erste Veröffentlichung des Leitfadens zur Montage im Juli 1994 auf die Veröffentlichung der Wärmeschutzverordnung vom 16. August 1994 abgestimmt. Damit wurden erstmals anerkannte Regeln der Technik zum Leistungsbereich Einbau oder Montage festgeschrieben, die nicht nur das Ergebnis von zwei Forschungsaufträgen waren, sondern auch die uns bekannten Erkenntnisse und Forderungen aus dem Dritten Bauschadensbericht berücksichtigt haben. Ich erinnere daran, dass dieser Bericht vom AIBau erarbeitet wurde.

Oswald:
Wie ich anhand meines Fallbeispiels dargestellt habe, teile ich die Bedenken des Kollegen, der diese ausführliche Frage – die ja schon ein Statement ist – gestellt hat. Auch ich bin der Auffassung, dass der „Leitfaden für die Montage" im Hinblick auf die Maßnahmen gegen *Wasserdampfdiffusion* über das Ziel hinausschießt und zu Aufwändiges fordert. Ich habe dies als Sachverständiger so auch schon in Gutachten deutlich zum Ausdruck gebracht.

Scheller:
Ich vertrete dazu eine andere Meinung. Die Wärmeschutzverordnung vom 16.08.1994 hat in § 4, Absatz 3, mit der dauerhaft luftundurchlässige Abdichtung aller Fugen in der Gebäudehülle eine uralte Forderung aus der DIN 4108-2 des Jahres 1981 übernommen und zwingend vorgegeben. Als anerkannte Regeln der Technik sind dabei die Aus-

führungsbeispiele nach DIN 4108-7 anzusehen. Diese Norm und bauphysikalische Gründe zwingen uns, die luftundurchlässige Abdichtung auf der innersten Ebene vorzunehmen. Diese Tatsache erfordert unabdingbar eine zweite Dichtungsebene, u. a. gegen Schlagregen. Muss man zwei Dichtungsebenen hintereinander anordnen, ist das Verhältnis der Widerstände wichtig. Vernachlässigt man diese wesentliche Grundlage, kommt es zur Kondensation in der Wärmedämmung oder auf den Flanken der Anschlussfuge. Um diese Kondensation zu vermeiden, muss die innere Abdichtung wesentlich dichter sein als die „Regenhaut". Diese Forderung und nicht mehr ist u. a. im „Leitfaden zur Montage" verankert.

PRO + KONTRA · Diskussion am 08.04.2003

Das aktuelle Thema: Schimmelpilzbewertung zwischen hygienischer Notwendigkeit und Hysterie

Moriske:
Zunächst möchte ich mehrere Anmerkungen zum sehr pointierten Vortrag von Herrn Oswald machen:
Schimmelpilzwachstum ist in erster Linie ein hygienisches Problem und als verbraucherorientiert arbeitende Bundesbehörde muss der Präventionsgedanke bei der Befassung mit diesem Thema berücksichtigt werden. Das bedeutet aber nicht, dass aufgrund von Schimmelbildung ganze Gebäude abgerissen werden müssen. So steht es auch nicht in dem UBA-Leitfaden. In Kellerbereichen, die nur vorübergehend genutzt werden, kann beispielsweise durchaus Schimmelpilzbefall toleriert werden. Mit Recht haben Sie, Herr Oswald, auf den Aspekt des Abwägens von Kosten und Nutzen hingewiesen.
Noch eine Anmerkung zu den Schimmelpilzspürhunden. Diese Hunde können durchaus Schimmelpilzbefall an der Decke wahrnehmen. Sie bellen dann nämlich in einer bestimmten Art und Weise, so dass der Hundeführer weiß, im Bereich der Decke ist irgendwas verschimmelt. Das funktioniert in der Praxis.
Sofern der betroffene Nutzer Untersuchungen und Messungen über die Luftqualität in den betroffenen Räumen haben möchte, sollte er sich an das zuständige Gesundheitsamt oder an die Verbraucherschutzzentralen wenden.
Mir ist es wichtig, dass das hygienische Risiko von Schimmelpilzbelastungen, unabhängig von dem, was in der Praxis umsetzbar ist, beurteilt wird. Auch die rechtliche Betrachtungsweise von Schimmelpilzwachstum muss getrennt davon behandelt werden. Bei Zuordnung der Verantwortlichkeiten ist der Bausachverständige der Einzige, der beurteilen kann, welche Ursachen die Feuchtigkeitsschäden haben und auf welche Art und Weise sie beseitigt werden können.
Es ist kein Ansinnen der Innenraumlufthygiene-Kommission oder Inhalt des Leitfadens, dass Sie als Bausachverständige außen vor gelassen werden sollen, ganz im Gegenteil.

Oswald:
Ich möchte mich ausdrücklich entschuldigen, wenn meine Ausführungen nach dem Eindruck der betroffenen Referenten zu scharf waren. Mir ging es darum, dass durch möglichst prägnante, nicht verwässernde Formulierungen die Probleme klar benannt werden, damit entsprechend klare Ergebnisse zustandekommen. Ich möchte den Betroffenen betont meine Hochachtung zum Ausdruck bringen, ich weiß, dass hier gute Absichten verfolgt wurden. Trotzdem muss man im Tagungsteil, der mit *„Pro und Kontra"* überschrieben ist, pointiert Position beziehen und diskutieren dürfen.
Diese Diskussion hat z.B. deutlich gemacht, in welchen Situationen Spezialuntersuchungen erforderlich sind. In dem für den durchschnittlichen Bausachverständigen typischen Fall, nämlich wenn ein Schimmelpilzbefall unstrittig vorhanden ist, sind demnach keine Luftanalysen erforderlich. Durch die Broschüre des Umweltbundesamtes entsteht diesbezüglich ein falscher Eindruck.

Moriske:
Das ist so nicht korrekt. Wir können von unserer Seite nur unterstreichen, dass in diesem Fall *keine* Luftanalyse notwendig ist, sondern sofort gehandelt werden muss. Dies kommt im UBA-Leitfaden auch zum Ausdruck.

Frage:
In der Broschüre „Hilfe Schimmel im Haus" wird als Orientierungswert angegeben, dass auf Dauer 65 bis 70 % relative Luftfeuchtigkeit nicht überschritten werden sollte. Warum sind diese Werte gewählt worden?

Moriske:
Es geht hierbei um Schimmelpilzwachstum und nicht um eine empfohlene Raumluftfeuchte, die nach wie vor zwischen 30 und 70 % (bzw. im engeren Bereich zwischen 40 und 60 %) liegt.
Die Innenraumlufthygiene-Kommission spricht von *dauerhaft* 65 bis 70 % relativer Feuchte.

Das heißt, diese hohen Werte müssen schon über Tage vorhanden sein. Und genauso wichtig zur Vermeidung von Schimmelpilz ist, dass entlang der Oberflächen 80 % relative Luftfeuchtigkeit nicht überschritten werden. Allerdings können auch bei niedrigeren Werten im Einzelfall Schimmelpilzbildungen entstehen. Die Kommission wollte aufgrund der vielen Anfragen aus der Praxis eine generelle Richtgröße vorgeben.

Sedlbauer:
In der Literatur gibt es wenige Zahlen über durchschnittliche Feuchtelasten in Wohnungen. Einzeluntersuchungen belegen, dass im Sommer 70 % relative Luftfeuchte eine übliche Zahl ist, da die Luftwechselrate natürlich sehr hoch ist. Unter Winterbedingungen halte ich 70 % relative Feuchte in einem Raum für sehr hoch. Ich glaube kaum, dass das in vielen Wohnungen überhaupt erreicht werden kann. Da muss schon ganz viel verdampft werden. Über solche Zahlen sollten wir uns vielleicht noch mal zwischen der Bauseite und der Gesundheitsseite unterhalten.

Moriske:
Die Mykologen sind diejenigen Experten, die am besten beurteilen können, ab welchen Raumluftfeuchtigkeiten in jedem Fall mit Schimmelpilzbildung zu rechnen ist. Der genannte Wert liegt bei 65 bis 70 % relativer Luftfeuchtigkeit. Es geht dabei nicht um bauliche oder bauphysikalische Aspekte.

Sedlbauer:
Ich halte es für problematisch, Bewohnern quasi einen Freibrief für Raumluftfeuchten unter 70 % auszustellen. Für Wintersituationen ist der Empfehlungswert meines Erachtens zu hoch eingestuft. Bei Außentemperaturen von - 5 °C oder sogar -10 °C werden im Bereich von Wärmebrücken oder z. B. hinter Möbeln vor Außenwänden sehr schnell Oberflächenfeuchtigkeiten von 80 % und mehr erreicht.

Dahmen:
Häufig werden Sie von den Bewohnern auf ein Hygrometer hingewiesen auf dem ein medizinisch optimaler Bereich bis 75 % angegeben ist. Wie sollen sie dann noch erklären, dass die Raumluftfeuchtigkeit trotzdem zu hoch ist?

Moriske:
Der betroffene Bewohner soll selbst eine Einschätzung der Situation vornehmen kön-
nen und wissen, dass dauerhaft Werte über 65/70 % relativer Luftfeuchtigkeit zu Problemen führen.
Aber die mit der Angabe von Zahlen verbundene Problematik ist angekommen und wird von den Verfassern des Leitfadens nochmals hinterfragt werden.

Oswald:
Man kann also zusammenfassend zu diesem Diskussionspunkt sagen, dass der Wert von 70 % r. F. bei tieferen Außentemperaturen als übliche und zulässige Raumluftfeuchte deutlich zu hoch gegriffen ist, bei höheren Außentemperaturen hingegen tragbar ist.
Zu dieser kritikwürdigen Aussage des Leitfadens wäre es *nicht* gekommen, wenn unter den Verfassern sich auch nur ein Bausachverständiger befunden hätte.
An dieser Stelle möchte ich meine Verwunderung zum Ausdruck bringen, dass die Broschüre zwar unter Mitarbeit von 30 Personen erstellt worden ist, aber nicht ein einziger Bausachverständiger hinzugezogen wurde.

Moriske:
Ein Vertreter des Deutschen Instituts für Bautechnik ist daran beteiligt gewesen.

Oswald:
Es handelte sich dabei um einen Diplom-Chemiker, also keinen Bausachverständigen.

Gabrio:
Es ist mir bei der Beantwortung aller Fragen sehr wichtig, dass klar wird, dass das Problem Schimmelpilze sehr vielschichtig ist. Seit vielen Jahren wird es von unterschiedlichen Leuten bearbeitet und leider häufig in Unkenntnis voneinander. Daher fand ich es gut, dass heute eine Gelegenheit sein könnte, interdisziplinär zusammen zu überlegen, wo man eigentlich hin will. Dies war für mich Anlass nach Aachen zu kommen, um mit Bausachverständigen zusammen zu arbeiten.
Wenn z. B. in einem Kindergarten Schimmelpilzbefall auftritt, ruft häufig das Gesundheitsamt an, weil die Eltern sehr besorgt sind. Wie soll damit umgegangen werden? Wir sehen uns das Objekt an und wenn wir der Meinung sind, dass wahrscheinlich ein Schimmelpilzbefall vorliegt, dann empfehlen wir die Einbeziehung eines Sachverständigen. Eine wichtige Grundaussage ist die Frage nach der Ursache.

Frage:
Wann ist ein Schimmelpilzbefall differenziert zu betrachten, bzw. wann sind Spezialuntersuchungen erforderlich?

Gabrio:
Zunächst muss die Zusatzfrage gestellt werden: Ist die Untersuchung mit einem rechtlichen Problem oder einem gesundheitlichen Problem verbunden? Je nach Fragestellung wird die Ursache der Belastung oder aber die Art der Schimmelpilzsporen untersucht.
Unsere Institution ist häufiger mit Fragen des öffentlichen Gesundheitsdienstes konfrontiert (Schulen, Kindergärten). Dabei handelt es sich oft um Ständerbauten oder Pavillons, wo Schimmelpilzerscheinungen nicht zwingend auf der Oberfläche auftreten, sondern häufig in der Konstruktion. Zur Klärung, ob überhaupt ein Schaden vorliegt, müssen Luftmessungen bzw. Staubmessungen durchgeführt werden. Gegebenenfalls ist es auch sinnvoll den Schimmelpilzspürhund zum Einsatz kommen zu lassen.

Moriske:
Ich möchte das Ergebnis noch mal in zwei Sätzen zusammenfassen. Wenn nicht das gesundheitliche Risiko ermittelt werden soll, sondern es nur darum geht festzustellen, ob ein Schimmelpilzbefall vorhanden ist, dann müssen Sie keine Keimartdifferenzierung vornehmen, dann sind Luftuntersuchungen ausreichend.
Wenn ein Befall optisch erkennbar ist und eine größere Fläche betrifft, muss noch nicht einmal gemessen werden. In diesen Situationen ist eine Ursachensuche erforderlich und das können Sie als Bausachverständige ohnehin am besten. Anschließend ist eine Sanierungsentscheidung zu treffen.

Frage:
Welche Schutzmaßnahmen sind beim Ortstermin zu treffen?

Moriske:
Beim ersten Betreten einer Wohnung, wenn der Schrank zur Seite geschoben wird und dahinter Schimmelpilzbefall festgestellt wird, müssen nicht gleich ein Mundschutz aufgesetzt und Handschuhe angezogen werden. Damit verunsichern Sie die Bewohner, da ihnen eine große potenzielle Gesundheitsgefahr suggeriert wird. Die Gesundheitsgefahr beginnt erst in dem Moment, wo Sie

anfangen, die Pilze abzukratzen, abzuschaben oder Ähnliches.
Bei Durchführung der Sanierung sehen die Dinge natürlich anders aus, sowohl für die Handwerker selbst, als auch für die betroffenen Bewohner.

Gabrio:
Der UBA-Leitfaden war Anlass dafür, dass sich die Berufsgenossenschaften (BG) auch mit dieser Fragestellung beschäftigen. Auch aus der Sicht des Arbeitsschutzes muss man sich mit diesem Thema auseinandersetzen. Seit ungefähr einem Jahr gibt es eine Arbeitsgruppe bei der BG Tiefbau in München, die sich mit dem Arbeitsschutz bei der Sanierung biologischer Belastung in Wohnungen befasst. Die Arbeitsgruppe will innerhalb eines Jahres eine Handreichung oder Handlungsempfehlung herausgeben, wie aus Sicht des Arbeitsschutzes Sanierungen durchzuführen sind. Eine erste Orientierungshilfe bietet die TRBA 500, März 1999, darin sind allgemeine hygienische Empfehlungen enthalten. Den eigenen Sachverstand darf man trotzdem nicht zu Hause lassen. Sie müssen selber einschätzen, in welcher Größenordnung mit einer Freisetzung von Sporen zu rechnen ist. Beim Entfernen einer z. B. 5 cm langen Silikonfuge wird die übliche Konzentration von Sporen in der Raumluft nicht nennenswert erhöht werden. Sofern allerdings 3 Quadratmeter Tapete runtergenommen werden müssen oder möglicherweise eine Gipskartonplatte entfernt werden muss, ist es durchaus sinnvoll Schutzmaßnahmen zu ergreifen.
Kriterien sind: Menge der zu erwartenden Sporenfreisetzung, Dauer der Arbeiten und Größe der befallenen Fläche.
Sie müssen auch über die Belastung Anderer nachdenken. Wie groß ist die Wahrscheinlichkeit, dass beispielsweise Mitarbeiter und Kinder belastet werden, wenn der zu sanierende Kindergarten nicht vollständig geräumt wird. Können andere Räume belastet werden? All diese Fragen müssen Sie sich mit Ihrem Sachverstand stellen und Ihrer ist diesbezüglich sicher größer wie der eines Hygienebeauftragten vom Gesundheitsamt. Sie wissen, was bei den einzelnen Arbeiten passiert. Dieser Verantwortung müssen sie sich bewusst sein.

Frage:
Wann besteht Aufklärungspflicht beim gerichtlichen/privaten Ortstermin?

Moriske:

Einen ersten Hinweis gibt das Ausmaß der befallenen Flächen. So sollten nach unserer Auffassung bei einem halben Quadratmeter verschimmelter Wandoberfläche, z. B. hinter einem Schrank, die Bewohner darauf hingewiesen werden, dass ggf. ein gesundheitliches Risiko besteht. Allergiker, Asthmatiker (die es zunehmend gibt) und kleine Kinder reagieren sehr sensibel. Sie können aufgrund einer Befallsfläche in der genannten Größenordnung krank werden.

Vor der Veranstaltung haben wir über das neue Haftungsrecht der Bausachverständigen gesprochen. In diesem Zusammenhang müssen sie allein aus Selbstschutz auf dieses gesundheitliche Risiko hinweisen. Das ein Risiko vorliegt bedeutet ja noch lange nicht, dass die Leute davon krank werden müssen. Eine verschimmelte Fuge im Badezimmer führt sicher nicht zu einem erhöhten Gesundheitsrisiko.

Dahmens:

Wenn wir als Sachverständige sagen, Sie müssten hier dringend etwas tun, bekommen wir oft zur Antwort, dass nichts unternommen wird, bis der Prozess entschieden ist, damit keine Beweismittel verloren gehen.

Müssen wir auf der Durchführung von Maßnahmen bestehen oder haben wir mit dem Hinweis auf mögliche Risiken unsere Pflicht getan?

Moriske:

Ich kann Ihnen kein Patentrezept mit auf den Weg geben. Sie tun sich aber selbst keinen Gefallen, wenn Sie mögliche Gefahren ignorieren. Zu Ihrer eigenen Absicherung empfehle ich, darauf hinzuweisen. Auf der anderen Seite sollten Sie natürlich die Dinge nicht dramatisieren. Um auf Ihr Beispiel einzugehen, Sie könnten dem Bewohner mit auf den Weg geben, dass er das Schadensbild fotografieren kann und dass Sie als Sachverständiger – und somit als neutrale Person – den Schaden aufgenommen haben. Eventuell erforderliche Beweismittel sind also gesichert. Deswegen können und sollten unbedingt die betroffenen Materialien beseitigt werden, d. h. Entfernen der befallenen Tapete und anschließendes Desinfizieren. Dies kann während des laufenden Prozesses passieren.

Frage:

Wie weit müssen befallene Bauteile beseitigt werden?

Moriske:

Die Kommission hat sich nach langem, zähen Ringen zu folgender Formulierung durchgerungen: soweit die Flächen zu reinigen sind, also in der Regel glatte Flächen, besteht kein Problem. Wenn die Flächen porös sind und Schimmelpilze z. B. in die oberste Putzschicht eingedrungen sind, muss auch diese entfernt werden. Nach meiner Erfahrung ist es wirklich nicht besonders schwierig, z. B. eine Zwischenwand aus Gipskarton, die sehr stark mit Schimmelpilz befallen ist, zu entfernen, sofern sie keine statischen Funktionen erfüllen muss. Versottete Gipskarton- und Spanplatten müssen sowieso entfernt werden, da sie nicht vernünftig austrocknen können. Nehmen Sie als Botschaft mit, dass die Formulierungen in dem Leitfaden zur Sanierung nicht so stringent genommen werden können. Entscheiden Sie als derjenige, der mit Sachverstand vor Ort ist, ob der Befall so tiefgehend ist, dass das gesamte Material entfernt werden muss oder ob oberflächliches Abkratzen, Abschaben oder auch eine Reinigung und anschließende Desinfektion ausreichend ist.

Sedlbauer:

Wir sind häufig mit der Klärung der Frage beschäftigt, wie lange die Austrocknung zu sanierender Schimmelpilzbefallsflächen dauern kann, wenn ein größerer Feuchtigkeitsschaden vorliegt. Wir kommen zum Teil auf lange Trocknungszeiten und in diesen Fällen ist der Hinweis des Umweltbundesamtes ernst zu nehmen, nämlich die betroffenen Flächen auszubauen. Meist sind die Trocknungszeiten jedoch kürzer.

Zum Abschluss noch ein Hinweis: Im Bauphysikkalender 2003 ist ein längerer Artikel zum Thema Schimmelpilze und zu dem von Herrn Gabrio angesprochenen Thema enthalten. Dort werden viele mir noch vorliegende Fragen beantwortet, die ich aus Zeitmangel hier nicht beantworten kann.

2. Podiumsdiskussion am 08.04.2003

Frage:
Bei Arbeitsfugen in Betonbauteilen entsteht kein definierter Spalt, so wie wir ihn bei Rissen kennen und messen können. Wie soll eine dauerhafte Verpressung erreicht werden, wenn beispielsweise beim Einsatz von Polyurethanharzen nach der Instandsetzungsrichtlinie eine Mindestspaltbreite von 0,3 mm erforderlich ist?

Graeve:
Verwendbarkeitsnachweise von Polyurethanharzen für dehnbare Abdichtungen werden aufgrund des Prüfverfahrens erst ab 0,3 mm Rissweite ausgestellt. Polyurethanharze sind allerdings auch unter 0,3 mm bis 0,1 mm und vereinzelt darunter injizierbar. Sofern keine Spaltbreitenänderungen auftreten, ist eine dauerhafte Abdichtung möglich.
Ich gehe davon aus, dass Arbeitsfugen solche „bewegungslosen Risse" sind und da funktionieren Polyurethanharze gut. Wichtig ist jedoch die Berücksichtigung der Viskosität. Die Auseinandersetzung mit den technischen Daten der Flüssigkeiten, die eingepresst werden sollen, ist unbedingt erforderlich.

Frage:
Die Rissweiten bei undichtem wu-Beton liegen meist bei 0,25 – 0,5 mm. Bei einer Dehnbarkeit von max. 10 % kann eine PU-Verpressung nur 0,025 – 0,05 mm Rissrandbewegung aufnehmen. Wie soll das funktionieren?

Graeve:
Genau das ist das Kernproblem der Polyurethanharzinjektion. Die in der Fragestellung aufgezeigten Grenzen des Materials sind in den Richtlinien dahingehend verankert, dass man von begrenzt dehnfähigen Verbindungen spricht. Sofern der Vorgang der Rissdehnung bzw. -weitung abgeschlossen ist, kann demnach die Verpressung des Risses mit Polyurethanharz problemlos erfolgen.
Die Praxis zeigt allerdings, dass eine Verpressung mit Polyurethanharz auch bei nicht abgeschlossener Rissdehnung funktionieren kann. Frau Dr. Esser hat dies in ihrer Dissertation untersucht.
Zum Verständnis sollte man wissen, dass die Prüfung des Materials nach ZTV-Riss erfolgt.

Dabei wird die Dehnbarkeit des Prüfstoffs an 15 x 15 cm großen Würfeln durch zentrischen Zug ermittelt.
Zusätzlich wird an Stahlbetonbalken die Dichtwirkung bei zunehmenden Rissbreiten untersucht. Dabei ist zu beobachten, dass trotz wechselseitiger Flankenabrisse die Dichtheit gewährleistet bleibt.
Unabhängig von der Prüfung gibt es die Fälle, wo dies in der Praxis nicht funktioniert, das sind z. B. wu-Beton-Tunnel. Hier greift man teilweise auf alternative Lösungen mit Acrylatharzen zurück und legt ganz einfach die Dichtungsebene nach außen in dort ggf. vorhandene Spalten. Der Riss wird sozusagen rissüberbrückend überdeckt.

Oswald:
Die Rissverpressung wird also um so schwieriger, je schmaler der Riss ist, da die aufnehmbare Aufweitung (ΔW) immer kleiner wird. Breite Rissverläufe sind also einfacher zu schließen. Wenn man ohnehin vorhat, zu verpressen, sollte man daher besser auf eine gezielte Rissweitenbeschränkung ganz verzichten und „schön" breite Risse erzeugen!

Graeve:
Nur bedingt: In Untersuchungen wurde eine weitere Einschränkung ermittelt. Bis etwa 1 mm Rissbreite kann die Zunahme der Dehnbarkeit festgestellt werden, danach nimmt sie wieder ab.

Oswald:
Im Wesentlichen gibt es bei wu-Beton zwei Rissursachen, den Hydratationswärmezwang – der spielt beim Verpressen keine Rolle mehr – und das Schwinden. Häufig anzutreffende Rissweiten betragen ca. 0,25 – 0,3 mm. Die betroffenen Bauteile sind in der Regel nicht sehr alt, sodass die Schwindvorgänge noch nicht abgeschlossen sind. Wie soll ich als Sachverständiger sicher vorhersagen können, dass die Rissverpressung funktioniert? Bei einer vorhandenen Rissbreite von 0,25 mm ist eine Rissweitenvergrößerung von z. B. 0,03 mm durchaus üblich. Das wäre mehr als 10 % der Rissweite und müsste eine PU-Injektion überbeanspruchen.

Graeve:
Ein gewisses Risiko ist nicht gänzlich auszuschließen. Daher soll die Verpressung von
Arbeitsfugen zu einem möglichst späten Zeitpunkt ausgeführt werden. Auch wenn Bauwerke möglichst schnell bezogen werden
sollen, sollte man idealerweise drei bis vier
Wochen warten. Dieser Zeitrahmen wird auch
in vielen Produktinformationen genannt. Nach
dieser Zeitspanne sind die größten Bewegungen abgeschlossen. In früheren Stadien kann
die begrenzte Dehnbarkeit in der Tat überschritten werden.

Frage:
Ist es bei mindestens 30 cm dicken Wandquer-
schnitten mit Rissbildungen größer 0,3 mm
möglich, diese erst im Außenbereich mit Poly-
urethan abzudichten und anschließend mit einer Zementsuspension kraftschlüssig zu schließen?

Graeve:
Im Grunde genommen ja, wenn das Polyurethanharz weiß, dass es nicht in die Risse zu-
rücklaufen soll. Im Ernst: Denkt man an ein
schäumendes Polyurethanharz, das außen
drückendes Wasser fernhalten kann, damit
im Bauteil Idealbedingungen für den kraftschlüssigen Verbund gegeben sind, so ist
diese Frage mit einem ja mit Fußnote zu beantworten. Es hängt natürlich von der Bauteildicke ab, wie viel Raum für den kraftschlüssigen Verbund mit der Zementsuspension
bleibt und von den sonstigen Rahmenbedingungen.

Frage:
Wie tief müssen die Fugenflanken sein, um eine
Haftung zur Verpressung zu erreichen?

Graeve:
Bei Fugen ist die Idealverbindung vergleichbar mit der von Fugenmassen. Auch für ein
elastisches Polyurethanharz ist eine Zwei-
flankenhaftung 1 – 2 cm tief gefüllt besonders günstig.
Es besteht eher das Problem, dass die Fugen
nicht tief genug gefüllt werden können, sodass
es nicht zu einem wechselseitigen Abriss des
Polyurethanharzes kommt. Die direkte Dehnung des Materials kann daher nicht ausgenutzt werden. Zentimeter breite Bewegungsfugen werden deswegen sinnvollerweise mit
alternativen Injektionsmitteln für die Fugen-
verpressung (Hydrostrukturharze) saniert.

Oswald:
Noch eine Frage zum Umgang mit Verpress-
schläuchen. In einer Vielzahl mir bekannter
Fälle waren die Schläuche zu dem Zeitpunkt,
wo sie zum Verpressen verwendet werden
sollten, nicht mehr zu finden: Sie waren abgeschnitten oder z. B. in Estrichen unauffind-
bar zuzementiert. Oft wird mit dem Verpressen abgewartet bis es wirklich erforderlich ist
(z. B. nach dem Ansteigen des Grundwasser-
spiegels). Dann sind Oberflächenschichten
längst eingebaut. Gibt es Konstruktionsregeln,
die das Wiederfinden der Schläuche sicher-
stellen?

Graeve:
Es gibt sehr viel verschiedene Injektionsschläuche und die Meinungen ob sie funktionieren oder nicht sind sehr stark von der Konstruktion der Schläuche abhängig. Grundsätzlich bin ich kein Freund davon, dass man sich
durch die Verlegung von Injektionsschläuchen
eine Sicherheit schafft, die es erlaubt, eine un-
saubere Arbeitsfuge zu hinterlassen.
Das Verlegen von Schläuchen muss mindestens genauso sorgfältig ausgeführt werden wie
eine Arbeitsfuge. Sauber verlegte Injektionsschläuche werden problemlos wiedergefun-
den.
Es gibt aber auch andere Probleme. So war
z. B. bei einer Tiefbaustelle ein Fugenblech und
ein außenliegender, der Wasserseite zuge-
wandter Injektionsschlauch eingebaut worden.
Dieser Schlauch hat ungewollt eine Kanalisa-
tion zu den innenliegenden Verpressdosen hergestellt. Das Wasser wurde am Fugenblech
vorbei in den Innenraum geleitet, d. h. die Undichtigkeiten sind nur durch den Injektionsschlauch aufgetreten.
Das Thema wird durchaus kontrovers diskutiert,
aber ich bin der Meinung eine ordentlich ausgeführte Arbeitsfuge sollte auch ohne Schlauch
funktionieren.

Frage:
Gibt es ein Regelwerk oder eine Norm, die bei
der schalltechnischen Entkopplung von Es-
trichplatten die Mindestgrößen von Dämmma-
terialstücken vorgibt?

Pohlenz:
Eine solche Norm oder Regel ist mir nicht bekannt. Es gibt lediglich die Anforderung, dass
die Platten dicht gestoßen und im Verband
verlegt werden, um Verschiebungen und damit mögliche Schallbrücken zu verhindern.

Frage:

Ist bei einem Treppenhaus mit Fahrstuhl der Einbau von nicht entkoppelten Treppenläufen zivilrechtlich in Ordnung?
Müssen zwingend entkoppelte Treppenläufe errichtet werden, gehört das zu den heute allgemein anerkannten Regeln der Technik?

Pohlenz:

Bei Vorhandensein des Fahrstuhls ist dies zivilrechtlich grundsätzlich in Ordnung, es sei denn, man hat es im Vorfeld anders vereinbart oder die Treppen werden trotz Aufzug stark frequentiert. Aus meiner Sicht ist die Ausführung eines entkoppelten Treppenlaufs z. B. mit Hilfe von Schöck-Tronsolen nicht allgemein anerkannte Regel der Technik in dem Sinne, dass sie heutzutage gängig und durchweg an der Tagesordnung sind. Meines Erachtens kann auf solche Elemente verzichtet werden, wenn kein erhöhter Schallschutz gefordert ist.

Es ist im Übrigen viel sinnvoller, mit einfachen Konstruktionen und durch vernünftige Grundrissplanung einen guten Schallschutz zu realisieren. Geräuschempfindliche Räume sollten also nicht unmittelbar neben Treppenhäusern liegen. Bei Anordnung von z. B. Bädern oder Küchen neben Treppenhäusern lösen sich die Probleme des Trittschallschutzes von selbst und es darf nicht vergessen werden, dass die entkoppelten Konstruktionen viele Möglichkeiten bieten, Fehler zu machen. In dem Moment, wo man sich für eine entkoppelte Konstruktion entschieden hat, ist man allerdings auch in der Pflicht, diese mangelfrei auszuführen.

Frage:

Welche Auswirkungen haben nicht entkoppelte Geländer bei ansonsten gut entkoppelten Treppen?

Pohlenz:

Der Einfluss ist vergleichbar mit dem Einfluss von durchlaufenden Heizungsrohren, d. h. Verschlechterung des Schallschutzes in einer Größenordnung von etwa 3 bis 5 dB. Dies ist bei einem gut entkoppelten Treppenhaus mit einem L'$_{n,w}$ von ca. 40 dB noch hinnehmbar. Es ist allerdings schwierig zu beantworten, ob dies auch einen Regelverstoß darstellt. Die Schalldämmung wird zwar beeinträchtigt, aber entkoppelte Geländer gehören nicht eindeutig zu den allgemein anerkannten Regeln der Technik.

Frage:

Wie beurteilen Sie Eckdichtbänder, die bei Bädern als Übergang der Abdichtung zu den Wänden eingesetzt werden, bezüglich der Verschlechterung des Trittschallschutzes schwimmender Estriche?

Pohlenz:

Die Eckdichtbänder bestehen aus einer Art gummiertem Mittelteil zwischen zwei Gewebestreifen. Die Gewebestreifen werden in eine mehr oder weniger unflexible Dichtungsschicht unterhalb der Fliesen verlegt. Solange dieser Mittelteil nicht mit der Dichtschlämme in Berührung kommt, funktioniert die Konstruktion sehr gut.

Die meisten Verarbeiter dieser Produkte kennen allerdings dieses Problem nicht, sondern führen die Spachtelmasse über den flexiblen Mittelteil hinweg. Dann entsteht eine starre Verkopplung der schwimmenden Estrichplatte mit den Wänden, so dass der schwimmende Estrich mehr oder weniger wirkungslos wird.

Frage:

Welche Möglichkeit gibt es in einem Mehrfamilienhaus mit erkennbar schlechter Trittschalldämmung eine Schallbrücke zu lokalisieren, bzw. wie kann man generell Schallbrücken lokalisieren?

Pohlenz:

Durch eine normgerechte Trittschallmessung zeigt sich sehr schnell, wo Schallbrücken liegen. Es gibt eine eindeutige, gut erkennbare Abhängigkeit zwischen dem Normtrittschallpegel, dem Standort des Hammerwerks und der Stelle der Schallbrücke.

In schwimmenden Estrichen kann man das auf eine ähnliche Art und Weise feststellen. Bei Verstellen des Hammerwerks steigt der Normtrittschallpegel im Bereich von Schallbrücken stark an. Im Vorfeld einer Messung können die Schallbrücken bereits auf einen Radius von etwa 30 – 40 cm eingegrenzt werden, indem man z. B. den Fliesenbelag mit einem Hartholzgummihammer beklopft. Am unterschiedlichen Klang ist dann erkennbar, wo Schallbrücken liegen.

Frage:

Darf im Bereich von Bodenabläufen der Trittschallschutz schlechter sein?

Pohlenz:

Er wird dort schlechter sein. Es soll daher bei

Trittschallschutzmessungen in einem Radius von 60 cm um den Einlauf herum das Hammerwerk nicht aufgestellt werden. Dies ist in Bädern und WC's allerdings oft nicht möglich.

Oswald:
Außerdem entsteht in diesen Bereichen üblicherweise keine extreme Trittschallbelästigung. Wie wird dieses Problem im Behindertenbau bzw. bei Altersheimen behandelt? Dort haben wir häufig niveaugleiche Duschen mit einem Bodenablauf, gilt diese Regelung auch dort?

Pohlenz:
Das gilt für Wohnnutzung und wohnähnliche Nutzung, also auch bei Altenheimen.

Frage:
Was verstehen Sie unter großflächigen Dämmausgleichplatten unter Estrichböden?

Pohlenz:
Während der Verlegung der Trittschalldämmplatten soll vermieden werden, dass einzelne, kleine Füllstücke wieder herausgerissen werden. Dies kann am Einfachsten vermieden werden, indem von vornherein die Dämmung großflächig verlegt wird. Großflächig bedeutet dabei die Vermeidung kleiner Zwickelstücke. Eine konkrete Maßangabe kann ich hier nicht geben.

Frage:
Welcher Schallschutz von Treppen ist im Neubau, im eigenen privaten häuslichen Bereich geschuldet?

Pohlenz:
Da gibt es weder durch Beiblatt 2 zu DIN 4109, noch durch VDI 4100 konkrete Vorgaben oder Empfehlungen. Als Orientierungswert würde ich die Anforderungen für Fremdbereiche nehmen. Bei Mindestanforderung von 58 dB sollte der Pegel, der innerhalb der Wohnung entsteht, z. B. innerhalb vom Treppenhaus des eigenen Bereichs in das nächste Zimmer, nicht viel größer als 60 dB sein. Innerhalb des Treppenhauses lässt sich natürlich ein Trittschallschutz in dem Sinne überhaupt nicht realisieren.

Oswald:
Die in diesem Jahr besprochenen Probleme und die darüber geführten Auseinandersetzungen haben nach meiner Einschätzung ein ähnliches Grundphänomen zur Ursache.
Besonders bei uns in Deutschland neigt man dazu, nicht pragmatisch zu handeln, sondern Prinzipien und einmal gesetzte Ziele stur bis zum Ende zu verfolgen. Das führt zu unsinnigen Ergebnissen, die scharf mit der Realität kollidieren. Über diese Kollisionen diskutieren wir hier.
So ist z. B. beim Thema Umweltschutz die Notwendigkeit der CO_2-Reduktion im Prinzip ein richtiges Ziel. Die möglichst perfekte Umsetzung dieser Forderung hat jedoch eine Maschinerie in Gang gesetzt, die ihre eigene Gesetzmäßigkeit hat und sich weiter vom Realisierbaren entfernt. Über das Ergebnis reden wir uns z. B. im Hinblick auf Wärmebrücken hier die Köpfe heiß.
Die immer höheren Anforderungen an den Wärmeschutz von Ziegelmauerwerk sind ebenfalls das Ergebnis einer solchen Entwicklung, die kaum noch verputzbare Wände zur Folge hat.
Vergleichbares gilt für die Entwicklung der Anforderungen an die Anschlussausbildung bei Fenstern und Türen, deren Verwirklichung inzwischen so minutiöse Anforderungen an den Rohbau und die Handwerker stellen, dass am Realitätsbezug stark zu zweifeln ist.
Auch die Schimmelpilzdiskussion hat eine Maschinerie in Gang gesetzt, die nach meiner Auffassung Ergebnisse produziert, die zum Teil weit vom Vernünftigen entfernt liegen. Sture Prinzipenreiterei, stures Nachbeten von vorgegebenen Rezepten, führt gerade in der Sachverständigentätigkeit zu den unangemessensten, d. h. ungerechtesten Beurteilungsergebnissen.
„Kochrezepte" mögen als Marschrichtung für den Ausführenden notwendig sein – der Sachverständige muss differenziert denken können und das Abwägen lernen. Dazu haben die Referenten der beiden Tage hoffentlich beitragen können. Ich danke für die spannenden und anregenden Tage.

VERZEICHNIS DER AUSSTELLER AACHEN 2003

Während der Aachener Bausachverständigentage werden in einer begleitenden Informationsausstellung den Sachverständigen und Architekten interessierende Messgeräte, Literatur und Serviceleistungen vorgestellt:

BAUWERK VERLAG
Sieglindestr. 6, 12159 Berlin
Tel.: 030 / 612 86 904
Fax: 612 86 905
(www.bauwerk-verlag.de)
Verlag für Architektur, Bauingenieurwesen und Baurecht

BLOWERDOOR GmbH
Im Energie- und Umweltzentrum,
31832 Springe-Eldagsen
Tel.: 0 50 44 / 97 540
Fax: 97 566
(www.blowerdoor.de)
Messung von Luftundichtigkeiten in der Gebäudehülle, Minneapolix Blower-Door, Infrarotkamera, umweltbezogene Beratung und Analytik

BUCHLADEN PONTSTRASSE 39
Pontstraße 39, 52062 Aachen
Tel.: 0241 / 28 008
Fax: 27 179
(www.buchladen39.de)
Fachbuchhandlung, Versandservice

BVS
Lindenstraße 76, 10969 Berlin
Tel.: 030 / 255 938 0
Fax: 255 938 14
(www.bvs-ev.de)
Bundesverband öffentlich bestellter und vereidigter sowie qualifizierter Sachverständiger e. V.; Bundesgeschäftsstelle Berlin

FRANKENNE
An der Schurzelter Brücke 13, 52074 Aachen
Tel.: 0241 / 301 301
Fax: 301 30 30
(www.frankenne.de)
Vermessungsgeräte, Messung von Maßtoleranzen, Zubehör für Aufmaße, Rissmaßstäbe, Bürobedarf, Zeichen- und Grafikmaterial

IRB FRAUNHOFER-INFORMATIONSZENTRUM RAUM + BAU STUTTGART
Nobelstraße 12, 70569 Stuttgart
Tel.: 0711 / 970-25 00
Fax: 970 25 08
(www.irb.fhg.de)
Transfer von Fachwissen, Literaturservice, Datenbanken/elektronische Medien zur Baufachliteratur, SCHADIS Volltext-Datenbank zu Bauschäden, Fachbücher, Fachzeitschriften

FRIEDR. VIEWEG & SOHN VERLAGSGESELLSCHAFT mbH
Abraham-Lincoln-Straße 46,
65189 Wiesbaden
Tel.: 0611 / 7878 0
Fax: 7878 400
(www.vieweg.de)
Verlag für Bauwesen, Konstruktiven Ingenieurbau, Baubetrieb und Baurecht

G.T.Ü.
Gesellschaft für Technische Überwachung mbH
Jahnstraße 12, 70597 Stuttgart
Tel.: 0711 / 97 676 0
Fax: 97 676 199
(www.gtue.de)
Baubegleitende Qualitätsüberwachung

HEINE-OPTOTECHNIK
Kientalstraße 7, 82211 Herrsching
Tel.: 08152 / 380
Fax: 38 202
(www.heine.com)
Heine-Endoskope (netzunabhängig), Risslupe

HELLOT SFS
Weißdornring 28, 16833 Fehrbellin
Tel.: 033 / 932-58 161
Fax: 932-58 165
Herstellung von Software für Sachverständige

IfS
Institut für Sachverständigenwesen e.V.
Gereonstraße 50, 50670 Köln
Tel.: 0221 / 91 2771 12
Fax: 91 2771 99
(www.ifsforum.de)

KERN INGENIEURKONZEPTE
Hagelberger Straße 17, 10965 Berlin
Tel.: 030 / 789 56 780
Fax: 789 56 781
(www.bauphysik-software.de)
DÄMMWERK Bauphysik Software,
Wärme-, Feuchte-, Schall- und Brandschutz

VON DER LIECK MESSTECHNIK SDS
Robert-Koch-Str. 6, 52525 Heinsberg
Tel.: 02452 / 962 01 40
Fax: 962 2 40
(www.vonderlieck.de)
Messtechnik, Bauwerksdiagnostik, Thermo-
grafie, Sanierung von Brand- und Wasser-
schäden, Schimmelsanierung

LTM THERMO-LÜFTER GmbH
Im Lehrer Feld 30, 89081 Ulm
Tel.: 0731 / 9 32 92 10
Fax: 9 32 92 22
(www.ltm-ulm.de)
blowtest Messgerät zur Überprüfung der
Luftdichtheit von Wohngebäuden; dezentrale
Wohnungslüftung mit Wärmerückgewinnung

MBS TROCKNUNGS-SERVICE GmbH
Brunnleitenstr. 12, 82284 Grafrath
Tel.: 08144 / 93 00-0
Fax: 15 69
(www.mbs-service.de)
Bundesweit: Wasserschadenbeseitigung,
Leckortung, Bautrocknung/-beheizung,
Messtechnik, Renovierung

MUNTERS TROCKNUNGS-SERVICE GmbH
Hans-Duncker-Str. 14, 21035 Hamburg
Tel.: 040 / 734 16-03
Fax: 734 16-439
(www.munters.de)
Trocknungs- u. Sanierungsmethoden, Brand-
schadenbeseitigung, Messtechniken; z. B.:
Thermographie, Baufeuchtemessung, Leck-
ortung oto.

PROGEO MONITORING GmbH
Hauptstraße 2, 14979 Großbeeren
Tel.: 033 701/ 22 0
Fax: 22 119
(www.progeo.com)
Dichtigkeitsprüfung, Leckmelde-, Ortungs-
und Überwachungsanlagen für Dächer und
Bauwerksabdichtungen

ROLF H. STEFFENS
Sperlingsweg 29, 50226 Frechen
Tel.: 02234 / 64 400
Fax: 65 573
Sachverständigenausrüstung, Prüf- und Mess-
geräte, Endoskope, Risslupe, Feuchte- und
Temperatur-Messgeräte, Messkeile

SOF/TEC GmbH
Frankenbachstr. 33 – 37, 53498 Bad Breisig
Tel.: 02633 / 45 490
Fax: 454 959
(www.sof-tec.com)
Immobilien Software, Wertermittlung, Bau-
schadensermittlung

SUSPA DSI GmbH
Germanenstraße 8, 86343 Königsbrunn
Tel.: 0823/ 96 070
Fax: 960 740
(www.suspa.de)
Baufeuchtemessung (z. B. CM-Gerät, Gann
Hydromette); Betonprüfgeräte, Bewehrungs-
sucher, CANIN-Korrosionsanalyse; vielfälti-
ges Zubehör zur Probenentnahme, Messlupe,
Rissmaßstäbe etc.

VBN
Mörkenstraße 18, 27572 Bremerhaven
Tel.: 0471/ 97 200 15
Fax: 97 200 25
(www.v-b-n.de)
Verband der Bausachverständigen Nord-
deutschlands

**WÖHLER MESSGERÄTE KEHRGERÄTE
GmbH**
Schützenstr. 38, 33181 Bad Wünnenberg
Tel.: 02953 / 73 211
Fax: 73 250
(www.woehler.de)
Blower-Check, Messgeräte für Feuchte, Wärme,
Schall, Thermografie

Xpert-Soft GmbH
Schopenhauerstr. 4, 72760 Reutlingen
Tel.: 07121/ 57 88 70
Fax: 57 89 84
(www.xpert-soft.de)
Software, Hardware und Web-Dienste für
Sachverständige

Register 1975 – 2003

Rahmenthemen der Aachener Bausachverständigentage

1975 – Dächer, Terrassen, Balkone
1976 – Außenwände und Öffnungsanschlüsse
1977 – Keller, Dränagen
1978 – Innenbauteile
1979 – Dach und Flachdach
1980 – Probleme beim erhöhten Wärmeschutz von Außenwänden
1981 – Nachbesserung von Bauschäden
1982 – Bauschadensverhütung unter Anwendung neuer Regelwerke
1983 – Feuchtigkeitsschutz und -schäden an Außenwänden und erdberührten Bauteilen
1984 – Wärme- und Feuchtigkeitsschutz von Dach und Wand
1985 – Rißbildung und andere Zerstörungen der Bauteiloberfläche
1986 – Genutzte Dächer und Terrassen
1987 – Leichte Dächer und Fassaden
1988 – Problemstellungen im Gebäudeinneren – Wärme, Feuchte, Schall
1989 – Mauerwerkswände und Putz
1990 – Erdberührte Bauteile und Gründungen
1991 – Fugen und Risse in Dach und Wand
1992 – Wärmeschutz – Wärmebrücken – Schimmelpilz
1993 – Belüftete und unbelüftete Konstruktionen bei Dach und Wand
1994 – Neubauprobleme – Feuchtigkeit und Wärmeschutz
1995 – Öffnungen in Dach und Wand
1996 – Instandsetzung und Modernisierung
1997 – Flache und geneigte Dächer. Neue Regelwerke und Erfahrungen
1998 – Außenwandkonstruktionen
1999 – Neue Entwicklungen in der Abdichtungstechnik
2000 – Grenzen der Energieeinsparung – Probleme im Gebäudeinneren
2001 – Nachbesserung, Instandsetzung und Modernisierung
2002 – Decken und Wände aus Beton – Baupraktische Probleme und Bewertungsfragen
2003 – Leckstellen in Bauteilen – Wärme – Feuchte – Luft – Schall

Verlage: bis 1978 Forum-Verlage, Stuttgart
ab 1979 Bauverlag, Wiesbaden / Berlin
ab 2001 Friedrich Vieweg & Sohn Verlagsgesellschaft mbH, Wiesbaden

Lieferbare Titel ab 1996 sind beim Vieweg Verlag zu beziehen; die Tagungsbände vor 1996 können ggf. beim AIBau bestellt werden; vergriffene Titel sind in kopierter Form über das AIBau erhältlich.

Autoren der Aachener Bausachverständigentage

(die fettgedruckte Ziffer kennzeichnet das Jahr; die zweite Ziffer die erste Seite des Aufsatzes)

Achtziger, Joachim, **83**/78; **92**/46; **00**/48
Adriaans, Richard **97**/56
Arendt, Claus, **90**/101; **01**/103
Arlt, Joachim, **96**/15
Arnds, Wolfgang, **78**/109; **81**/96
Arndt, Horst, **92**/84
Arnold, Karlheinz, **90**/41
Aurnhammer, Hans Eberhardt, **78**/48
Balkow, Dieter, **87**/87; **95**/51
Bauder, Paul-Hermann, **97**/91
Baust, Eberhard, **91**/72
Becker, Klaus, **98**/32
Bindhardt, Walter, **75**/7
Blaich, Jürgen, **98**/101
Bleutge, Peter, **79**/22; **80**/7; **88**/24; **89**/9; **90**/9; **92**/20; **93**/17; **97**/25; **99**/46; **00**/26; **02**/14
Bölling, Willy H., **90**/35
Böshagen, Fritz, **78**/11
Borsch-Laaks, Robert, **97**/35
Brameshuber, Wolfgang, **02**/69
Brand, Hermann, **77**/86
Braun, Eberhard, **88**/135; **99**/59, **02**/87
Brenne, Winfried, **96**/65
Buss, Eckart, **99**/105
Cammerer, Walter F., **75**/39; **80**/57
Casselmann, Hans F., **82**/63; **83**/57
Cziesielski, Erich, **83**/38; **89**/95; **90**/91; **91**/35; **92**/125; **93**/29; **97**/119; **98**/40; **01**/50; **02**/40
Dahmen, Günter, **82**/54; **83**/85; **84**/105; **85**/76; **86**/38; **87**/80; **88**/111; **89**/41; **90**/80; **91**/49;
       92/106; **93**/85; **94**/35; **95**/135; **96**/94; **97**/70; **98**/92; **99**/72; **00**/33; **01**/71; **03**/31
Dartsch, Bernhard, **81**/75
Döbereiner, Walter, **82**/11
Dorff, Robert, **03**/15
Draerger, Utz, **94**/118
Ebeling, Karsten, **99**/81
Ehm, Herbert, **87**/9; **92**/42
Erhorn, Hans, **92**/73; **95**/35
Eschenfelder, Dieter, **98**/22
Fix, Wilhelm, **91**/105
Franke, Lutz, **96**/49
Franzki, Harald, **77**/7; **80**/32
Friedrich, Rolf, **93**/75
Froelich, Hans, **95**/151; **00**/92
Fuhrmann, Günter, **96**/56
Gabrio, Thomas, **03**/94
Gehrmann, Werner, **78**/17
Gerner, Manfred, **96**/74
Gertis, Karl A., **79**/40; **80**/44; **87**/25; **88**/38
Gerwers, Werner, **95**/13
Gierga, Michael, **03**/55
Gierlinger, Erwin, **98**/57; **98**/85

Mantscheff, Jack, **79**/67
Mauer, Dietrich, **91**/22
Mayer, Horst, **78**/90
Meisel, Ulli, **96**/40
Memmert, Albrecht, **95**/92
Metzemacher, Heinrich, **00**/56
Meyer, Hans Gerd, **78**/38; **93**/24
Moelle, Peter, **76**/5
Moriske, Heinz-Jörn, **00**/86; **01**/76; **03**/113
Motzke, Gerd, **94**/9; **95**/9; **98**/9; **02**/1
Müller, Klaus, **81**/14
Muhle, Hartwig, **94**/114
Muth, Wilfried, **77**/115
Neuenfeld, Klaus, **89**/15
Nuss, Ingo, **96**/81
Obenhaus, Norbert, **76**/23; **77**/17
Oster, Karl Ludwig, **98**/50
Oswald, Rainer, **76**/109; **78**/79; **79**/82; **81**/108; **82**/36; **83**/113; **84**/71; **85**/49; **86**/32; **86**/71;
    87/94; **87**/21; **88**/72; **89**/115; **91**/96; **92**/90; **93**/100; **94**/72; **95**/119; **96**/23; **97**/63;
    97/84; **98**/27; **98**/108; **99**/9; **99**/121; **00**/9; **00**/80, **01**/20; **02**/26, **02**/74; **02**/101; **03**/72;
    03/120
Pauls, Norbert, **89**/48
Pfefferkorn, Werner, **76**/143; **89**/61; **91**/43
Pilny, Franz, **85**/38
Pohl, Reiner, **98**/77
Pohl, Wolf-Hagen, **87**/30; **95**/55
Pohlenz, Rainer, **82**/97; **88**/121; **95**/109; **03**/134
Pott, Werner, **79**/14; **82**/23; **84**/9
Prinz, Helmut, **90**/61
Pult, Peter, **92**/70
Quack, Friedrich, **00**/69
Rahn, Axel C., **01**/95
Reichert, Hubert, **77**/101
Reiß, Johann, **01**/59
Rodinger, Christoph, **02**/79
Rogier, Dietmar, **77**/68; **79**/44; **80**/81; **81**/45; **82**/44; **83**/95; **84**/79; **85**/89; **86**/111
Royar, Jürgen, **94**/120
Ruffert, Günther, **85**/100; **85**/58
Ruhnau, Ralf, **99**/127
Sand, Friedhelm, **81**/103
Sangenstedt, Hans Rudolf, **97**/9
Schaupp, Wilhelm, **87**/109
Schellbach, Gerhard, **91**/57
Scheller, Herbert, **03**/61
Schießl, Peter, **91**/100; **02**/33; **02**/49
Schickert, Gerald, **94**/46
Schild, Erich, **75**/13; **76**/43; **76**/79; **77**/49; **77**/76; **78**/65; **78**/5; **79**/64; **79**/33; **80**/38; **81**/25;
    81/113; **82**/7; **82**/76; **83**/15; **84**/22; **84**/76; **85**/30; **86**/23; **87**/53; **88**/32; **89**/27; **90**/25;
    92/33
Schlapka, Franz-Josef, **94**/26; **02**/57
Schlotmann, Bernhard, **81**/128
Schnell, Werner, **94**/86
Schmid, Josef, **95**/74
Schnutz, Hans H., **76**/9
Schubert, Peter, **85**/68; **89**/87; **94**/79; **98**/82
Schulze, Horst, **88**/88; **93**/54

Schulze, Jörg, **95**/125
Schulze-Hagen, Alfons, **00**/15; **03**/1
Schumann, Dieter, **83**/119; **90**/108
Schütze, Wilhelm, **78**/122
Sedlbauer, Klaus, **03**/77
Seiffert, Karl, **80**/113
Siegburg, Peter, **85**/14
Soergel, Carl, **79**/7; **89**/21; **99**/13
Spitzner, Martin H. **03**/41
Stauch, Detlef, **93**/65; **97**/50; **97**/98; **99**/65
Steger, Wolfgang, **93**/69
Steinhöfel, Hans-Joachim, **86**/51
Stemmann, Dietmar, **79**/87
Tanner, Christoph, **93**/92; **03**/21
Tredopp, Rainer, **94**/21
Trümper, Heinrich, **82**/81; **92**/54
Ubbelohde, Helge-Lorenz, **03**/6
Usemann, Klaus W., **88**/52
Venter, Eckard, **79**/101
Venzmer, H., **01**/81
Vogel, Eckhard, **92**/9; **00**/72
Voos, Rudolf, **00**/62
Vygen, Klaus, **86**/9;
Warmbrunn, Dietmar, **99**/112
Weber, Helmut, **89**/122; **96**/105
Weber, Ulrich, **90**/49
Weidhaas, Jutta, **94**/17
Werner, Ulrich, **88**/17; **91**/9; **93**/9
Wesche, Karlhans; Schubert, P., **76**/121
Wetzel, Christian, **01**/43
Willmann, Klaus, **95**/133
Wolf, Gert, **79**/38; **86**/99
Wolff, Dieter, **00**/42
Zanocco, Erich, **02**/94
Zeller, Joachim, **01**/65
Zeller, M.; Ewert, M. **92**/65
Zimmermann, Günter, **77**/26; **79**/76; **86**/57

Die Vorträge der Aachener Bausachverständigen-tage, geordnet nach Jahrgängen, Referenten und Themen

(die fettgedruckte Ziffer kennzeichnet das Jahr; die zweite Ziffer die erste Seite des Aufsatzes)

75/3
Groß, Herbert
Forschungsförderung des Landes Nordrhein-Westfalen.

75/7
Bindhardt, Walter
Der Bausachverständige und das Gericht.

75/13
Schild, Erich
Ziele und Methoden der Bauschadensforschung.
Dargestellt am Beispiel der Untersuchung des Schadensschwerpunktes Dächer, Dachterrassen, Balkone.

75/27
Hoch, Eberhard
Konstruktion und Durchlüftung zweischaliger Dächer.

75/39
Cammerer, Walter F.
Rechnerische Abschätzung der Durchfeuchtungsgefahr von Dächern infolge von Wasserdampfdiffusion.

76/5
Moelle, Peter
Aufgabenstellung der Bauschadensforschung.

76/9
Schnutz, Hans H.
Das Beweissicherungsverfahren. Seine Bedeutung und die Rolle des Sachverständigen.

76/23
Obenhaus, Norbert
Die Haftung des Architekten gegenüber dem Bauherrn.

76/43
Schild, Erich
Das Berufsbild des Architekten und die Rechtsprechung.

76/79
Schild, Erich
Untersuchung der Bauschäden an Außenwänden und Öffnungsanschlüssen.

76/109
Oswald, Rainer
Schäden am Öffnungsbereich als Schadensschwerpunkt bei Außenwänden.

76/121
Wesche, Karlhans; Schubert, Peter
Risse im Mauerwerk – Ursachen, Kriterien, Messungen.

76/143
Pfefferkorn, Werner
Längenänderungen von Mauerwerk und Stahlbeton infolge von Schwinden und Temperatur-
veränderungen.

76/163
Grunau, Edvard B.
Durchfeuchtung von Außenwänden.

77/7
Franzki, Harald
Die Zusammenarbeit von Richter und Sachverständigem, Probleme und Lösungsvorschläge.

77/17
Obenhaus, Norbert
Die Mitwirkung des Architekten beim Abschluß des Bauvertrages.

77/26
Zimmermann, Günter
Zur Qualifikation des Bausachverständigen.

77/49
Schild, Erich
Untersuchung der Bauschäden an Kellern, Dränagen und Gründungen.

77/68
Rogier, Dietmar
Schäden und Mängel am Dränagesystem.

77/76
Schild, Erich
Nachbesserungsmaßnahmen bei Feuchtigkeitsschäden an Bauteilen im Erdreich.

77/82
Horstschäfer, Heinz-Josef
Nachträgliche Abdichtungen mit starren Innendichtungen.

77/86
Brand, Hermann
Nachträgliche Abdichtungen auf chemischem Wege.

77/89
Herken, Gerd
Nachträgliche Abdichtungen mit bituminösen Stoffen.

77/101
Reichert, Hubert
Abdichtungsmaßnahmen an erdberührten Bauteilen im Wohnungsbau.

77/115
Muth, Wilfried
Dränung zum Schutz von Bauteilen im Erdreich.

78/5
Schild, Erich
Architekt und Bausachverständiger.

78/11
Böshagen, Fritz
Das Schiedsgerichtsverfahren.

78/17
Gehrmann, Werner
Abgrenzung der Verantwortungsbereiche zwischen Architekt, Fachingenieur und ausführendem Unternehmer.

78/38
Meyer, Hans-Gerd
Normen, bauaufsichtliche Zulassungen, Richtlinien, Abgrenzungen der Geltungsbereiche.

78/48
Aurnhammer, Hans Eberhardt
Verfahren zur Bestimmung von Wertminderungen bei Baumängeln und Bauschäden.

78/65
Schild, Erich
Untersuchung der Bauschäden an Innenbauteilen.

78/79
Oswald, Rainer
Schäden an Oberflächenschichten von Innenbauteilen.

78/90
Mayer, Horst
Verformungen von Stahlbetondecken und Wege zur Vermeidung von Bauschäden.

78/109
Arnds, Wolfgang
Rißbildungen in tragenden und nichttragenden Innenwänden und deren Vermeidung.

78/122
Schütze, Wilhelm
Schäden und Mängel bei Estrichen.

78/131
Gösele, Karl
Maßnahmen des Schallschutzes bei Decken, Prüfmöglichkeiten an ausgeführten Bauteilen.

79/7
Soergel, Carl
Die Prozeßrisiken im Bauprozeß.

79/14
Pott, Werner
Gesamtschuldnerische Haftung von Architekten, Bauunternehmern und Sonderfachleuten.

79/22
Bleutge, Peter
Umfang und Grenzen rechtlicher Kenntnisse des öffentlich bestellten Sachverständigen.

79/33
Schild, Erich
Dächer neuerer Bauart, Probleme bei der Planung und Ausführung.

79/38
Wolf, Gert
Neue Dachkonstruktionen, Handwerkliche Probleme und Berücksichtigung bei den Festlegungen, der Richtlinien des Dachdeckerhandwerks – Kurzfassung.

79/40
Gertis, Karl A.
Neuere bauphysikalische und konstruktive Erkenntnisse im Flachdachbau.

79/44
Rogier, Dietmar
Sturmschaden an einem leichten Dach mit Kunststoffdichtungsbahnen.

79/49
Kramer, Carl; Gerhardt, H. J.; Kuhnert, B.
Die Windbeanspruchung von Flachdächern und deren konstruktive, Berücksichtigung.

79/64
Schild, Erich
Fallbeispiel eines Bauschadens an einem Sperrbetondach.

79/67
Mantscheff, Jack
Sperrbetondächer, Konstruktion und Ausführungstechnik.

79/76
Zimmermann, Günter
Stand der technischen Erkenntnisse der Konstruktion Umkehrdach.

79/82
Oswald, Rainer
Schadensfall an einem Stahltrapezblechdach mit Metalleindeckung.

79/87
Stemmann, Dietmar
Konstruktive Probleme und geltende Ausführungsbestimmungen bei der Erstellung von Stahl-leichtdächern.

79/101
Venter, Eckard
Metalleindeckungen bei flachen und flachgeneigten Dächern.

80/7
Bleutge, Peter
Die Haftung des Sachverständigen für fehlerhafte Gutachten im gerichtlichen und außerge-richtlichen Bereich, aktuelle Rechtslage und Gesetzgebungsvorhaben.

80/24
Jagenburg, Walter
Architekt und Haftung.

80/32
Franzki, Harald
Die Stellung des Sachverständigen als Helfer des Gerichts, Erfahrungen und Ausblicke.

80/38
Schild, Erich
Veränderung des Leistungsbildes des Architekten im Zusammenhang, mit erhöhten Anforde-rungen an den Wärmeschutz.

80/44
Gertis, Karl A.
Auswirkung zusätzlicher Wärmedämmschichten auf das bauphysikalische Verhalten von Außenwänden.

80/49
Künzel, Helmut
Witterungsbeanspruchung von Außenwänden, Regeneinwirkung und thermische Beanspru-chung.

80/57
Cammerer, Walter F.
Wärmdämmstoffe für Außenwände, Eigenschaften und Anforderungen.

80/65
Heck, Friedrich
Außenwand – Dämmsysteme, Materialien, Ausführung, Bewährung.

80/81
Rogier, Dietmar
Untersuchung der Bauschäden an Fenstern.

80/94
Klein, Wolfgang
Der Einfluß des Fensters auf den Wärmehaushalt von Gebäuden.

80/113
Seiffert, Karl
Die Erhöhung des optimalen Wärmeschutzes von Gebäuden bei erheblicher Verteuerung der Wärme-Energie.

81/7
Jagenburg, Walter
Nachbesserung von Bauschäden in juristischer Sicht.

81/14
Müller, Klaus
Der Nachbesserungsanspruch – seine Grenzen.

81/25
Schild, Erich
Probleme für den Sachverständigen bei der Entscheidung von Nachbesserungen.

81/31
Klocke, Wilhelm
Preisabschätzung bei Nachbesserungsarbeiten und Ermittlung von Minderwerten.

81/45
Rogier, Dietmar
Grundüberlegungen bei der Nachbesserung von Dächern.

81/61
Grün, Eckard
Beispiel eines Bauschadens am Flachdach und seine Nachbesserung.

81/70
Jürgensen, Nikolai
Beispiel eines Bauschadens am Balkon/Loggia und seine Nachbesserung.

81/75
Dartsch, Bernhard
Nachbesserung von Bauschäden an Bauteilen aus Beton.

81/96
Arnds, Wolfgang
Grundüberlegungen bei der Nachbesserung von Außenwänden.

81/103
Sand, Friedhelm
Beispiel eines Bauschadens an einer Außenwand mit nachträglicher Innendämmung und seine Nachbesserung.

81/108
Oswald, Rainer
Beispiel eines Bauschadens an einer Außenwand mit Riemchenbekleidung und seine Nachbesserung.

81/113
Schild, Erich
Grundüberlegungen bei der Nachbesserung von erdberührten Bauteilen.

81/121
Höffmann, Heinz
Beispiel eines Bauschadens an einem Keller in Fertigteilkonstruktion und seine Nachbesserung.

81/128
Schlotmann, Bernhard
Beispiel eines Bauschadens an einem Keller mit unzureichender Abdichtung und seine Nachbesserung.

82/7
Schild, Erich
Die besondere Situation des Architekten bei der Anwendung neuer Regelwerke und DIN-Vorschriften.

82/11
Döbereiner, Walter
Die Haftung des Sachverständigen im Zusammenhang mit den anerkannten Regeln der Technik.

82/23
Pott, Werner
Haftung von Planer und Ausführendem bei Verstößen gegen allgemein anerkannte Regeln der Bautechnik.

82/30
Hummel, Rudolf
Die Abdichtung von Flachdächern.

82/36
Oswald, Rainer
Zur Belüftung zweischaliger Dächer.

82/44
Rogier, Dietmar
Dachabdichtungen mit Bitumenbahnen.

82/54
Dahmen, Günter
Die neue DIN 4108 und die Wärmeschutzverordnung, ihre Konsequenzen für Planer und Ausführende, winterlicher und sommerlicher Wärmeschutz.

82/63
Casselmann, Hans F.
Die neue DIN 4108 und die Wärmeschutzverordnung, ihre Konsequenzen für Planer und Ausführende, Tauwasserschutz im Inneren von Bauteilen nach DIN 4108, Ausg. 1981.

82/76
Schild, Erich
Zum Problem der Wärmebrücken; das Sonderproblem der geometrischen Wärmebrücke.

82/81
Trümper, Heinrich
Wärmeschutz und notwendige Raumlüftung in Wohngebäuden.

82/91
Künzel, Helmut
Schlagregenschutz von Außenwänden, Neufassung in DIN 4108.

82/97
Pohlenz, Rainer
Die neue DIN 4109 – Schallschutz im Hochbau, ihre Konsequenzen für Planer und Aus-
führende.

82/109
Knop, Wolf D.
Wärmedämm-Maßnahmen und ihre schalltechnischen Konsequenzen.

83/9
Jagenburg, Walter
Abweichen von vertraglich vereinbarten Ausführungen und Änderungen bei der Nachbesse-
rung.

83/15
Schild, Erich
Verhältnismäßigkeit zwischen Schäden und Schadensermittlung, Ausforschung – Hinzuziehen
von Sonderfachleuten.

83/21
Klopfer, Heinz
Bauphysikalische Betrachtungen zum Wassertransport und Wassergehalt in Außenwänden.

83/38
Cziesielski, Erich
Außenwände – Witterungsschutz im Fugenbereich – Fassadenverschmutzung.

83/57
Casselmann, Hans F.
Feuchtigkeitsgehalt von Wandbauteilen.

83/66
Knötel, Dietbert
Schäden und Oberflächenschutz an Fassaden.

83/78
Achtziger, Joachim
Meßmethoden – Feuchtigkeitsmessungen an Baumaterialien.

83/85
Dahmen, Günter
Kritische Anmerkungen zur DIN 18195.

83/95
Rogier, Dietmar
Abdichtung erdberührter Aufenthaltsräume.

83/103
Grube, Horst
Konstruktion und Ausführung von Wannen aus wasserundurchlässigem Beton.

83/113
Oswald, Rainer
Abdichtung von Naßräumen im Wohnungsbau.

83/119
Schumann, Dieter
Schlämmen, Putze, Injektagen und Injektionen. Möglichkeiten und Grenzen der Bauwerkssanierung im erdberührten Bereich.

84/9
Pott, Werner
Regeln der Technik, Risiko bei nicht ausreichend bewährten Materialien und Konstruktionen -
Informationspflichten/-grenzen.

84/16
Jagenburg, Walter
Beratungspflichten des Architekten nach dem Leistungsbild des 15 HOAI.

84/22
Schild, Erich
Fortschritt, Wagnis, Schuldhaftes Risiko.

84/33
Haferland, Friedrich
Wärmeschutz an Außenwänden – Innen-, Kern- und Außendämmung, k-Wert und Speicherfähigkeit.

84/47
Lühr, Hans Peter
Kerndämmung – Probleme des Schlagregens, der Diffusion, der Ausführungstechnik.

84/59
König, Norbert
Bauphysikalische Probleme der Innendämmung.

84/71
Oswald, Rainer
Technische Qualitätsstandards und Kriterien zu ihrer Beurteilung.

84/76
Schild, Erich
Flaches oder geneigtes Dach – Weltanschauung oder Wirklichkeit.

84/79
Rogier, Dietmar
Langzeitbewährung von Flachdächern, Planung, Instandhaltung, Nachbesserung.

84/89
Hummel, Rudolf
Nachbesserung von Flachdächern aus der Sicht des Handwerkers.

04/94
Liersch, Klaus W.
Bauphysikalische Probleme des geneigten Daches.

84/105
Dahmen, Günter
Regendichtigkeit und Mindestneigungen von Eindeckungen aus Dachziegel und Dachsteinen,
Faserzement und Blech.

85/9
Jagenburg, Walter
Umfang und Grenzen der Haftung des Architekten und Ingenieurs bei der Bauleitung.

85/14
Siegburg, Peter
Umfang und Grenzen der Hinweispflicht des Handwerkers.

85/30
Schild, Erich
Inhalt und Form des Sachverstänigengutachtens.

85/38
Pilny, Franz
Mechanismus und Erfassung der Rißbildung.

85/49
Oswald, Rainer
Rissebildungen in Oberflächenschichten, Beeinflussung durch Dehnungsfugen und Haftver-
bund.

85/58
Rybicki, Rudolf
Setzungsschäden an Gebäuden, Ursachen und Planungshinweise zur Vermeidung.

85/68
Schubert, Peter
Rißbildung in Leichtmauerwerk, Ursachen und Planungshinweise zur Vermeidung.

85/76
Dahmen, Günter
DIN 18550 Putz, Ausgabe Januar 1985.

85/83
Künzel, Helmut
Anforderungen an die thermo-mechanischen Eigenschaften von Außenputzen zur Vermeidung
von Putzschäden.

85/89
Rogier, Dietmar
Rissebewertung und Rissesanierung.

85/100
Ruffert, Günther
Ursachen, Vorbeugung und Sanierung von Sichtbetonschäden.

86/9
Vygen, Klaus
Die Beweismittel im Bauprozeß.

86/18
Jagenburg, Walter
Juristische Probleme im Beweissicherungsverfahren.

86/23
Schild, Erich
Die Nachbesserungsentscheidung zwischen Flickwerk und Totalerneuerung.

86/32
Oswald, Rainer
Zur Funktionssicherheit von Dächern.

86/38
Dahmen, Günter
Die Regelwerke zum Wärmeschutz und zur Abdichtung von genutzten Dächern.

86/51
Steinhöfel, Hans-Joachim
Nutzschichten bei Terrassendächern.

86/57
Zimmermann, Günter
Die Detailausbildung bei Dachterrassen.

86/63
Lohmeyer, Gottfried
Anforderungen an die Konstruktion von Parkdecks aus wasserundurchlässigem Beton.

86/71
Oswald, Rainer
Begrünte Dachflächen – Konstruktionshinweise aus der Sicht des Sachverständigen.

86/76
Haack, Alfred
Parkdecks und befahrbare Dachflächen mit Gußasphaltbelägen.

86/93
Hoch, Eberhard
Detailprobleme bei bepflanzten Dächern.

86/99
Wolf, Gert
Begrünte Flachdächer aus der Sicht des Dachdeckerhandwerks.

86/104
Lamers, Reinhard
Ortungsverfahren für Undichtigkeiten und Durchfeuchtungsumfang.

86/111
Rogier, Dietmar
Grundüberlegungen und Vorgehensweise bei der Sanierung genutzter Dachflächen.

87/9
Ehm, Herbert
Möglichkeiten und Grenzen der Vereinfachung von Regelwerken aus der Sicht der Behörden und des DIN.

87/16
Jagenburg, Walter
Tendenzen zur Vereinfachung von Regelwerken, Konsequenzen für Architekten, Ingenieure und Sachverständige aus der Sicht des Juristen.

87/21
Oswald, Rainer
Grenzfragen bei der Gutachtenerstattung des Bausachverständigen.

87/25
Gertis, Karl A.
Speichern oder Dämmen? Beitrag zur k-Wert-Diskussion.

87/30
Pohl, Wolf-Hagen
Konstruktive und bauphysikalische Problemstellungen bei leichten Dächern.

87/53
Schild, Erich
Das geneigte Dach über Aufenthaltsräumen, Belüftung – Diffusion – Luftdichtigkeit.

88/77
Herken, Gerd
Anforderungen an die Abdichtung von Naßräumen des Wohnungsbaues in DIN-Normen.

88/82
Lamers, Reinhard
Abdichtungsprobleme bei Schwimmbädern, Problemstellung mit Fallbeispielen.

88/88
Schulze, Horst
Fliesenbeläge auf Gipsbauplatten und Spanplatten in Naßbereichen.

88/100
Grosser, Dietger
Der echte Hausschwamm (Serpula lacrimans), Erkennungsmerkmale, Lebensbedingungen, Vorbeugung und Bekämpfung.

88/111
Dahmen, Günter
Naturstein- und Keramikbeläge auf Fußbodenheizung.

88/121
Pohlenz, Rainer
Schallschutz von Holzbalkendecken bei Neubau- und Sanierungsmaßnahmen.

88/135
Braun, Eberhard
Maßgenauigkeit beim Ausbau, Ebenheitstoleranzen, Anforderung, Prüfung, Beurteilung.

89/9
Bleutge, Peter
Urheberschutz beim Sachverständigengutachten, Verwertung durch den Auftraggeber, Eigenverwertung durch den Sachverständigen.

89/15
Neuenfeld, Klaus
Die Feststellung des Verschuldens des objektüberwachenden Architekten durch den Sachverständigen.

89/21
Soergel, Carl
Die Prüfungs- und Hinweispflicht der am Bau Beteiligten.

89/27
Schild, Erich
Mauerwerksbau im Spannungsfeld zwischen architektonischer Gestaltung und Bauphysik.

89/35
Kirtschig, Kurt
Zur Funktionsweise von zweischaligem Mauerwerk mit Kerndämmung.

89/41
Dahmen, Günter
Wasseraufnahme von Sichtmauerwerk, Prüfmethoden und Aussagewert.

89/48
Pauls, Norbert
Ausblühungen von Sichtmauerwerk, Ursachen – Erkennung – Sanierung.

89/55
Lamers, Reinhard
Sanierung von Verblendschalen dargestellt an Schadensfällen.

89/61
Pfefferkorn, Werner
Dachdecken- und Geschoßdeckenauflage bei leichten Mauerwerkskonstruktionen, Erläuterungen zur DIN 18530 vom März 1987.

89/75
Jeran, Alois
Außenputz auf hochdämmendem Mauerwerk, Auswirkung der Stumpfstoßtechnik.

89/87
Schubert, Peter
Aussagefähigkeit von Putzprüfungen an ausgeführten Gebäuden, Putzzusammensetzung und Druckfestigkeit.

89/95
Cziesielski, Erich
Mineralische Wärmedämmverbundsysteme, Systemübersicht, Befestigung und Tragverhalten, Rißsicherheit, Wärmebrückenwirkung, Detaillösungen.

89/109
Künzel, Helmut
Wärmestau und Feuchtestau als Ursachen von Putzschäden bei Wärmedämmverbundsystemen.

89/115
Oswald, Rainer
Die Beurteilung von Außenputzen, Strategien zur Lösung typischer Problemstellungen.

89/122
Weber, Helmut
Anstriche und rißüberbrückende Beschichtungssysteme auf Putzen.

90/9
Bleutge, Peter
Beweiserhebung statt Beweissicherung.

90/17
Jagenburg, Walter
Juristische Probleme bei Gründungsschäden.

90/25
Schild, Erich
Allgemein anerkannte Regeln der Bautechnik.

90/35
Bölling, Willy H.
Gründungsprobleme bei Neubauten neben Altbauten, zeitlicher Verlauf von Setzungen.

90/41
Arnold, Karlheinz
Erschütterungen als Rißursachen.

90/49
Weber, Ulrich
Bergbauliche Einwirkungen auf Gebäude, Abgrenzungen und Möglichkeiten der Sanierung und Vermeidung.

90/61
Prinz, Helmut
Grundwasserabsenkung und Baumbewuchs als Ursache von Gebäudesetzungen.

90/69
Hilmer, Klaus
Ermittlung der Wasserbeanspruchung bei erdberührten Bauwerken.

90/80
Dahmen, Günter
Dränung zum Schutz baulicher Anlagen, Neufassung DIN 4095.

90/91
Cziesielski, Erich
Wassertransport durch Bauteile aus wasserundurchlässigem Beton, Schäden und konstruktive Empfehlungen.

90/101
Arendt, Claus
Verfahren zur Ursachenermittlung bei Feuchtigkeitsschäden an erdberührten Bauteilen.

90/108
Schumann, Dieter
Nachträgliche Innenabdichtungen bei erdberührten Bauteilen.

90/121
Hübler, Manfred
Bauwerkstrockenlegung, Instandsetzung feuchter Grundmauern.

90/130
Lamers, Reinhard
Unfallverhütung beim Ortstermin.

90/135
Kamphausen, P. A.
Bewertung von Verkehrswertminderungen bei Gebäudeabsenkungen und Schieflagen.

90/143
Kamphausen, P. A.
Bausachverständige im Beweissicherungsverfahren.

91/9
Werner, Ulrich
Auslegung von HOAI und VOB, Aufgabe des Sachverständigen oder des Juristen?

91/22
Mauer, Dietrich
Auslegung und Erweiterung der Beweisfragen durch den Sachverständigen.

91/27
Jagenburg, Walter
Die außervertragliche Baumängelhaftung.

91/35
Cziesielski, Erich
Gebäudedehnfugen.

91/43
Pfefferkorn, Werner
Erfahrungen mit fugenlosen Bauwerken.

91/49
Dahmen, Günter
Dehnfugen in Verblendschalen.

91/57
Schellbach, Gerhard
Mörtelfugen in Sichtmauerwerk und Verblendschalen.

91/72
Baust, Eberhard
Fugenabdichtung mit Dichtstoffen und Bändern.

91/82
Lamers, Reinhard
Dehnfugenabdichtung bei Dächern.

91/88
Hauser, Gerd; Maas, Anton
Auswirkungen von Fugen und Fehlstellen in Dampfsperren und Wärmedämmschichten.

91/96
Oswald, Rainer
Grundsätze der Rißbewertung.

91/100
Schießl, Peter
Risse in Sichtbetonbauteilen.

91/105
Fix, Wilhelm
Das Verpressen von Rissen.

91/111
Jürgensen, Nikolai
Öffnungsarbeiten beim Ortstermin.

92/9
Vogel, Eckhard
Europäische Normung, Rahmenbedingungen, Verfahren der Erarbeitung, Verbindlichkeit, Grundlage eines einheitlichen europäischen Baumarktes und Baugeschehens.

92/20
Bleutge, Peter
Aktuelle Probleme aus dem Gesetz über die Entschädigung von Zeugen und Sachverständigen (ZSEG).

92/33
Schild, Erich
Zur Grundsituation des Sachverständigen bei der Beurteilung von Schimmelpilzschäden.

92/42
Ehm, Herbert
Die zukünftigen Anforderungen an die Energieeinsparung bei Gebäuden, die Neufassung der Wärmeschutzverordnung.

92/46
Achtziger, Joachim
Wärmebedarfsberechnung und tatsächlicher Wärmebedarf, die Abschätzung des erhöhten Heizkostenaufwandes bei Wärmeschutzmängeln.

92/54
Trümper, Heinrich
Natürliche Lüftung in Wohnungen.

92/64
Hausladen, Gerhard
Lüftungsanlagen und Anlagen zur Wärmerückgewinnung in Wohngebäuden.

92/65
Zeller, M.; Ewert, M.
Berechnung der Raumströmung und ihres Einflusses auf die Schwitzwasser- und Schimmel-
pilzbildung auf Wänden.

92/70
Pult, Peter
Krankheiten durch Schimmelpilze.

92/73
Erhorn, Hans
Bauphysikalische Einflußfaktoren auf das Schimmelpilzwachstum in Wohnungen.

92/84
Arndt, Horst
Konstruktive Berücksichtigung von Wärmebrücken, Balkonplatten, Durchdringungen, Befesti-
gungen.

92/90
Oswald, Rainer
Die geometrische Wärmebrücke, Sachverhalt und Beurteilungskriterien.

92/98
Hauser, Gerd
Wärmebrücken, Beurteilungsmöglichkeiten und Planungsinstrumente.

92/106
Dahmen, Günter
Die Bewertung von Wärmebrücken an ausgeführten Gebäuden, Vorgehensweise, Meßmetho-
den und Meßprobleme.

92/115
Kießl, Kurt
Wärmeschutzmaßnahmen durch Innendämmung, Beurteilung und Anwendungsgrenzen aus
feuchtetechnischer Sicht.

92/125
Cziesielski, Erich
Die Nachbesserung von Wärmebrücken durch Beheizung der Oberflächen.

93/9
Werner, Ulrich
Erfahrungen mit der neuen Zivilprozeßordnung zum selbständigen Beweisverfahren.

93/17
Bleutge, Peter
Der deutsche Sachverständige im EG-Binnenmarkt – Selbständiger, Gesellschafter oder An-
gestellter, Tendenzen in der neuen Muster-SVO des DIHT.

93/24
Meyer, Hans Gerd
Brauchbarkeits-, Verwendbarkeits- und Übereinstimmungsnachweise nach der neuen Mu-
sterbauordnung.

93/29
Cziesielski, Erich
Belüftete Dächer und Wände, Stand der Technik.

93/38
Künzel, Helmut; Großkinsky, Theo
Das unbelüftete Sparrendach, Meßergebnisse, Folgerungen für die Praxis.

93/46
Liersch, Klaus W.
Die Belüftung schuppenförmiger Bekleidungen, Einfluß auf die Dauerhaftigkeit.

93/54
Schulze, Horst
Holz in unbelüfteten Konstruktionen des Wohnungsbaus.

93/65
Stauch, Detlef
Unbelüftete Dächer mit schuppenförmigen Eindeckungen aus der Sicht des Dachdecker-
handwerks.

93/69
Steger, Wolfgang
Die Tragkonstruktionen und Außenwände der Fertigungsbauarten in den neuen Bundeslän-
dern – Mängel, Schäden mit Instandsetzungs- und Modernisierungshinweisen.

93/75
Friedrich, Rolf
Die Dachkonstruktionen der Fertigteilbauweisen in den neuen Bundesländern, Erfahrungen,
Schäden, Sanierungsmethoden.

93/92
Tanner, Christoph
Die Messung von Luftundichtigkeiten in der Gebäudehülle.

93/85
Dahmen, Günter
Leichte Dachkonstruktionen über Schwimmbädern – Schadenserfahrungen und Konstruk-
tionshinweise.

93/100 Oswald, Rainer
Zur Prognose der Bewährung neuer Bauweisen, dargestellt am Beispiel der biologischen
Bauweisen.

93/108
Lamers, Reinhard
Wintergärten, Bauphysik und Schadenserfahrung.

94/9
Motzke, Gerd
Mängelbeseitigung vor und nach der Abnahme – Beeinflussen Bauzeitabschnitte die Sach-
verständigenbegutachtung?

94/17
Weidhaas, Jutta
Die Zertifizierung von Sachverständigen.

94/21
Tredopp, Rainer
Qualitätsmanagement in der Bauwirtschaft.

94/26
Schlapka, Franz-Josef
Qualitätskontrollen durch den Sachverständigen.

94/35
Dahmen, Günter
Die neue Wärmeschutzverordnung und ihr Einfluß auf die Gestaltung von Neubauten.

94/46
Schickert, Gerald
Feuchtemeßverfahren im kritischen Überblick.

94/64
Kießl, Kurt
Feuchteeinflüsse auf den praktischen Wärmeschutz bei erhöhtem Dämmniveau.

94/72
Oswald, Rainer
Baufeuchte – Einflußgrößen und praktische Konsequenzen.

94/79
Schubert, Peter
Feuchtegehalte von Mauerwerkbaustoffen und feuchtebeeinflußte Eigenschaften.

94/86
Schnell, Werner
Das Trocknungsverhalten von Estrichen – Beurteilung und Schlußfolgerungen für die Praxis.

94/97
Grosser, Dietger
Feuchtegehalte und Trocknungsverhalten von Holz und Holzwerkstoffen.

94/111
Oswald, Rainer
Das aktuelle Thema: Gesundheitsrisiken durch Faserdämmstoffe? Konsequenzen für Planer und Sachverständige.

94/112
Lohrer, Wolfgang
Das aktuelle Thema: Gesundheitsrisiken durch Faserdämmstoffe? Konsequenzen für Planer und Sachverständige.

94/114
Muhle, Hartwig
Das aktuelle Thema: Gesundheitsrisiken durch Faserdämmstoffe? Konsequenzen für Planer und Sachverständige.

94/118
Draeger, Utz
Das aktuelle Thema: Gesundheitsrisiken durch Faserdämmstoffe? Konsequenzen für Planer und Sachverständige.

94/120
Royar, Jürgen
Das aktuelle Thema: Gesundheitsrisiken durch Faserdämmstoffe? Konsequenzen für Planer und Sachverständige.

94/124
Diskussion Gesundheitsgefährdung durch künstliche Mineralfasern?

94/128
Anhang zur Mineralfaserdiskussion Presseerklärung des Bundesministeriums für Umwelt, Naturschutz und Reaktorsicherheit und des Bundesministeriums für Arbeit vom 18. 3. 1994.

94/130
Lamers, Reinhard
Feuchtigkeit im Flachdach – Beurteilung und Nachbesserungsmethoden.

94/139
Hupe, Hans-Heiko
Leitungswasserschäden – Ursachenermittlung und Beseitigungsmöglichkeiten.

94/146
Jebrameck, Uwe
Technische Trocknungsverfahren.

95/9
Motzke, Gerd
Übertragung von Koordinierungs- und Planungsaufgaben auf Firmen und Hersteller, Grenzen und haftungsrechtliche Konsequenzen für Architekten und Ingenieure.

95/23
Kolb, E. A.
Die Rolle des Bausachverständigen im Qualitätsmanagement.

95/35
Erhorn, Hans
Die Bedeutung von Mauerwerksöffnungen für die Energiebilanz von Gebäuden.

95/51
Balkow, Dieter
Dämmende Isoliergläser – Bauweise und bauphysikalische Probleme.

95/55
Pohl, Wolf-Hagen
Der Wärmeschutz von Fensteranschlüssen in hochwärmegedämmten Mauerwerksbauten.

95/74
Schmid, Josef
Funktionsbeurteilungen bei Fenstern und Türen.

95/92
Memmert, Albrecht
Das Berufsbild des unabhängigen Fassadenberaters.

95/109
Pohlenz, Rainer
Schallschutz – Fenster und Lichtflächen.

95/119
Oswald, Rainer
Die Abdichtung von niveaugleichen Türschwellen.

95/125
Schulze, Jörg
Das aktuelle Thema: Der Streit um das „richtige" Fenster im Altbau.

95/127
Löfflad, Hans
Das aktuelle Thema: Der Streit um das „richtige" Fenster im Altbau.

95/131
Gerwers, Werner
Das aktuelle Thema: Der Streit um das „richtige" Fenster im Altbau.

95/133
Willmann, Klaus
Das aktuelle Thema: Der Streit um das „richtige" Fenster im Altbau.

95/135
Dahmen, Günter
Rolläden und Rolladenkästen aus bauphysikalischer Sicht.

95/142
Horstmann, Herbert
Lichtkuppeln und Rauchabzugsklappen – Bauweisen und Abdichtungsprobleme.

95/151
Froelich, Hans
Dachflächenfenster – Abdichtung und Wärmeschutz.

96/9
Jagenburg, Walter
Baumängel im Grenzbereich zwischen Gewährleistung und Instandhaltung

96/15
Arlt, Joachim
Die Instandsetzung als Planungsleistung – Leistungsbild, Vertragsgestaltung, Honorierung, Haftung

96/23
Oswald, Rainer
Instandsetzungsbedarf und Instandsetzungsmaßnahmen am Altbaubestand Deutschlands – ein Überblick

96/31
Lamers, Reinhard
Nachträglicher Wärmeschutz im Baubestand

96/40
Meisel, Ulli
Einfache Untersuchungsgeräte und -verfahren für Gebäudebeurteilungen durch den Sachverständigen

96/49
Franke, Lutz
Imprägnierungen und Beschichtungen auf Sichtmauerwerks- und Natursteinfassaden – Entwicklungen und Erkenntnisse

96/56
Fuhrmann, Günter
Beschichtungssysteme für Flachdächer – Beurteilungsgrundsätze und Leistungserwartungen

96/65
Brenne, Winfried
Balkoninstandsetzung und Loggiaverglasung – Methoden und Probleme

96/74
Gerner, Manfred
Das aktuelle Thema: Die Fachwerksanierung im Widerstreit zwischen Nutzerwünschen, Wärmeschutzanforderungen und Denkmalpflege; Fachwerkinstandsetzung und Fachwerkmodernisierung aus der Sicht der Denkmalpflege

96/78
Künzel, Helmut
Das aktuelle Thema: Die Fachwerksanierung im Widerstreit zwischen Nutzerwünschen, Wärmeschutzanforderungen und Denkmalpflege; Instandsetzung und Modernisierung von Fachwerkhäusern für heutige Wohnanforderungen

96/81
Nuss, Ingo
Beurteilungsprobleme bei Holzbauteilen

96/94
Dahmen, Günter
Nachträgliche Querschnittsabdichtungen – ein Systemvergleich

96/105
Weber, Helmut
Sanierputz im Langzeiteinsatz – ein Erfahrungsbericht

97/9
Sangenstedt, Hans Rudolf
Rolle und Haftung des staatlich anerkannten Sachverständigen

97/17
Jagenburg, Walter
Dreißigjährige Gewährleistung als Regelfall? Das Organisationsverschulden

97/25
Bleutge, Peter
Erfahrungen mit dem ZSEG

97/35
Borsch-Laaks, Robert
Diskussionsstand und Regelwerke zur Luftdichtheit von Dächern

97/50
Stauch, Detlef
Neue Beurteilungskriterien für Unterdächer, Unterdeckungen und Unterspannungen im ausgebauten Dach

97/56
Adriaans, Richard
Zellulosedämmstoffe im geneigten Dach – ein Erfahrungsbericht

97/63
Oswald, Rainer; Dahmen, Günter
Dämmelemente beim Dachausbau – Systeme und Probleme

97/70
Dahmen, Günter
Das unbelüftete Blechdach und die Regelwerke des Klempnerhandwerks

97/78
Künzel, Hartwig M.
Untersuchungen an unbelüfteten Blechdächern

97/84
Oswald, Rainer
Pfützen auf dem Dach – ein ewiger Streitpunkt?

97/91
Bauder, Paul-Hermann
Das aktuelle Thema: Argumente für einlagige Abdichtungen aus Bitumenbahnen

97/92
Herken, Gerd
Das aktuelle Thema: DIN 18195 Bauwerksabdichtungen, Teile 1 – 6, Entwurf Dezember 1996

Stichwortverzeichnis

(die fettgedruckte Ziffer kennzeichnet das Jahr; die zweite Ziffer die erste Seite des Aufsatzes)

Abdeckung **98**/108
Abdichtung, Anschluss **75**/13; **77**/89; **86**/23; **86**/38; **86**/57; **86**/93
    – begrüntes Dach **86**/99
    – bituminöse **77**/89; **82**/44; **99**/100; **99**/105; **99**/112
    – Dach **79**/38; **84**/79
    – Dachterrasse **75**/13: **81**/70; **86**/57
    – erdberührte Bauteile; siehe auch → Kellerabdichtung **77**/86; **77**/101; **81**/128; **83**/65;
      83/95; **90**/69; **99**/59; **99**/121; **99**/127; **02**/75; **02**/80; **02**/84; **02**/88; **02**/102
    – nachträgliche **77**/86; **77**/89; **90**/108; **96**/94; **99**/135; **01**/81; **03**/127
    – Nassraum **83**/113; **88**/72; **88**/77; **88**/82
    – Schwimmbad **88**/92
    – Umkehrdach **79**/76
Abdichtungsverfahren **77**/89; **96**/94; **99**/135; **01**/81; **03**/127
Ablehung des Sachverständigen **92**/20
Abnahme **77**/17; **81**/14; **83**/9; **94**/9; **99**/13; **00**/15; **01**/05; **03**/01; **03**/06; **03**/147
Abriebfestigkeit, Estrich **78**/122
Absanden, Naturstein **83**/66
    – Putz **89**/115
Absprengung, Fassade **83**/66
Abstrahlung, Tauwasserbildung durch **87**/60; **93**/38; **93**/46; **98**/101
Absturzsicherung **90**/130
Abweichklausel **87**/9
Acrylatgel **03**/127
Akkreditierung **94**/17; **95**/23; **99**/46
Algen → Mikroorganismen **98**/101; **98**/108
Alkali-Kieselsäure-Reaktion **93**/69
Anker **98**/77
Anstriche **80**/49; **85**/89; **88**/52; **89**/122
Anwesenheitsrecht **80**/32
Arbeitsraumverfüllung **81**/128
Arbeitsschutz **03**/94; **03**/113; **03**/120
Architekt, Leistungsbild **76**/43; **78**/5; **80**/38; **84**/16; **85**/9; **95**/9
    – Sachwaltereigenschaft **89**/21
    – Haftpflicht **84**/16
    – Haftung **76**/23; **76**/43; **80**/24; **82**/23; **97**/17
Architektenwerk, mangelhaftes **76**/23; **81**/7
Armierungsbeschichtung **80**/65
Armierungsputz **85**/93
Attika; siehe auch → Dachverband
    – Fassadenverschmutzung **87**/94
    – Windbeanspruchung **79**/49
    – WU-Beton **79**/64
Auditierung **95**/23
Auflagerdrehung, Betondecke **78**/90; **89**/61
Aufsichtsfehler **80**/24; **85**/9; **89**/15; **91**/17; **03**/06
Aufsparrendämmung **97**/63
Augenscheinnahme **83**/15
Augenscheinsbeweis **86**/9
Ausblühungen **81**/103; **83**/66; **89**/35; **89**/48; **92**/106
    siehe auch → Salze

Ausgleichsfeuchte, praktische **94**/72
Ausforschung **83**/15
Ausführungsfehler **78**/17; **89**/15
Aussteifung **89**/61
Austrocknung **93**/29; **94**/46; **94**/72; **94**/86; **94**/146
Austrocknung
   – Flachdach **94**/130
Austrocknungsverhalten **82**/91; **89**/55; **94**/79; **94**/146
Außendämmung **80**/44; **84**/33
Außenecke, Wärmebrücke **92**/20
Außenhüllfläche, Wärmeschutz **94**/35
Außenputz; siehe auch → Putz
Außenputz, Rissursachen **89**/75; **98**/57; **98**/85; **98**/90
   – Spannungsrisse **82**/91; **85**/83; **89**/75; **89**/115; **98**/82
Außensockelputz **98**/57
Außenverhältnis **79**/14
Außenwand; siehe auch → Wand
   – einschalige **98**/70
   – Schadensbild **76**/79
   – Schlagregenschutz **80**/49; **82**/91; **98**/70
   – therm. Beanspruchung **80**/49
   – Wassergehalt **76**/163; **83**/21; **83**/57; **98**/70
   – Wärmeschutz **80**/44; **80**/57; **80**/65; **84**/33; **94**/35; **98**/40; **98**/70; **03**/21
   – zweischalige **76**/79; **93**/29; **98**/70
Außenwandbekleidung **81**/96; **85**/49; **87**/101; **87**/109; **93**/46

Bahnenabdichtung **02**/75; **02**/80; **02**/102
Balkon **95**/119
   – Sanierung **81**/70; **96**/95
Balkonplatte, Wärmebrücke **92**/84
Bauaufsicht; siehe auch → Bauüberwachung **80**/24; **85**/9; **89**/15
   – Baubestand **01**/05
Bauaufsichtliche Anforderungen **93**/24
Baubeschreibung **03**/06
Baubestimmung, technische **78**/38; **98**/22
Baubiologie **93**/100
Baufeuchte **89**/109; **94**/72; **99**/90; **03**/41; **03**/77; **03**/152
Bauforschung **75**/3
Baugenehmigung **97**/9
Baugrund; siehe → Setzung; Gründung; Erdberührte Bauteile
Baukosten **81**/31; **00**/9
Baukoordinierungsrichtlinie **92**/9
Baumängelhaftung **97**/17; **99**/13
Baumbewuchs **90**/61
Bauordnung **87**/9
   – der Länder **97**/9
Bauproduktenhaftung **02**/27
Bauproduktenrichtlinie **92**/9; **93**/24; **98**/22; **03**/66
Bauprozess **86**/9
Baurecht **93**/9; **85**/14; **99**/34
Bauregelliste **96**/56; **98**/22; **00**/72
Bausachverständiger **75**/7; **78**/5; **79**/7; **80**/7; **90**/9; **90**/143; **91**/9; **91**/22; **91**/111
   – angestellter **93**/17; **99**/46
   – Beauftragung **03**/06
   – Benennung **76**/9; **95**/23; **99**/46
   – Bestellungsvoraussetzung **77**/26; **83**/15; **88**/32; **93**/17; **95**/23; **99**/46

- Entwässerung **86**/32; **97**/84
- Funktionssicherheit **86**/32; **97**/50; **97**/63
- Gefälle **86**/32; **86**/71
- genutztes; siehe auch → Dachterrassen, Parkdecks
- genutztes **86**/38; **86**/51; **86**/57; **86**/111
- Lagenzahl **86**/32; **86**/71
- leichtes; siehe → Leichtes Dach
- unbelüftetes **93**/38; **93**/54; **93**/65; **97**/70; **97**/78
- Wärmeschutz **86**/38; **97**/35; **97**/70
- zweischaliges **75**/27; **75**/39; **79**/82
Dachabdichtung **75**/13; **82**/30; **82**/44; **86**/38; **96**/104; **97**/84
- Aufkantungshöhe **86**/32; **95**/119
Dachabläufe **87**/80
Dachanschluss **87**/68
- metalleingedecktes Dach **79**/101
Dachbegrünung **86**/71; **86**/93; **86**/99; **90**/25; **97**/119
Dachbeschichtung **96**/56
Dachdeckerhandwerk **93**/65; **97**/50; **99**/65
Dachdurchbrüche **95**/142; **97**/35
Dacheindeckung **79**/64; **93**/65; **99**/65
- Blech; siehe auch → Metalldeckung
- Blech **84**/105
- Dachziegel, Dachsteine **84**/105
- Faserzement **84**/105
- schuppenförmige **93**/46
Dachelemente **97**/56
- selbsttragend Dachflächenfenster **95**/151; **97**/35
Dachhaut **81**/45; **84**/79
- Risse **81**/61
- Verklebung **79**/44
Dachneigung **79**/82; **84**/105; **87**/60; **87**/68; **97**/50; **97**/84
Dachrand; siehe auch → Attika **79**/44; **79**/67; **81**/70; **86**/32; **87**/30; **93**/85
Dachterrasse **86**/23; **86**/51; **86**/57; **95**/119; **97**/119
Dampfbremse **03**/41
- feuchteadaptive **97**/78
Dampfdiffusion; siehe auch → Diffusion
Dampfdiffusion **75**/27; **75**/39; **76**/163; **77**/82; **03**/41
- Estrich **78**/122
Dampfdiffusionswiderstand → Sd-Wert
Dampfdruckgefälle **01**/95
Dampfsperre **79**/82; **81**/113; **82**/36; **82**/63; **87**/53; **87**/60; **92**/115; **93**/29; **93**/38; **93**/46; **93**/54; **97**/78
- Fehlstellen **91**/88; **03**/41; **03**/147; **03**/152
Dampfsperrwert, Dach **79**/40; **87**/80; **97**/70
Darrmethode **90**/101; **94**/46; **01**/103
Dämmplatten; siehe auch → Wärmedämmung
Dämmplatten **80**/65; **97**/63; **00**/48; **03**/21
Dämmschicht, Durchfeuchtung **84**/47; **84**/89; **94**/64; **99**/90
Dämmschichtanordnung **80**/44; **03**/31
Dämmstoffe für Außenwände **80**/44; **80**/57; **80**/65; **00**/48
Decken, abgehängte **87**/30
Deckenanschluss **78**/109; **03**/31
Deckendurchbiegung **76**/121; **76**/143; **78**/65; **78**/90
Deckenrandverdrehung **89**/61
Deckenschlankheit **78**/90; **89**/61
Deckelfaktor **95**/135

Eigenschaft, zugesicherte **02**/01; **03**/01
Einbaufeuchte **94**/79; **97**/78
Einheitsarchitektenvertrag **85**/9
Eisschanzen **87**/60
Elektrokinetisches Verfahren **90**/121; **01**/81; **01**/111
Elektroosmose **90**/121; **96**/94; **01**/81; **01**/111
Endoskop **90**/101; **96**/40; **96**/81
Endschwindwert, mineral. Baustoffe **02**/95
Energiebedarfsausweis; siehe auch → Gebäudepass **00**/33; **00**/42; **01**/10
Energiebilanz **95**/35; **01**/10
   – Gebäudebestand **01**/42
Energieeinsparung **92**/42; **93**/108
   – Fenster **80**/94; **95**/127; **98**/92
Energieeinsparverordnung; siehe → EnEV
Energieverbrauch **80**/44; **87**/25; **95**/127
EnEV **00**/33; **00**/42; **01**/10; **01**/57; **03**/31
Entfeuchtung; siehe Trockenlegung
Enthalpie **92**/54
Entsalzung von Mauerwerk **90**/121; **01**/81; **01**/111
Entschädigung **79**/22; **02**/15
Entschädigungsgesetz; siehe auch ZSEG **92**/20
Entwässerung **86**/38
   – begrüntes Dach **86**/93
   – genutztes Dach **86**/51; **86**/57; **86**/76
   – Umkehrdach **79**/76
Epoxidharz **91**/105
Erdberührte Bauteile; siehe auch → Gründung; Setzung
Erdberührte Bauteile **77**/115; **81**/113; **83**/119; **90**/61; **90**/69; **90**/80; **90**/101; **90**/108; **90**/121
Erdwärmetauscher **92**/54
Erfüllungsanspruch **94**/9; **03**/145
Erfüllungsgehilfe **95**/9
Erfüllungsrisiko **01**/01
Erfüllungsstadium **83**/9
Erkundigungspflicht **84**/22
Ersatzvornahme **81**/14; **86**/18
Erschütterungen **90**/41; **01**/20
Erschwerniszuschlag **81**/31
Erweiterung der Beweisfrage **87**/21
Estrich **78**/122; **85**/49; **94**/86; **02**/41
   – Trockenlegung **02**/95
   – Trocknung **94**/86; **94**/146
   – schwimmender **78**/122; **78**/131; **88**/111; **88**/121; **03**/134
ETA-Leitlinien **96**/56
Extensivbegrünung **86**/71

Fachingenieur **95**/92
Fachkammer **77**/7
Fachwerk, neue Bauweise **93**/100
   – Außenwand **00**/100
   – Sanierung **96**/74; **96**/78
Fahrlässigkeit, leichte und grobe **80**/7; **92**/20; **94**/9
Fanggerüst **90**/130
Farbgebung **80**/49
Faserzementwellplatten **87**/60
Fassade **83**/66
Fassadenberater **95**/92

Gebrauchswert **78**/48; **94**/9; **98**/9
Gefälle **82**/44; **86**/38; **87**/80; **97**/119; **02**/50
Gegenantrag **90**/9
Gegengutachten **86**/18
Gelbdruck, Weißdruck **78**/38
Gelporenraum **83**/103
Geltungswert **78**/48; **94**/9; **98**/9
Geneigtes Dach; siehe auch → Dach; Geneigtes Dach **84**/76; **87**/53
Gericht **91**/9; **91**/22
Gerichtssachverständiger **00**/26
Gesamtanlagenkennzahl **00**/42
Gesamtschuldverhältnis **89**/15; **89**/21
Geschossdecken **78**/65
Geschosshöhe **02**/58
Gesetzgebungsvorhaben **80**/7
Gesundheitsgefährdung **88**/52; **92**/70; **94**/111; **03**/77; **03**/94; **03**/113; **03**/120; **03**/156
Gewährleistung **79**/14; **81**/7; **82**/23; **84**/9; **84**/16; **85**/9; **88**/9; **91**/27; **97**/17
Gewährleistungsanspruch **76**/23; **86**/18; **98**/9; **99**/13; **01**/05; **03**/147
Gewährleistungseinbehalt **77**/17
Gewährleistungspflicht **89**/21; **96**/9
Gewährleistungsstadium **83**/9
Gewährung des rechtlichen Gehörs **78**/11
Gipsbaustoff **83**/113
Gipskartonplattenverkleidungen **78**/79; **88**/88
Gipsputz, Nassraum **88**/72; **83**/113; **99**/72; **00**/56
Gitterrost **86**/57; **95**/119
Glasdach **87**/87; **93**/108
Glasendiagramm, WU-Beton **99**/9
Glaser-Verfahren **82**/63; **83**/21; **03**/41
Glasfalz **80**/81; **87**/87; **95**/74
Glaspalast **84**/22
Gleichgewichtsfeuchte, hygroskopische **83**/21; **83**/57; **83**/119; **94**/79; **94**/97
Gleichstromimpulsgerät **86**/104; **99**/141
Gleitlager; siehe auch → Deckenanschluss **79**/67
Gleitschicht **77**/89
Gravimetrische Materialfeuchtebestimmung **83**/78
Grenzabmaß **88**/135; **02**/58
Grundwasser; siehe auch → Druckwasser
Grundwasser **83**/85; **99**/81; **99**/121
Grundwasserabsenkung **81**/121; **90**/61
Gründung; siehe auch → Erdberührte Bauteile; Setzung
Gründung **77**/49; **85**/58
Gründungsschäden **90**/17; **01**/27
Gussasphaltbelag **86**/76
Gutachten **77**/26; **85**/30; **95**/23
        – Auftraggeber **87**/121
        – Erstattung **79**/22; **87**/21; **88**/24; **99**/46
        – fehlerhaftes **77**/26; **99**/46
        – Gebrauchsmuster **89**/9
        – gerichtliches **79**/22; **99**/46
        – Grenzfragen **87**/21
        – Individualität des Werkes **89**/9
        – juristische Fragen **87**/21
        – Nuzungsrecht **89**/9
        – privates **75**/7; **79**/22; **86**/9; **99**/46
        – Schutzrecht **89**/9

214

Induktionsmessgerät **83**/78; **86**/104
Industriefußböden **02**/41
Industrie– und Handelskammer **79**/22
Infiltrationsluftwechsel **03**/55
Infrarotmessung **83**/78; **86**/104; **90**/101; **93**/92; **94**/46
Injektagemittel **83**/119; **03**/127
Injektionsschlauch **97**/101; **99**/81; **03**/127; **03**/164
Injektionsverfahren **77**/86; **96**/94; **99**/135; **01**/81; **03**/127
Innenabdichtung **77**/49; **77**/86; **81**/113; **81**/121; **99**/135
 – nachträgliche **77**/82; **90**/108
 – Verpressung **90**/108
 – Fenster **03**/61; **03**/66
Innendämmung **80**/44; **81**/103; **84**/33; **84**/59; **92**/84; **92**/115; **96**/31; **97**/56; **00**/48
 – Fachwerk **00**/100
 – nachträgl. Schaden **81**/103
Innendruck Dach **79**/49
Innenverhältnis **76**/23; **79**/14; **88**/9
Innenwand, nichttragend **78**/65; **78**/109
Innenwand, tragend **78**/65; **78**/109
Installation **83**/113; **94**/139
Instandsetzung **84**/71; **84**/79; **96**/15; **01**/05; **01**/81
Instandsetzungsbedarf **96**/23
Instandsetzungsrichtlinie, Betonbauteile **02**/34
Institut für Bautechnik **78**/38
Internationale Normung ISO **92**/9
Isolierdicke **80**/113
Isolierglas **87**/87; **92**/33; **98**/92
Isoplethen **03**/77
Isothermen **95**/55; **95**/151; **03**/66

Jahresheizenergiebedarf **00**/33; **01**/10
Jahresheizwärmebedarf; siehe auch → Heizwärmebedarf; Wärmeschutz **00**/33

Kaltdach; siehe auch → Dach zweischalig; Dach belüftet
Kaltdach **84**/94
Kalziumsilikatplatten **00**/48
Kalziumsulfatestrich **00**/56
Kapillarität; siehe auch Wasseraufnahme, kapillare **76**/163; **89**/41; **92**/115; **99**/90; **01**/95
Kapillarwasser **77**/115
Karbonatisierung **93**/69
 – im Rissbereich **01**/20
Karsten Prüfröhrchen **89**/41; **90**/101; **91**/57
Kaufvertragsrecht **01**/05
Kellerabdichtung; siehe auch → Abdichtung; Erberührte Bauteile **77**/76; **81**/128; **96**/94
 – Schadensbeispiel **81**/121; **81**/128
Kellernutzung, hochwertige **77**/76; **77**/101; **83**/95; **02**/102
Kellerwand **77**/49; **77**/76; **77**/101; **81**/128; **99**/100; **99**/105; **99**/112; **99**/121; **99**/135
Keramikbeläge; siehe auch → Fliesen, Keramikbeläge **88**/111; **98**/40
Kerbwirkung **98**/85
Kerndämmung **80**/44; **84**/33; **84**/47; **89**/35; **91**/57; **98**/70
Kiesbett **86**/51
Kiesrandstreifen **86**/93
Klimatisierte Räume **79**/82; **98**/92
KMB siehe → Bitumendickbeschichtung Kohlendioxiddichtigkeit **89**/122
Kompetenz-Kompetenz-Klausel **78**/11
Kompressenputz **96**/105

Mineralfasern **93**/29; **94**/111
Mischmauerwerk **76**/121; **78**/109
Modernisierung **93**/69; **96**/15; **96**/23; **96**/74; **96**/78; **01**/05
Montageschaum **97**/63; **03**/61; **03**/66
Mörtel **85**/68; **89**/48; **02**/95
Mörtelbett **97**/114
Mörtelfuge **91**/57; **03**/55
    – deckelbildende **03**/154
Muldenlage **85**/58
Musterbauordnung **78**/38; **87**/9; **93**/24
Mustersachverständigenordnung **77**/26
Myzel siehe auch → Schimmelpilzbildung **88**/100; **96**/81; **03**/77; **03**/94

Nachbarbebauung **90**/17; **90**/35
Nachbesserung **76**/9; **81**/7; **81**/25; **83**/9; **85**/30; **86**/23; **87**/21; **88**/9; **94**/9
    – Außenwand **76**/79; **81**/96; **81**/108
    – Beton **81**/75
    – Flachdach **81**/45; **99**/141
Nachbesserung **01**/01
Nachbesserungsanspruch **76**/23; **81**/14; **88**/17
Nachbesserungsaufwand **88**/17; **98**/9; **98**/27
Nachbesserungserfolg **98**/9
Nachbesserungskosten **81**/14; **81**/25; **81**/31; **81**/108
Nachbesserungspflicht **88**/17
Nachprüfungspflicht **78**/17
Nagelbänder **79**/44
Nassraum **83**/113; **88**/72; **88**/77; **00**/56; **00**/80
    – Abdichtung **88**/77; **99**/59; **99**/72
    – Anschlussausbildung **88**/88; **99**/72
    – Beanspruchungsgruppen **83**/113; **99**/72
Naturstein **83**/66; **88**/111; **96**/49
Natursteinbelag **00**/62; **02**/95
Neue Bundesländer **93**/69; **93**/75
Neuherstellung **81**/14; **99**/13
Neutronensonde **86**/104; **90**/101; **99**/141
Neutronen-Strahlen-Verfahren **83**/78; **01**/103
Nichtdrückendes Wasser; siehe auch → Grundwasser; Nichtdrückendes Wasser **83**/85; **90**/69
Niedrigenergiehaus **95**/35; **97**/35
Niedrigenergiehausstandard; siehe auch → Wärmeschutzverordnung **92**/42
Norm, siehe auch → DIN-Normen
    – europäische Harmonisierung **92**/9; **92**/46; **94**/17; **00**/72
    – technische **87**/9; **90**/25; **98**/27
    – Verbindlichkeit **90**/25; **92**/9; **99**/13; **99**/59; **00**/69; **00**/72
Normenausschuss Bauwesen **92**/9; **00**/72
Nutzerverhalten **92**/33; **92**/73; **96**/78; **01**/59; **03**/120
Nutzschicht Dachterrasse **86**/51
Nutzungsdauer Flachdach **86**/111
Nutzwertanalyse **98**/27

Oberflächenebenheit, Estrich **78**/122; **88**/135
Oberflächenschäden, Innenbauteile **78**/79
Oberflächenschutz, Beton **81**/75
    – Dachabdichtung **82**/44
    – Fassade **83**/66; **98**/108; **01**/39
Oberflächenspannung **89**/41; **98**/85
Oberflächentauwasser **77**/86; **82**/76; **83**/95; **92**/33

Oberflächentemperatur **80**/49; **92**/65; **92**/73; **92**/90; **92**/98; **92**/106; **92**/125; **98**/101
  – Putz **89**/109
Oberflächentemperaturmessung **03**/152
Obergutachten **75**/7
Optische Beeinträchtigung **87**/94; **89**/75; **89**/115; **91**/96; **98**/27; **98**/108
Organisationsverschulden **97**/117; **99**/13
Ortbeton **86**/76
Ortstermin **75**/7; **80**/32; **86**/9; **90**/130; **91**/111; **94**/26
Ortungsverfahren für Undichtigkeit in der Abdichtung **86**/104; **99**/141
Öffnungsanschluss; siehe auch → Fenster
  – Außenwand **76**/79; **76**/109
  – Stahlleichtdach **79**/87
Öffnungsarbeit, Ortstermin **91**/111; **03**/113

Pariser Markthallen **84**/22
Parkdeck **86**/63; **86**/76; **97**/101; **97**/114; **97**/119; **02**/50
Parkettschäden **78**/79
Parteigutachten **75**/7; **79**/7; **87**/21
Partialdruckgefälle **83**/21
Paxton **84**/22
Perimeterdämmung **99**/90
Pflasterbelag **97**/114
Pfützenbildung **97**/84
Phasenverzögerung **92**/106
Pilzbefall; siehe auch → Schimmelpilzbildung → **88**/52; **88**/100; **92**/70; **96**/81
Pilzsporen **98**/101
Planungsfehler **78**/17; **80**/24; **89**/15; **99**/13
Planungskriterien **78**/5; **79**/33
Planungsleistung **76**/43; **95**/9
Plattenbauweise; siehe auch → Fertigteilbauweise
Plattenbauweise **93**/75
Plattenbelag auf Fußbodenheizung **78**/79
Polyesterfaservlies **82**/44
Polyethylenfolie → siehe Folienabdichtung
Polymerbitumenbahn **82**/44; **91**/82; **97**/84
Polystyrol-Hartschaumplatten **79**/76; **80**/65; **94**/130; **97**/119; **00**/48
Polyurethanharz **91**/105; **03**/127; **03**/164
Polyurethanschaumstoff **79**/33
Porensystem, Ausblühungen **89**/48
Praxisbewährung von Bauweisen **93**/100; **99**/9; **99**/34; **99**/100; **99**/112; **99**/121; **00**/80
Primärenergiebedarf **00**/33; **00**/42; **01**/10
Primärmangel **99**/34
Produkthaftung **99**/34
Produktinformation, siehe auch → Planungskriterien
Produktinformation **79**/33; **99**/65; **02**/27
Produktzertifizierung **94**/17
Produzentenhaftung **88**/9; **91**/27; **02**/27
Prozessrisiko **79**/7
Prüfmethoden **99**/141
Prüfungs– und Hinweispflicht **78**/17; **79**/14; **82**/23; **83**/9; **84**/9; **85**/14; **89**/21
Prüfzeichen **78**/38; **87**/9
Putz-Anstrich-Kombination **98**/50
Putz; siehe auch → Außenputz
  – Anforderungen **85**/76; **89**/87; **98**/82
  – hydrophobiert **89**/75
  – Prüfverfahren **89**/87

– Öffnungen **76**/79; **79**/109; **80**/81
Schadensursachenermittlung **81**/25; **96**/23; **96**/40
Schadstoffimmission **88**/52; **00**/86; **01**/76
Schalenabstand, Schallschutz **88**/121
Schalenfuge, vermörtelt **81**/108; **91**/57
Schalenzwischenraum, Dach **82**/36
Schallbrücke **82**/97; **03**/134; **03**/164
Schalldämmaß **82**/97; **82**/109; **95**/109; **03**/164
Schallschutz **84**/59; **88**/121
   – Fenster **95**/109
   – im Hochbau DIN 4109 **82**/97; **99**/34; **03**/134
   – Türen **00**/92
Scharenabmessung **79**/101
Scheinfugen **88**/111
Scherspannung, Putz **89**/109
Schiedsgerichtsverfahren **78**/11
Schiedsgutachten **76**/9; **79**/7
Schimmelpilzbildung; siehe auch → Pilzbefall **88**/38; **88**/52; **92**/33; **92**/65; **92**/73; **92**/90; **92**/98;
   92/106; **92**/125; **96**/31; **03**/66; **03**/77; **03**/113; **03**/120; **03**/156
Schlagregenbeanspruchungsgruppen **80**/49; **82**/91; **00**/100
Schlagregenschutz **83**/57; **87**/101
   – Kerndämmung **84**/47
   – Putz **89**/115
   – Verblendschale **76**/109; **81**/108; **89**/55; **91**/57
Schlagregensicherheit **89**/35; siehe auch → Wassereindringprüfung
Schlagregensperre **83**/38
Schleierinjektion **99**/135
Schleppstreifen **81**/80; **91**/82
Schmutzablagerung **03**/77
Schmutzablagerung, Fassade; siehe auch → Fassadenverschmutzung **89**/27; **01**/39
Schrumpfsetzung **90**/61
Schubverformung **76**/143
Schüttung, Schallschutz **88**/121
Schuldhaftes Risiko **84**/22
Schuldrechtsreform **02**/01; **02**/15
Schweigepflicht des Sachverständigen **88**/24
Schweißnaht, Dachhaut **81**/45
Schwellenanschluss; siehe auch → Abdichtung, Anschluss **95**/119
Schwimmbad **88**/82; **99**/72
   – Klima **93**/85
Schwimmender Belag **85**/49
Schwimmender Estrich **78**/122; **88**/121
Schwindriss **85**/38; **97**/101
   – Holz **91**/96; **94**/97
Schwindverformung **76**/143; **78**/65; **78**/90; **79**/67; **89**/75; **98**/85
Schwingungsgefährdung **79**/49
Schwingungsgeschwindigkeit **90**/41
Sd-Wert WBFt **97**/56; **97**/78; **99**/90
Sekundärtauwasser **87**/60; **93**/38; **93**/46
Setzungen; siehe auch → Erdberührte Bauteile, Gründung
Setzungen **78**/65; **78**/109; **85**/58; **90**/35; **90**/61; **90**/135; **01**/20; **01**/27
   – Bergbau **90**/49; **01**/20
Setzungsfuge **77**/49; **91**/35
Setzungsmaß **90**/35
Sichtbetonschäden **85**/100; **91**/100
Sichtmauerwerk **89**/41; **89**/48; **89**/55; **91**/49; **91**/57; **96**/49

Winddichtheit **93**/92; **93**/128; **97**/56; **01**/65; **01**/71
Winddruck /-sog **76**/163; **79**/38; **87**/30; **89**/95; **97**/119
Windlast **79**/49
Windsog an Fassaden **93**/29
Windsperre **87**/53; **93**/85; siehe auch → Luftdichtheit → Winddichtheit
Windverhältnisse **89**/91
Winkeltoleranzen **88**/135; **02**/58
Wintergarten **87**/87; **92**/33; **93**/108; **94**/35; **96**/65
Wohnfeuchte **96**/78
Wohnungslüftung **80**/94; **82**/81; **92**/54; **97**/35; **01**/59; **01**/76; **03**/113
Wohnungstrennwand **82**/109; **03**/134
Wohnungstüren **00**/92
Wundermittel, elektronisches **01**/111
Wurzelschutz **86**/93; **86**/99
WU-Beton; siehe auch → Beton, wasserundurchlässig; Sperrbeton; Weiße Wanne
WU-Beton **83**/103; **90**/91; **91**/43; **97**/101; **99**/81; **99**/90; **02**/70; **02**/84; **02**/84; **02**/88; **03**/127;
        03/164

Zellulose-Dämmstoff **97**/56
Zementleim **91**/105
Zertifizierung **94**/17; **95**/23; **99**/46
Zeuge, sachverständiger **92**/20; **00**/26
Zeugenbeweis **86**/9
Zeugenvernehmung **77**/7
Zielbaummethode; siehe auch → Nutzwertanalyse **98**/9; **98**/27
ZSEG; siehe auch → Entschädigungsgesetz **92**/20; **97**/25; **99**/46; **00**/26; **02**/15
ZTV Beton **86**/63
Zugbruchdehnung **83**/103; **98**/85
Zugspannung **78**/109; **02**/41
Zulassung
        – bauaufsichtlich **87**/9; **00**/72
        – behördliche **82**/23
Zulassungsbescheid **78**/38
Zwangskraftübertragung **89**/61
Zwängungsbeanspruchung **78**/90; **91**/43; **91**/100

Weitere Titel aus dem Programm

vieweg
Abraham-Lincoln-Straße 46
65189 Wiesbaden
Fax 0611.7878-400
www.vieweg.de

*= unverb. Preisempf.
Stand Juli 2003.
Änderungen vorbehalten.
Erhältlich im Buchhandel oder im Verlag.

Weitere Titel aus dem Programm

Leimböck, Egon / Klaus, Ulf Rüdiger / Hölkermann, Oliver
Baukalkulation und Projektcontrolling
unter Berücksichtigung der KLR Bau und der VOB
10., vollst. überarb. und erw. Aufl. 2002. XIV, 173 S. Mit 69 Abb.
Geb. € 49,90   ISBN 3-528-11692-7

Seyfferth, Günter
Praktisches Baustellen-Controlling
Handbuch für Bauunternehmen und Generalunternehmer
2003. XXII, 526 S. mit zahlr. Abb. Geb. € 98,00
                                                      ISBN 3-528-01753-8

Heiermann, Wolfgang / Kullack, Andrea / Bayer, Wolfgang
Kommentar zur Schiedsgerichtsordnung für das Bauwesen
einschließlich Anlagenbau (SGO Bau)
2., vollst. überarb. Aufl. 2002. X, 184 S. Geb. € 39,90
                                                      ISBN 3-528-01743-0

Arnold, Sebastian
Bauaufträge erfolgreich akquirieren
Leitfaden zur ertragsorientierten Auftragsbeschaffung
2., vollst. überarb. Aufl. 2002. X, 274 S. mit 62 Abb. Br. € 44,90
                                                      ISBN 3-528-11650-1

vieweg

Abraham-Lincoln-Straße 46
65189 Wiesbaden
Fax 0611.7878-400
www.vieweg.de

Stand Juli 2003.
Änderungen vorbehalten.
Erhältlich im Buchhandel oder im Verlag.

Titel zur VOB bei Vieweg